国家出版基金项目
NATIONAL PUBLICATION FOUNDATION

大飞机出版工程

总主编　顾诵芬

飞机飞行手册

Airplane Flying Handbook

美国联邦航空局　著　陈新河　译

上海交通大学出版社
SHANGHAI JIAO TONG UNIVERSITY PRESS

内 容 提 要

《飞机飞行手册(第二版)》是 FAA(美国联邦航空局)出版的飞机驾驶技术参考手册。全书主要有三部分内容:第一部分(第 1 章至第 10 章)全面系统地介绍了飞行员训练过程中涉及的安全问题,飞机基本驾驶技术和高级驾驶技术;第二部分(第 11 章至第 15 章)介绍了驾驶复杂和高性能飞机以及多发飞机(重点强调了单发失效时的运行)有关的基本原理,深入讨论了三点式起落架飞机、涡轮螺旋桨飞机,以及喷气式飞机的驾驶特性和系统组成;第三部分为最后一章,比较全面地介绍了空中紧急情况的处理方法和原则。

《飞机飞行手册》是 FAA 在飞行训练方面的多年总结,特别强调了 FAA 在飞行员训练和认证方面的理念。本书非常值得中国的广大飞行员以及飞行学员参考,对民航专业的广大师生和航空爱好者学习了解飞行技术,也有极高的参考价值。

(飞机飞行手册)

© Federal Aviation Administration

This translation of *Airplane Flying Handbook* is published by arrangement with Skyhorse Publishing Inc.

上海市版权局著作权合同登记章图字:09 - 2009 - 309

图书在版编目(CIP)数据

飞机飞行手册/美国联邦航空局著;陈新河译. —上海:
上海交通大学出版社,2010(2024 重印)
(大飞机出版工程)
ISBN 978 - 7 - 313 - 06312 - 0

Ⅰ.①飞⋯ Ⅱ.①美⋯②陈⋯ Ⅲ.①飞机-飞行手册 Ⅳ.①V323.1 - 62

中国版本图书馆 CIP 数据核字(2010)第 033632 号

飞机飞行手册

美国联邦航空局 著

陈新河 译

上海交通大学 出版社出版发行
(上海市番禺路 951 号 邮政编码 200030)
电话:64071208
苏州市越洋印刷有限公司印刷 全国新华书店经销
开本:787 mm×1092 mm 1/16 印张:24.5 字数:485 千字
2010 年 4 月第 1 版 2024 年 8 月第 7 次印刷
ISBN 978 - 7 - 313 - 06312 - 0 定价:198.00 元

大飞机出版工程

丛书编委会

总主编：

顾诵芬（中国航空工业集团公司科技委副主任、两院院士）

副总主编：

金壮龙（中国商用飞机有限责任公司副董事长、总经理）

马德秀（上海交通大学党委书记、教授）

编　委：（按姓氏笔画排序）

王礼恒（中国航天科技集团公司科技委主任、院士）

王宗光（上海交通大学原党委书记、教授）

刘　洪（上海交通大学航空航天学院教授）

许金泉（上海交通大学船舶海洋与建筑工程学院工程力学系主任、教授）

杨育中（中国航空工业集团公司原副总经理、研究员）

吴光辉（中国商用飞机有限责任公司副总经理、总设计师、研究员）

汪　海（上海交通大学航空航天学院副院长、研究员）

沈元康（国家民航总局原副局长、研究员）

陈　刚（上海交通大学副校长、教授）

陈迎春（中国商用飞机有限责任公司常务副总设计师、研究员）

林忠钦（上海交通大学副校长、教授）

金兴明（上海市经济与信息化委副主任、研究员）

金德琨（中国航空工业集团公司科技委委员、研究员）

崔德刚（中国航空工业集团公司科技委委员、研究员）

敬忠良（上海交通大学航空航天学院常务副院长、教授）

傅　山（上海交通大学航空航天学院研究员）

总　序

国务院在 2007 年 2 月底批准了大型飞机研制重大科技专项正式立项,得到全国上下各方面的关注。"大型飞机"工程项目作为创新型国家的标志工程重新燃起我们国家和人民共同承载着"航空报国梦"的巨大热情。对于所有从事航空事业的工作者,这是历史赋予的使命和挑战。

1903 年 12 月 17 日,美国莱特兄弟制作的世界第一架有动力、可操纵、重于空气的载人飞行器试飞成功,标志着人类飞行的梦想变成了现实。飞机作为 20 世纪最重大的科技成果之一,是人类科技创新能力与工业化生产形式相结合的产物,也是现代科学技术的集大成者。军事和民生对飞机的需求促进了飞机迅速而不间断的发展,应用和体现了当代科学技术的最新成果;而航空领域的持续探索和不断创新,为诸多学科的发展和相关技术的突破提供了强劲动力。航空工业已经成为知识密集、技术密集、高附加值、低消耗的产业。

从大型飞机工程项目开始论证到确定为《国家中长期科学和技术发展规划纲要》的十六个重大专项之一,直至立项通过,不仅使全国上下重视起我国自主航空事业,而且使我们的人民、政府理解了我国航空事业半个世纪发展的艰辛和成绩。大型飞机重大专项正式立项和启动使我们的民用航空进入新纪元。经过 50 多年的风雨历程,当今中国的航空工业已经步入了科学、理性的发展轨道。大型客机项目其产业链长、辐射面宽、对国家综合实力带动性强,在国民经济发展和科学技术进步中发挥着重要作用,我国的航空工业迎来了新的发展机遇。

大型飞机的研制承载着中国几代航空人的梦想,在 2016 年造出与波音 B737 和空客 A320 改进型一样先进的"国产大飞机"已经成为每个航空人心中奋斗的目标。然而,大型飞机覆盖了机械、电子、材料、冶金、仪器仪表、化工等几乎所有工业门类,集成了数学、空气动力学、材料学、人机工程学、自动控制学等多种学科,是一个复杂的科技创新系统。为了迎接新形势下理论、技术和工程等方面的严峻挑战,迫切需要引入、借鉴国外的优秀出版物和数据资料,总结、巩固我们的经验和成果,编著一套以"大飞机"为主题的丛书,借以推动服务"大型飞机"作为推动服务整个航空科学的切入点,同时对于促进我国航空事业的发展和加快航空紧缺人才的培养,具有十分重要的现实意义和深远的历史意义。

2008 年 5 月,中国商用飞机有限公司成立之初,上海交通大学出版社就开始酝酿"大飞机出版工程",这是一项非常适合"大飞机"研制工作时宜的事业。新中国第一位飞机设计宗师——徐舜寿同志在领导我们研制中国第一架喷气式歼击教练机——歼教 1 时,亲自撰写了《飞机性能捷算法》,及时编译了第一部《英汉航空工程名词字典》,翻译出版了《飞机构造学》、《飞机强度学》,从理论上保证了我们飞机研制工作。我本人作为航空事业发展 50 年的见证人,欣然接受了上海交通大学出版社的邀请担任该丛书的主编,希望为我国的"大型飞机"研制发展出一份力。出版社同时也邀请了王礼恒院士、金德琨研究员、吴光辉总设计师、陈迎春副总设计师等航空领域专家撰写专著、精选书目,承担翻译、审校等工作,以确保这套"大飞机"丛书具有高品质和重大的社会价值,为我国的大飞机研制以及学科发展提供参考和智力支持。

编著这套丛书,一是总结整理 50 多年来航空科学技术的重要成果及宝贵经验;二是优化航空专业技术教材体系,为飞机设计技术人员培养提供一套系统、全面的教科书,满足人才培养对教材的迫切需求;三是为大飞机研制提供有力的技术保障;四是将许多专家、教授、学者广博的学识见解和丰富的实践经验总结继承下来,旨在从系统性、完整性和实用性角度出发,把丰富的实践经验进一步理论化、科学化,形成具有我国特色的"大飞机"理论与实践相结合的知识体系。

"大飞机"丛书主要涵盖了总体气动、航空发动机、结构强度、航电、制造等专业方向,知识领域覆盖我国国产大飞机的关键技术。图书类别分为译著、专著、教材、工具书等几个模块;其内容既包括领域内专家们最先进的理论方法和技术成果,也包括来自飞机设计第一线的理论和实践成果。如：2009 年出版的荷兰原福克飞机公司总师撰写的 *Aerodynamic Design of Transport Aircraft*（《运输机气动设计》），由美国堪萨斯大学 2008 年出版的 *Aircraft Propulsion*（《飞机推进》）等国外最新科技的结晶；国内《民用飞机总体设计》等总体阐述之作和《涡量动力学》、《民用飞机气动设计》等专业细分的著作；也有《民机设计 500 问》、《英汉航空双向词典》等工具类图书。

　　该套图书得到国家出版基金资助，体现了国家对"大型飞机项目"以及"大飞机出版工程"这套丛书的高度重视。这套丛书承担着记载与弘扬科技成就、积累和传播科技知识的使命，凝结了国内外航空领域专业人士的智慧和成果，具有较强的系统性、完整性、实用性和技术前瞻性，既可作为实际工作指导用书，亦可作为相关专业人员的学习参考用书。期望这套丛书能够有益于航空领域里人才的培养，有益于航空工业的发展，有益于大飞机的成功研制。同时，希望能为大飞机工程吸引更多的读者来关心航空、支持航空和热爱航空，并投身于中国航空事业做出一点贡献。

2009 年 12 月 15 日

原版序言

本书是一部介绍重要的基本驾驶技能和知识的飞机驾驶技术手册。它介绍了向其他飞机过渡和很多飞机系统方面的内容。本书是在飞行标准服务部、飞行人员测试标准部和很多航空教育者以及产业界的合作下完成的。

出版本手册的目的是为了帮助飞行学员学习驾驶飞机。对于那些希望提高飞行熟练程度和航空知识水平的飞行员，那些准备报考更多执照和等级的飞行员，以及忙于指导飞行学员和认证飞行员的飞行教员都有所帮助。它把未来的飞行员带入到飞行领域，并且提供了飞行员认证考试要求执行的程序和机动方面的内容及指导准则。至于诸如导航和通信、气象、航行情报汇编和法规的使用，以及航空决策制定等方面的内容，可以查阅 FAA（美国联邦航空局）的其他出版物。

本手册遵从 FAA 建立的飞行员训练和认证理念。尽管有不同的教学方法和执行飞行程序与机动的方法，还有空气动力学理论和原理的多种阐释，但是本手册采用了驾驶飞机的精选方法和概念。书中的讨论和解释反映了最常用的实践和原则。在认为预期行动非常危险的时候，偶尔会使用"必须"或者类似词语。使用这种词语不是为了增加、解释或者减轻联邦法规全书第 14 篇（14 CFR）规定的责任。

使用本手册的读者熟悉并应用联邦法规全书第 14 篇（14 CFR）和航空情报手册（AIM）的相关部分是很重要的。可以从互联网获得航空情报手册，其网址为 http://www. faa. gov/atpubs。在相应的飞机实践考试标准中,规定了飞行员执照所要求的证明飞行能力的执行标准。

所有用于飞行人员认证和评级,并由飞行标准服务部开发最新版的飞行人员训练和测试的材料,以及主题相关的知识代码,可以从飞行标准服务部网站 http://avinfo. faa. gov 获取。

美国联邦航空局非常感谢航空界大量个人和组织提供的宝贵帮助,他们为本书的出版贡献了丰富的专业知识。

本手册取代 1999 年出版的 FAA－H－8083－3《飞机飞行手册》,也取代 1974 年出版的 AC 61－9B《复杂单发和轻型双发飞机的飞行员过渡课程》,以及 1972 年出版的 AC 61－10A《私人和商业飞行员进修课程》的有关内容。本次修订扩充了所有以前版本中技术主题方面的内容,旧版本手册编号为 FAA－H－8083－3。还增加了在以前版本中没有涉及的安全问题和技术方面的新内容,其中讨论过渡到水上飞机和雪上飞机的章节已经被删除。这些内容将被加入到一本新手册(还在编写中)中,即编号为 FAA－H－8083－23 的《水上飞机、雪上飞机和装浮筒的直升机操作手册》。

本手册由美国运输部下属的联邦航空局飞行人员测试标准部出版,邮件地址为:AFS－630,25082 邮政信箱,俄克拉何马市,俄克拉何马州 73125。

对于本手册的任何评论可以用电子邮件发送至 AFS630comments@faa. gov.

编号为 AC 00－2 的《咨询通告检查单》提供 FAA 咨询通告和其他飞行情报资料的最新状态。这份检查单可以从互联网网址 http://www. faa. gov/aba/html_policies/ac00_2. html 获取。

目　　录

1 飞行训练介绍

1.1 飞行训练的目的

本书认为初级和中级飞行训练的总体目标是掌握和提高基本驾驶技能。驾驶技能可被定义为：

- 透彻理解飞行原理。
- 在地面和空中都能胜任准确地操作飞机的能力。
- 运用良好的判断力达到最高的运行安全和效率。

学习驾驶飞机经常被拿来和学习驾驶汽车进行类比，然而这个类比是容易引起误导的。因为飞机在不同的环境下运行，即在三维空间中，这需要培养对下列情况更加敏感的一类运动技巧：

- 协调性——在飞机上按照正确的关系下意识地并且同时运用手和脚操纵飞机实现预期结果的能力。
- 及时性——在合适的时刻，全身协调并且持续而流畅地执行飞行和机动动作的能力。
- 控制触觉——通过感觉和估计经由驾驶舱操纵杆传来的不断变化的控制面压力和阻力，根据姿态和速度的变化，感知飞机当前动作和预测即将发生的动作的一种能力。
- 速度感——快速地感知空速并对其任何合理变化作出反应的能力。

飞行员不是一个机器操作员，而是一个和飞机密切联系的人。熟练的飞行员的能力具体表现在下列几方面：快速而准确地评估当时环境下的状况，从而推断出要遵守的正确步骤；准确地分析一组情况或者推荐的操作步骤可能产生的结果；重视和注意安全；准确地估计飞机的性能；认识到个人的极限和飞机的限制，并避免接近其中的任何一个临界点。飞行员技能的培养需要飞行学员和飞行教官的共同努力和专注，从飞行训练一开始就把良好的操作实践传授给学员，使之形成正确的操作习惯。

每架飞机都有它自己的飞行特性。然而，初级和中级飞行训练的目的不是去学习如何驾驶一架特定品牌和型号的飞机。飞行训练的根本目的是培养适用于任何飞机的操作技能和安全习惯。掌握基本的驾驶技能就是实现这个目的的坚实基础。如果飞行员在训练期间已经掌握必要的驾驶技能,并且按照准确而安全的驾驶习惯驾驶教练机证明自己掌握了这些技能,那么他们可以很容易地过渡到更复杂和更高性能的飞机。还应该记住,飞行学员参加飞行训练的目标是成为一个安全而且能够胜任的飞行员,对于这个目标而言,通过飞行员执照所要求的实践考试是水到渠成的结果。

1.2 FAA 的职责

联邦航空管理局(FAA)由美国国会授权,它通过制定民用航空安全标准来促进航空安全。这个目标是通过联邦法规全书(CFR)而得以实现的,以前它被称为联邦航空条例(FAR)。

联邦法规全书第 14 篇第 61 部是有关飞行员认证、飞行教官和地面教官方面的内容。联邦法规全书第 14 篇第 61 部对所颁发的每种类型的飞行员执照的报考资格、航空知识水平、飞行熟练程度和训练及考试要求都做出了规定。

联邦法规全书第 14 篇第 67 部对于为飞行人员颁发健康证明的体检标准和认证程序作出了规定,同时也规定了健康证明的其他要求。

联邦法规全书第 14 篇第 91 部介绍了一般运行和飞行规则。这部分的内容非常广泛,并为一般飞行规则、目视飞行规则(VFR)、仪表飞行规则(IFR)、航空器维护和预防性维护及替换提供了一般指导准则。

在 FAA 内部,飞行标准服务部为美国境内的飞行人员和运行的航空器以及全球其他地方的美国飞行人员和航空器订立航空标准。FAA 飞行标准服务部总部在美国华盛顿特区,根据业务职能它被划分为很多组织部门(航空运输、航空器维护、技术计划、在俄克拉何马州俄克拉何马市的法规支持部和一个通用航空与商务部)。地区飞行标准部门,即每个地区有一个分管 9 个 FAA 地区办事处的部门管理协调他们各自区域内的飞行标准活动。

FAA 飞行标准服务和航空团体/普通大众的接口单位是当地的飞行标准地区办事处(FSDO)。如图 1-1 所示。

大约有 90 个飞行标准地区办事处被战略性地分布在美国全境,每一个办事处都对一个具体的地理区域有司法权。各个飞行标准地区办事处对在它的地理边界内发生的所有航空活

图 1-1 联邦航空局飞行标准地区办事处

动负责。除负责调查意外事故和执行航空法规之外,每个飞行标准地区办事处还负责对航空运输公司、航空运营人、飞行学校/训练中心和飞行人员(包括飞行员和飞行教官)进行认证和监督。

每个 FSDO 的职员中都有航空安全检察官,其专长包括运行、维护和航空电子技术。通用航空运行检察官是经验丰富的资深飞行家。一旦被录用,飞行检察官必须圆满地完成由 FAA 大学组织的教学训练课程,其中包括飞行人员评估和对飞行员进行测试的技能和程序。其后,检察官必须定期地完成周期性训练。对于其他职责,飞行标准地区办事处的检察官负责管理飞行员和飞行教官的执照及相关等级的 FAA 实践考试。所有和飞行员执照有关的问题(和/或需要其他航空信息或服务)都应直接咨询特定地理区域内具有司法权的飞行标准地区办事处。飞行标准地区办事处的电话号码在电话黄页中美国运输部下属联邦航空管理局的美国政府印刷办公室部分的蓝色页面内。

1.3 飞行员考官的职责

在你圆满完成要求的理论考试和实践考试后,FAA 将颁发飞行员执照和飞行教官执照。这些考试的管理工作是 FAA 的职责,通常由飞行标准地区办事处的检察官执行。但是,FAA 是美国的一个政府机构,它的资源有限,必须把它的职责排出优先顺序。这个机构的首要职责是对批准的航空公司的监管,而对飞行人员(包括飞行员和飞行教官)的认证则次之。

为了满足飞行考试和认证服务的公共需求,在这些需求增加时,FAA 把这些职责中的一部分授权给不是 FAA 职员的非官方个人。被委派的飞行员考官是一位非官方的公民,他被委派作为 FAA 管理局的代理人以代表 FAA 执行具体的(但不限于)飞行员考试任务,他可能因此而收取合理的费用。一般地,委派的飞行员考官(DPE)的职权限于接受申请和安排为颁发具体飞行员执照和/或等级执照而举办的实践考试。委派的飞行员考官(DPE)接受持有考官委派档案的飞行标准地区办事处的直接监督。飞行标准地区办事处检察官被指派来监督委派的飞行员考官的认证活动。通常,委派的飞行员考官(DPE)被授权只在委派他的 FSDO 管辖区内执行这些认证活动。

FAA 只选择非常资深的人士作为委派的飞行员考官。这些人士必须在职业水准方面具有良好的行业声誉、高度正直的品质和明确的服务公众的意愿,并且在认证活动中坚持遵守 FAA 的政策和程序。委派的飞行员考官在管理实践考试方面应该和 FAA 航空安全检查官具有相同的职业水准,并且使用与之相同的方法、程序和标准。但是,应该记住,委派的飞行员考官并不是 FAA 航空安全检察官。委派的飞行员考官不能代表 FAA 发起诉讼活动、调查意外事故或执行监管活动。然而,大多数娱乐、私人和商用飞行员级别的 FAA 实践考试是由 FAA 委派的飞行员考官管理的。

1.4　飞行教官的职责

飞行教官是航空安全的基础。FAA 已经采用了可行的训练理念，即把学员训练的全部责任交给被授权的飞行教官。在这个岗位上，教官承担了向飞行学员传授所有知识领域和技能的全部责任，并且要达到作为国家空域系统中合格的飞行员安全而胜任的操作飞机所必需的水平。这个训练包括飞行员的驾驶技能、判断力、决策，以及公认的良好操作实践。

FAA 认证的飞行教官在获得执照之前，必须满足丰富的飞行经验这一要求，并通过严格的理论和实践考试，还要证明自己具备运用推荐的教学技巧的能力。另外，根据训练飞行员的持续成功，或者根据圆满地完成飞行教官进修课程，或者顺利通过为更新航空知识水平、提高飞行员熟练程度和提高教学技能而举行的实践考试，飞行教官执照必须每 24 个月更新一次。

飞行员训练计划取决于飞行学员接受的地面教学和飞行教学的质量。一个好的飞行教官对学习进度、教学的基础知识以及与飞行学员有效沟通的能力都有透彻的理解。

好的飞行教官将使用一份教学大纲，并从一开始就坚持正确的操作技能和操作程序，这样学员就可以养成正确的行为模式。教学大纲应该把"积木式"教学法具体化，其中学员将从已知领域进入未知领域。教学课程应该被展示出来，这样每一个新的机动就把那些先前采用的行为所涉及的原理具体化。进而，通过介绍每一个新主题，学员不仅学到了一个新的原理或技能，而且拓宽了他/她对那些先前所学知识的应用，也强调并更加容易发现他/她在先前机动飞行中的不足。

飞行教官不规范的驾驶习惯，不管是在飞行教学期间还是在管理其他飞行员操作时，假如被学员看到，那么都会对飞行安全造成重大影响。原因是学员会把他们的飞行教官看成飞行专家的榜样，并有意或无意地尝试模仿他的驾驶习惯。因为这个原因，一个好的飞行教官会仔细地遵守那些教给学员的安全实践。此外，好的飞行教官在所有飞行操作期间都会仔细地遵守所有的规章和公认的安全实践。

一般的，报名参加飞行员训练计划的飞行学员为了得到飞行员执照，已经做好付出大量时间、努力和费用的准备。学员会倾向于仅仅根据能够通过必须的 FAA 实践考试来判断飞行教官的水准，以及飞行员训练计划总体是否成功。然而，一位好的飞行教官能够与学员沟通，通过实践考试进行评估仅仅是对被压缩到短时间内飞行员技能的摸底。不管怎样，飞行教官的职责都是训练出完全合格的飞行员。

1.5　飞行训练的渠道

在美国，飞行训练的主要渠道有 FAA 批准的飞行员学校和训练中心、未认证的（14 CFR 第 61 部）飞行学校以及独立的飞行教官。FAA"批准的"学校是那些由 FAA 根据 14 CFR 第 141 部认证为飞行员学校的飞行学校。如图 1 - 2 所示。认证的申请是自愿的，并且学校必须满足人员、装备、维护和设施方面的严格要求。学校必须按照制定的课程来运作，其中包括一份由 FAA 批准的培训课程大纲（TCO）。培训课程大纲必须包括学员报名的前提条件，带有标准和目标的每一节课的详细描述，训练的每个阶段的预期成效和标准，以及用于衡量学员学习情况的检查与测试说明。FAA 批准的飞行员学校执照必须每两年更新一次。要根据证明的持续高质量教育和最低程度的教育活动来确定更新。在 FAA 认证的飞行员学校中的培训是组织化的。由于这个组织化的环境，联邦法规全书允许这些飞行员学校的毕业生满足 14 CFR 第 61 部较少飞行时间的执照经验要求。很多 FAA 认证的飞行员学校雇佣委派的飞行员考官（DPE）加

图 1-2　批准的飞行员学校证书

入到员工队伍中，以便管理 FAA 的实践考试。一些学校已经被 FAA 认定为考试权威。对某一特定课程或一部分课程有考试权威的学校有权力推荐他的毕业生报考飞行员执照或等级考试，而不需要 FAA 的进一步测试。FAA 认证的飞行员学校名单和他们的培训课程表格可以在咨询通告（AC）140-2,《FAA 认证的飞行员学校名单》中找到。

　　FAA 批准的训练中心是根据 14 CFR 第 142 部认证的。和认证的飞行员学校一样，训练中心按照批准的课程和科目以组织化的方式运作，在人员、装备、设施、运行程序和记录保持方面都有严格的标准。然而，根据 14 CFR 第 142 部认证的训练中心擅长在他们的训练课程中使用飞行模拟（飞行模拟器和飞行训练设备）。

　　美国的绝大多数飞行学校都没有经过 FAA 认证。这些学校是按照 14 CFR 第 61 部的规定运作的。很多这些未认证的飞行学校提供了卓越的训练，并且满足或者高于 FAA 批准的飞行员学校要求的标准。未认证的飞行学校雇用的飞行教官和独立的飞行教官必须满足基本的 14 CFR 第 61 部飞行教官执照和更新要求，这和那些 FAA 认证的飞行员学校雇用的飞行教官一样。总之，任何培训计划的效果都取决于飞行学员所接受的地面教学和飞行教学质量。

1.6　实践考试标准

　　FAA 飞行员执照和相关等级的实践考试是由 FAA 检察官和委派的飞行员考

官根据 FAA 开发的实践考试标准(PTS)来执行的。如图 1-3 所示。14 CFR 第 61 部规定了报考人必须证明的操作方面的知识和技能。联邦法规全书提供了灵活性, 以便让 FAA 发布实践考试标准,其中包括飞行员必须证明能够胜任的操作项目和特殊任务。FAA 要求所有的实践考试是根据相应的实践考试标准并在按照实践考试标准的简介部分所规定的政策下执行的。必须强调,实践考试标准是一个考试文件而不是教学文件。相应等级的飞行教官负责训练飞行员报考人在所有主题方面、程序和机动方面都能达到可接受的标准,这些机动包含在相应实践考试标准的每一个操作项目的任务中。飞行员报考人应该熟悉这本书,并对照在训练期间包含的标准项目。但是,实践考试标准并不能当作训练大纲使用。它包含了 FAA 实践考试中必须执行的机动/程序的标准和监督实践考试的管理政策。有关任务的描述,以及如何执行机动和程序方面的内容包含在参考和教学文件中,例如本手册。在每一份实践考试标准的简介部分包含有参考文件清单。

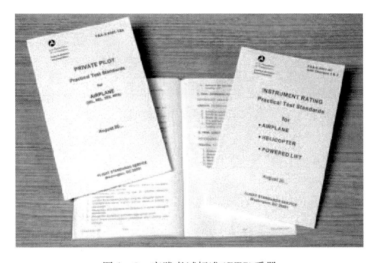

图 1-3　实践考试标准(PTS)手册

实践考试标准可以从法规支持部 AFS-600 的网站 http://afs600.faa.gov 下载。实践考试标准的印刷拷贝可以从下列地址购买:美国政府印刷办公室,文件管理部,华盛顿特区,邮编 20402。美国政府印刷办公室的官方在线书店网站是 http://www.access.gpo.gov。

1.7　飞行安全实践

为了养成安全而良好的行为模式,教官必须强调几个基本的飞行安全实践和程序,并且教官和学员从带飞教学开始都坚持遵守。这些包括但不限于:使用正确的扫视技巧和避让程序以防空中相撞的步骤、避免跑道入侵、失速感知、明确的控制权转让和驾驶舱工作量管理。

1.7.1 防止空中相撞

所有飞行员必须警惕潜在的空中相撞和附近的空中相撞。14 CFR 第 91 部一般运行和飞行规则中规定了"看见并避让"这一概念。这个概念要求不管是按照仪表飞行规则(IFR)还是目视飞行规则(VFR)运行,每个操作飞机的人都要随时保持警惕。飞行员也应该切记他们保持持续监视的职责,而不管所驾驶飞机的类型和飞行目的。大多数空中相撞事件和通报的附近空中相撞事件发生在良好的 VFR 天气条件下,而且是在白天。大多数这些意外/事故发生在距离机场 5 英里以内和/或在导航设施附近。

"看见并避让"这一概念来源于对人眼局限性的认知,使用正确的目视扫描技巧可以帮助飞行员弥补这些局限性。应该在飞行训练的一开始就把目视扫描的重要性和正确的技巧传授给飞行学员。胜任的飞行教官应该熟悉包含在咨询通告(AC) 90 - 48:《避免空中相撞的飞行员职责》,以及《航空情报手册》中的目视扫描和避免空中相撞方面的内容。

有很多不同类型的清场程序,大多数都集中于清场转弯的使用。清场转弯的核心思想是确保下一个机动不会飞到另一架飞机的航迹上。在一些飞行员训练计划中有硬性规定,例如在执行任何训练机动之前,要求向相反方向执行两个 90°的转弯。其他类型的清场步骤可能是由个别飞行教官开发的。无论优先使用哪一种方法,飞行教官应该教给新飞行学员一个有效的清场步骤并且坚持使用。飞行学员在所有转弯和执行任何训练机动之前都应该执行适当的清场步骤。正确的清场步骤和正确的目视扫描技巧配合使用是避免空中相撞的最有效策略。

1.7.2 避免跑道入侵

跑道入侵是发生在机场范围内因地面上的飞机、车辆、人员或物体与起飞中的飞机、即将起飞的飞机、正在着陆的飞机,或准备着陆的飞机产生碰撞危险或者导致间隔不足的任何事件。引起跑道入侵的三个主要原因是:

- 通信。
- 机场知识。
- 为保持方位而要执行的驾驶舱程序。

滑行操作要求整个飞行机组而不只是操作飞机滑行的驾驶员保持持续的警惕。在飞行训练运行期间就更是如此。飞行学员和飞行教官两人都要一直知道其他飞机以及机场活动区上地面车辆的运动和位置。很多飞行训练活动是在无塔台管制的机场进行的。要求在那些无运行的管制塔台的机场进行飞行训练的飞行员更加小心。

在机场地面运行期间,周密计划、清晰的通信和增强的情境感知可以降低地面意外事件的可能性。如果飞行员很早地接受训练,而且在他/她的整个飞行生涯中都执行标准的滑行操作程序和实践,那么就可以实现安全的航空器运行并避免意外。这就要求在滑行操作期间形成正式的安全操作实践教学。飞行教官是这个教学的关键。飞行教官应该逐步地指导学员对潜在跑道入侵的把握,应该强调在咨询通告(AC)91-73第91部《滑行操作期间的飞行员和飞行机组程序及135部单人飞行的操作》中包含的避免跑道入侵程序。

1.7.3 失速感知

14 CFR 第61部要求飞行学员在单飞之前接受并记录失速和失速改出方面的飞行训练。在这个训练期间,飞行教官应该强调每次失速的直接原因都是过大的迎角。飞行学员应该完全理解有多种飞行机动会引起机翼的迎角增加,但是直到迎角变得过大时才会发生失速。这个临界迎角的变化范围为16°到20°,具体大小取决于飞机的设计。

飞行教官必须强调低速不一定会产生失速。机翼在任何速度都可以产生过大的迎角。高的上仰姿态并不绝对表示接近失速。一些飞机能够以适当的低迎角进行垂直飞行。大多数飞机完全能够在水平姿态或者接近水平的俯仰姿态时失速。

失速感知的关键是在任何特殊情况下飞行员想象机翼迎角的能力,因此能够估计他的/她的高于失速的安全余度。这是在飞行训练初期必须掌握,并且在飞行员整个飞行生涯中付诸实际的一个技能。为了培养相当准确地设想任意特定时刻机翼迎角的能力,飞行员必须理解并掌握诸如空速、俯仰姿态、载荷因子、相对风、功率设定和航空器构型等因素。飞行员重视设想进入任何机动之前的机翼迎角是飞行安全的基础。

1.7.4 使用检查单

多年来,检查单已经成为飞行员标准化和驾驶舱安全的基础。检查单是记忆的一种辅助手段,有助于确保不遗漏或遗忘飞机安全运行所必要的关键项目。然而,如果飞行员不遵守检查单的使用要求,那么检查单就没什么用处。如果使用检查单时经常缺乏纪律和专注,那么出错的机会就会增加。那些没有认真地对待检查单的飞行员将会变得骄傲自满,从而他们唯一可以依靠的就是自己的记忆。

在飞行员训练过程中,持续使用检查单的重要性怎么强调也不为过。初级飞行训练的主要目标是培养对飞行员有益的并伴随其整个飞行生涯的行为模式。飞行教官必须积极鼓励使用检查单,且飞行学员必须认识到它的重要性。在最低程度上,应该在下列各飞行阶段使用经严格编制的检查单。

- 飞行前检查。
- 发动机起动前。
- 发动机起动时。
- 滑行前。
- 起飞前。
- 起飞后。
- 巡航。
- 下降。

- 着陆前。
- 着陆后。
- 发动机关闭和防护。

1.7.5　控制权的明确转让

在飞行训练期间,学员和教员之间必须总是明确地知道谁在控制飞机。在每次带飞训练之前,应该简单地介绍交换飞行控制权的步骤。我们极力推荐使用下面的"三步"飞行控制权交换步骤。

当飞行教官希望学员控制飞机时,他/她应该对学员说,"你来控制飞机。"学员应该立即回答说"我控制了飞机。"飞行教官再次确认说"你控制了飞机"。这个过程的一部分活动应该是目视检查以便确保别人确实接手了飞行控制权。当飞行控制权交回给飞行教官时,学员应该遵守和教官把控制权交给学员时相同的步骤。在教官说:"我控制了飞机"之前学员应该一直保持控制权。在任何时候都不要对究竟谁在驾驶飞机这个问题存有疑惑。很多已经发生的意外事故是由于缺乏沟通或者对谁实际控制了飞机存有误解而导致的,特别是在学员和飞行教官之间。在训练的早期阶段形成上述的步骤将确保飞行员养成非常有益的行为模式。

2 地面运行

2.1 目视检查

实现一次安全的飞行是从对飞机进行仔细的目视检查开始的。飞行前目视检查有两个目的:确保飞机在法律上是适航的和确保飞机具备安全飞行的条件。飞机的适航性部分地是由下列证书和文件确定的,并且在飞机运行时这些资料必须放在飞机上。如图 2-1 所示。

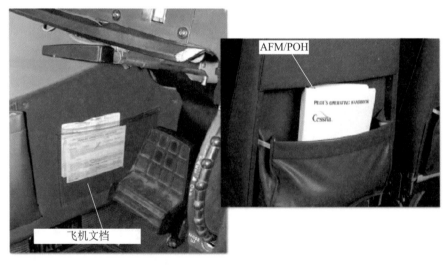

图 2-1 飞机文档和飞机飞行手册/飞行员操作手册(AFM/POH)

- 适航证书。
- 注册证书。
- FCC 无线电台许可证,如果运行类型要求的话。
- 飞机的运行限制,其可能以 FAA 批准的飞机飞行手册或飞行员操作手册(AFM/POH)、标牌、仪表标记或以任何组合的形式出现。

在运行时并不要求飞机的飞行日志保留在飞机上。然而,在飞行前应该检查这些资料以便确保对飞机进行了要求的测试和检查。要求保留机身和发动机维护记录。也可能还有另外的螺旋桨记录。

在以前的 12 个月内至少应该进行过一次年检。另外,根据联邦法规全书第 14 篇(14 CFR)第 91 部 91.409(b)节,也可能需要对飞机进行 100 小时的检查。

如果要使用应答机,则要求在以前的 24 个月内对其进行过检查。如果飞机按照仪表飞行规则(IFR)在管制空域内运行,也要求在以前的 24 个月内对皮托静压系统进行过检查。

还应该检查应急定位器发射机(ELT)。ELT 靠电池提供电力,要定期更换电池或对其再充电。

适航指令(AD)有不同的遵守间隔时间,通常根据相应的机身、发动机或螺旋桨记录的具体方面对其进行跟踪。

通过对飞机及其组件的飞行前检查,从而确保飞机具备安全飞行的条件。如图 2-2 所示。应该根据飞机制造商为特定品牌和型号的飞机印制的检查单来完成飞行前检查。然而,下面的几方面对所有飞机都适用。应该从走近停机坪上的飞机时就开始对飞机进行飞行前检查。飞行员应该留意飞机的总体外观,查找明显的破损,例如起落架未对齐、结构性畸变、蒙皮损坏,以及滴油或机油泄漏。一旦走到飞机后,就应该解除所有的系绳、操纵杆锁定装置和轮挡。

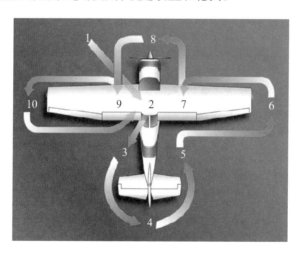

图 2-2　飞行前检查步骤

2.1.1　驾驶舱内部

应该从舱门位置开始检查。如果舱门难以打开或关闭,或者如果地毯或座椅因最近下雨而变得潮湿,那么很有可能门、机身或者两者会不重合了。这可能是结构性受损的征兆。

应该检查风挡玻璃或者边窗是否有裂缝和/或龟裂。龟裂是塑料开始分层过程的最初阶段。龟裂会降低能见度，严重龟裂的风挡玻璃可能由于特定角度上的太阳折射而导致其能见度近乎为零。

飞行员应该检查座椅、座椅扶手和安全带连接点的磨损、破裂和适用性。座椅扶手上锁定插销使用的插孔也应该检查。插孔应该是圆形而不是椭圆形的。还应该检查插销和座椅把手的磨损和适用性。

在驾驶舱内，应该检查的三个重要方面是：①电池和点火开关——关闭，②操纵杆锁定装置——解开，③起落架控制手柄——放下且锁定。如图2-3所示。

图2-3 驾驶舱内部

应该检查燃油选择器能否在所有位置上正常工作——包括OFF位置。选择器不灵活或者难以选择正确的油箱位置，这都是不可接受的。还要检查起动注油器。在拉出或者推进起动注油器的时候飞行员应该能够感觉到阻力。起动注油器应该被安全地锁定。有故障隐患的起动注油器会干扰发动机的正常运行。如图2-4所示。应该在整个行程内缓慢移动每个发动机的控制杆，以便检查控制杆是否有卡滞现象。

空速表应该正确地进行标记，表头指针读数应该为零。否则，仪表可能没有正确地校正过。类似的，飞机在地面时垂直速度表(VSI)读数也应该为零。若不是零，则可以使用一个小的螺丝刀把仪表调零。垂直速度表是唯一的一个飞行员有权调节的仪表。所有其他仪表必须由FAA认证的修理人员或机务人员调节。

磁罗盘是VFR和IFR飞行都需要的仪表。它必须牢靠地安装，并随带一份校

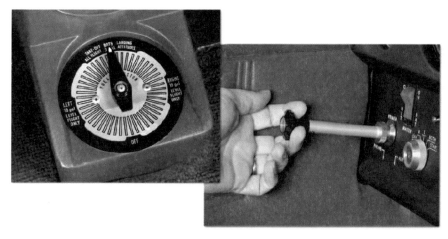

图 2-4　燃油选择器和起动注油器

正卡。仪表表盘必须干净,仪表盒子内部充满液体。模糊的仪表表盘、液体中有气泡或者没有完全充满液体的仪表盒子都会使仪表无法使用。如图 2-5 所示。

图 2-5　空速表、垂直速度表和磁罗盘

在通电之前应该检查陀螺驱动的姿态仪。仪表玻璃面板内部的白色雾气可能是密封已经有裂缝的征兆,它会让水汽和污垢进入到仪表里。

在根据大气压力完成高度表拨正后,应该和停机坪或者场地标高对照。如果已知的机场标高与高度表读数相差大于 75 英尺,那么高度表的精度是有问题的。

飞行员应该打开电池主开关,应该留意燃油油量表读数并和外部检查期间对油箱实际目视检查获得的数值进行对比。

2.1.2　机翼外表面和飞机尾部

飞行员应该检查外表面上的变质、变形和松动,丢失铆钉或丢失螺丝的任何迹象,特别是连接飞机结构的外部表面区域。如图 2-6 所示。飞行员应该检查从翼尖到机身的机翼翼梁铆钉线,查看是否有表面变形。任何波纹和/或起伏都可能是内部损坏或故障的征兆。

图 2-6 机翼和尾部检查

可以通过表面的黑色氧化物来判断松动或切变的铝铆钉,当铆钉在孔里松动后,这些氧化物就会很快形成。在铆钉头附近的表面按压能够帮助确认铆钉是否松动。

在检查机翼外表面时,应该记住机翼前缘的任何损坏、畸变或变形都不能让飞机达到适航条件。前缘的严重花边和诸如失速片、除冰罩的失修会导致飞机的气动性能不可靠。而且,检查翼尖时要特别留心。飞机的翼尖通常是玻璃纤维做成的。它们很容易受损和受裂化的影响。飞行员应查看钻有止裂孔的裂纹是否有扩展迹象,在有些条件下裂纹扩展会导致飞行时翼尖破损。

飞行员应该记住,不管机翼上什么地方出现燃油污染都必须深入调查,且不管这个污染出现了多长时间。燃油污染可能是燃油泄漏的征兆。在装配了整体油箱的飞机上,可以在机翼下表面的铆钉线找到燃油泄漏的证据。

2.1.3 燃油和机油

应该特别注意燃油油量、类型、等级和质量。如图 2-7 所示。在想要加满油量时,很多油箱非常容易受飞机姿态的影响。前轮支柱伸展的程度不管是高是低,都会明显地改变飞机的姿态,从而影响油箱的燃油容量。飞机姿态也会受有坡度的停机坪影响,使得两侧机翼的高度不同。一定要根据目视检查每个油箱的油位来核实油量表指示的燃油量。

燃油的类型、等级和颜色对安全运行是至关重要的。在美国唯一的一种广泛使用的航空汽油(AVGAS)等级是低铅的 100 辛烷汽油,即 100LL。这种航空汽油被

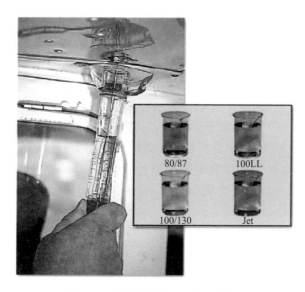

图 2-7 航空燃油类型、等级和颜色

染上了用于表示其等级的容易识别的颜色,它有熟悉的汽油味。Jet-A 或喷气燃油是用于涡轮发动机的煤油基燃油,当不慎用于往复式飞机发动机时会产生灾难性后果。活塞式发动机可以使用喷气燃油发动、运行和驱动飞机,但是发动机会由于爆震而产生故障。

喷气燃油有与众不同的煤油气味,在手指间摩擦时有油滑的感觉。喷气燃油是清澈而呈稻草色的,尽管它被混入油箱内的航空汽油时可能会染色。当几滴航空汽油滴到白纸上时,会很快地蒸发掉,只留下有色的痕迹。相比而言,喷气燃油蒸发得较慢,会留下油滑的污迹。喷气燃油加油车和输油装置用 JET-A 标牌标记,标牌的底色是黑色,字母是白色的。谨慎的飞行员应检查加油量以确保相应的油箱加满了数量、类型和等级合适的燃油。飞行员应该永远确保在每次加油后都安全地盖好油箱盖。

通过 80/87 或 91/96 等级航空汽油(AVGAS)认证的发动机能够安全地使用 100LL 航空汽油,反之则不允许。如果有较低等级/辛烷的燃油,永远不要用它代替所要求的较高等级燃油。因为在很短的时间内爆震就会严重地损坏发动机。

汽车用汽油有时可以作为特定飞机的替代燃油。只有为特定飞机颁布的机身和发动机补充类型证书(STC)允许这样使用时才是可以接受的。

检查水或其他沉积污染物是飞行前一项重要的检查事项。水通常是由于冷凝而聚集在油箱中,特别是没有加满的油箱。因为水比油重,它往往集中在燃油系统中高度较低的位置。水也可以从暴露于雨中损坏的油箱盖密封处进入燃油系统,或者来自供应商的油罐或加油车。在加油过程中,尘土和污垢或者来自变质的橡胶油箱或油箱密封剂,在进入油箱后将形成沉积物污染。

最好的预防措施是尽可能不让水在油箱内发生冷凝。如果可能的话,应该在每次飞行之后把油箱完全加满适当等级的燃油,或者至少在当天最后一次飞行后加满油箱。油箱中的油量越多,发生冷凝的机会就越少。保持油箱加满也是延缓橡胶油箱和油箱密封剂老化的最好方法。

应该从燃油过滤器的快速排放口排出足够多的燃油,从每个油箱的集油槽检查燃油等级、颜色、水、污垢和气味。如果有水,那么在样品的底部通常有水珠样的小水滴,颜色也不一样(通常是清澈的,有时也浑浊)。在极端情况下,不排除整个样品都是水的可能性,特别是样品很少的时候。如果在第一份燃油样品中发现了水,那么应该一直取样直到看不到水为止。明显的/持续的水或沉积物污染是合格的维护人员进一步调查的依据。在飞行前和重新加油后应该排空每一个油箱的集油槽。

油箱通气口也是飞行前检查的一个重要部分。在消耗燃油后,如果外部空气不能进入油箱,最终将导致燃油表故障或燃油不足。在飞行前检查期间,飞行员应该对任何油管损坏和通气口堵塞的迹象保持警惕。检查燃油通气系统的一个有效方法是只要打开燃油盖即可。如果油箱盖破裂后有急速流动的气流就说明通气系统有严重的问题。

在每次飞行前和每次重新加油时都应该检查机油量。活塞式飞机发动机在正常运行情况下消耗的机油量很少。如果消耗量增加或者突然变化,合格的维护人员应该进行检查。如果例行检修人员向发动机添加过机油,那么飞行员应该确保已经安全更换加油盖。

2.1.4　起落架、轮胎和刹车

应该检查轮胎胎压是否正常,以及是否有刺穿、擦伤、磨损、突起、嵌入外物和变质情况。作为一般规则,轮胎帘布外露和胎壁破裂的轮胎都是不适航的。

对于刹车和刹车系统,应该检查其生锈和腐蚀情况,是否有松动的螺母/螺栓、它们是否对位、刹车片是否有磨损/裂纹、液压油是否有泄漏迹象以及液压管路的安全/磨蚀情况。

应该检查前轮的减摆器(被涂成白色)和扭接连杆(它被涂成红色)是否正常保养及其总体状态。应该检查所有起落架的减震支柱是否正常膨胀。

2.1.5　发动机和螺旋桨

飞行员应该检查引擎罩的状况。如图2-8所示。如果引擎罩铆钉头有铝氧化物残余,而且周围的涂漆从引擎罩铆钉头开始呈碎片状辐射分布,这是在洞口变长之前铆钉一直旋转的征兆。如果任其发展,最终引擎罩可能在飞行中脱落。

对于特定的发动机/螺旋桨组合,需要为发动机的正确制冷安装一个螺旋桨毂盖。在这种情况下,只有正确安装螺旋桨毂盖后才能起动发动机。飞行员应该检查螺旋桨毂盖以及毂盖安装板是否安装牢靠,并检查螺旋桨叶的任何擦伤和裂纹等缺陷症状。出现裂纹的螺旋桨毂盖是不适航的。

应该检查螺旋桨是否有划痕、裂缝、点蚀、腐蚀和安全状况。应该检查螺旋桨毂

图 2-8 检查螺旋桨和引擎罩内部

轴是否有机油泄漏,还要检查交流发电机/发电机传动皮带的张力是否正常和皮带的磨损情况。

在检查引擎罩内部的时候,飞行员应该注意燃油是否有染色的迹象,它可能意味着发生了燃油泄漏。飞行员应该检查机油是否泄漏,机油管路是否退化,并确保机油盖、过滤器、机油冷却器和放油塞是安全的。对排气系统,应该检查是否有因气缸头的排气泄漏而导致的白色污染和排烟道是否有裂缝。还应该检查热套筒的总体状况和是否有裂缝或泄漏迹象。

应该检查空气过滤器状况和装配是否安全,以及液压管路是否变质和/或泄漏。飞行员也应该检查引擎罩内是否松动或有外物,例如鸟巢、修理工用的抹布和工具。应该检查所有可见的钢索和管路是否安全及其状况。最后,在关上引擎罩时,还要检查引擎罩扣件是否安全可靠。

2.2 驾驶舱管理

登上飞机后,飞行员首先应该确保所有必需的工具、文件、检查单和飞行适用的导航图表都在飞机上。如果使用了便携式对讲电话、耳麦或手持式 GPS,那么飞行员要负责确保信号线和电缆的走线不影响操纵杆的任何运动或操纵动作。

无论要使用什么材料,它们都应该放置得整齐有序,以便能够方便地拿到。应该检查驾驶舱和客舱中那些在遇到湍流时可能抛掷的东西。对不够牢固的东西采取恰当的扣紧措施。所有飞行员应该养成整理座舱内部的良好习惯。

飞行员必须能看到内部和外部的参考物。如果可调节座椅的运动行程不足,那么应该使用衬垫来帮助达到合适的坐姿。

飞行员舒适地坐好后,安全带和肩带(如果配备的话)应该扣紧并调节到舒适的松紧度。至少在起飞和着陆期间必须系上肩带,除非是系好后飞行员的手碰不着或无法控制操纵杆。否则飞行员在控制的时候必须一直系上安全带。

如果座椅是可调节的,确保座椅在适当的位置上保持锁定是很重要的。在起飞或着陆期间,由于加速或姿态变化导致的座椅运动已经引发了多起意外事故。在座椅突然运动太靠近或者太远离操纵杆时，飞行员可能难以保持飞机的控制。

14 CFR 第 91 部要求飞行员确保飞机上的每个人都接受简单的指导，告诉他们如何正确地使用安全带和肩带（如果配备的话）。应该在起动发动机之前就完成这个事情，并同时向乘客简单介绍如何正确地使用安全设备和出口。飞机制造商印制了类似于航空公司使用的旅客须知卡片，以作为飞行员简令的补充。

2.3　地面运行

飞行员在地面上安全地操作飞机非常重要。这包括应熟悉停机坪上地勤人员使用的标准手势信号。如图 2 - 9 所示。

图 2 - 9　标准手势信号

2.4   发动机起动

因为具体的起动方法随发动机型号、燃油系统和起动条件的不同而变化,所以这里不去讨论发动机起动的具体步骤。务必遵守发动机起动前和发动机起动检查单程序。然而,有一些特定的预防措施对所有飞机都适用。

在机尾正对着打开的机库门、停着的汽车或一群旁观者的时候,一些飞行员就贸然起动了发动机。这不仅是失礼的,还可能导致人员受伤和损坏他人财产。螺旋桨的气流可能出乎意料地强大。

在准备好起动发动机之后,飞行员应该观察四周以确保螺旋桨附近没有安全隐患。这包括附近的人员,以及飞机可能会受到螺旋桨气流或者从地面吹起来的碎片的冲击。在发动机起动之前应该打开防撞灯,即使在白天操作也同样如此。在夜晚,还应该打开航行灯(导航灯)。

在接通起动器之前,飞行员总是应该向驾驶舱外喊"清场"(CLEAR),然后等待可能站在附近的人的回应。

在接通起动器时,飞行员的一只手应该放在油门杆上,这样就可以让飞行员在发动机起动时若出现颤抖的时候快速地作出反应,而且可以让飞行员在起动后转速过大的条件下立即减小油门。建议发动机刚起动后设定为低转速800~1 000 r/min。刚起动后让发动机空转是非常不利的,因为在油压升高之前会出现润滑不足的情况。在寒冷的温度条件下,发动机内部也会承受着潜在的机械应力作用,直到它升温并且获得了正常的内部工作间隙时机械应力才会消除。

在发动机平稳运行后,应该检查机油压力。如果没有升高到制造商规定的数值,发动机可能难以正常润滑,应该立即关闭发动机以免严重损坏。

尽管非常罕见,但是在发动机起动后起动器马达可能还继续打开并接通。可以通过电流表上连续的大电流发现这一问题。有些飞机还有一个专门用于这个目的的起动器接通告警灯。出现这种情况时应该立即关闭发动机。

起动器是一个小的电动马达,用于在起动发动机的短时间内提供大的电流。万一发动机难以起动,在冷却时间未达30 s~1 min(一些AFM/POH甚至要求更长的时间)的条件下,要避免连续的长于30 s的起动操作。它们的使用寿命会由于过度使用导致的过热影响而大大缩短。

2.5   人工起动发动机

虽然大多数飞机装配了电动马达,但是如果飞行员熟悉与通过人工旋转螺旋桨来起动发动机有关的程序和其危险也是有帮助的。由于极其危险,所以这个起动方法只应在绝对必要的条件下才使用,并且已采取了适当的预防措施。

除非有两个人来执行这个程序,并且都熟悉飞机和人工起动的技术,否则禁止人工起动发动机。旋转螺旋桨桨叶的人从头至尾指挥所有的活动,并对这个程序负责。另外一个人也应十分熟悉飞机的控制,他必须坐在飞机内并设好刹车。作为额外的预防措施,可以在主轮前面放上轮挡。如果没有轮挡可用,那么应该安全地系好飞机尾部。在人工起动发动机时,决不允许不熟悉控制的人坐在驾驶员位置。永远不要一个人尝试做这个程序。

当必须人工起动发动机时,螺旋桨周围的地面应该坚实可靠而且没有碎片。除非有可靠的站立位置,否则要考虑改变飞机停放的地方。疏松的沙砾、湿的草地、泥泞、机油、结冰或者雪,都可能导致旋转螺旋桨的人在发动机起动时直接滑入到旋转的螺旋桨桨叶中。

两个参与的人应该讨论程序细节并就喊话口令和预期动作达成一致意见。为了开始这个程序,燃油系统和发动机控制杆(油箱选择,起动注油器,油泵,油门和混合气控制)被设定在正常起动位置。应该检查点火/磁电机开关并确保其处于关闭(OFF)位置。然后应该把处于下方的螺旋桨桨叶旋转到一个接近水平的位置。执行人工起动的人应该正面面向下方的螺旋桨桨叶,且站立在距螺旋桨桨叶稍小于一胳膊长度的位置上。如果站立的位置太远,那么就必须向前移动到不平衡状态才能碰得着桨叶。但这就可能导致这个人在发动机起动后因站立不稳而倒向旋转的桨叶。

人工起动螺旋桨的程序和指令如下:
- 站在飞机前面的人说"油箱开关打开,点火开关关闭,油门关闭,刹车设定"。
- 驾驶员座位上的人确认燃油选择器打开,混合比设定为富油,点火/磁电机开关关闭,油门关闭,且在刹车设定好后,说"油箱开关打开,点火开关关闭,油门关闭,刹车设定"。
- 站在飞机前面的人在旋转螺旋桨直到发动机起动后说"刹车并接通"。
- 驾驶员座位上的人检查刹车处于设定并旋转点火开关到打开(ON)位置,然后说"刹车并接通"。

通过同时用两个手掌向下推从而迫使桨叶快速向下来旋转螺旋桨。如果手紧紧地抓住桨叶,万一发动机无法点火并且立即向相反方向旋转时,那么这个人的身体可能被拉靠到螺旋桨桨叶。在桨叶被向下推的时候,这个人应该向后退离开螺旋桨。如果发动机没有起动,不要再次尝试重新定位螺旋桨,直到确保点火/磁电机开关关闭后再做。

使用"接通"(CONTACT)和"磁电机关闭"(SWITCH OFF)这些词是因为它们的读音明显互不相同。在嘈杂或者大风条件下,"接通"(CONTACT)和"磁电机关闭"(SWITCH OFF)这两个词相比使用磁电机打开(SWITCH ON)和磁电机关闭(SWITCH OFF)更不容易被误解。

在起动发动机后拿开轮挡的时候,飞行员要记住螺旋桨是几乎看不见的,这点非常重要。似乎难以置信,当刚刚起动发动机的人为了拿开轮挡而走向或接近螺旋桨的时候,会发生严重的伤害和不幸。在拿开轮挡之前,油门应该设定在慢车位,并且要从螺旋桨的后面靠近轮挡。永远不要从螺旋桨的前面或侧面靠近轮挡。

应该一直遵守制造商的建议和检查单执行人工起动的程序。在发动机已经变热、非常寒冷、被水淹或者出现气阻的时候，要使用特殊的起动程序。在使用外部电源的时候也会使用不同的起动程序。

2.6　滑行

下列有关滑行的基本内容对于前三点式起落架飞机和后三点式起落架飞机都适用。

滑行是飞机在地面上靠自身动力的受控运动。由于飞机受自身的动力驱动并在停机坪和跑道间运动，所以飞行员必须透彻地理解和熟悉滑行步骤。

知道正在起飞、着陆或者滑行的其他飞机，并考虑其他飞机的通行权对安全至关重要。在滑行时，飞行员应该注意侧面和前面的其他飞机。飞行员必须熟悉飞机周围的整个区域，以确保飞机和所有障碍物以及其他飞机有足够间隔。在任何时候如果担心和一个物体的间隔太小，那么飞行员应该停下飞机并让别人检查间隔。还有可能需要牵引飞机或者由地勤人员帮助移动飞机。

要规定一个唯一的安全滑行速度是非常困难的。在某些情况下是合理而明智的规则有可能在其他条件下是不明智的或危险的。安全滑行的基本要求是明确的控制、识别并有效避免潜在危险的能力，在需要的地方和时间停机或转弯，而且不过度地依赖刹车。在拥挤或繁忙的停机坪上飞行员应该谨慎滑行。通常，应该以飞机恰好靠油门微开能够移动的速度滑行。即速度足够地慢，从而在油门关闭时，飞机可以立即停下来。若滑行道有黄色的中心线，那么飞行员应该看到它们，否则必须为飞机清场或者移走障碍物。

滑行过程中，要转弯之前最好放慢速度。突然地高速转弯会在起落架上施加不必要的侧向力，这可能导致失控的突然转弯或在地面打转。在从顺风航向转向逆风航向时最容易发生突然转弯。在中等至强风条件下，飞行员会发现飞机倾向于随风转向，或者在飞机侧风前进时飞机头会朝风的来向转弯。

在无风条件下以适当速度滑行时，副翼和升降舵对飞机的方向控制的影响很小或几乎没有。不要把操纵杆当作转弯手段，它应该保持在中立位置。在后面将讨论有风条件下滑行时如何正确地使用它们。如图 2-10 所示。

转弯是通过方向舵脚踏和刹车实现的。为了在地面上使飞机转弯，飞行员应该向预期的转弯方向蹬舵，并应用必须的功率和刹车控制滑行速度。在接近转弯要停止的方向之前，要一直朝转弯方向保持方向舵脚踏。然后释放方向舵压力，可能必要时还要施加反方向的压力。

为了起动飞机向前运动或者转弯，可能比向任意方向前进需要更大的发动机功率。在施加额外功率时，一旦飞机开始运动，就应该立即降低油门，以防加速过度。

在最初开始滑行时，一旦飞机开始运动就应该测试刹车是否正常工作。然后增加功率以推动飞机向前缓慢前进，接着减小油门并且同时向两个刹车平稳地施加压

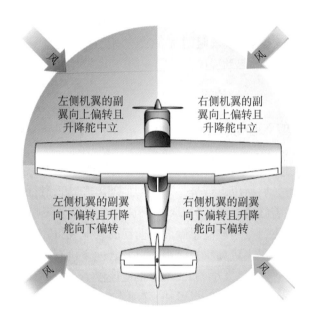

图 2-10 滑行过程中的飞行控制面位置

力。如果刹车效果不令人满意,应该立即关闭发动机。

在滑行过程中,中等到强烈的逆风和/或强烈的螺旋桨滑流使得必须用升降舵来维持俯仰姿态控制。在考虑到水平尾翼面上可能由于这两个因素而产生升力效应时,这就变得很明显了。前三点式起落架飞机的升降舵控制应该保持在中立位置,而在后三点式起落架飞机上应该保持向后升降舵控制压力以保持尾部向下。

在最初开始地面滑跑后,一般顺风滑行需要较小的发动机功率,因为风会推着飞机前进。如图 2-11 所示。为了避免顺风滑行时刹车过热,要保持发动机功率最小,而不是持续地使用刹车来控制速度,只有在偶尔的情况下使用刹车效果会更好。除了低速大角度转弯之外,在使用刹车之前油门应该一直保持在慢车位。这里有一个飞行学员常犯的错误:用需要刹车才能控制滑行速度的功率来滑行。这是驾驶一辆汽车时加速又踩下刹车脚踏在航空上的对应情形。

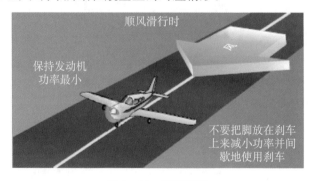

图 2-11 顺风滑行

　　在斜逆风滑行时,迎风侧的机翼趋向于被风向上抬升,除非副翼控制面保持在升起的位置(迎风侧的副翼要保持在 UP 位置)。如图 2-12 所示。

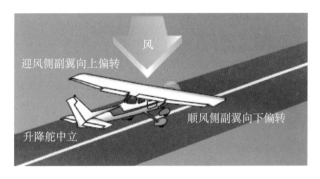

图 2-12　斜逆风滑行

　　副翼运动到升起(UP)位置降低了风吹打副翼的效果,因此也降低了升力作用。这个控制运动也会导致顺风侧副翼被置于放下(DOWN)位置,因此顺风侧副翼会产生少量升力和阻力,进一步降低了迎风侧机翼上升的趋势。

　　在斜顺风滑行时,升降舵应该保持在放下(DOWN)位置,而迎风侧副翼也应该在放下(DOWN)位置。如图 2-13 所示。由于风从后面吹向飞机,这些控制面的位置降低了风在副翼和尾翼下面的效果,并减小了飞机头向前翻的趋势。

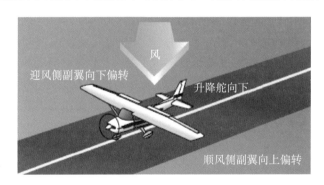

图 2-13　斜顺风滑行

　　使用这些侧风滑行修正有助于使顺风转向的趋势降到最小,最终使飞机更容易驾驶。

　　通常,应该使用方向舵脚踏使前轮转向来执行所有的转弯。在脚踏到达最大偏转位置后,为了使转弯稳定,可能需要使用刹车。在停止飞机时,明智的方法一贯是以前轮笔直向前的方式停下来,以便释放前轮受到的任何侧向力,这样也使得飞机更加容易起动向前运动。

　　在侧风滑行期间,即使前三点式飞机也会有一些顺风转向趋势。然而,在后三点式飞机上的顺风转向趋势则更小,原因是主轮更加靠后,前轮的地面摩擦力有助于抵消这个趋势。如图 2-14 所示。来自方向舵脚踏的前轮铰链为安全有效的地面操控提供了足够的转向控制,修正侧风时只要施加方向舵压力即可。

图 2-14　最容易受风影响的表面区域

2.7　起飞前检查

起飞前检查是在飞行前对发动机、控制面、系统、仪表和航电的系统化检查过程。通常,在开始向靠近跑道起飞端滑行的过程中执行起飞前检查。在滑行过程中,通常有足够的时间让发动机加热到必须的最低工作温度。这确保发动机能够在以高功率运行之前得到适当的润滑以及保持适当的发动机内部间隙。很多发动机要求在高功率运行之前机油温度要达到 AFM/POH 手册中规定的最低值。

风冷式发动机通常被引擎罩紧紧地罩住,并装配了压力导流片,它可以把足够的气流引导至发动机而起到飞行中冷却的作用。然而,在地面时通过引擎罩和导流片周围的空气要少得多。长时间的地面运行可能导致在机油温度升高之前,气缸长时间过热。如果有引擎罩鱼鳞片,则应该根据 AFM/POH 进行设定。

在开始起飞前的检查之前,应该和其他飞机保持间隔并停稳。在飞机的后面不要有任何可能被螺旋桨气流破坏的东西。为了使发动机试车期间的过热隐患降到最低,建议飞机头的朝向尽可能地接近风向。在正确地停稳飞机并准备试车时,应该让飞机稍微向前运动,以便让前后轮能够对齐。

在发动机试车期间,飞机所处的地面应该是坚固的(如果有的话,可以是铺设的平坦地面,或者是草皮地面),且没有任何杂物。否则,螺旋桨可能扬起小石子、灰尘、泥土、沙子或者其他松脱的物体并把它们向后飞掷。这会损坏螺旋桨,也可能损坏飞机的尾部。螺旋桨桨叶前缘的小缺口会形成应力集中,或集中的高应力线。这些都是非常令人担忧的,可能导致裂缝,也可能导致螺旋桨桨叶失效。

当执行发动机试车的时候,飞行员注意力必须内外兼顾。如果停机刹车打滑,或者如果对于一定的功率大小使用的脚踏刹车压力不足,若注意力集中在飞机内部的话,则飞机可能无意地向前运动。

每架飞机都有不同的功能和装备,应该使用飞机制造商或运营人提供的起飞前检查单来执行试车程序。

2.8 着陆后

在着陆后滑跑过程中,退出着陆跑道之前飞机应该逐渐减速到正常滑行速度。任何高速的大角度转弯都会导致在地面打转,进而对飞机造成损坏。

为了在着陆滑跑期间集中注意力控制飞机,应该在飞机脱离当前跑道并完全停止后开始执行着陆后检查。已经发生多起案例,由于在飞机运动时注意力分配不当,造成飞行员错误地操控了操纵杆和收起起落架而不是襟翼。但是,如果制造商建议在着陆滑跑期间完成特定的着陆后操作事项,那么可能要修改这个程序。例如,在执行短场地着陆时,制造商可能建议在滑跑期间收起襟翼以增加制动。在这种情况下,飞行员应该明确识别襟翼手柄并收起襟翼。

2.9 脱离跑道

由于各种飞机上的功能和装备不同,应该使用制造商提供的着陆后检查单。其中的一些事项可能包括:

- 襟翼……………………确认并收起。
- 引擎罩鱼鳞片……………打开。
- 螺旋桨控制杆……………前推至最大。
- 配平片……………………设定。

2.10 停放

除非停放在指定的受管理区域,否则飞行员应该选择一个避免其他飞机的螺旋桨或喷气气流吹打飞机侧面的位置和朝向。无论何时只要可能的话,就应该把飞机头朝向当前的或预报的风向停放。按照预期的朝向停好后,应该让飞机向前运动足够距离以便使前后轮对齐。

2.11 发动机关闭

最后,飞行员总是应该按照制造商检查单中的步骤来关闭发动机,并对飞机做好防护工作。一些重要事项包括:

- 设定停机刹车为接通(ON)。
- 油门设定到慢车或者 1 000 r/min。如果是涡轮增压式发动机,则要遵守制造商的关车程序。
- 点火开关打到关闭(OFF)位置,然后在慢车油门档位时打开点火到打开(ON)位置来检查开关在关闭(OFF)位置是否正常有效。

- 设定螺旋桨控制杆（如果安装了的话）到最大位置（FULL INCREASE）。
- 关闭电气系统和无线电。
- 设定混合气控制杆为慢车切断（IDLE CUTOFF）。
- 发动机停止后，点火开关打到关闭（OFF）位置。
- 主电力开关打到关闭（OFF）位置。
- 安装好操纵杆锁定装置。

2.12 飞行完成之后

直到发动机关闭并对飞机做好防护之后飞行才结束。飞行员应该把这看作是每次飞行的一个关键部分。

2.13 防护和保养

在发动机关闭和乘客离开飞机后，飞行员应该完成飞行后检查。这包括检查飞机的总体状况。为了再次起飞，应该检查机油，如果需要燃油的话则应添加燃油。如果飞机要闲置一段时间，则应把油箱加满以防形成水冷凝，这是一个很好的运行实践。如果在白天结束飞行，那么飞机应该进入飞机库或者用绳索系好，并且保护好飞行操纵杆。

3 基本机动飞行

3.1 四个基本机动

有四个很重要的基本飞行机动,所有的飞行任务都是以它们为基础的:直线水平飞行、转弯、爬升和下降。所有受控飞行都是由这些基本飞行机动中的一个或者多个机动结合而成的。如果飞行学员能够很好地完成这些飞行机动,并且学员根据准确的"感觉"和对控制的分析而不是靠机械的运动达到熟练的程度,那么只要清楚而深刻地理解机动原理就具备了执行任何要求机动的能力。飞行教官必须培训学员充分地理解这些基本要素,而且必须把它们结合在一起来计划他们的训练,从而完美地执行每一个飞行机动都是本能反应而非有意努力的结果。不管怎样强调这对于飞行训练成功的重要性都不过分。在学员进阶到更加复杂的机动课程后,如果忽视想象这些基本机动时出现的任何困难,那么就会由于对基本机动的训练或实践不足,或者由于对这些机动的原理理解不深而导致大多数学员难以掌握复杂的机动。

3.2 操纵杆的作用和运用

在解释操纵杆的作用时,教官应该强调操纵杆产生的控制作用相对飞行员来说总是不变的。应该总是把飞行员作为飞机运动的中心,或者作为判断和描述飞机运动的参考点。无论飞机相对于地面的姿态如何,下列叙述总是正确的:

- 对升降舵控制施加向后的压力时,飞机头相对于飞行员上升。
- 对升降舵控制施加向前的压力时,飞机头相对于飞行员下降。
- 对副翼控制施加向右的压力时,飞机的右侧机翼相对于飞行员下降。
- 对副翼控制施加向左的压力时,飞机的左侧机翼相对于飞行员下降。
- 对右侧的方向舵脚踏施加压力时,飞机头相对飞行员向右运动(偏转)。
- 对左侧的方向舵脚踏施加压力时,飞机头相对飞行员向左运动(偏转)。

在前面的解释中,应该避免新学员把"上"和"下"当作是相对于地球的,实际上它是相对于飞行员的状态。这也使得更加容易理解操纵杆的作用,特别是在执行大坡度转弯和更加高级的机动时。进而,飞行员必须能够正确地执行把飞机控制在任何姿态或预期飞行状态所需要运用的控制方法。

飞行教官应该解释控制面在飞行中会自然受到"实时压力"的作用,如果正确地配平飞机,那么它们自动地保持在中立位置。

考虑到这一点,应该提醒飞行员永远不要考虑操纵杆的运动,而是要考虑施加抵抗实时压力或阻力的力。不要强调操纵杆的运动,正是由于施加在操纵杆上力的时间长短和大小影响了控制面的位移量,进而使飞机机动飞行。

作用于控制面的气流产生的力的大小受空速和控制面偏离中立或流线型位置的程度决定。由于在所有机动中,空速不可能相同,因此控制面的实际位移量就不是很重要;重要的是飞行员通过施加足够的控制压力来操纵飞机而获得预期结果,而不管控制面实际移动多大距离。

应该用手指轻轻地握住操纵杆,而不是用力抓紧或捏紧。应该用手指向操纵杆上施加压力。新学员常犯的一个错误就是倾向于"紧握操纵杆"。应该避免这个倾向,因为它妨碍"感觉"的培养,而这是飞机操控的重要部分。

飞行员应该把脚自然地放在方向舵脚踏上。两个脚后跟应该靠在驾驶舱地板上以支撑脚的重量,而每只脚的前脚掌轻踏每个方向舵脚踏。腿和脚不要绷紧;它们必须像驾驶汽车时一样保持放松。

在使用方向舵脚踏时,应该通过前脚掌平稳而均匀地下蹬来施加压力。由于方向舵脚踏是互联的,并且其作用方向相反,当向一个脚踏施加压力时,必须适当放松另一个脚踏上的压力。当方向舵脚踏需要大幅运动时,必须通过前脚掌施加压力来实现大的压力变化,同时脚后跟在驾驶舱地板上滑动。记住,前脚掌必须放松地放在方向舵脚踏上,从而即便是很轻微的压力变化也能够被感觉到。

综上所述,在飞行期间,是飞行员施加于操纵杆和方向舵脚踏上的"压力"导致飞机绕其轴向运动的。当控制面偏离流线型位置(即使是很微小的)时,流过它的气流也会施加一个阻力作用,并试图把它恢复到流线型位置。这就是飞行员在给操纵杆和方向舵脚踏施加压力时所感觉到的力。

3.3 对飞机的感觉

通常无需依赖驾驶舱仪表来感知飞行状态的能力被称为"对飞机的感觉",但是也包括"感觉"之外的东西。

飞行所固有的声音对培养"感觉"有重要意义。高速流过现代轻型飞机驾驶舱/座舱的空气通常被隔音板屏蔽,但是仍然可以听到这个声音。当声音变强时,表明空速在增加。同样,发动机在不同的飞行条件下会有不同的声音模式。巡航飞行中的发动机声音不同于爬升时的声音,也不同于俯冲时的声音。当对固定桨距螺旋桨飞机施加功率时,转速的降低特别明显。能听到的噪声大小取决于螺旋桨搅动的气流速度的快慢。但是滑流噪声和发动机噪声之间的关系不仅能帮助飞行员估计当前的空速大小,而且有助于估计空速的变化趋势。

有三个实际的对飞行员非常重要的"感觉"来源。其一是飞行员自己的身体,因为它对加速的力有感觉。作用于机身的"G"载荷也可以被飞行员感觉到。向心加速会使飞行员身体被迫下压座椅或者上升,但身体会被座椅背带拉住。由于径向加速会使机身内侧滑或者外侧滑,从而使飞行员身体从座椅一边移动到另一边。这些力不要很大,只有能被飞行员感觉到才有用。对飞机有极好"感觉"的熟练飞行员甚至能够觉察到很微小的变化。

副翼和方向舵控制面对飞行员触觉的响应是另一个"感觉"来源,它提供了直接和空速有关的信息。如前所述,控制面在气流中运动,并遇到和气流速度成正比的偏转阻力。在气流快时,控制面非常呆板,难以运动。在气流慢时,控制面容易运动,但是必须偏转更大的行程。必须在控制面上施加压力才能达到预期的结果,在空速降低时它们的运动和飞机响应之间的延迟变得更大。

飞行员的另一类"感觉"是经过机身传递的。主要是振动,一个例子是空气动力学抖振和失速之前的摇晃。

运动感觉,或者感知运动速度或方向的变化是飞行员可以培养的最重要感觉之一。如果得到正确的培养,运动知觉可以提醒飞行员感知速度的变化和/或飞机开始下降或处于半失速飞行状态。

虽然构成对飞机"感觉"的感知能力是每个人天生的,但是,必须对这种"感觉"进行培养。飞行教官应该指导飞行学员使这些感觉协调,并培训学员理解相对于不同飞行条件下这些感觉的含义。为了有效地做好这个工作,飞行教官必须完全理解感知某事和仅仅注意到某事是不同的。一个非常确定的事实是,在飞行训练早期养成飞机感觉的飞行员在执行高级飞行机动时将更加容易。

3.4　姿态飞行

在目视(VFR)飞行中,根据姿态飞行意味着以自然地平线为参考并以目视方式建立飞机的姿态。如图3-1所示。姿态是飞机的轴和地球地平线之间形成的角度差。俯仰姿态是飞机纵轴形成的角度,滚转(倾斜)姿态是横轴形成的角度,绕飞机垂直轴的旋转(偏航)是指飞机相对于航迹而不是相对于自然地平线的姿态。

在姿态飞行中,飞机控制由四部分组成:俯仰控制、滚转控制、功率控制和配平控制。

● 俯仰控制是通过使用升降舵使飞机头相对于自然地平线升高或降低而绕飞机横轴的控制。

● 滚转控制是为达到和自然地平线形成预期坡度而通过使用副翼绕飞机纵轴的控制。

● 功率控制在飞行状态需要改变推力时使用。

● 配平控制用于在达到预期姿态后释放保持的所有可能控制压力。

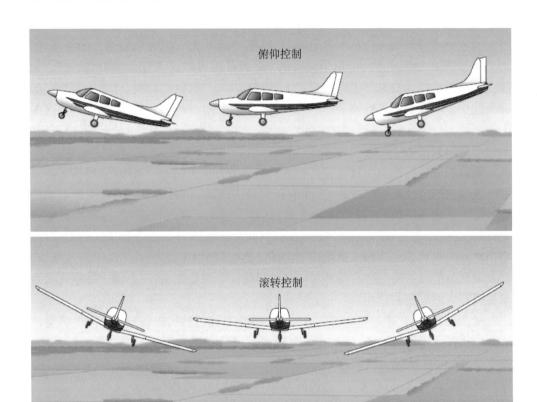

图 3-1 飞机姿态是机头和机翼相对自然地平线的相对位置

姿态飞行的基本原理是：

$$姿态＋功率＝性能$$

3.5 综合的飞行教育

在向新学员介绍基本机动飞行时，建议使用"综合的"或者"复合的"飞行教育方法。其含义是同时使用外部参考和飞行仪表来建立并维持预期飞行姿态和飞机性能。如图 3-2 所示。

在新学员使用这个方法时，他们获得了更为准确而胜任的全面驾驶能力。尽管这种飞机控制方法可能随着经验的积累而变成第二本能，但是新学员必须付出足够的努力来掌握这个技能。其基本原理如下。

● 飞机的姿态是通过飞机相对于自然地平线的位置而建立和维持的。驾驶员至少 90％ 的注意力应该投入到这方面，同时还要扫视其他飞机。在重新检查俯仰或者滚转时，如果发现其中之一或者两者都未达到预期，那么需要立即纠正以使飞机恢复到正确的姿态。持续地检查和及时修正使得飞机偏离预期航向、高度和航迹的可能性很小。

90%的时间内，飞行员注意力应该在驾驶舱外部

分配给驾驶舱内部的注意力不应该超过10%

图 3-2 综合法或混合法飞行教学

• 飞机的姿态是通过参考飞行仪表和其核实的性能而确认的。如果飞行仪表显示飞机性能需要修正，则必须确定具体的修正量，并参考自然地平线来施加修正动作。然后通过参考飞机仪表再次检查飞机的姿态和性能。最后飞行员通过参考自然地平线保持修正后的姿态。

• 飞行员应该通过多次快速地扫视仪表来监控飞机的性能。分配给驾驶舱内部的注意力不要超过10％。飞行员必须培养迅速地扫视相应飞行仪表的技能，然后注意力立即回到外部参考来控制飞机的姿态。

飞行员应该熟悉外部参考相对于自然地平线和驾驶舱内部飞行仪表的相应指示状态之间的关系。例如，俯仰姿态的调节可能需要飞机上飞行员所选择的参考点相对于自然地平线运动几英尺，但是相应于飞机姿态仪上参考线的运动量则很微小。类似地，在参考翼尖相对于自然地平线的位置时，虽然偏离预期的坡度是很明显的，但是新学员可能几乎觉察不到姿态仪上的变化。

不能也不应通过综合的飞行教育而让飞行员准备在仪表天气条件下飞行。新学员最常犯的错误是在进行俯仰或者滚转修正时还在看驾驶舱内部。控制压力已经施加，但是新学员不熟悉参考仪表飞行的复杂性，包括诸如仪表滞后和陀螺进动，总是会导致过度的姿态修正和过度依赖仪表。然而，以自然地平线为参考的飞机姿态仪的指示和精度是及时的，并且比任何其他仪表显示状态的速度要快很多。而且，新学员必须知道在任何时候，不管什么原因，若不能以自然地平线为参考建立和/或维持飞行姿态，那么应该把这个情形看作是真正的紧急情况。

3.6　直线水平飞行

在直线水平飞行中形成正确的习惯怎么强调都不过分。所有其他的飞行机动本质上都是从这个基本机动飞行演变而来的。很多飞行教官和学员倾向于相信完美的直线水平飞行源于飞机自身，但是情况并非如此。飞行员基本飞行能力持续下降，达不到最低的预期标准，而根据对其不足所作的分析，发现原因是不能正确地执行直线水平飞行，这样的情况并不罕见。

直线水平飞行是保持恒定航向和高度的飞行。它是通过及时而有效地修正意外的轻微转弯、下降和爬升时的航向和高度偏差来实现的。首先，水平飞行就是有意识地固定飞机某部分的位置（当作参考点）和地平线之间的关系。教官应该知道没有两个飞行员能够看到严格相同的这个关系。参考点取决于飞行员所坐的位置，飞行员的高度（无论是高还是矮），以及飞行员的坐姿。因此，在确定这个关系的时候，飞行员保持正常坐姿是很重要的；否则恢复到正常坐姿时那两个点将不再相同。

在学习控制飞机水平飞行时，重点是培训学员保持轻握飞行操纵杆并柔和地施加预期的控制力，从而恰好足够达到预期结果。学员应该学会把参考点的明显运动和导致它运动的力联系起来。通过这种方式，对于每个微小的修正，学员可以培养出通过感知作用于操纵杆上力的大小和方向来控制飞机姿态预期变化的能力，而不必参考仪表或外部参考物。

水平飞行（恒定高度）的俯仰姿态通常是通过选择飞机头的某部分为参考点，然后相对地平线保持那个点在一个固定的位置而实现的。如图3-3所示。利用姿态飞行的原理，应该不时地对照高度表交叉检查那个位置以确定俯仰姿态是否正确。如果高度在增加或者下降，则应该重新调整相对地平线的俯仰姿态，然后再检查高度表来确定是否保持住高度。使用向前或者向后的升降舵压力来控制这个姿态。

姿态仪上的俯仰信息也显示机头相对于地平线的位置，也表示是否需要升降舵压力来改变俯仰姿态以便恢复到水平飞行。但是，主要的参考来源还是自然地平线。

在所有正常机动中，"增加俯仰姿态"这句话含义是相对自然地平线升高机头；

图3-3　直线水平飞行时的机头参照

"降低俯仰姿态"这句话含义是降低机头。

直线飞行(横向水平姿态的飞行)是通过目视检查飞机翼尖和地平线的关系来实现的。两个翼尖在地平线上方或下方(取决于飞机是上单翼类型还是下单翼类型)的距离应该相等,应该使用副翼随时进行必要的调整,并注意控制压力和飞机姿态之间的关系。如图3-4所示。学员应该理解只要机翼滚转,即使是非常轻微的,飞机也会转弯。直线水平飞行的目标是一旦发生稍微偏离横向水平的飞行姿态就立即察觉它,并施加少量的修正。应该参考航向仪来注意航向的任何变化。

图3-4 直线水平飞行时的翼尖参照

除了作为检查机翼水平的正确方法之外,持续地观察翼尖还有其他的优点。它能帮助飞行员把注意力从飞机头移开来,通过增加飞行员视野所必须覆盖的范围从而自动地扩大飞行员的视野而防止一直凝视。在练习直线水平飞行时,翼尖不仅可以用于确定飞机横向的水平姿态或滚转,还能帮助建立更小角度的俯仰姿态。这只在学习直线水平飞行时作为辅助,在实践中正常运行时并不推荐。

学员的视野范围也是很重要的,因为如果视野模糊,学员会倾向于接着向另一边看(通常是左边),从而对这个方式产生依赖性。这不仅使作为学员判断依据的角度产生偏差,而且会导致学员在那个方向上无意识地施加控制压力,这就会导致拖滞机翼。

在机翼近似水平时,通过在方向舵上向预期方向施加必要的力来维持水平飞行是可能的。然而,教官应该指出单单使用方向舵这个方法是不正确的,可能会导致难以准确地控制飞机。如果飞机经过适当配平而且大气稳定,那么直线水平飞行几乎不需要施加控制压力。因为这个原因,学员一定不能养成不必要的持续操作控制面的习惯。学员必须学会识别什么时候修正是必须的,然后直接而自然地作出准确的反应。

　　为了树立直线水平飞行时方向舵所需力的正确概念,必须保持飞机水平。新学员的一个最常见错误就是倾向于把注意力集中在飞机头上,并且试图通过观察机头引擎罩弯曲度来保持机翼水平。对于这个方法,其参考线非常短,并且特别是察觉不到微小的偏差。而且,虽然这个短参考线产生的水平偏差非常小,但在翼尖部分就变得很明显,进而会导致机翼明显地拖滞。这个姿态需要额外使用方向舵来保持直线飞行,这就产生了错误的控制力回中的概念。如果养成使一个机翼拖滞并用方向舵补偿的习惯,那么这是特别难以改变的,而且如果不纠正的话,将导致在掌握其他飞行机动时变得相当困难。

　　实际上,在恒定功率的直线水平飞行中空速将保持恒定。通过增大或减小功率而有意识地改变空速,提供了一个培养在不同空速下保持直线水平飞行熟练程度的良好方法。当然,空速明显变化时,需要俯仰姿态和俯仰配平也明显变化才能维持高度。在操作襟翼和起落架的时候,也需要明显地改变俯仰姿态和配平。

　　进行直线水平飞行的常见错误有:

- 试图用飞机上不合适的参考点来建立姿态。
- 在后续的飞行中忘记预先选择的参考点。
- 试图用飞行仪表而不是外部目视参考来建立或修正飞机姿态。
- 试图只使用方向舵控制来保持方向。
- 习惯性地以一侧机翼较低的姿态飞行。
- "盯着"飞行仪表而不是遵守姿态飞行的原则。
- 过紧的抓握飞行操纵杆导致过度控制和对飞机的感觉不足。
- 推或拉飞行操纵杆而不是施加压力来抵抗滑流的力量。
- 不正确的扫视和/或对外部目视参考分配的时间不足(埋头在驾驶舱中)。
- 注视着机头(俯仰姿态)的参考点。
- 不必要的或不适当的控制输入。
- 在觉察到偏离直线水平飞行时不能作出及时准确的控制输入。
- 对飞机感觉的培养不够重视。

3.7　配平控制

　　飞机被设计成在以正常重量和载荷进行直线水平巡航时,主飞行控制面(方向舵、副翼和升降舵)和飞机的固定表面呈流线型。如果飞机的飞行偏离了这个基本平衡状态,那么就不得不通过连续的控制输入使一个或多个控制面偏离它们的流线型位置。配平片的运用降低了飞行员这方面的要求。正确的配平技能是非常重要的,而且是经常被忽略的基本飞行技能。配平不当的飞机需要持续的控制输入,这会引起飞行员紧张和疲劳,并分散飞行员的扫视注意力,而生硬且不稳定地控制飞机姿态。

　　由于轻型飞机的功率和速度相对较低,不是所有的轻型飞机都具备一套可以从驾驶舱调节的完整的配平片。在那些有方向舵、副翼和升降舵配平的飞机上,应该使用一个确定的配平操作顺序。应该首先配平升降舵/全动水平尾翼,以减轻保持恒定空速/俯仰姿态所需的控制压力。在螺旋桨飞机上,试图在不断变化的空速下配平方向舵是不切实际的,因为扭矩的变化会纠正垂直翼面的偏移。一旦建立了恒定的空速/俯仰姿态,完成方向舵配平后,飞行员应该用副翼压力保持机翼水平。然后应该调节副翼配平来释放横向的控制压力。

一个常见的配平错误是倾向于使用配平调整从而过度控制飞机。为了避免这个问题,飞行员必须学会用主飞行控制建立和保持飞机处于预期姿态。应该以地平线做参考来建立正确的姿态,然后对照飞行仪表上的性能指示进行确认。接着飞行员应该使用上面的配平顺序来释放手或脚上需要的任何压力。飞行员必须避免使用配平建立或修正飞机姿态。必须先建立和保持飞机姿态,然后用配平实现控制压力,这样飞机就能够"脱手"飞行并保持在预期姿态。试图"用配平片驾驶飞机"是基本飞行技能的一个常见错误,甚至经验丰富的飞行员也会犯这个错误。

被正确配平的飞机表明飞行员有良好的驾驶技能。在计划改变飞机姿态时,飞行员感觉到的任何控制压力应该是谨慎地控制输入的结果,而不是因为飞行员让飞机继续控制而由飞机来施加压力的结果。

3.8　水平转弯

转弯是通过使机翼向预期转弯的方向滚转而实现的。具体的坡度是飞行员选择的,施加控制压力以获得需要的坡度,并且一旦建立需要的角度,就要施加适当的控制压力来维持预期的坡度。如图3-5所示。

在进行转弯时,要密切协调地使用所有四个基本控制。它们的功能如下:

● 副翼使机翼滚转,因此它决定了一定空速下的转弯率。

● 升降舵使飞机头相对于飞行员作上下运动,其方向和机翼垂直。因此,它既决定转弯时的俯仰姿态,还会"拉"着飞机头绕弯。

● 油门为转弯保持稳定的空速提供了所需的推力。

图3-5　水平向左转弯

● 方向舵抵消了其他控制产生的任何偏航影响。方向舵不会让飞机转弯。

为便于讨论,转弯被分为三类:小坡度转弯、中等坡度转弯和大坡度转弯。

● 小坡度转弯是那些坡度小于约 20°的转弯,除非施加副翼来保持滚转姿态,否则这么小的坡度由于飞机固有的横向稳定性作用于机翼从而使飞机改为水平姿态。

● 中等坡度转弯是飞机滚转时能够保持恒定坡度(大约 20°~45°)的转弯。

● 大坡度转弯是那些超过45°坡度的转弯,飞机过度滚转压倒了稳定性,除非使用副翼来避免,否则坡度会不断增加。

图3-6　升力的变化导致飞机转弯

机翼升力的方向朝哪一侧变化,就会导致飞机被拉向那个方向。如图 3-6 所示。协调地使用副翼和方向舵来使飞机向预期的转弯方向滚转就会这样。

在飞机直线水平飞行时,总升力是垂直作用于机翼的,也垂直于地平线。当飞机倾斜进入转弯状态时,升力就变成两个分力的合力。其一是垂直升力分量,继续垂直于地平线,并和重力方向相反。其二是水平升力分量(向心力),它平行于地球表面作用于飞机,和惯性力(明显的离心力)方向相反。这两个分力以合适的角度互相作用,导致合成的总升力垂直作用于飞机的机翼。实际上是水平的分力使飞机转弯的,而不是方向舵。当使用副翼让飞机倾斜时,放下的副翼(在升高的机翼上)产生比升起的副翼(在下降的机翼上)更大的阻力。如图 3-7 所示。这个增加的副翼阻力使飞机朝机翼上升的一侧偏航,或者说向转弯的反方向偏航。为了抵消这个逆偏转运动,必须和副翼同时向预期的转弯方向施加方向舵压力。需要用这个动作来得到协调的转弯。

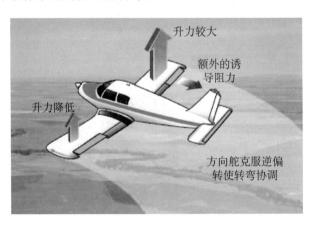

图3-7　转弯过程中的受力

在中等坡度转弯中建立坡度之后，可以释放所有作用于副翼的压力。飞机将保持在选定的坡度，且不会有进一步偏航的趋势。因为副翼不再偏转，所以方向舵脚踏上的压力也可以释放，并且方向舵能够顺滑流方向保持在流线型状态。建立转弯后保持的方向舵压力将导致飞机向转弯的外侧侧滑。如果为了使方向舵居中而做出切实的努力，而不是让其自身按转弯来实现流线型，那么很可能要不经意地施加一点反向的方向舵压力。这将迫使飞机朝转弯航迹的反向偏航，导致飞机向转弯的内侧侧滑。不管飞机是外侧滑还是内侧滑，在转弯侧滑指示仪中的小球将会偏离中心，如图3-8所示。在正确协调的飞行中是不会发生外侧滑或内侧滑的。一个重要的基本驾驶技能就是飞行员无需借助仪表来感知或者感觉任何不协调状态（内侧滑或者外侧滑）的能力。在这阶段训练中，飞行教官应该着重培养这个能力，并坚持运用这个能力以便在所有后续培训中获得优秀的协调性。

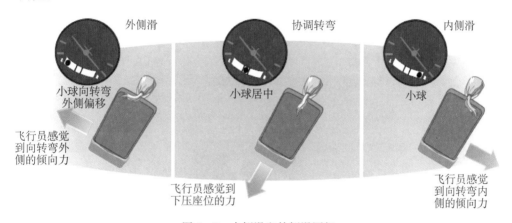

图3-8　内侧滑和外侧滑图解

在所有恒定高度、恒定空速的转弯中，滚转进入转弯姿态时必须通过升高升降舵来增加机翼的迎角。原因是部分垂直升力已经被转移成水平升力。因此，必须增加总升力来弥补这个损失。

为了停止转弯，通过向相反的方向协调使用副翼和方向舵使机翼恢复到水平飞行。为了理解空速、坡度和转弯半径之间的关系，应该注意到任何给定真空速下的转弯率取决于水平分力，水平分力随坡度的大小成比例变化。因此，在一定真空速下的转弯率随坡度增加而增加。换句话说，当以一定坡度转弯，且真空速越高，那么惯性就越大，转弯所需要的水平分力也就越大，导致转弯率变得较低。如图3-9所示。因此，在一定的坡度时，较高的真空速会使转弯半径较大，因为飞机以较慢的转弯率转弯。

当从小坡度变为中等坡度时，由于转弯半径变小，转弯外侧机翼的空速比内侧机翼的空速大。由于机翼速度的增加平衡了飞机固有的横向稳定性，从而产生了额外升力。在任何给定的空速下，并不需要副翼压力来保持坡度。如果让转弯从中等

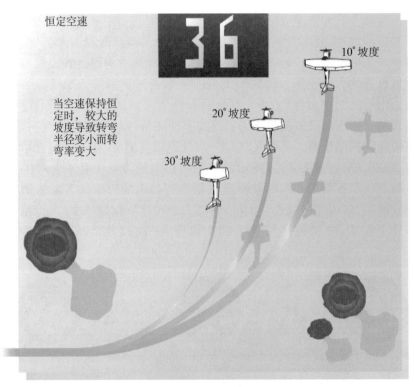

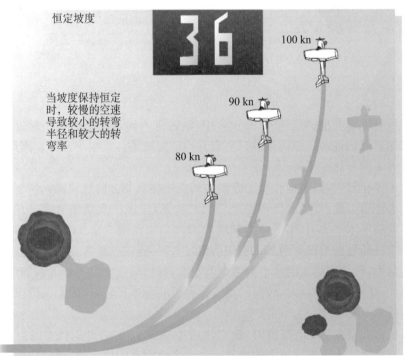

图 3-9 坡度和空速决定转弯率和转弯半径

坡度转弯增加到大坡度转弯,那么转弯半径会进一步减小。外侧机翼的升力导致坡度更加陡峭,这就需要施加反向的副翼控制来保持坡度恒定。

　　随着转弯半径变得更小,内侧机翼的速度和外侧机翼的速度差别会发生明显的不同。转弯外侧的机翼比内侧的机翼的弯曲行程更长,然而两边是在相同的时间内完成各自的行程,所以,外侧机翼比内侧机翼运动得更快,结果导致它产生更多的升力。这就产生了一个必须用副翼来控制的过度滚转倾向。如图3-10所示。由于外侧机翼产生更多的升力,它也有更多的诱导阻力。这就导致了大坡度转弯时的轻微内侧滑,必须使用方向舵来修正它。

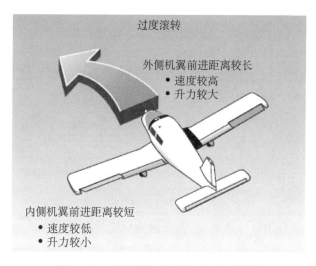

图3-10　大坡度转弯过程中的过度滚转

　　有时在最初的大坡度转弯训练中,可能让机头变得过低而导致高度明显下降。为了恢复,飞行员首先应该协调使用副翼和方向舵来减小坡度,然后用升降舵来升高飞机头到水平飞行状态。如果试图使用升降舵从机头过低的深度转弯状态恢复,那么会导致坡度变陡,可能会使飞机受到过度的应力。通常,大坡度转弯中用升降舵来完成俯仰姿态的小幅修正,而用副翼保持坡度恒定。

　　为了建立预期的坡度,飞行员应该同时使用外部目视参考点和姿态仪上的坡度指示。建立坡度的最好外部参考是下单翼飞机的升高的机翼(上单翼飞机的下降机翼,即内侧机翼)和地平线形成的角度,或者是引擎罩的顶部和地平线形成的角度。如图3-11所示。由于在大多数轻型飞机上,引擎罩上表面相当

图3-11　倾斜角的目视参考

平坦,它相对于地平线的水平角度能够近似地指示坡度。而且,从姿态仪获得的信息将显示机翼相对地平线的角度。但是,转弯协调仪的信息不能指示机翼相对地平线的角度。

坐在飞机上的时候,飞行员的坐姿也是很重要的,特别是在转弯时。它会影响对外部目视参考的解释。最初,学员可能向转弯外侧倾斜试图相对地面保持垂直的姿态,而不是驾驶飞机的姿态。如果学员想要学会正确地使用目视参考,就应该立即纠正这个问题。如图 3-12 所示。

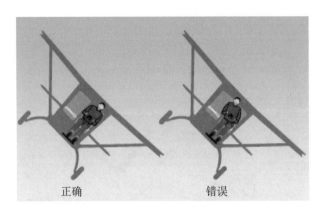

图 3-12 在飞机中正确和错误的坐姿

对学员和有经验的飞行员来说,判读误差是很常见的。这个误差是飞机的一个特性,飞机有并排的座位,而飞行员坐在飞机滚转所绕的纵轴的一边。这就使得在左转弯时看起来机头在上升,而右转弯时看起来机头在下降。如图 3-13 所示。

图 3-13 判读视角

初学的学员不要施加大幅度的副翼和方向舵偏转,因为这会产生快速的滚转,导致在达到预期坡度之前允许修正的时间很短。较慢的滚转速度(轻度的使用控制面)能够为必要的俯仰和滚转修正提供更多时间。飞机一旦从机翼水平姿态开始滚转,机头应该也开始沿着地平线运动,随着坡度的增加,机头运动速度也相应增加。

下面的变化提供了很好的指南。

- 如果机头在开始滚转之前就运动,说明方向舵使用得太快了。

- 如果在机头开始转弯之前就开始滚转,或者机头向相反方向运动,说明方向舵施加得太迟了。

- 如果机头在进入转弯时向上或者向下运动,说明升降舵使用得要么过量要么不足。

在建立了预期坡度后,应该释放副翼和方向舵的控制压力。这就会停止坡度的增加,因为副翼和方向舵控制面将会中立在它们的流线型位置。向上的升降舵压力不要释放,而应该保持不变,以便维持一个稳定的姿态。在整个转弯过程中,飞行员应该交叉检查空速表,如果空速降低超过 $5\,kn(1\,kn = 1.852\,km/h = 0.514\,m/s)$,应该使用更大的功率。交叉检查还应该包括外部参考、高度表和垂直速度表(VSI),它可以帮助确定俯仰姿态是否正确。如果高度增加或者减少,应该调节相对于地平线的俯仰姿态,然后再检查高度表和 VSI 以确定是否保持了高度。

在所有转弯中,副翼、方向舵和升降舵被用来修正俯仰和滚转的微小变化,就像它们在直线水平飞行中一样。

除了向相反的方向施加飞行控制外,从转弯改出类似于进入转弯,向改出的方向或向升高的机翼方向施加副翼和方向舵。作为必须条件,随着坡度的降低,应该释放升降舵的压力以保持高度。

由于只要有任何程度的坡度,飞机就会继续转弯,必须在到达预期航向之前就开始改出转弯。在预期航向上改出转弯需要的航向提前量取决于转弯的坡度。通常,航向提前量是转弯坡度的一半。例如,如果坡度是 $30°$,改出转弯的航向提前量为 $15°$。随着机翼变得水平,应该平稳地释放控制压力,以使飞机返回到直线水平飞行时控制面处于中立位置。在完成改出转弯之后,应该注意外部目视参考,以及姿态仪和航向仪,以确定机翼水平且已经停止转弯。

应该从中等转弯开始做水平转弯的教学,这样学员才有机会掌握转弯飞行的基础而不必应付过度滚转倾向或飞机的固有稳定性使机翼保持水平的问题。教官不应要求学员一个接着一个地做滚转动作,而是要从水平改变到滚转,再从滚转到水平,等等,在每阶段的结束都有一个短暂的停顿。这个短暂停顿让飞机自身从任何错误控制导致的影响中恢复,并确保下次转弯有一个正确的开始。在这些训练过程中,应该指出控制的阻力随作用于它们的力而变化,以此强调控制力度意识而不是运动意识。应该鼓励新学员自由地使用方向舵。这阶段的侧滑表明学员正确地使用了控制面,且较容易在以后改正。在这阶段的训练过程中,如果方向舵使用量太小或者朝错误的方向使用方向舵,换句话说,这表明缺乏正确的协调概念。

在练习转弯时,飞机头的动作会表现出协调控制中的任何差错。通常,在进入或从滚转改出时,飞机头会在地平线上方或下方画出一个弧线轨迹,然后在滚转之后保持正确位置。这是由于在进入转弯和改出转弯期间,升降舵和方向舵控制上的力缺乏及时性和协调性的结果。它表明学员有正确的转弯知识,但是进入和改出的技巧上有错误。

由于升降舵和副翼在一个操纵杆上,作用于这两者的压力是同时执行的,新学员通常在只需要对两者之一施加力时,容易无意识地在另一控制面上施加力。这在左转弯中特别明显,最初,由于手的位置使得正确地运动稍微有点困难。有时,这对于右转弯轻微爬升而左转弯轻微下俯的习惯是合理的。这个结果是很多因素导致的,包括在转弯时由于扭矩效应导致左右两边所需方向舵的压力不等。

右转弯爬升和左转弯下降的倾向在并排驾驶舱座位的飞机上也是很普遍的。在这种情况下,是由于飞行员坐在飞机滚转的纵轴左边。这就使得机头在正确执行的左转弯时似乎上升,而在正确执行的右转弯时似乎下降。如果努力保持机头看上去在相同的水平位置上,则会导致机头右转弯爬升,左转弯下俯。

转弯中所有控制动作的良好协调和及时性需要大量的练习。培养这个协调性是很重要的,因为它是基本飞行机动的真正基础。

如果身体适当放松,它就像钟摆,会由于任何作用在身体上的力而摇摆。在外侧滑期间,身体会被推向转弯的外侧方向,在内侧滑时,身体会被拉向转弯的内侧。在座椅上侧滑的倾向中可以看到同样的效果。随着飞行"感觉"的提高,经正确训练的学员会对这种持续的倾向变得高度敏感,能够在任何其他迹象出现之前很早就觉察到内侧滑或者外侧滑的存在,或者甚至是接近内侧滑或者外侧滑时就能觉察到。

在执行水平转弯时的常见错误有:

- 在开始转弯前,不能充分清场。
- 试图仅靠参考仪表来执行转弯。
- 在转弯中试图相对于地面坐直身体,而不是呈驾驭坐姿。
- 若不参考飞行仪表就不能察觉内侧滑/外侧滑,表明飞行员飞行感觉不足。
- 试图通过参考飞机头的倾斜来保持恒定的坡度。
- 注意力集中在飞机头参考而拒绝使用翼尖参考。
- "恐地感"——在低空飞行时,有意识或者无意识地努力避免执行靠近地面的滚转动作,而做出"小坡度转弯"(外侧滑)。
- 在转弯中保持方向舵。
- 只熟练一个方向的转弯(通常是左转弯)。
- 不能和其他控制一起协调地使用油门。
- 在转弯过程中,高度增加或者降低。

3.9 爬升和爬升转弯

当飞机进入爬升时,其航迹从水平飞行改变为和水平面成倾斜或爬升姿态。在爬升中,重力不再垂直作用于航迹。它的作用方向是向后的。这导致总阻力增加,需要增加推力(功率)以平衡阻力。当有足够的推力抵消增加的阻力时,飞机就能保持一个爬升角;因此,爬升是受爬升推力限制的。

和其他机动类似,应该使用外部目视参考和飞行仪表来执行爬升飞行。飞行员知道能够实现下列爬升条件的发动机功率大小和俯仰姿态是很重要的。

3.9.1 正常爬升

正常爬升是在飞机制造商推荐的空速下进行的。正常爬升速度一般稍微高于飞机最佳爬升率的速度。增加的空速提供了更好的发动机制冷效果,也更容易控制,而且机头上方有更好的能见度。正常爬升有时候被称为巡航爬升。对于复杂或者高性能飞机,除正常爬升外可能还有一个特定的巡航爬升过程。

3.9.2 最佳爬升率的速度

最佳爬升率的速度 V_Y 是在最大幅度地超出水平飞行所需要功率的空速条件下实现的。这种爬升条件在最短的时间内使飞机高度增加最大(以英尺每分钟(ft/min)为单位的最大爬升率)。使用最大可用功率时,最佳爬升率即最大爬升。必须完全理解:如果试图通过增加俯仰姿态获得超出飞机能力的爬升性能,将导致爬升率降低。

3.9.3 最佳爬升角的速度

最佳爬升角是在一定距离内高度增加最大的空速条件下实现的。最佳爬升角的速度 V_X 明显低于最佳爬升率的速度 V_Y,并且比水平飞行所需功率多出一大部分额外的可用推力。尽管飞机将比最佳爬升率的速度时需要更长的时间才能达到相同的高度,但是最佳爬升角的速度将产生更为陡峭的爬升航迹。因此,最佳爬升角的速度用于起飞后的越障飞行。如图 3-14 所示。

图 3-14 最佳爬升角的速度和最佳爬升率的速度

应该注意到,随着高度的增加,最佳爬升角的速度是增加的,而最佳爬升率的速度是减小的。这两个速度的交点就是飞机的绝对升限。如图 3-15 所示。

通过逐渐地向后施加升降舵压力来增加俯仰姿态至预期大小,同时把功率增加到爬升功率,从而进入笔直爬升。在施加功率时由于水平安定面上的下洗流速度增

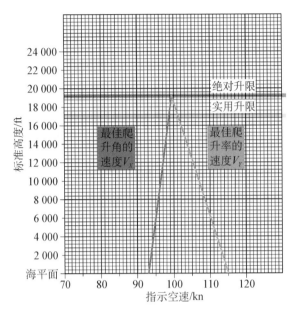

图 3-15 绝对升限

加,飞机头会倾向于很快升高并超过能够保持稳定飞行的姿态。飞行员必须为此做好准备。

在开始爬升后,空速会逐渐减小。空速逐渐减小的原因是飞机的固有动量。以一定的空速保持直线水平飞行所需要的推力不足以让飞机以相同的空速爬升。爬升飞行比水平飞行需要更多的功率,这是由于向后作用的重力(爬升时的重力分量向后)引起阻力增加而导致的。所以,功率必须增加到一个较高水平以抵消阻力的增加。

使用爬升功率时,螺旋桨的影响是主要因素。这是因为空速明显地低于巡航速度,飞机的迎角也明显较大。在这些情况下,螺旋桨的扭矩和非对称载荷将导致飞机左右摇晃并向左偏航,为了抵消这个效应,必须向右蹬舵。

在开始训练爬升和爬升转弯的过程中,可能会导致协调控制看起来很笨拙(向左爬升转弯需要保持右舵),但是经过一些练习之后,对螺旋桨效应修正就会变成本能的动作。

配平也是爬升中一个非常重要的考虑因素。在建立爬升后,应该配平飞机姿态,以释放飞行控制上的所有压力。如果俯仰姿态、功率或者空速发生变化,那么应该重新配平以释放控制压力。

在执行爬升时,功率应该增加到制造商建议的爬升功率数值。如果飞机装配了可控桨距螺旋桨,那么不仅有发动机转速计,而且有歧管压力表。通常,襟翼和起落架(如果可收放)应该处于收起位置以降低阻力。

飞机在爬升期间高度增加时,歧管压力表(如果配备了)将显示歧管压力(功率)降低。这是因为随着高度的增加,进入发动机进气系统的空气密度逐渐降低。当歧管中的空气量减少时,将导致功率降低。其变化梯度近似为高度每增加 1 000 ft

(1 ft＝0.304 8 m)歧管压力降低1 inHg。在持续的爬升过程中,如果要维持恒定的功率,那么必须持续地增大油门。

为了进入爬升,前推油门杆的同时向后施加升降舵控制压力,从而把飞机头抬升至相对地平线的适当位置。随着功率的增加,由于安定面下洗流速度的增加,飞机头会升高。这是由于滑流的增加引起的。在俯仰姿态增加而空速降低时,必须不断地增加右舵来抵消螺旋桨效应,进而保持恒定的航向。

在稳定爬升后,必须维持向后施加的升降舵控制压力,以保持俯仰姿态不变。随着空速的降低,升降舵会试图恢复到它的中立位置或流线型位置,飞机头会倾向于降低。必须使用升降舵上的仰配平对此进行补偿,从而无需保持向后的升降舵控制压力就可以维持俯仰姿态。在整个爬升过程中,由于功率固定在爬升功率,因此使用升降舵就可以控制空速。

交叉检查空速表和姿态仪以及飞机头相对地平线的位置,以便确定飞机俯仰姿态是否正确。同时,如果执行直线爬升飞行,必须在机翼水平的姿态下保持恒定航向,或者在执行转弯爬升时,必须保持恒定的坡度和转弯率。如图3－16所示。

图3－16　爬升指示

为了从爬升恢复到直线水平飞行,必须在距离目标高度大约10%爬升率的距离时开始改平飞。例如,如果飞机以500 ft/min爬升,那么应该从距离目标高度50 ft处开始改平飞。必须逐渐降低机头,因为如果俯仰姿态改变到水平飞行姿态,而不让空速适当增加的话会导致高度降低。

当飞机稳定在恒定高度且水平飞行之后,应该暂时保持爬升功率,这样飞机就能够更快地加速到巡航空速。当速度达到预期空速后,油门和螺旋桨控制杆(如果装配了的话)应该设定为巡航功率,且飞机处于配平的状态。在发动机温度稳定一段时间后,按需调节混合器控制。

在执行爬升转弯时，应该考虑下列因素：

- 在恒定的功率条件下，滚转时的俯仰姿态和空速无法保持与笔直爬升时的一样，因为需要的总升力增加了。
- 坡度不要太陡。大坡度转弯会明显地降低爬升率。坡度应该一直保持恒定。
- 保持恒定的空速和恒定的向左或向右转弯率是必要的。所有飞行控制的协调是主要因素。
- 在一个恒定功率条件下，飞机将以较小的爬升角爬升，因为部分升力被用于飞机转弯。
- 注意力应该从飞机头上转移开来，并且分配给驾驶舱内部和外部参考的注意力要相当。

建立爬升转弯有两种方法。要么是先建立一个笔直爬升然后转弯，或者同时进入爬升和转弯。当爬升到本地训练区域时应该使用爬升转弯。因为爬升转弯有更好的目视扫描效果，也更容易让其他飞行员看到正在转弯的飞机。

在任何转弯中，由于迎角增加从而垂直升力减小并且诱导阻力增大，并且随着坡度增加垂直升力和诱导阻力变得更大。因此，应该使用平稳的转弯来保持高效的爬升速率。

水平飞行期间影响飞机的所有因素在爬升转弯和任何其他训练机动中会继续影响它。可以注意到由于空速低，副翼阻力会比在直线水平飞行中有更为明显的影响，从而必须用更多的方向舵压力配合副翼压力以保持飞机坡度变化过程中的协调飞行。也必须使用额外的向后升降舵控制压力和配平来抵消地心引力，补偿垂直升力的降低，以及保持俯仰姿态的恒定。

和在任何转弯中一样，在爬升转弯期间，由于迎角的增加，垂直升力降低并且诱导阻力随着坡度的增加而变得更大，因此应该使用平稳的转弯来维持高效的爬升速率。如果使用中等坡度或者大坡度执行转弯，那么爬升性能将会变差。

执行爬升或者爬升转弯中常见的错误有：

- 试图通过参考空速表建立爬升俯仰姿态，导致过度依赖空速。
- 过于急促地施加升降舵压力，导致爬升角过大。
- 改平飞过程中过于急促地施加升降舵压力，导致负的 G 载荷力。
- 爬升转弯中，方向舵压力不足或不当。
- 飞机在笔直爬升中出现偏航，通常是因右舵压力不足导致。
- 笔直爬升期间注意力集中在飞机头，导致爬升时有一侧机翼较低。
- 不能通过使用方向舵和升降舵来正确地进入爬升转弯，导致转弯很小，并以一侧机翼较低的姿态爬升。
- 协调性差导致侧滑，它抵消了爬升的效果，导致高度没有增加或者增加很小。
- 在爬升转弯中不能保持恒定的俯仰和滚转姿态。
- 试图超出飞机的爬升能力。

3.10 下降和下降转弯

当飞机开始下降时,它的航迹从水平平面改变到倾斜的平面内。飞行员知道能够实现下列下降状态的功率和俯仰姿态是很重要的。

3.10.1 减功率下降

下降的常规方法是以部分功率下降。这通常称为"巡航"下降或"航路"下降。应该使用飞机制造商建议的持续下降空速和功率。目标下降率应该为 $400\sim500$ ft/min。空速可以从巡航速度改变为着陆起落航线的三边使用的空速。但是不应该把这个很大的可能速度范围理解为允许作不规则的俯仰变化。应该预先确定好预期的空速、俯仰姿态和功率组合,且保持恒定。

3.10.2 以最小安全空速下降

最小安全空速下降是高机头姿态,且有动力辅助的下降状态,主要用于向短跑道着陆进近时越障。这个下降状态使用的空速是飞机制造商建议的,通常不大于 1.3 倍 V_{so}(在无动力且起落架和襟翼都放下时的失速速度)。以最小安全空速下降的一些特性是比正常下降角度有更大的坡度,在低空速时会导致接近失速,从而需要额外的功率进行加速和/或让飞机产生过大的下降率。

3.10.3 滑翔

滑翔是一个基本机动,滑翔时飞机在受控方式下以很小的功率或无动力下降;前进运动是通过沿倾斜航迹向下的重力拉动而维持的,下降率是由飞行员通过平衡重力和升力的关系来控制的。

尽管滑翔和无动力时的精确着陆练习直接有关,它们在正常着陆进近和引擎失效后的迫降中有特定的运行目的。因此,必须要更多地靠下意识来执行,而不是靠机动,因为在执行机动的大多数时间中飞行员注意力完全集中在细节方面,而不是集中在执行机动的机理方面。由于滑翔通常是在相对靠近地面的时候执行的,因此它们的精确执行和形成正确的技能与习惯是特别重要的。

由于在滑翔中控制方法在一定程度上不同于有动力下降时的控制,滑翔机动要求的娴熟技能不同于常规有动力机动所要求的技能。这个控制方面的差别主要是由两个因素导致的——缺少通常的螺旋桨滑流和不同控制面在低速时相对有效性的差别。

飞机的滑翔比是在无动力条件下飞机的前进距离和下降高度之比。例如,如果飞机前进 $10\,000$ ft 而下降 $1\,000$ ft,那么其滑翔比是 $10:1$。

滑翔比受作用于飞机上的所有 4 个基本力(重力,升力,阻力,推力)的影响。如果影响飞机的所有因素是恒定不变的,那么滑翔比也是恒定的。尽管本节不讨论风的影响,但是它对飞机滑翔运动相对地面的前进距离有很重要的影响。顺风时,飞机将由于较高的地速(地速是航行中航空器投影于地球表面运动的速度)而滑翔得更远。反之,飞机在逆风时由于较低的地速而不能滑行得那么远。

重量的变化不影响飞行员使用正确空速的滑翔角。由于升阻比(L/D)决定了飞机可以滑翔的距离，而重量不会影响这个距离。滑翔比是由作用于飞机上的空气动力学受力关系决定的。重量的唯一影响是飞机滑翔时间的变化。飞机越重，空速就必须更高才能获得相同的滑翔比。例如，如果两架飞机有相同的升阻比，但是重量不同，若从相同的高度开始滑翔，较重的飞机以较高的空速滑翔，能在较短的时间内到达相同的着地点。两架飞机滑翔的距离是一样的，而较轻的飞机则需要更长的时间才能到达地面。

在不同的飞行条件下，起落架或襟翼的操作会改变阻力因素。当起落架或襟翼放下时，阻力增加，空速将会降低，除非俯仰姿态降低了。在俯仰姿态降低时，下滑道变陡，且减小了前进的距离。在发动机关闭时，风驱动螺旋桨转动也会产生相当大的阻力，因而阻碍飞机的前进运动。

尽管飞机的螺旋桨推力通常取决于发动机的输出功率，但是在滑翔中油门处于关闭位置，因而推力是恒定的。由于在滑翔或者无动力进近中没有功率，因此必须按需要调整俯仰姿态以保持恒定的空速。

最佳滑翔速度是在静止空气中降低一定的高度能够向前滑翔最大距离的速度。这个最佳滑翔速度对应于一个特定的迎角，以这个迎角飞行飞机的阻力将最小，从而获得最大的升阻比(L/D)$_{max}$。如图 3-17 所示。

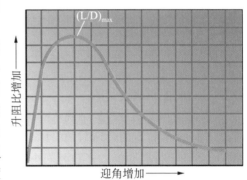

滑翔空速的任何变化都会导致滑翔比成比例地变化。除最佳滑翔空速之外的任何空速都会产生更大的阻力。因此，当滑翔空速偏离最优值或最佳滑翔空速减小或增加时，滑翔比也会改变。在以低于最佳滑翔空速的速度下降时，诱导阻力增加。当以高于最佳滑翔空速的速度下降时，寄生阻力增加。在任一情况下，下降率都会增加。如图 3-18 所示。

图 3-17   最大升阻比(L/D)$_{max}$

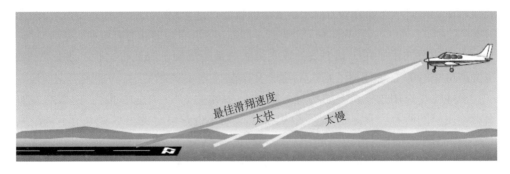

图 3-18   最佳滑翔速度使得在相同高度下降时前进距离最大

　　这就得出了一个飞行学员必须理解和掌握的最重要飞机驾驶规则：飞行员永远不要试图通过向后施加升降舵控制压力和把空速降低到小于飞机推荐最佳滑翔空速来延长滑翔距离。延长滑翔距离的努力总是导致下降率和下降角增加，会突然产生意外的失速。

　　为了开始滑翔，飞行员应该关闭油门，向前推螺旋桨控制杆（如果安装的话）以降低桨距（高转速）。然后用向后的升降舵控制压力来保持飞机姿态不变，直到空速降低到推荐的滑翔速度。由于功率降低时水平安定面下洗流速度降低，飞机头将会倾向于快速地下降到比它应该保持稳定的姿态还要低的位置。飞行员必须对此做好准备。为了保持功率改变后的俯仰姿态恒定，飞行员必须抵消瞬间的配平变化。如果在进入滑翔时让俯仰姿态降低，那么将会以过大的速度进入滑翔，进而妨碍获得正确的滑翔角和滑翔空速。在俯仰姿态降低之前应该降低空速。这一点在所谓"光洁构型"的飞机上也特别重要，因为它们的减速是很慢的，飞机头有任何轻微的向下偏转，就会导致空速快速增加。一旦空速减小到正常或最佳滑翔速度，就应该降低俯仰姿态以保持那个速度，应该参考地平线来完成这个过程。当空速稳定后，飞机应该被配平为脱手飞行。

　　在建立了合适的滑翔俯仰姿态后，应该检查空速表。如果空速高于推荐空速，说明俯仰姿态太低；如果空速低于推荐空速，那么俯仰姿态太高，因此应该根据地平线参考再次调整俯仰姿态。在完成调整后，应该重新配平飞机，达到无需保持升降舵控制压力就能保持其飞行姿态的效果。姿态飞行的原则要求首先使用外部目视参考建立恰当的飞行姿态，然后使用飞行仪表作为辅助的检查手段。在每次俯仰姿态调整后总是重新配平飞机，这是一个很好的经验。

　　以最佳滑翔空速进行的稳定无动力下降通常称为正常滑翔。飞行教官应该示范一个正常滑翔，并且指导飞行学员通过参考地平线目视检查飞机的姿态来记住飞机的角度和速度，还要留意空气通过飞机结构所产生的声音音调，以及使用的控制压力和对飞机的感觉。由于缺乏经验，新学员可能难以通过视觉或者飞行控制所需要的压力来快速识别速度和坡度的轻微变化。听觉可能是一个在最初容易使用的手段。所以飞行教官必须确信学员理解音调的升高表示空速升高，而音调的降低表明空速下降。当发现空速下降或升高迹象时，学员应该有意识地应用其他两个感知手段来建立恰当的关系。飞行学员必须有意识地使用所有三个要素，直到他们变成习惯，并且在注意力不集中于飞机姿态后必须保持警惕，对飞机感觉、控制或声音音调的变化给出的任何警告都要做出灵敏的反应。

　　在充分理解正常滑翔之后，应该向飞行学员讲授正常滑翔和不正常滑翔结果之间的差别。不正常滑翔是那些以非最佳滑翔速度执行的滑翔。那些没有理解和掌握这些差别的飞行员将会遇到精确着陆方面的困难，如果透彻理解了滑翔的基础，那么这是相当简单的。

　　在着陆进近过程中太快的滑翔总是会导致在地面上飘过不同的距离，甚至飞过预期着地点,而太慢的滑翔会导致下冲、低的进近和重着陆。无法辨别正常滑翔的飞行员将不能判断飞机会将飞到哪里,或在紧急情况时飞机能飞到哪里。但是,在正常滑翔时,可以看到飞机将要着陆到地面上着陆点的航迹。而在任何不正常滑翔中,这是不可能的。

3.10.4 滑翔转弯

在滑翔中控制系统的动作和有动力时的动作稍微不同,这使滑翔机动成为一类需要具备不同于常规有动力机动的高级技能。主要是两个因素导致了控制差别——即缺乏常规的滑流,和不同控制面在不同速度下的差别或相对有效性不同,特别是在速度降低后。后一个因素的影响是由第一个因素引起的,使得缺乏经验的飞行员更加难以协调地完成任务。应该彻底地解释这些原理,以便提醒学员注意在协调性方面有不可避免的区别。

在养成了对飞机的感觉和控制触觉后,必要的抵消动作就是自动的了;但是只要有任何力学趋势存在,学员在执行滑翔转弯时就有困难,特别是在试图精确着陆要实际运用它们的时候。

在滑翔转弯中有三个因素趋向于迫使机头下降,进而增加滑翔速度,它们是:

- 由于升力和重力的拉力成一个角度,导致有效升力降低。
- 运用方向舵的动作和进入有动力转弯时一样。
- 正常稳定性和飞机在无动力时机头下降的固有特性。

这三个因素使得飞行员必须使用比直线滑翔或有动力转弯时更多的向后升降舵控制压力,因此,它对控制的协调关系有很大影响。

在从滑翔转弯恢复时,转弯期间作用于升降舵控制面上的力必须降低,否则机头会升高太多,速度会减少很多。在可以重新继续正常滑翔之前,需要相当多的注意力和有意识地控制调节这个偏差。

为了在转弯中保持最有效或最正常的滑翔,必须比直线滑翔中损失更多高度,因为这是在无动力条件下保持速度的唯一方法。相比有动力的正常转弯,滑翔中的转弯极大地降低了飞机的性能。

还有另外一个因素是转弯中方向舵动作在有动力和无动力时的不同。在有动力转弯中,使用控制来估计预期的恢复点,比平常施加在方向舵上的力要明显地大。在从滑翔转弯恢复时,也执行同样的方向舵动作,但是不需要这样大的控制压力。实际的方向舵偏移量是近似相同的,但是在滑翔转弯中要少一点,由于没有螺旋桨滑流,导致方向舵控制压力的阻力要小得多。这就经常导致相当大幅度地使用方向舵,进而导致在使用升降舵改出时转弯突然中止。在着陆练习期间这个因素特别重要,因为学员几乎一成不变地都从最后一个转弯改出得太快,可能进入交叉控制状态并试图只使用方向舵来修正着陆。这就导致在侧滑时着陆非常容易犯飘移的错误。

在滑翔转弯中,过度地使用方向舵有另一个危险。当飞机外侧滑时,坡度会增加。在这种情况发生时,通常会提醒新学员飞机正在接近地面,然后飞行员的反应可能是通过向转弯外侧增加副翼控制压力来停止滚转。同时,方向舵迫使机头下降,飞行员可能施加向后的方向舵控制压力以保持机头抬升。如果任其发展,可能导致这种状况完全发展成交叉控制状态。在这种状况下,失速将几乎肯定导致尾旋。

因为飞机有向下的惯性,所以必须在到达预期高度之前开始从滑翔拉平。提前量取决于下降率和飞行员的控制技能。若提前量太小,那么在低于选择的高度下会有下降的趋势。例如,假设 500 ft/min 的下降率,那么必须提前 100~150 ft 高度以高于滑翔速度的空速来拉平。在提前点,功率应该增加到适当的水平飞行巡航设定,这样才能在预期高度获得预期空速。随着空速和尾部的下洗流速度增加,机头倾向于升高。飞行员必须为此做好准备,并平稳地控制俯仰姿态以获得水平飞行姿态,这样才能在预期的高度上完成拉平。

在改出(和进入)滑翔转弯时,应该特别注意飞机头的动作。绝不能让机头相对于地平线呈弧形运动,特别是不能让其在转弯改出期间升高,这要求不同控制面上的相对压力稳定地变化。

执行下降或者下降转弯中的常见错误如下:

- 不能充分地清场。
- 在进入滑翔时,向后升降舵控制压力不足导致滑翔角太大。
- 在降低俯仰姿态之前,不能把飞机减速到合适的滑翔速度。
- 试图只参考飞行仪表来建立/保持正常滑翔。
- 不能通过声音和身体感觉来感知空速的变化。
- 不能使滑翔保持稳定(盯住空速表)。
- 试图通过施加向后的升降舵压力来延长滑翔距离。
- 由于对方向舵动作在有动力和无动力时的差别掌握得不充分,导致滑翔转弯期间产生外侧滑或内侧滑。
- 在进入滑翔转弯时,不能放低俯仰姿态进而导致空速降低。
- 从滑翔转弯中改出时,过度使用方向舵压力。
- 从直线滑翔中改出时,俯仰控制不当。
- "恐地感"——导致在接近地面的滑翔转弯过程中发生交叉控制。
- 在滑翔转弯过程中,不能保持恒定坡度。

3.11 俯仰和功率

如果不讨论是什么控制高度和是什么控制空速的问题,那么对爬升和下降的学习就不够完整。飞行员必须理解在不同飞行条件下功率和升降舵控制共同作用的效果。在任何条件下都能有效地确定空速/高度控制的最简单法则是姿态飞行基本原理,表述如下:

在任何俯仰姿态,使用的功率大小将决定飞机是否能以哪个姿态爬升、下降或保持水平飞行。

在低机头姿态的很大俯仰范围内,下降是唯一可能的飞行状态。以这些姿态飞行时,额外的功率只会导致飞机以更快的空速和更大的下降率下降。

在从机头稍微低一点到大约30°上仰的俯仰姿态范围内,典型的轻型飞机可以按照所用功率的不同而进行爬升、下降或者保持高度。在低的三分之一俯仰范围内,飞机可以无失速地以慢车功率下降。然而,随着俯仰姿态的增加,就需要发动机增加功率以防失速。为保持高度,可能需要更多的功率,若爬升的话还要更多功率。在俯仰姿态接近30°上仰的时候,所有可用功率将只能提供足以保持高度的推力。稍微增加爬升姿态的俯仰程度或者稍微降低功率就会导致飞机下降。这个时候,轻微的诱因都可能导致失速。

4 低速飞行、失速和尾旋

4.1 简介

在飞行中,需要一个特定的最低空速飞机才能维持升力和控制。这个临界空速取决于一些具体的因素,比如总重量、载荷因子和当前的密度高度。低于这个最小速度时,不可能进行受控飞行,这个速度称为失速速度。飞行员培训的一个重要目的就是培养估计高于失速速度的安全余度的能力。而且,判断飞机在不同空速时特有的反应能力对飞行员来说也是非常重要的。因此,飞行学员必须培养这个意识以便安全地避免失速,在低速时正确而安全地操纵飞机。

4.2 低速飞行

低速飞行在一定程度上可以看成是低于巡航速度的飞行。但是,在飞行员训练和测试飞行中,低速飞行被分为明显不同的两部分:①在起飞、爬升、下降、着陆进近和复飞的速度和构型下,建立和维持空速并执行机动动作。②在飞机能够维持受控飞行而没有失速迹象的最低空速时作机动动作——通常比失速速度大 3~5 kn。

4.2.1 低于巡航空速的飞行

低速飞行时的机动动作可以表现飞机在低于巡航速度时的飞行特性和可控性。判断在较低空速起飞、离场和着陆进近时特有的控制响应能力是失速感知的一个关键因素。

随着空速降低,控制的有效性也随之下降。例如,当空速从大于失速速度 30 mi/h(1 mi=1.609 km)降低到 20 mi/h 的时候,控制的有效性会有一定程度的下降,但是随着空速进一步降低到大于失速速度 10 mi/h 的时候,通常有效性会变得更差。在低速飞行中执行机动的目的是为了培养飞行员的感知和正确运用控制的能力,以及提高低空速机动飞行的熟练程度。

应该使用仪表指示和外部目视参考一起来执行低速飞行机动。应该从直线滑翔、直线水平飞行和中等滚转姿态滑翔和水平转弯飞行开始练习低速飞行。执行进近速度的低速飞行应该是在不改变高度和航向的条件下,使用恰当的功率和配平并且平稳而迅速地把飞机从巡航速度降低到进近速度。执行进近速度的低速飞行还应该包括保持航向和高度时的构型变化,例如起落架和襟翼。

4.2.2 最小可控空速的飞行

这个机动可以表现飞机在最小飞行速度时的飞行特性和可控性。根据定义,术语"以最小可控空速飞行"的含义是只要进一步增加迎角或者载荷因子或者降低功率就会导致立即失速的速度。应该从降低功率开始进行最小可控空速飞行的教学,并且空速明显高于失速速度,以便允许做机动动作,但是又充分地接近失速速度,以便能够感知在非常低的空速条件下的飞行特性——即粗略的控制,它对控制输入的响应是不灵敏的,而且难以维持高度。应该使用仪表指示和外部目视参考来完成最小可控空速时的机动。在以非常低的空速飞行时,飞行员养成经常参考飞行仪表的习惯是非常重要的,特别是空速表。然而,必须培养在非常低空速条件下对飞机的"感觉"以避免意外的失速,并且精确地操作飞机。

为了开始机动,油门从巡航功率逐渐降低。随着空速的下降,应该注意机头相对于地平线的位置,出于保持高度的需要,应该抬升机头。

当空速达到起落架操作的最大允许空速时,应该放下起落架(如果安装了可收放起落架的话),检查所有起落架已经放下。当空速达到襟翼操作的最大允许速度时,整个襟翼应该放下,调整俯仰姿态以保持高度。如图4-1所示。

慢速飞行

低空速
高迎角
高功率
恒定高度

图4-1 慢速飞行——低空速,高迎角,高功率,恒定高度

随着速度进一步降低,将需要增加功率以保持空速恰好高于失速速度。随着空速进一步降低,飞行员应该注意到飞行控制的感觉,特别是升降舵。飞行员也应该留意气流的声音,因为其音调会降低。

空速下降后,飞行控制的有效性降低,通常机头下降的倾向也会减小。升降舵变得更不易响应,必须用生硬的控制运动来保持飞机的控制。滑流效应产生强烈的偏航,因此需要使用方向舵来保持协调的飞行。使用方向舵的副作用是会引起滚转,因此需要使用副翼保持机翼的水平。这将导致交叉控制的飞行。

在改变这些飞行状态的过程中,不断地根据需要重新配平飞机以补偿控制压力的变化是很重要的。如果飞机已经配平成巡航速度姿态,那么升降舵将需要较大的向后控制压力,导致难以精确地控制飞机。如果速度降低得太大,或者使用的功率太小,在升降舵控制上进一步地施加向后压力可能导致高度降低或者失速。在建立了预期的俯仰姿态和最低控制空速后,不断地交叉检查姿态仪、高度表和空速表以及外部目视参考来确保维持在精确地控制飞机,这是非常重要的。

飞行员应该理解当以低于最低阻力$(L/D)_{MAX}$的速度飞行时,飞机将会表现出"速度不稳定性"的特性。如果飞机受到非常轻微的湍流干扰,空速也会降低。当空速降低,则总阻力增加,导致空速进一步降低;总阻力持续上升,速度持续下降。除非施加了更多功率和/或放低机头,否则速度会一直降低到失速速度。这是在执行低速飞行中极其重要的因素。飞行员必须理解的是,在速度低于最低阻力的速度时,空速是不稳定的,如果任其发展空速将会持续下降。

当姿态、空速和功率已经稳定在直线飞行后,应该练习转弯来进一步熟悉飞机在这个最低速度上的可控性特性。转弯期间,可能需要增加功率和俯仰姿态以保持空速和高度。目的是为了使飞行员熟悉在最低空速时机动性能不足,从而开始出现失速的危险,以及随着转弯坡度的增加飞机有失速倾向。当以这个临界空速飞行时,也可能由于生硬或粗略的控制导致失速。

在最低可控空速飞行时突然收起襟翼会导致升力突然降低,引起飞机高度降低或者可能失速。

一旦正确地以最低可控空速建立了水平飞行姿态,为了获得预期下降率或爬升率,可以通过必要的功率调整来实现以最低可控空速下降或爬升。初学的飞行员应该注意,在最低可控空速飞行且功率较高和襟翼完全放下,这时偏航倾向会增加。对于某些飞机,若试图以这样一个低空速爬升,即使使用的是最大功率也可能会导致高度降低。

执行低速飞行的常见错误有:

- 不能充分地清场。
- 在功率降低后,施加的向后升降舵压力不足从而导致高度降低。
- 在功率降低后,施加过大的向后升降舵压力导致爬升,接着空速快速下降并且接近失速飞行。
- 转弯时对逆偏转的补偿不足。
- 盯住空速表。
- 在襟翼放下或者收起时,不能估计升力的变化。
- 不熟练的功率管理能力。
- 不能在飞机控制和确定方位之间分配足够的注意力。

4.3 失速

当飞机机翼上的平滑气流被破坏后就可能出现失速,其升力快速降低。当机翼超过它的临界迎角时就会导致这样的情况。失速可以在任何空速、任何姿态及任何功率条件下发生。如图4-2所示。

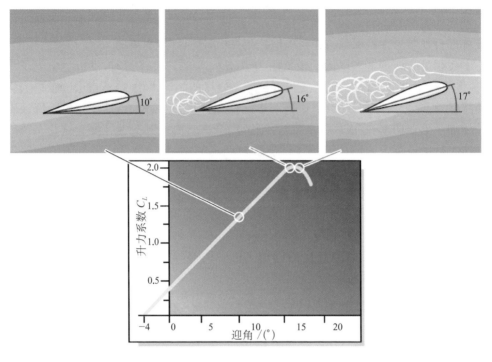

图4-2　临界迎角和失速

练习失速改出和培养失速意识是飞行员训练的最重要目标。执行有意失速的目的是使飞行员熟悉产生失速的条件，以便帮助飞行员识别接近失速，进而培养果断地采取防御性或纠正动作的习惯。

执行有意失速时距离地面的高度应该能够确保完成失速改出并足以恢复到正常水平飞行。尽管这个高度取决于失速已经发展到什么程度，但在大多数失速改出中需要一定程度的高度损失。识别接近失速状态所花的时间越长，那么失速就可能会发展得更加充分，预计将导致更大的高度损失。

4.3.1　识别失速

飞行员必须辨别那些容易导致失速的飞行条件，并知道如何运用必要的纠正动作。他们应该学会通过视觉、听觉和感觉来识别接近的失速。下面的内容在识别接近的失速时可能是有用的。

● 通过注意飞机的姿态来觉察失速，在觉察失速状态时视觉是很有用的。只有当由于飞机的姿态不正常导致失速的时候，这种感知才是可信的。因为飞机也可以在正常姿态下失速，在这种情况下，视觉对于察觉接近的失速几乎没有什么帮助。

● 听觉也有助于感知失速状态。固定桨距螺旋桨飞机在有动力状态下，由于转速降低引起的声音变化特别明显。由于沿飞机流动的气流随空速降低而导致噪声减弱也是相当明显的,而当几乎完全失速时,振动和伴随的噪声通常会大大增强。

- 对于受过训练的和有经验的飞行员而言,运动知觉,或者说是对运动速度或方向变化的感觉可能是最重要和最好的提示。如果正确地培养了这种敏感性,那么它会提醒你飞机速度在降低或者飞机在开始下降。

- 感觉是一个重要的识别失速的感知方法。对控制压力的感觉是非常重要的,当速度降低后,对操纵杆压力的阻力变得相当小。施加在操纵杆上的压力趋向于转变成控制面的运动。这些运动之间的延迟和飞机的响应变得更强烈,直到在完全失速时所有控制面几乎可以被无阻力地操纵,并且对飞机的直接影响很小。在失速就要出现之前,可能就会出现机身抖振、失控的俯仰或摇晃。

已经开发出几种类型用以警告飞行员接近失速的失速告警指示器。使用这样的指示器是有用而且必要的,但是练习失速的目的是为了在没有告警装置帮助的条件下学会识别失速。

4.3.2　失速改出的基本原理

在练习有意失速的时候,其真实目的不是为了学习如何使飞机失速,而是为了学习如何识别接近的失速并采取及时的纠正动作。如图 4 - 3 所示。

图 4 - 3　失速识别和改出

尽管必须以协调的方式完成改出动作,出于解释的目的,在这里把改出动作分解为三个步骤。

首先,出现失速时,必须果断而立即降低俯仰姿态和迎角。由于失速的根本原因总是迎角过大,因此必须首先释放产生那个迎角所必需的向后升降舵压力来消除这个原因,或者通过向前施加升降舵控制压力。这就会降低机头,使机翼恢复到有效的迎角。升降舵控制压力或者运动行程的大小取决于飞机的设计、失速的严重性,以及接近地面的程度。在某些飞机上,适当地移动升降舵控制(可能稍微向前偏离中立位置)就足够了,而在其他飞机上可能需要明显地向前推杆到最大位置。升降舵控制过分向前运动会引起机翼上负载荷过大,从而可能会妨碍而不是帮助失速改出。失速改出的目标是降低迎角,但是只要让机翼重新获得升力就足够了。

第二,应该使用最大可用功率来增加飞机的空速和帮助降低机翼的迎角。应该快速而平稳地前推油门到最大可用功率位置。然而,飞行教官应该强调如果有足够的高度,那么施加这个功率对于安全的失速改出不是关键。不管使用了多大功率,降低迎角是从失速中改出的唯一方法。

虽然应该在不使用和使用功率这两个条件下练习失速改出,但是在大多数实际的失速中,使用更大的功率(如果可用的话)是失速改出操作的重要部分。通常,使用的功率越大,损失的高度就越小。

在失速时,使用最大可用功率通常不会导致装配固定桨距螺旋桨的发动机超速,因为在低空速时,作用在螺旋桨上的气动载荷很大。然而,当完成失速改出并恢复空速后就必须降低功率,这样空速就不会变得过大。在执行有意失速时,转速计读数应该永远不要超过仪表上标记的红线(最大允许转速)。

第三,应该协调地使用所有控制重新实现直线水平飞行。

有动力和无动力失速的练习都是重要的,因为它模拟了在正常飞行机动中可能发生的失速状态。例如,有动力失速练习可以表现出飞机在起飞后机头过高的姿态或爬升转弯期间会发生的情况。无动力转弯失速的练习能够表现出在从四边转向五边期间如果控制不当会发生什么情况。无动力直线前进的失速模拟了特定飞机在五边进近和着陆期间的姿态和飞行特性。

通常,最初的几次练习应该只包括接近的失速,并且只要一出现抖振或注意到控制有效性部分降低就尽快开始改出。通过这个方法,飞行员可以熟悉接近失速的状态,而无需使飞机真的失速。一旦飞行员适应了这个程序,就应该按照这种方式来降低飞机速度,使其以尽可能接近水平的俯仰姿态进行失速。决不允许飞行学员形成这样的印象:在所有情况下,高俯仰姿态是超过临界迎角的必要条件,或者在所有情况下,水平的或接近水平的俯仰姿态就表示低迎角。应该首先以无需使用额外功率的方法进行改出,只要释放足够的向后升降舵控制压力,失速就会消失,并且飞机继续保持正常的滑翔姿态。教官也应该在这时向学员介绍二次失速。继而,就应该练习使用额外功率的方法进行失速改出,以便熟悉在执行安全改出和最小高度损失时有效功率是如何起作用的。

失速事故通常是因为在高度较低时发生意外的失速,并在接地前没有完成改出而导致的。作为一个预防性措施，应该在完成失速改出后距离地面不低于 1 500 ft 的高度上练习失速。为实现高度损失最小的改出，则需要降低迎角（降低飞机的俯仰姿态）、施加功率且不进入二次失速并停止下降。

4.3.3 失速改出中使用副翼/方向舵

不同类型的飞机有不同的失速特性。大多数飞机的机翼被设计成从根部（机翼安装到机身的地方）朝翼尖向外逐渐失速。这就是按照翼尖的安装角比翼根安装角小这种设计方式设计机翼导致的结果。如图 4 - 4 所示。这样的设计特性导致飞行时翼尖的迎角比翼根更小。

图 4 - 4　翼尖外洗

超过临界迎角就会导致失速；飞机的翼根比翼尖提前超过临界迎角，翼根将首先失速。因为机翼被设计成这种方式，因此在高迎角（慢速）时副翼控制仍然可以使用，使飞机有更稳定的失速特性。

当飞机处于失速状态时，翼尖能继续提供一定程度的升力，并且副翼仍然有一些控制效果。在从失速改出的过程中，升力就从翼尖开始向翼根逐渐恢复。这样，就可以用副翼保持机翼水平。

避免失速条件的恶化需要灵活地使用副翼。例如，如果右侧机翼在失速时下降，则向左侧使用过大的副翼控制以升高机翼，右侧的副翼向下偏转将产生更大的迎角和阻力，若翼尖超过临界迎角，则可能发生更加彻底的失速。在那个机翼上高迎角导致阻力增加，可能会使飞机朝那个方向偏航。这个逆偏转可能引起尾旋，除非用方向舵保持了方向控制，和/或充分降低了副翼控制。

虽然可能已经施加了过大的副翼压力，但是如果通过及时协调地使用方向舵压力来保持方向控制，那么也不会发生尾旋。因此，在进入失速和失速改出的过程中，正确地使用方向舵是非常重要的。在失速改出过程中，方向舵的主要作用是抵消飞机的任何偏航或侧滑倾向。正确的改出技术就是通过施加向前升降舵压力降低俯仰姿态来消除失速；前推油门以提高空速；同时通过协调地使用副翼和方向舵来保持方向控制。

4.3.4 失速特性

由于工程设计的多样化,因此无法详细描述所有飞机的失速特性;然而,小型通用航空教练机失速特性的相似性是值得充分考虑的。可以发现有动力和无动力时的失速告警指示是不一样的。无动力失速相比有动力失速的提示(抖振、晃动)更加不明显。在无动力失速时,主要的提示是升降舵控制位置和高的下降率。在执行有动力失速时,抖振可能是明显失速的主要征兆。出于飞机认证的目的,可以通过飞机的固有空气动力学品质或者失速告警装置提供失速警告,这个装置会给出明确的可识别失速指示。大多数飞机装配有一个失速告警装置。

影响飞机失速特性的因素有平衡、滚转和俯仰姿态、协调性、阻力和功率。飞行员应该研究所驾驶飞机的失速特性的影响和正确的纠正方法。应该再次强调,失速可以在任何空速、任何姿态或任何功率条件下发生,具体取决于影响特定飞机的失速因素的多少。

很多因素可能受其他因素诱导而产生。例如,当飞机在高机头转弯姿态时,坡度就有变大的趋势。因为随着空速降低,飞机所飞行的弧线变得越来越小。因为外侧机翼以较大的半径运动,运动的速度比内侧机翼快,它就有更多的升力,进而就导致了过度滚转的倾向。同时,由于两个机翼的空速和升力降低,导致俯仰姿态倾向于下降。另外,由于空速降低而功率保持不变,扭矩效应变得更加明显,导致飞机偏航。

在练习有动力转弯失速时,为抵消这些因素以保持恒定飞行姿态直到发生失速,必须持续地调整副翼控制压力以保持恒定的滚转姿态。同时,必须持续增加向后升降舵压力以保持俯仰姿态,同时增加向右的方向舵压力来保持小球居中,以避免逆偏转从而改变转弯率。如果让坡度变得太陡,那么升力的垂直分量就减小,更加难以保持恒定的俯仰姿态。

无论何时练习转弯失速,在发生失速之前都应该保持恒定的俯仰和滚转姿态。只要需要控制压力,就应该使用,即使控制看起来要变成交叉状态(副翼压力和方向舵压力方向相反)。在进入有动力转弯失速时,特别是向右时,控制会在一定程度上表现出交叉的特点。这是因为向右方向舵压力用于克服扭矩,而向左副翼压力用于避免坡度增加。

4.3.5 接近失速(逼近的失速)——有动力或无动力

逼近的失速是飞机接近失速但是又没有完全失速的状态。这个失速机动的主要目的是:练习一旦发觉到自己处于几乎失速状态或者如果不采取及时的预防措施就要发生失速时,立即重新获得完全控制飞机的能力。

练习这些失速对于培养飞行员在执行飞机最大性能的机动时所需要的感觉特别有用。这些机动要求飞机在接近失速条件下飞行,并在失速发生前就开始改出。与所有需要有高度和航向明显变化的机动一样,飞行员必须确保在执行机动前附近区域中无其他空中交通。

可以按照与基本的完全失速或本章描述的其他机动一样的姿态和构型进入和

执行这些失速。但是，不允许完全失速，一旦发现开始抖振或控制有效性降低，就必须通过释放向后升降舵压力来迅速降低迎角，并必须增加一定的额外功率。由于飞机不会完全失速，只要把俯仰姿态降低到获得最小可控空速的位置即可，或者直到再次获得足够的控制有效性。

飞行员必须迅速地识别失速迹象，并采取及时有效的控制动作来避免完全失速。如果发生完全失速、或者俯仰姿态过低、或者飞行员不能及时地采取动作以避免过大的空速、过大的高度损失，或者发生尾旋，那么所执行的接近失速就不是令人满意的。

4.3.6　无动力的完全失速

通常在正常着陆进近的条件下练习无动力失速，目的是为了模拟着陆进近期间发生的意外失速。装配了襟翼和/或可收放起落架的飞机应该处于着陆构型。不要以大幅超过正常进近速度的空速进入失速，因为它会导致不正常的高机头姿态。在进行这些失速训练时，飞行员必须确保所在区域内没有其他空中交通。

放下起落架之后，使用汽化器加热（如果可用的话），并降低油门至慢车位（或正常进近功率），飞机应该保持在恒定高度的水平飞行，直到空速下降到正常进近的速度。然后就应该逐渐放低飞机头进入正常进近姿态以保持那个空速。应该放下襟翼，调整俯仰姿态以保持空速。

当进近姿态和空速稳定后，飞机头应该逐渐升高到一个能够导致失速的姿态；应该使用方向舵保持方向控制；使用副翼保持机翼水平；用升降舵保持恒定的俯仰姿态直到发生失速。可通过一些征兆来识别失速，例如升降舵完全升高；高的下降率；机头失控地向下俯冲以及可能的抖振。

应该通过降低迎角同时释放向后升降舵压力，并前推油门杆至最大可用功率位置来完成失速改出。在增加功率并降低机头后，必须使用向右方向舵压力克服发动机扭矩效应。如图 4-5 所示。

图 4-5　无动力失速和改出

为了重新增加飞行速度并恢复到直线水平飞行姿态,应该根据需要降低机头。建立正的爬升率之后,根据需要把襟翼和起落架收起,当处于水平飞行时,油门应该恢复到巡航功率。完成改出后,根据情况需要,应该开始执行爬升或复飞程序以确保高度损失最小。

也应该练习小坡度时的无动力失速改出,以便模拟从四边向五边进近转弯中发生的意外失速。在练习这些失速期间,必须注意在发生完全失速以前转弯是以均匀的速率进行的。如果接近失速时没有正确地协调无动力转弯,那么发生失速时可能摇晃。如果飞机向外侧滑,外侧机翼可能先失速并突然向下运动。这完全不影响改出程序,必须降低迎角,保持航向,通过协调地使用控制来保持机翼水平。在练习转弯失速时,不要试图使飞机以预期的航向失速。但是,为了模拟从四边向五边的转弯,通常失速发生时航线限制在接近 90°的变化范围内。

发生失速后,应该以最小的高度损失按直线飞行改出失速,并且按照前面讨论的改出程序完成改出。

应该在使用额外功率和不用额外功率这两种条件下完成无动力失速改出,可以在失速发生后立即开始改出,或在机头已经低于水平飞行姿态而向下俯冲之后开始改出。

4.3.7　有动力的完全失速

有动力失速改出是在直线爬升和 15°～20°坡度爬升转弯条件下练习的,目的是模拟起飞和爬升期间发生的意外失速。装配了襟翼和/或可收放起落架的飞机通常应该配置为起飞构型,然而,也要在飞机离场和正常爬升时处于光洁构型(襟翼或起落架收起)的条件下练习有动力失速。

在建立起飞或爬升构型后,和其他空中交通保持间隔的同时,飞机应该减速到正常升空速度。当达到预期速度并建立爬升姿态后,对于起飞失速,功率应该设定为起飞功率;对于离场失速,功率设定为推荐的爬升功率。在油门前推到推荐值之前,把空速降低到升空速度的目的是为了避免在飞机失速之前长时间保持过大的机头上仰姿态。

建立爬升姿态后,平稳地把机头向上拉到一个飞机明显不可能维持的姿态,并保持在这个姿态直到飞机发生完全失速。对于大多数飞机,在达到失速姿态后,随着空速的降低,必须继续进一步明显地向后移动升降舵控制,直到完全失速时,它将达到极限位置而一点也不能再向后运动。

应该通过明确地释放向后升降舵压力来立即降低迎角,以此完成失速改出,在离场失速的情况下,要逐渐地前推油门到最大可用功率位置。在这种情况下,由于油门已经在爬升功率,额外增加的功率会相对小一点。如图 4-6 所示。

根据需要机头应该被放低以便在高度损失最小的情况下再次增加飞行速度,然后再升高到爬升姿态。接着,飞机应该恢复到正常的直线水平飞行姿态,当处于正常水平飞行时,油门应该恢复到巡航功率。当发生失速后,飞行员必须及时地识别

图 4-6　有动力失速

并采取果断措施以避免长时间的失速状态。

4.3.8　二次失速

这个失速称为二次失速是因为它可能发生在前一个失速改出之后。它是因为在飞机获得足够的飞行速度之前试图加快完成失速改出而导致的。如图 4-7 所示。在发生这个失速时,应该像在正常失速改出中那样再次释放向后的升降舵压力。当重新达到足够空速后,那么飞机就可以恢复到直线水平飞行。

图 4-7　二次失速

通常这个失速发生在首次失速或者尾旋改出之后,这时飞行员使用生硬的控制输入恢复到直线水平飞行。它也会在失速改出期间由于飞行员不能充分降低迎角而发生,原因是没有充分地降低俯仰姿态,或试图只使用功率控制来改出失速。

4.3.9 加速的失速

尽管前面讨论的失速通常在特定的空速时才发生,但是飞行员必须透彻理解所有的失速都是由于试图以过大的迎角飞行而导致的结果。在飞行期间,飞机机翼的迎角是由很多因素决定的,这些因素中最重要的是空速、飞机的总重量,以及机动飞行引起的载荷因子。

在相同的总重量、飞机构型和功率条件下,如果没有引入加速度的话,一架具体的飞机将始终不变地在达到相同指示空速时失速。然而,在由于大坡度转弯、拉起或者飞行航迹的突然变化引起过大的机动载荷时,飞机将会以更高的指示空速失速。从这样的飞行状态进入的失速被称为"加速的机动失速",这个术语用相关的空速作为参考。

由于突然的机动飞行导致的失速倾向于比非加速的失速更快,或更严重,因为它们是在比正常空速高的条件下发生的,和/或是在可能在比预期俯仰姿态更低的时候发生,这些可能是经验不足的飞行员想不到的。在发生加速的失速时,如果不能及时采取步骤改出失速,则可能导致完全失控,特别是可能导致有动力尾旋。

永远不要在机翼襟翼处于放下位置的时候练习这个失速,因为在这个构型时其G载荷极限更小。

不要在任何飞机上执行加速的机动失速,飞机的类型认证限制或飞机飞行手册(AFM)和/或飞行员操作手册(POH)禁止执行这样的机动。如果允许这样的机动,应该以 45°的滚转姿态来执行,绝不要以高于飞机制造商推荐的空速或飞机规定的设计机动速度来执行。设计机动速度是飞机可以发生失速或者全部可用的空气动力学控制不会让飞机超过其极限载荷因子的最大速度。若等于或者低于这个速度,通常飞机将会在没有超过极限载荷因子的时候就失速。务必不要超过这些速度,特别是在有湍流的时候,会对飞机施加极大的结构载荷。在大多数情况下,应该在不超过 1.2 倍正常失速速度的条件下进行这些失速训练。

示范加速的失速的目的不是为了培养实现这种失速的能力,而是为了理解它们可能如何发生,以及培养及时地识别这样的失速并且采取果断有效的改出动作的能力。在一出现失速迹象或者在发生完全失速后立即进行改出;决不允许失速状态持续很久。

飞机在协调的大坡度转弯中将会失速,除了俯仰和滚转动作倾向于更为突然之外,它和在直线飞行时发生的失速一样。如果飞机在发生失速时向转弯的内侧侧滑,在机头向下俯的时候它倾向于向转弯的外侧快速滚转,因为外侧机翼比内侧机翼先失速。如果飞机向转弯的外侧侧滑,它就会有向转弯内侧滚转的倾向,因为内侧机翼先失速。如果在失速时转弯的协调性是精确的,那么飞机的机头就会像在直线飞行失速中一样向下偏离飞行员,因为两个机翼同时失速了。

通过建立预期的飞行姿态,然后柔和而稳定地逐渐增加迎角直到发生失速,从而实现加速的失速示范。由于飞行姿态快速改变，突然进入失速，且可能有高度损失，所以确保在这个飞行区域中没有其他航空器是至关重要的，而且进入高度要足够高以确保安全地改出。

示范的这个失速和所有其他失速一样，是通过施加过大的向后升降舵压力来实现的。大多数情况下，在错误执行的大坡度转弯、失速和尾旋改出中，以及从大坡度俯冲的拉起，都会出现过大的向后升降舵压力。目的是为了熟悉飞机的失速特性，并培养在不同于正常失速速度或飞行姿态时，一旦出现失速就有本能地改出的能力。尽管加速的失速通常是在大坡度转弯过程中示范的，实际上也可能在施加过大的向后升降舵压力或者迎角增加得太快时遇到加速的失速。

以机动速度或者更低空速进行直线水平飞行时，飞机应该滚转进入大坡度的水平转弯飞行，且逐渐增加向后升降舵压力。在转弯和滚转建立以后，应该逐渐稳定地增加向后升降舵压力。很明显，结果产生的离心力将会把飞行员身体向座位内侧压，增加了机翼载荷，降低了空速。在空速达到设计机动速度或高于非加速的失速速度 20 节以内时，应该稳定地增加向后升降舵压力直到发生明确的失速。必须观察这些速度限制，以防超过飞机的载荷极限。

当飞机失速时，应该果断地执行改出，方法是释放足够的向后升降舵压力并增加功率来降低迎角。如果执行的转弯是不协调的，那么一侧机翼可能会突然下降，导致飞机朝那个方向滚转。如果发生这种情况，必须释放额外的向后升降舵压力，增加功率，飞机在协调的控制压力下恢复到直线水平飞行。

在接近失速的时候，飞行员应该识别这种情况，并采取果断的动作以防进入完全失速状态。严格避免发生长时间的失速、过大的空速、过大的高度损失或尾旋等情况。

4.3.10　交叉控制失速

示范交叉控制失速机动的目的是为了说明不正确的控制技术的影响和强调任何时候使用协调的控制压力做转弯机动的重要性。这类失速是在交叉控制下发生的——向一个方向施加副翼压力，而朝相反方向施加方向舵压力。

另外，当施加了过大的向后升降舵控制压力时，也可能导致交叉控制失速。这是在计划不周且执行得很差的四边向五边进近转弯时最容易发生的一种失速，且通常是由于转弯时飞过跑道中心线而导致的结果。通常，正确的纠正转弯飞过跑道的动作是通过使用协调的副翼和方向舵来增加转弯率。在相对较低的高度上从四边向五边进近转弯时，训练不充分的飞行员可能害怕通过增加坡度来增加转弯率，而且宁可不让坡度更陡，相反地他们保持坡度不变，试图通过增加更多的方向舵压力来增加转弯率而使飞机对齐跑道。

增加向内侧方向舵施加的压力会导致外侧机翼速度增加，因此，在外侧机翼上将产生更多的升力。为了阻止外侧机翼升高以便维持恒定的坡度，需要使用相反的副翼压力。增加的内侧升降舵压力还会导致机头相对于地平线更低。从而，需要施加额外的向后升降舵压力来维持一个恒定的俯仰姿态。结果导致的状态就是朝一个方向施加方向舵压力来转弯,而朝相反方向施加副翼压力和施加过大的向后升降舵压力——这就是交叉控制状态。

由于在交叉控制状态下飞机处于外侧滑转弯,转弯外侧的机翼速度加快,产生比内侧机翼更多的升力;因此,飞机的坡度开始增加。转弯内侧的向下偏转副翼又帮助把这个机翼向后拉,使它速度降低,进而降低其升力,这又需要使用更多的副翼。这就进一步导致飞机的滚转。滚转可能非常快,以至于在滚转停止之前坡度接近垂直或超过垂直。

为了示范这个机动,从一个安全的高度上进入是很重要的,因为这个机动可能导致过大的机头下俯姿态和高度的损失。

在示范这个失速之前,在缓慢降低油门的时候,飞行员要确保附近区域内无其他空中交通。然后应该放下起落架(如果是可收放起落架)、关闭油门、保持高度直到空速接近正常滑翔速度。由于可能超过飞机的限制,所以不要放下襟翼。建立滑翔姿态和空速后,飞机应该被再次配平。稳定滑翔后,应该使飞机滚转进入一个中等坡度的转弯来模拟会冲过跑道中心线的五边进近转弯。

在转弯过程中,向转弯方向施加过大的方向舵压力,但是通过向反方向施加副翼压力来保持恒定的坡度。同时,需要增加向后升降舵压力来避免机头降低。

应该增加所有这些控制压力,直到飞机失速。当发生失速时,通过释放控制压力和必要时增加功率来改出并恢复到正常飞行。

在交叉控制失速中,飞机通常在几乎没有警报的情况下就发生了失速。机头可能向下俯,内侧机翼可能突然下降,且飞机可能继续滚转到翻转的姿态。这通常就是尾旋的开始。很明显,在接近地面的时候,绝对不能发生这样的事情。

必须在飞机进入不正常姿态(垂直盘旋或尾旋)之前就进行改出;通过协调的使用控制使飞机恢复到直线水平飞行是一件简单的事情。当逼近这个失速的时候,飞行员必须能够识别,且必须采取及时的动作来防止完全失速状态。严禁在实际进近着陆期间发生这样的失速,因为高度较低,几乎不可能在接地之前完成改出。

飞行教官应该知道在起落航线飞行过程中,导致从四边向五边进近转弯过程中飞过跑道中心线的任何状态,会明显地增加处于交叉控制状态的飞机发生意外的加速的失速的可能性。

4.3.11 升降舵配平失速

升降舵配平失速机动说明了全部功率用于复飞和没有保持明确的飞机控制会产生怎样的结果。如图4-8所示。这样的情况可能发生在由正常着陆进近或者模拟的迫降进近导致的复飞过程中,或者发生在起飞后不久。示范这个机动的目的是为了说明平稳的功率控制、克服强的配平力量和对飞机保持明确的控制以维持安全飞行高度,以及正确而及时地使用配平技术的重要性。

为五边进近滑翔
完成设定并配平

施加最大功率模拟
复飞，让机头升高

在接近失速时
施加向前的压力
并建立正常爬升速度

配平以维持
正常爬升

图 4 - 8   升降舵配平失速

在一个安全高度上，确保附近区域中无其他空中交通之后，飞行员应该慢慢地减小油门，放下起落架（如果有可收放起落架）。襟翼应该放下一半至最大，油门关闭，维持高度，直到空速接近正常滑翔速度。当正常滑翔稳定后，应该就像在着陆进近中那样完成飞机的滑翔配平（机头上仰配平）。

在这个模拟的最终进近滑翔过程中，然后把油门前推至最大可用功率，就像复飞程序中要做的那样。推力、扭矩和向后升降舵配平的合力倾向于使机头急剧升高，且向左转。

当油门被完全推进且俯仰姿态增加超过正常爬升姿态，那么很明显正在接近失速，必须施加足够的向前控制压力使飞机恢复到正常爬升姿态。而在保持飞机处于这个姿态时，就应该调整配平以释放大部分控制压力，并完成正常的复飞程序和拉平程序。

在接近失速时，飞行员应该能够识别，并且采取果断的动作来防止完全的失速状态。严禁在实际的着陆进近并复飞的过程中发生失速。

执行有意失速的常见错误如下：

- 不能充分地清场。
- 不能借助对飞机的感觉来识别接近失速的状态。
- 过早地改出。
- 过度相信空速表，而忽视了其他提示线索。
- 不充分的扫视导致进入时发生意外的低机翼状态。
- 在进入时，过大的向后升降舵压力导致机头上仰姿态过大。
- 不充分的方向舵控制。
- 改出期间发生意外的二次失速。
- 转弯失速期间未能保持恒定的坡度。
- 在改出期间，过大的向前升降舵压力导致机翼上产生负载荷。
- 改出过程中空速增加得过大。

- 在面对接近的失速情况时,不能及时地采取动作避免完全失速。

4.4　尾旋

　　尾旋可以被定义为一种导致自动旋转的恶化的失速,在自旋过程中飞机沿着向下的尾旋轨迹下坠。在飞机绕一个垂直轴旋转的时候,上升的机翼比下降的机翼失速程度更低,从而产生了滚转、偏航和俯仰运动。飞机主要受重力被迫下坠,在螺旋形轨迹中保持滚转、偏航和俯仰。如图4-9所示。

　　自动旋转是源于飞机机翼上的迎角不同。上升的机翼迎角在减小,其相对升力增加而阻力降低。效果上讲,这个机翼的失速程度更低。同时,下降的机翼迎角在增加,并且超过了机翼的临界迎角(失速),这时相对升力增加且阻力增加。

　　在飞机机翼超过其临界迎角(失速)并且在等于或超过实际失速速度的情况下受侧滑或偏航作用时就会发生尾旋。在这个不协调的机动过程中,只有在飞机因偏航失控而偏向较低的机翼一侧之后,飞行员才可能知道已经超过了临界迎角。如果没有及时进行失速改出,那么飞机就会进入尾旋。

　　如果在飞机处于内侧滑或者外侧滑转弯时发生这种失速,不管哪一侧机翼在较高位置,都会导致飞机进入尾旋且朝方向舵偏转的方向旋转。

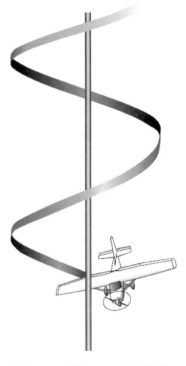

图4-9　尾旋——一种恶化的失速和自动旋转

　　很多飞机是被迫进入尾旋的,并需要相当的判断力和技能来开始尾旋。这些被迫进入尾旋的相同飞机,可能由于在转弯、失速和以最小可控空速飞行时的错误操控而意外地进入尾旋。这个事实进一步证明了在养成识别和改出失速的能力之前进行失速训练的必要性。

　　通常在失速开始时机翼会下降。当发生这种情况时,机头将会朝低机翼一侧偏航运动。这是失速过程中方向舵使用的重点。必须施加适当大小的反向方向舵压力来避免机头向低机翼一侧偏转。通过保持方向控制和不让机头偏向低机翼一侧,就可以在开始失速改出之前避免发生尾旋。如果在失速时让机头偏转,飞机将开始向低机翼的一侧侧滑,并进入尾旋。为进入尾旋,必须先让飞机失速;因此,后续的失速练习将会帮助飞行员培养识别逼近的尾旋的能力并实现更为本能而迅速的反应。学会在飞机明显接近尾旋状态的任何时候都能采取及时有效的纠正动作是很关键的。如果难以避免尾旋,飞行员应该立即执行尾旋改出程序。

4.4.1 尾旋的过程

飞行教官应该使用那些批准可以做尾旋动作的飞机来示范尾旋。具体的飞机所要求的特殊尾旋程序和技能不在此处讨论。在开始任何尾旋运行之前,应该检查下列事项:

- 飞机的 AFM/POH 的限制部分、标牌或类型认证数据,以确定飞机是否已经被批准可以做尾旋机动。
- 重量和平衡限制。
- 建议的进入和改出程序。
- 降落伞的要求。应该检查当前的 14 CFR 第 91 部的最新降落伞要求。

在完成一次彻底的飞行前检查过程中,应该特别重视可能影响重量、重心和飞机可控性的过紧或松动的东西。松动的或不牢固的控制钢索(特别是方向舵和升降舵)会在改出尾旋时阻碍控制面完全偏转,在一些飞机上还会延迟和妨碍改出操作。

在开始练习尾旋之前,飞机上面和下面的飞行区必须没有其他空中交通。可以在飞机准备进入尾旋而减速的同时完成清场。所有尾旋训练应该在足够确保完成改出时离地不低于 1 500 ft 的高度上开始。

首先可能需要通过练习以光洁构型进行有动力和无动力失速来介绍尾旋训练。这个练习是为了让学员熟悉飞机的具体失速和改出特性。在进入尾旋和尾旋期间应该小心控制功率(油门)。应该根据制造商的建议使用汽化器加热。

尾旋有四个阶段:进入阶段、初始阶段、发展阶段和改出阶段。如图 4 - 10 所示。

4.4.2 进入阶段

不管是有意的还是无意的,在尾旋进入阶段,飞行员为进入尾旋提供了必要的基础条件。为了示范尾旋,其进入的步骤和无动力失速类似。在进入期间,应该慢慢降低功率到慢车,同时要抬升机头到可以导致失速的俯仰姿态。在飞机接近失速时,向后控制升降舵达到它的最大行程的同时向预期的尾旋方向平稳地施加满方向舵。在尾旋过程中一直要保持副翼位于中立位置,除非 AFM/POH 另有规定。

4.4.3 初始阶段

初始阶段从飞机失速并旋转开始直到完全发展成尾旋为止。对于大多数飞机,完成这个变化过程需要两圈。没有发展成稳定状态尾旋的初始阶段经常被用来介绍尾旋训练和改出技术。在这个阶段,空气动力学受的力和惯性力还没有达到平衡。随着初始阶段尾旋的发展,指示空速应该接近或低于失速空速,转弯侧滑指示仪应该指示尾旋的方向。

在完成 360°旋转之前就应该开始执行改出初始尾旋的步骤。飞行员应该向尾旋相反的方向使用满方向舵。如果飞行员不确定尾旋的方向,那么检查转弯侧滑

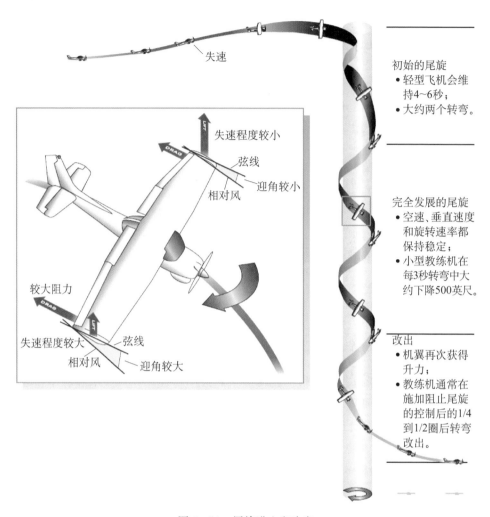

失速

初始的尾旋
- 轻型飞机会维持4~6秒；
- 大约两个转弯。

完全发展的尾旋
- 空速、垂直速度和旋转速率都保持稳定；
- 小型教练机在每3秒转弯中大约下降500英尺。

改出
- 机翼再次获得升力；
- 教练机通常在施加阻止尾旋的控制后的1/4到1/2圈后转弯改出。

失速程度较小
弦线
迎角较小
相对风

升力
较大阻力
失速程度较大   弦线
相对风   迎角较大

图 4 - 10   尾旋进入和改出

仪；它的偏转就表示旋转方向。

4.4.4 发展阶段

发展阶段是飞机的旋转角速度、空速和垂直速度在近乎垂直的航迹上稳定下来的一种状态。这时飞机的空气动力学受力和惯性力处于平衡状态，其绕垂直轴的姿态和角度以及自己维持的运动是恒定的或不断重复的。这时尾旋处于平衡状态。

4.4.5 改出阶段

改出阶段发生在机翼迎角降低到低于临界迎角，且自动旋转速度降低的时候。然后机头变陡，旋转停止。这个阶段可能持续四分之一圈到好几圈。

为了改出尾旋，需要施加控制压力使旋转和失速停止，从而打破尾旋的平衡。为了完成尾旋改出，应该遵守制造商建议的步骤。在缺乏制造商建议的尾旋改出程序和技术时,建议使用下面的尾旋改出步骤。

第一步:降低功率(油门)到慢车。功率较大会使尾旋特性恶化。它通常会导致水平的尾旋姿态,旋转速率增加。

第二步:副翼保持中立位置。副翼可能对尾旋改出产生不利影响。朝尾旋方向施加副翼控制可能加速旋转速率从而延长改出时间。如果向尾旋相反的方向施加副翼控制,则放下的副翼可能会使机翼进入更深度的失速,从而使情况恶化。最好的步骤是确保副翼位于中立位置。

第三步:运用满的反向方向舵来抵抗旋转。确保已经使用了满的(行程到达停止位)反向方向舵。

第四步:明确而敏捷地向前移动升降舵控制到中立位置以阻止失速。这应该在使用满方向舵后立即完成。升降舵的强有力运动会降低过大的迎角进而阻止失速。应该稳定地保持升降舵控制处于这个位置。当失速停止后,尾旋就会停止。

第五步:尾旋停止后,方向舵回到中立位置。如果方向舵在这个时候没有处于中立位置,那么增大的空速作用于偏转的方向舵将会导致偏航或侧滑效应。

必须避免尾旋改出期间缓慢而过度小心的控制运动。已经发现在特定情况下,尽管有抵抗尾旋的输入控制压力,但是这样的控制运动导致飞机持续长时间地处于尾旋状态。另一方面,快速果断的技术能实现更可靠的尾旋改出。

第六步:开始使用向后升降舵压力抬升机头到水平飞行。在旋转停止后,必须小心不要使用过度的向后升降舵压力。过度的向后升降舵压力会导致二次失速,从而导致另一次尾旋。必须注意在改出期间不要超过 G 载荷限制和空速限制。如果襟翼和/或可收放起落架在尾旋前是放下的,应该在进入尾旋后尽快收起。

重要的是要记住,只有在没有制造商的建议程序时才推荐使用上面的尾旋改出程序和技术。任何飞行员在准备开始尾旋训练之前,必须熟悉制造商提供的尾旋改出程序。

在尾旋改出中最常见的问题包括飞行员混淆尾旋旋转的方向和判断机动是尾旋还是盘旋。如果空速在不断增加,那么飞机将不是处于尾旋而是盘旋。在尾旋状态中,飞机是失速的。因此,指示空速应该反映出失速速度。

4.5 有意的尾旋

对于没有明确批准尾旋机动而要做有意尾旋的飞机,本手册或联邦法规全书(CFR)是不允许的。对于一架具体的飞机,确定是否已经批准或者未批准尾旋机动的正式方法是:

- 类型证书数据表或飞机规格文件。
- FAA 批准的 AFM/POH 中的限制部分。限制部分可能提供额外的有关尾旋授权的详细要求,诸如限制的总重量、重心范围和燃油量。
- 飞机上驾驶员清晰视野内的一个标牌上,禁止包括尾旋在内的特技机动。对于标牌上明确禁止尾旋的飞机,不保证飞机能从完全发展的尾旋中改出。

已经发生过一些飞行员故意忽视有关飞机尾旋限制的事情。尽管在这些飞机上安装了标牌禁止有意的尾旋,但是很多飞行员和一些飞行教官试图证明做这个机动是正当的,强词夺理地认为禁止尾旋的原因仅仅是由于适航标准上的"技术"问题。

一些飞行员会辩解说飞机在它的认证过程中经过了尾旋测试,因此示范或练习尾旋应该不会导致问题。然而,这些飞行员忽略了一个事实即正常类飞机的认证只要求飞机能从不多于额外一圈的单圈尾旋中改出,或者在 3 秒钟内改出,并取这两者中时间较长的一项。这个同样的可控性测试也可以用于认证一架通用类飞机(参考 14 CFR 23.221(b)节)。

这里的要点是 360°的旋转(一圈尾旋)不一定能保证飞机进入了稳定的尾旋。如果飞机的可控性没有被工程测试飞行员在超过认证要求的条件下验证过,那么这架飞机延长的尾旋(意外的或者有意的)就会使进行操作的驾驶员置身于一种未经验证的状态。改出尾旋可能非常困难或者不可能完成。

在 14 CFR 第 23 部"适航标准:正常类、通用类、特技类和通勤类飞机",对于正常类飞机没有针对实际尾旋状态条件下可控性调查方面的要求。从失速状态延迟改出的飞机,一圈安全余度是对其可控性的重要检查。因此,对于标牌禁止尾旋的飞机绝对没有担保在任何情况下都可能从完全发展的尾旋中改出。标牌禁止尾旋的飞机的飞行员应该假设飞机在尾旋状态下可能变得完全无法控制。

4.6　重量和平衡要求

对于每一架批准可以做尾旋的飞机,其重量和平衡要求对于安全性和从尾旋机动改出是很重要的。飞行员必须知道只要很少的重量或者平衡变化就会影响飞机的尾旋改出特性。这个变化要么改变要么增强尾旋机动和/或改出特性。例如,后行李舱重量增加或者燃油增加可能仍然使飞机重心在限制范围内,但是可能严重地影响了尾旋和改出特性。

一架可能难以做有意尾旋的通用类飞机(受限制的后向重心和降低的重量)相比正常类飞机(更少限制的后向重心和增加的重量)进入尾旋的困难可能更少。这种情况是由于飞机能够产生更大的迎角和载荷因子。更进一步,对于批准可以做尾旋的通用类飞机,但是其载荷是按照正常类飞机来装载的,若任其发展而超出初始阶段,则可能不能从尾旋状态中改出。

执行有意尾旋时的常见错误有:

- 在尾旋进入阶段,不能向预期的尾旋方向施加满方向舵。
- 在尾旋进入阶段,不能施加并保持升降舵完全向上的压力,导致盘旋下坠。
- 在尾旋进入之前,不能获得完全失速状态。
- 在改出期间,不能施加满方向舵来抵抗尾旋。

- 在改出期间,不能施加足够的向前升降舵压力。
- 在旋转停止后的改出阶段,不能使方向舵中立,从而可能导致二次尾旋。
- 在改出过程中,缓慢而过度谨慎的控制动作。
- 旋转停止后,使用了过大的向后升降舵压力,可能导致二次失速。
- 改出期间的向后升降舵压力不足,导致空速过大。

5 起飞和离场爬升

5.1 概述

本章讨论前三点式起落架飞机在正常条件和最大性能条件下的起飞和离场爬升。在理论和实践方面掌握透彻的起飞原理知识，在飞行员的整个职业生涯中有极其重要的价值。他们通常可以避免因发生意外或紧急情况而导致的失败起飞，也可以在临界条件下起飞，而缺乏全面知识和技能的飞行员则可能失败。

尽管起飞相对简单，但是在这个阶段也常出现飞行中其他阶段发生的最危险因素。再怎么强调全面的知识和完美的技能以及判断力的重要性都不过分。

必须记住的是，就一架特定品牌和型号的飞机而言，制造商建议的程序，包括飞机的构型和空速以及其他有关起飞和离场爬升的内容都包含在这架飞机的FAA批准的飞机飞行手册和/或飞行员操作手册（AFM/POH）中。如果本章中的任何内容与AFM/POH中飞机制造商的建议所有不同，那么优先采纳飞机制造商的建议。

5.2 术语和定义

尽管起飞和爬升是一个连续的机动，但是出于解释的目的，还是把它分为三个独立的步骤：①起飞滑跑；②升空；③升空后的初始爬升。如图 5-1 所示。

• 起飞滑跑（地面滑跑）——是起飞过程的一部分，在这期间飞机从静止状态加速到能够为升空提供足够升力的空速。

• 升空（抬前轮）——这是机翼升力抬升飞机离地或者飞行员抬升机头使飞机升空的动作，同时增加迎角开始爬升。

• 初始爬升——从飞机离开地面并建立俯仰姿态飞离起飞区域开始。通常认为这个阶段在飞机到达安全的机动高度或建立航路爬升时完成。

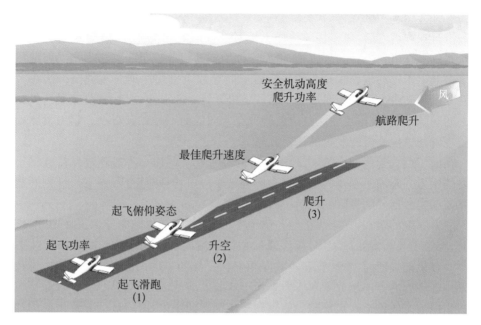

图 5-1　起飞和爬升

5.3　起飞之前

在滑行到跑道或者起飞区域之前,飞行员应该确认发动机运行正常,根据起飞前检查单完成对所有控制面包括襟翼和配平片的设定。另外,飞行员必须确保进近和起飞航道上无其他飞机。在非管制机场,飞行员应该在那个机场的指定公共交通咨询频率上通报他们的意图。当在有工作的管制塔台的机场运行时,飞行员必须联系塔台操作员,并且在滑行到在用跑道之前收到起飞许可。

不建议在另一架飞机起飞后立即起飞,特别是大型重载荷运输类飞机,因为它会产生紊乱的尾流。

滑行到跑道后,飞行员可以选择与跑道方向对齐的地面参考点来帮助在起飞过程中保持方向控制。这些可以是跑道中心线标记、跑道灯光、远处的树木、塔、建筑物或者山峰。

5.4　正常起飞

正常起飞是飞机在逆风或微风条件下的起飞。而且,起飞地面是坚固的,有足够的长度让飞机逐渐加速到正常升空和爬升速度,并且沿起飞航道没有障碍物。

让起飞尽可能地逆风有两个原因。首先,飞机在地面上的速度比顺风起飞时小得多,这样降低了起落架的磨损和压力。其次,需要更短的地面滑跑也就是说长度短得多的跑道就可以让飞机产生起飞和爬升需要的最小升力。由于飞机的飞行依赖于空速,逆风时则风吹过机翼从而提供了一部分空速,即使飞机是静止的。

5.4.1 起飞滑跑

滑行到跑道之后,应该仔细地让飞机对准预期的起飞方向,以前轮笔直或居中的状态停下飞机。松开刹车后,平稳而连续地把油门前推至起飞功率。生硬地使用功率可能由于发动机和螺旋桨的扭矩效应而导致飞机快速地向左侧偏。这在大马力发动机的飞机上是相当明显的。随着飞机开始向前滑跑,飞行员要确保两只脚都在方向舵脚踏上,这样可使脚趾或前脚掌在方向舵而不是在刹车上。起飞滑跑期间要监视发动机仪表可能发生的任何故障。

在前三点式起落架飞机上,作用于升降舵控制上的压力不必超过保持其稳定所需要的压力。施加不必要的压力只会使起飞变得更坏,并且会阻碍飞行员判断建立起飞姿态实际需要的升降舵控制压力的时机。

随着速度的增加,如果飞机经正确配平,升降舵控制将倾向于保持在中立位置。同时,在整个起飞滑跑过程中,应该通过平稳果断而正确的方向舵修正来保持方向控制。在最初加速时,发动机扭矩效应和 P 因子倾向于把飞机头向左侧拉。飞行员必须施加必要的方向舵或副翼压力来纠正这些效应或者当前的风效应,以保持机头笔直指向前方的跑道。应该避免使用刹车作为转向手段,因为这会导致飞机的加速变慢,起飞距离变长,还可能导致严重的突然转向。

在起飞滑跑速度增加的同时,会感受到飞行操纵杆上的压力越来越大,特别是升降舵和方向舵。如果尾部控制面受螺旋桨滑流影响,它们会首先变得有效。随着速度的持续增加,所有飞行控制面将会逐渐变得足够有效,使飞机绕其三个轴向进行机动。就在这时,即在滑行到飞行的过渡过程中,飞机更多地是飞行而不是滑行。发生这种情况时,需要逐渐减小方向舵偏转来保持方向。

操纵杆运动的阻力感和飞机对这种运动的反应是获得控制程度的唯一真实的指示。这个阻力感不表示飞机速度的快慢,而是表示飞机可控性的强弱。为了判断可控性,飞行员必须意识到飞机对控制压力的反应并且根据需要立即调整压力以控制飞机。飞行员必须等待飞机对施加的控制压力作出反应,并努力感受压力的控制阻力,而不是试图根据操纵杆的运动量来控制飞机。平衡的控制面作用增加了这点的重要性,因为它们本质上降低了飞行员施加压力形成的阻力大小。

在初期的起飞训练阶段,初学的飞行员通常不能完全掌握控制压力随飞机速度变化的关系。因此学员可能倾向于在很大的范围内移动操纵杆来寻找熟悉的或预期的压力,结果就是会过度控制飞机。飞机对这些运动的反应迟缓可能会使这种情况更加恶化。飞行教官应该采取方法检查这些倾向,并且强调培养感觉的重要性。应该要求飞行学员灵巧地感受阻力并通过施加压力抵抗控制面阻力从而达到预期结果。随着经验的积累,这个训练将让飞行学员养成对起飞所需速度的感觉,而不是仅仅靠猜测、注视空速表或试图迫使飞机强行起飞。

5.4.2 升空

因为良好的起飞取决于恰当的起飞姿态,所以知道这个姿态是怎样的以及如何达到这个姿态是很重要的。理想的起飞姿态只需要在飞机升空后很短的时间内以最小的俯仰调整即可达到最佳爬升率的速度 V_Y。如图 5-2 所示。

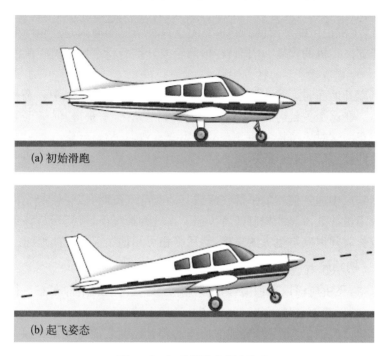

(a) 初始滑跑

(b) 起飞姿态

图 5-2 初始滑跑和起飞姿态

飞机加速到 V_Y 速度所需要的俯仰姿态应该由教官示范并要求学员记住。最初,飞行学员可能有一个倾向,即在升空后保持过大的向后升降舵控制压力,会导致机头突然上仰。飞行教官应该对此有所准备。

每种类型的飞机都有一个正常升空的最佳俯仰姿态;然而,不同的环境条件会使起飞需要的技能有所差别。粗糙的场地、光滑的场地、硬表面跑道,或者短的/软的泥土场地,所有这些都需要稍微不同的技能,同样,平静的空气相对于强烈的阵风天气也有所差别。这些非常规条件下的不同技能将在本章后面讨论。

对于前三点式飞机,当所有飞行控制面在起飞滑跑过程中变得有效时,应该逐渐施加向后升降舵控制压力轻轻地把前轮抬离跑道,从而建立起飞或升空姿态。这通常被称为"抬前轮"。这时,应该注意机头相对于地平线的位置,然后根据需要施加向后升降舵控制压力来保持这个姿态。务必通过施加必要的副翼压力使机翼保持水平。

要以正常起飞姿态让飞机飞离地面。通过施加过大的向后升降舵压力迫使飞机升空只会导致过高的俯仰姿态而且可能延迟起飞。如前所述,俯仰姿态过大而快速的改变会导致扭矩效应相应成比例的变化,从而使得飞机更加难以控制。

尽管可以迫使飞机升空,但这是不安全的方法,在正常情况下应该避免这样。

如果是通过使用太大的向后升降舵控制压力迫使飞机在达到足够的飞行速度之前离地的,那么机翼的迎角可能过大,从而导致飞机落回到跑道或甚至失速。另一方面,如果升空后没有保持足够的向后升降舵压力来维持正确的起飞姿态,或者让机头放得过低,飞机也可能会落回到跑道。发生这种情况的原因是迎角降低并且升力降低到不能支撑飞机的程度。因而,在抬前轮或升空后稳定地保持正确的姿态是很重要的。

在飞机离开地面时,飞行员必须继续小心地保持机翼处于水平姿态和保持恰当的俯仰姿态。在这个关键时刻,必须强化外部目视扫描来获得/保持正确的飞机俯仰和滚转姿态。这时飞行控制还没有变得完全有效,新学员经常会有一个倾向即注视飞机的俯仰姿态和/或空速表,而忽视飞机刚刚离地后固有的滚转倾向。

在强烈阵风中起飞期间,让飞机在离地之前获得额外的速度余度是明智的。当飞机在强烈阵风中遇到突然的平静气流或其他紊乱气流时,以正常起飞速度的起飞可能会导致飞机缺乏可靠的控制或者失速。在这种情况下,飞行员应该让飞机在地面上保持较长时间以获得更大的速度,然后平稳可靠地抬前轮飞离地面。

5.4.3　初始爬升

一旦升空,飞机应该以近似能够让其加速到速度 V_Y 的俯仰姿态飞行。飞机使用这个速度飞行,能够在最短的时间内爬升到最大的高度。

如果飞机已经被恰当配平,在建立恰当的爬升速度之前可能需要保持一定的向后升降舵控制压力来维持这个姿态。另一方面,在这个时间之前随意地减轻向后升降舵压力可能导致飞机下降,甚至到达接触跑道的程度。

飞机在升空后会迅速地加快速度。一旦建立了正爬升率,就可以收起襟翼和起落架(如果装配了的话)。

在达到离周围地形或障碍物至少 500 ft 高度之前,建议一直保持起飞功率。V_Y 和起飞功率的配合能够确保飞机在最短时间内高度增加最多。这就可以让飞行员在飞机发生单发失效或其他紧急情况时有更多的高度进行安全机动。

由于在最初的爬升时功率固定在起飞功率,所以必须通过使用升降舵进行轻微的俯仰调节来控制空速。然而,飞行员在做这些俯仰改变的时候不要注视空速表,相反,而是应该持续地扫视外部来调节飞机相对于地平线的姿态。根据姿态飞行原理,首先飞行员应该参考自然地平线进行必要的俯仰调节,然后暂时保持在新的俯仰姿态,接着再看一下空速表检查新的俯仰姿态是否正确。由于惯性,飞机在俯仰改变后不会立即加速或减速。空速改变需要花一点时间。如果俯仰被过度纠正或纠正不足,那么空速表将指示一个低于或大于预期的空速。发生这种情况时,必须重复交叉检查和执行相应的俯仰修正步骤,直到建立预期的爬升姿态。

当达到正确的俯仰姿态后,在相对地平线和其他外部目视参考交叉检查的同时应该保持这个姿态恒定。应该把空速表作为确定姿态是否正确的唯一检查方法。

在达到建议的爬升空速并且达到安全的机动高度后,应该调节功率到推荐的爬升功率,并且配平飞机以释放控制压力。这将更加容易保持恒定姿态和空速。

在初始爬升的过程中,保持起飞航迹和跑道对齐是很重要的,目的是为了避免飘移到障碍物上方或可能飘移到另一架从平行跑道起飞的飞机航道上。正确的扫视技术对于安全地起飞和爬升是不可缺少的,不仅是为了保持姿态和方向,而且是为了避免在机场区域发生空中相撞。

当飞行学员快要开始飞行训练的单人飞行阶段时,应该向其解释在教官离开飞机后飞机的起飞性能会有很大不同。由于载荷的下降,飞机会变得更快升空且更快速地爬升。飞行学员已经学会的初始爬升俯仰姿态也可能不一样,因为重量下降了,并且飞行控制可能看起来更为灵敏。如果对这一情况没有思想准备,则可能会导致学员直到落地后还非常紧张。通常,由于感觉起飞"不正常"而产生的这种紧张和不安会使后续的着陆执行得很差。

执行正常起飞和离场爬升时的常见错误有:

- 在滑行到现用跑道位置之前不能充分清场。
- 生硬地使用油门。
- 在使用起飞功率后不能根据发动机仪表发现故障征兆。
- 在最初的加速中,无法预计飞机的左转弯倾向。
- 过度纠正左转弯倾向。
- 在加速和升空过程中,只依赖空速表而不是靠培养的感觉来了解速度和飞机可控性的指示。
- 不能实现恰当的升空姿态。
- 在最初的爬升期间,不能充分地抵消扭矩/P因子进而导致飞机侧滑。
- 在最初的爬升期间,过度地使用升降舵控制。
- 把扫视限制于飞机的正前方区域(俯仰姿态和方向),导致升空后机翼(通常是左侧)立即下降。
- 不能达到/维持最佳爬升率的空速 V_Y。
- 在爬升中不能利用姿态飞行原理,导致注意力盯着空速表。

5.5 侧风起飞

虽然通常只要可能或切实可行就应该优先选择完全逆风起飞,但是在很多情况下环境或选择会有所不同。因此,飞行员必须熟悉侧风起飞和正常起飞有关的原理和技能。在起飞时侧风对飞机的影响像在滑行时一样非常大。理解这点之后,就可以明白起飞过程中的侧风修正技能和滑行中使用的侧风修正技能非常类似。

5.5.1 起飞滑跑

在侧风环境下,在最初的起飞滑跑期间使用的技能和在正常起飞中使用的技能基本一样,不同的是必须要向侧风保持副翼控制。这样就升高了侧风一侧机翼上的副翼,在机翼上产生一个向下的抵消侧风升力的力,进而防止机翼升高。

在飞机滑行到起飞位置后,检查风向锥和其他风向指示器很重要,这样就可以判断和估计侧风的存在。如果有侧风指示,那么在开始起飞滑跑后应该在向风方向保持满副翼。在飞机不断加速,直至副翼开始变得足够有效地使飞机绕其纵轴机动的过程中,这个控制位置应该要一直保持住。

在保持副翼控制逆风方向时,必须用方向舵来保持笔直的起飞航迹。如图5-3所示。

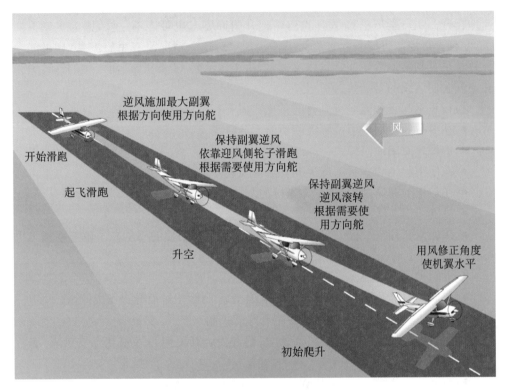

图5-3　侧风起飞滑跑和初始爬升

通常这需要使用顺风方向舵压力,因为在地面上飞机会倾向于随风转向(风向标效应)。施加起飞功率后,使飞机偏航向左侧的扭矩或P因子可能足以抵消来自右侧侧风导致的风向标效应倾向。另一方面,当风从左侧来的话,它可能加重突然转向左侧的倾向。在任何情况下,无论怎样都应该施加必要的方向舵压力保持飞机沿跑道方向笔直前进。

随着飞机前进速度的增加,侧风变得更像相对的逆风,应该进行机械调整减小最大副翼逆风的程度。当在副翼控制上感受到不断增加的压力时,副翼就开始变得更加有效了。随着副翼有效性的增加,相对风的侧风分量的有效性减小,必须逐渐降低副翼控制压力。侧风分量的影响不会完全消失,因此在整个起飞滑跑过程中,必须维持一定的副翼控制压力以防止侧风使迎风侧机翼升高。如果迎风侧机翼升高,就会向侧风暴露更多的表面积,因而可能会产生"侧滑"动作。如图5-4所示。

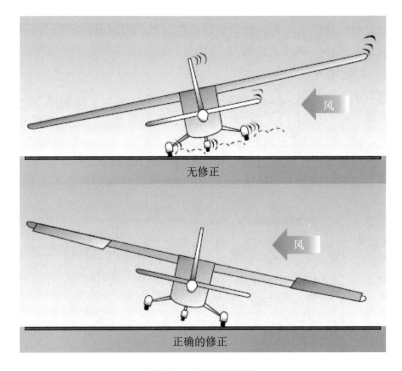

无修正

风

正确的修正

图5-4 侧风的影响

　　侧滑动作通常通过一系列小幅弹跳而表现出来,这是由于飞机试图飞行但又落回到跑道上而导致的。在这些弹跳过程中,侧风也会倾向于使飞机朝侧向移动,这些弹跳会发展成为侧向滑行。这个侧向滑行会在起落架上产生严重的侧向压力,可能导致结构性失效。

　　在侧风起飞滑跑过程中,向风方向保持足够的副翼不仅可以防止迎风侧机翼升高,而且可以保持这一侧机翼向下,因此就在升空后,飞机可以向风的方向侧滑而足以抵消飘移。

5.5.2 升空

　　当前轮抬离跑道后,保持逆风方向的副翼控制会导致顺风侧机翼升高且顺风侧主轮先抬离跑道,而后续的起飞滑跑则只在一个主轮上进行。这是可以接受的,而且总比发生侧向滑行好。

　　如果有严重侧风,保持主轮在地面的时间应该比在正常起飞时的时间稍长一些,这样可以实现平稳而可靠的升空。这个步骤让飞机在更为明确的控制下升空,因而在建立了恰当的风修正量时,它也肯定会保持在空中。更为重要的是,这个步骤将避免起落架受到过大的侧向载荷,并且防止了由于飘移时飞机落回到跑道可能造成的起落架损坏。

　　在两个主轮离开跑道且地面摩擦力不再阻碍飘移时,飞机将会慢慢地随风朝侧向滑动,除非飞行员保持足够的侧滑修正。因而,在升空之前,通过逆风方向施加副翼压力来建立和保持恰当的侧风修正量以避免迎风侧机翼升高,并根据需要施加方向舵压力防止顺风转向是很重要的。

5.5.3　初始爬升

　　如果进行了恰当的侧风修正,只要飞机升空,它就会充分地朝风方向侧滑从而抵消风的飘移影响。如图5-5所示。在飞机获得正爬升率之前这个飘移应该会持续。在那时,飞机应该朝风方向转弯以建立恰好足够的风修正角来抵消风的影响,然后机翼再滚转到水平。这时需要平稳而明确地使用方向舵来保持飞机沿跑道方向笔直前进。应该继续沿着与跑道方向对齐的地面轨迹保持风修正角爬升。然而,

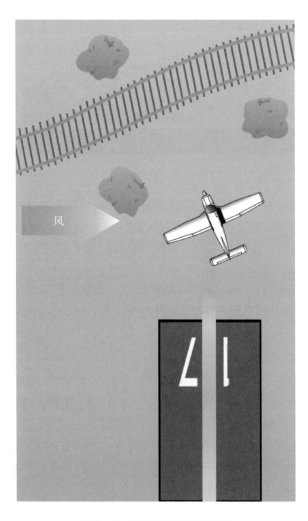

图5-5　侧风爬升的飞行轨迹

由于侧风的作用力在地面之上几百英尺内可能会有很明显的变化,因此应该不断检查实际的地面轨迹,必要时调整风修正角。后续飞行使用的爬升技术和正常起飞与爬升中使用的技术一样。

执行侧风起飞时常见的错误有:

- 滑行到现用跑道之前不能充分地清场。
- 在起飞滑跑阶段的开始,没有向风施加满副翼控制压力。
- 机械地使用副翼控制,而不是通过对飞机的感觉来感知不同的副翼控制输入的需要。
- 过早地升空导致发生侧向滑行。
- 在起飞滑跑的后续阶段施加过大的副翼控制,导致在升空时逆风方向深度滚转。
- 升空后的飘移修正不足。

5.6　起飞时的地面效应

地面效应是飞机在非常接近地面运行时出现的一种性能升高的状态。可以距地面一个翼展的高度内发觉和测量到地面效应。如图 5 - 6 所示。无论如何,当飞机(特别是下单翼飞机)以低空速在低高度保持恒定姿态飞行的时候,地面效应是最明显的(例如,在飞机升空并加速到爬升速度的起飞过程中,以及在接地之前的着陆拉平过程中)。

图 5 - 6　在地面效应区域起飞

当机翼受地面效应影响时,上洗流(上冲气流)、下洗流(下冲气流)和翼尖涡流都有所减弱。翼尖涡流减小的结果是诱导阻力也减小。当机翼在 1/4 翼展高度时,诱导阻力大约减少 25%,当机翼在 1/10 翼展高度时,诱导阻力大约减少 50%。在寄生阻力占主导的高速飞行过程中,诱导阻力占总阻力的一小部分。因此,在起飞和着陆期间地面效应的影响是更主要的考虑因素。

在起飞过程中,起飞滑跑、升空和初始爬升的开始阶段都是在地面效应区域内完成的。地面效应导致局部区域大气静压增加,这导致空速表和高度表的读数稍微低于它们应该指示的数值,并且通常会导致垂直速度表指示下降。在飞机升空并飞

离地面效应区域时,会发生下列情形:

- 飞机需要增加迎角以维持相同的升力系数。
- 飞机的诱导阻力将增加,进而需要增加推力。
- 飞机发生上仰倾向,由于水平尾翼下洗流速度的增加将需要较小的升降舵控制行程。
- 飞机在离开地面效应区域时将遇到静压源压力的降低,并且指示空速相应增加。

由于在地面效应中阻力减小,飞机似乎能在低于推荐空速的条件下起飞。然而,在飞机以不足的速度爬升离开地面效应区域时,因为阻力增加,最初的爬升性能可能被证明是处于临界状态的。在高的密度高度、高温度和/或最大总重量的条件下,飞机或许可以在不足的空速下升空,但是却不能飞离地面效应区域。进而,飞机就不可能越过障碍物,或者可能落回到跑道。应该记住的要点是在飞机离开地面效应区域后,需要额外的功率以抵消增加的阻力。但是在初始爬升的过程中,发动机已经输出最大功率。唯一的可选方法就是降低俯仰姿态以增加额外的空速,这将导致高度不可避免地损失。所以,在临界条件下,飞机以推荐速度起飞并提供足够的初始爬升性能是很重要的。

地面效应对于正常飞行很重要。如果跑道足够长或没有障碍物,那么借助减小的阻力来提高最初的加速,从而使地面效应变成一个有利条件。另外,从不理想的跑道表面起飞所使用的程序是为了在地面滑跑过程中让机翼承担尽可能多的重量,在达到真实飞行速度之前在地面效应的帮助下升空。那么,在试图飞离地面效应区域之前必须先降低迎角以获得正常空速。

5.7 短场地起飞和最大的爬升性能

从短的起飞区域或者从可用起飞区域中受障碍物限制的场地起飞或爬升,要求飞行员操控飞机达到飞机起飞性能的极限。为了安全地离开这个区域,飞行员必须练习明确而精确地控制飞机姿态和空速,这样才能达到最短地面滑跑与最大爬升角的起飞和爬升性能。如图 5-7 所示。

实现的结果应该和 FAA 批准的飞机飞行手册和/或飞行员操作手册(AFM/POH)的性能部分一致。在所有情况下,应该遵守飞机制造商规定的功率要求、襟翼、空速和程序。

为了安全地实现最大性能起飞,对于特定品牌和型号的飞机,飞行员必须充分掌握其在最佳爬升角的速度(V_X)和最佳爬升率速度(V_Y)时的使用知识和有效性知识。

速度 V_X 是在地面上一定距离内能够让高度增加最大的速度。它通常稍微小于速度 V_Y(单位时间内高度增加最大的速度)。特定飞机使用的具体速度在 FAA 批准的 AFM/POH 中有所规定。应该强调的是,在某些飞机上,偏离推荐速度 5 节将

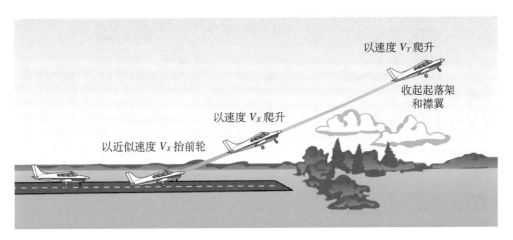

以速度 V_Y 爬升

收起起落架
和襟翼

以速度 V_X 爬升

以近似速度 V_X 抬前轮

图 5-7　短场地起飞

导致爬升性能明显地降低。因此,精确地控制空速与机动的成功执行和安全都有重要的关系。

5.7.1　起飞滑跑

从短场地起飞要求从起飞区域的真正起点开始起飞。在这个位置,飞机和预期起飞航迹对齐。如果飞机制造商建议使用襟翼,那么在开始起飞滑跑之前要把它们放下至恰当位置。这就可以让飞行员在整个起飞阶段把全部注意力集中于运用正确的技能和飞机性能。

在让飞机开始起飞滑跑之前,一些权威机构更愿意在发动机达到最大可用转速之前一直保持刹车。然而,目前还不能确定这个程序在所有轻型单发飞机上能导致更短的起飞滑跑。应该平稳而连续地施加起飞功率——毫不犹豫——以便尽可能快地加速飞机。应该允许飞机以全部重量作用于主轮的方式进行滑跑并加速到升空速度。随着起飞滑跑的前进,应该把飞机的俯仰姿态和迎角调节到能获得最小阻力和最快加速的位置。在前三点式起落架飞机上,这需要稍微使用升降舵控制,因为飞机已经处于低阻力姿态。

5.7.2　升空

接近最佳爬升角的速度 V_X 时,飞机应该平稳而可靠地升空或抬起前轮,通过施加向后升降舵控制压力来达到最佳爬升角空速姿态。由于飞机在升空后会更快地加速,必须要额外施加向后升降舵压力来保持恒定空速。在飞机升空后,飞越障碍物之前或者如果没有障碍物影响,在达到距离起飞地面至少 50 ft 高度之前应该保持机翼水平地以 V_X 速度爬升。之后,可以稍微降低俯仰姿态,继续以最佳爬升率速度 V_Y 爬升,直到达到安全的机动高度。记住,试图过早地让飞机飞离地面,或者太陡地爬升,都可能导致飞机落回到地面或落入障碍物中。即使飞机保持在空中,在达到最佳爬升角的速度之前,最初的爬升能力仍然不足,而且爬升性能/越障能力会严重下降。如图 5-8 所示。

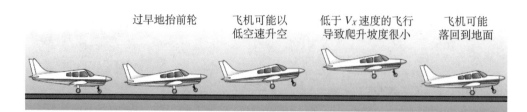

过早地抬前轮　　飞机可能以　　低于 V_X 速度的飞行　　飞机可能
　　　　　　　　低空速升空　　导致爬升坡度很小　　落回到地面

图 5-8　过早升空的影响

目标是在达到(或者接近)最佳爬升角空速的时候,抬起前轮至合适的俯仰姿态。然而,应该记住的是,某些飞机在达到 V_X 之前很早就有一个固有的升空倾向。对于这些飞机,可能必须让飞机在地面效应区域内升空,然后降低俯仰姿态到水平,直到飞机加速到最佳爬升角空速时,才让轮子离开跑道面。这个方法比在达到最佳爬升角的速度之前用向前升降舵压力迫使飞机保持在地面更好。飞机保持在地面上导致前轮承受不必要的过大压力,可能出现"独轮车"效应,这将阻碍加速并且降低了飞机的总体性能。

5.7.3　初始爬升

在短场地起飞时,在飞越障碍物(或按照制造商的推荐)和达到速度 V_Y 之前,起落架和襟翼应该保持在起飞位置。在确定没有飞越障碍物之前,通常飞行员在驾驶舱找东西或者伸手触及起落架和襟翼手柄是不明智的。当飞机稳定在 V_Y 速度后,应该收起起落架(如果装配的话)然后收起襟翼。为避免升力突然减小和飞机下降,通常逐步地收起襟翼的方式是合理的。紧接着,把功率降低到正常爬升功率或按照飞机制造商的推荐进行设定。

执行短场地起飞和最大性能爬升时的常见错误是:
- 没有充分地清场。
- 没有利用全部可用跑道/起飞区域。
- 没有在起飞前使飞机正确地配平。
- 过早升空导致出现高阻力状态。
- 不必要地使用过大的向前升降舵控制压力让飞机保持在地面上。
- 抬前轮不足,导致升空后速度过大。
- 不能达到/维持最佳爬升角的空速。
- 在最初的爬升期间盯着空速表。
- 过早地收起起落架和/或襟翼。

5.8　柔软/粗糙场地的起飞和爬升

从软场地起飞和爬升需要运用让飞机尽可能快地升空的操作技术,目的是消除厚的草皮、柔软沙地、泥地和积雪产生的阻力，还可能需要或不需要飞越障碍物。这个技术明智地利用了地面效应并需要对飞机的感觉和精密控制触觉。这些同样的技能在粗糙场地飞行时也有用处，在那里也要让飞机尽可能快地离地以免损坏起落架。

软场地或潮湿的厚草皮地面通常会大幅降低起飞滑跑期间的飞机加速，以至于如果使用常规起飞技术可能难以获得足够的起飞速度。

需要强调的是，软场地运行的正确起飞步骤和运用于坚固光滑地面的短场地起飞步骤是完全不同的。为了把软场地或粗糙场地起飞带来的损害降到最低程度，随着起飞滑跑前进，必须尽可能快地把飞机重量从轮子转移到机翼。通过尽早地建立和保持相对高迎角或高机头上仰姿态来实现这个目的。开始起飞前，可能需要放下襟翼（如果制造商推荐的话），以便提供足够的升力把飞机的重量尽快地从轮子转移到机翼。

停留在软质地面如泥地或雪地时，可能会使飞机下陷；因此，在对准跑道准备起飞滑跑时，应该用足够的功率保持飞机不断地运动。

5.8.1 起飞滑跑

在飞机对准起飞方向后，以平稳且发动机无振动的方式尽快地施加起飞功率。随着飞机加速，应该施加足够的向后升降舵控制压力来建立正迎角以减小前轮承受的重量。

当飞机在起飞滑跑过程中保持高机头姿态时，机翼将随着速度增加而产生升力，越来越多地逐渐减小作用在轮子上的飞机重量，从而把因地面不光滑和黏性导致的阻力降低到最小。如果正确地保持住这个姿态，飞机几乎是自己飞离地面，并以稍低于安全爬升速度的空速升空，原因是有地面效应。如图 5-9 所示。

| 加速 | 抬升前轮 | 升空 | 在地面效应中改平飞 | 在地面效应中加速至 V_X 或 V_Y |

图 5-9 短场地起飞

5.8.2 升空

升空后，随着轮子飞离地面应该轻轻地放低机头，以便让飞机加速到速度 V_Y，如果必须飞越障碍物，则要加速到速度 V_X。在飞机升空后加速时，必须立即小心谨慎以避免落回到地面。若试图过早或太陡峭地爬升，则会由于失去地面效应的优势而导致飞机落回到地面。若在获得足够的爬升空速之前试图飞离地面效应区域，可能导致飞机在越过地面效应区域后不能进一步爬升,即使是使用最大功率也会如此。因此,在达到至少 V_x 速度之前,飞机应该保持在地面效应区域中。这需要对飞机的感觉和非常精确地控制触觉,为了避免过度地控制升降舵,应该随着飞机的加速根据需要改变控制压力的大小。

5.8.3 初始爬升

在建立正爬升率且飞机已经加速到速度 V_Y 后,如果装配了起落架和襟翼则应收起它们。如果是从起飞地面有湿雪或烂泥的跑道离场的,那么不要立即收回起落架。这可以让空气吹干湿雪或烂泥。如果在软场地起飞后必须飞越障碍物,那么要以 V_x 速度执行爬升直到飞越障碍物为止。在到达这个点之后,俯仰姿态调节至以 V_Y 飞行并收起起落架和襟翼。接着可能要降低功率到正常爬升功率。

执行软场地/粗糙场地起飞和爬升时的常见错误是:

- 不能充分地清场。
- 在最初的起飞滑跑中,因向后升降舵控制压力不足而导致迎角不够大。
- 不能在施加功率后交叉检查发动机仪表是否正常运行。
- 不熟练的方向控制能力。
- 升空后的爬升坡度太陡。
- 升空后在试图改平飞和加速时对升降舵的控制生硬和/或过大。
- 在升空后让飞机接近失速飞行或下降,从而导致意外接地。
- 试图在达到足够的爬升速度之前飞离地面效应区域。
- 在飞机飞离地面效应区时,没有预计到俯仰姿态会增加。

5.9 中断起飞/发动机故障

在起飞过程中,即使飞机还在跑道上,可能发生的紧急情况或不正常情况需要飞行员中断起飞。诸如发动机故障、加速不充分、跑道入侵、或者空中交通冲突都可能是导致中断起飞的原因。

在起飞之前,飞行员心里应该对跑道上的一个位置做到心中有数,飞机应该在那个位置升空。如果到达了那个位置而飞机还没有升空,那么应该立即采取动作不再继续起飞。如果计划正确并正确地执行,那么就很有可能在无需额外措施的条件下让飞机在剩余跑道上停下来,这些额外措施如过大的刹车会导致方向失控,和飞机损伤和/或人员受伤。

中断起飞后,功率应该降低到慢车,并且在使用最大刹车的同时保持方向控制。由于可能发生着火,所以必须关闭发动机,混合气控制杆应该拉到慢车切断位置,并且将磁电机开关关闭。在任何情况下都应该遵守制造商的紧急程序要求。

例如升空后失去全部功率或者出现发动机故障都是紧急情况。在大多数情况下,发生单发失效后,飞行员只有很短的时间来决定采取什么行动步骤并执行它。除非已经预先准备好做出正确的决定,否则大多数条件下飞行员将做出错误的决定,或者根本没有做决定而任事态发展。

在最初的爬升过程中发生单发失效时,飞行员的首要职责是保持对飞机的控制。当飞机处于无动力爬升俯仰姿态时,飞机将处于或接近失速迎角,同时,可能仍然保持向右方向舵,飞行员立即降低俯仰姿态以防止失速和可能的尾旋是关键之处。飞行员应该建立受控的滑翔飞行,飞向一个看来可行的着陆区域(更好的选择是沿剩余跑道向前直飞)。

5.10 减噪

在全国范围内,飞机噪声问题已经成为很多机场的一个重要考虑因素。很多当地的团体已经强制机场开发具体的运行程序以帮助降低在附近区域运行的飞机噪声。多年来,FAA、机场管理者、飞机运营人、飞行员和特殊利益群体一直共同努力把附近敏感区域的飞机噪声强度降到最低。结果是很多这类机场开发了减噪程序,这些程序包括标准化的框架和步骤来实现更低噪声的目标。

那些有减噪程序的机场向与机场有关的飞行员、运营人、承运人、空中交通设施和其他特殊群体提供信息。航空团体可以通过多种手段获得这些程序。这些信息大部分来自机场/设施指南、当地和地区出版物、印刷的宣传册、运营人公告牌、安全简报和当地空中交通设施。

在使用减噪程序的机场,可能在程序适用的跑道的滑行道等待位安装了提醒标志。这些是提醒飞行员在离场时使用并遵守减噪程序。不熟悉这些程序的飞行员应该向塔台或空中交通设施咨询推荐的程序。在任何情况下,飞行员运行他们的飞机往来这样的机场时应该为附近的居民着想。这包括要尽可能安静地运行,当然也要尽量安全地运行。

6 地面参考机动

6.1 目的和范围

地面参考机动及其相关要素用来培养飞行员的高级技能。尽管在日常的飞行中并不是每天都执行这些机动中的大多数，但是每一个机动所涉及的要素和原理都适用于飞行员习惯的操作。它们帮助飞行员分析风和其他作用于飞机的力的影响，以及培养精确的控制触觉、协调性和精确并安全地操纵飞机所必要的分配注意力的能力。

整个飞行员训练的早期阶段是在相对较高的高度上进行的，而且目的是为了培养技能、机动知识、协调性、感觉和在一般水平的意义上控制飞机。这个训练要求飞行员的大部分注意力投入到飞机的实际操控，以及控制压力对飞机的动作和姿态的影响。

然而，如果在适当的训练阶段之后仍然以这种方法教学，那么飞行学员的注意力集中将变成一个固定的习惯，这会严重地影响学员作为飞行员应该具备的身心放松和安全驾驶能力，并且这个习惯非常难以改掉。因此，一旦飞行员证明他熟练地掌握了基本飞行机动，就必须向他们介绍在实际应用这些机动和所获知识时需要有外部注意力的机动。

需要强调的是，在执行地面参考机动的过程中，同样重要的是要继续保持以前学习的基本飞行技能。飞行教官不要仅仅因为增加了新的因素而对学员以前的技能标准做任何放松。应该在学员不断学习机动的整个过程中一直坚持这个要求。每个新的机动飞行应该实现一些进阶而且包含前一个机动飞行的原理，这样才能保持学习的连贯性。引入的每个新要素应该只能在已经学会的要素的基础上逐步提高，这样才能实现有序而连贯的进步。

6.2 以地面目标为参考的机动

地面轨迹机动或者地面参考机动是在相对较低的高度上完成的，为了沿着地面上预期的轨迹或路线，必要时要修正风飘移。设计它们的作用是培养控制飞机的能力,以及在其他事情分散注意力的时候判断和修正风影响的能力。这就需要提前做好计划,维持相对地面目标的方位,以恰当的航向沿着预期的地面轨迹飞行,并留意附近的其他空中交通。

应该在离地大约 600~1 000 ft 的高度上执行地面参考机动。根据飞机速度和类型的不同,实际飞行高度有很大的范围,而且应该考虑下列因素。

- 相对地面的飞行速度不要太快以至于机动飞行过程完成得太快。
- 飞机在地面上空的转弯半径和航迹应该容易被注意到,并且根据情况有计划而有效地改变它。
- 飘移应该容易被识别,但是在进行修正的时候不要让学员负担过重。
- 地面上的物体看起来应该成比例且大小恰当。
- 高度应该足够低,以便使学员容易判断高度的任何增加和降低,但距离最高障碍物的高度决不要低于 500 ft。

在这些机动过程中,应该提醒教官和学员可用的迫降场地情况。选择的迫降区域应该远离居民、畜牧场或人群,以免可能给他人带来打扰和伤害。由于机动是在如此低的高度上执行的,如果需要寻找合适的着陆场地,那么允许的时间是很短的。

6.3　飘移和地面轨迹控制

任何物体只要升到空中,它就受到包围它的空气的影响。这就意味着自由物体将以空气的运动方向和速度运动。

例如,如果汽艇正在过一条河水静止的河流,则汽艇可以笔直地朝向对岸的某一点并且以无漂移的直线航迹向那个点前进。然而,如果河水是快速流动的,就必须要考虑水流。即在汽艇靠自身动力前进的同时,它必须以与河水顺流同样的速度逆流运动。这是通过把汽艇充分对准上游方向以抵消顺流而实现的。如果这样做了,那么汽艇将会沿着预期的轨迹从出发点穿过河流直达预期目的地。如果汽艇没有充分地朝向上游,那么它将随着水流漂移并在对岸下游的某一点靠岸。如图 6-1 所示。

只要飞机一旦升空,它就不再受到地面摩擦力作用。然后它的航迹受空气影响,因此,飞机(像汽艇一样)将不会总是按照其航向沿地面朝准确的方向前进。当使飞机纵轴和公路对齐飞行时,将会发现飞机在没有进行任何转弯时但变得靠近或远离公路。这就表明空气相对于飞机作侧向运动。由于飞机是在这个运动的大气(风)中飞行,它就随空气以相同的方向和速度运动或飘移,就像汽艇随着水流的运动一样。如图 6-1 所示。

当沿着一个选定的地面轨迹直线水平飞行时,修正风飘移的首选方法是让飞机充分地朝向风(形成风修正角),让飞机以与风侧向运动相同的速度向风的来向运动。根据风速的不同,这可能需要一个大的风修正角或者仅仅几度大小的角度。当消除飘移后,飞机将沿着预期地面轨迹飞行。

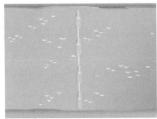

无水流—无漂移

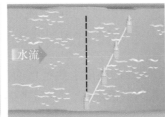

有水流时，若不修正
则小艇向下游漂移

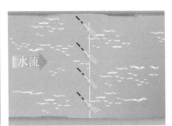

经适当修正后，小艇
保持在预期的航道上

无风—无飘移

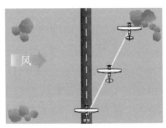

有风时，若不修正
则飞机顺风飘移

经适当修正后，飞机
保持在预期的航道上

图 6-1　风飘移

为了理解飞行期间飘移修正的需要,现考虑一个飞行状态,来自左侧的风速为30 kn并且与飞机航向成90°角。1 h 后,飞机周围的空气将向右运动 30 海里(1 n mile=1.852 km)。因为飞机是随空气一起运动的,所以它也将向右飘移 30 n mile。相对空气而言,飞机向前运动,但是相对于地面,它不仅向前运动而且还向右运动 30 n mile。

在转弯过程中,需要飞行员多次修正飘移。如图 6-2 所示。在整个转弯过程中,风将以不断变化的角度作用于飞机。相对风的角度和速度决定了飞机在转弯过程的任一部分前进所需要的时间。这是因为地速是持续变化的。在飞机逆风飞行时,地速是减小的;顺风飞行时,地速是增加的。在转弯的整个侧风部分,飞机必须充分地逆风转向以消除飘移。

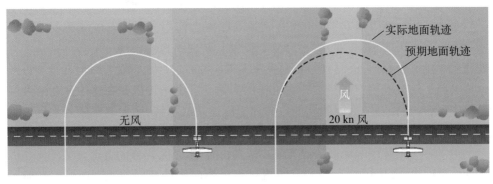

图 6-2　转弯时风的影响

为沿着一个预期的圆形地面轨迹飞行,由于随着转弯前进时地速不断变化,必须及时地改变风修正角。地速越快,就必须越快地建立风修正角;地速越慢,可以较慢地建立风修正角。可以发现在转弯的顺风部分有最大的滚转和最快的转弯率,在转弯的逆风部分有最小的滚转和最慢的转弯率。

在转弯过程中,为了控制风飘移,通过改变坡度而改变转弯率和风修正角的原理和技能对于所有涉及方向变化的地面轨迹机动飞行是相同的。

在无风的时候,以恰好180°弧度和一恒定半径沿地面轨迹飞行应该是容易的,因为航迹和地面轨迹一致。可以通过以90°角接近一条公路来示范这点,在公路正上方时,滚转进入中等坡度转弯,然后在整个180°转弯中保持相同的坡度。如图6-2所示。

为了完成转弯,应该在一个点开始改出,那时当飞机再次以90°角接近公路时机翼将变为水平状态,就在完成转弯时飞机将正好位于公路上方。这只有在绝对无风的条件下才可能,而且坡度和转弯率在整个机动过程中保持恒定。

如果转弯坡度恒定且风从垂直于公路的方向吹来,那么结果将是在空中形成一个恒定半径的转弯航迹。但是,风的影响将会导致地面轨迹从恒定半径转弯或半圆形航迹发生畸变。风速度越大,预期地面轨迹和航迹之间的差别就越大。为抵消这个飘移,飞行员可以通过消除风影响的方式来控制航迹,从而使地面轨迹成为一个有恒定半径的半圆。

通过选定一个与风平行并可以形成直线的公路、铁路或其他地面参考物之后,以此示范转弯过程中风的影响。在直线正上方并沿直线正逆风飞行,然后为实现360°转弯而做一个恒定的中等坡度转弯。如图6-3所示。飞机将返回到直线正上方的一点,但是沿顺风方向稍微偏离了起点,偏离量取决于风速和完成转弯所需的时间。地面上空的航迹将变成一个拉长的圆周,尽管相对空气来说它是一个完美的圆周。在完成转弯后,必须在逆风过程中直线飞行以便使飞机飞回至起点位置。

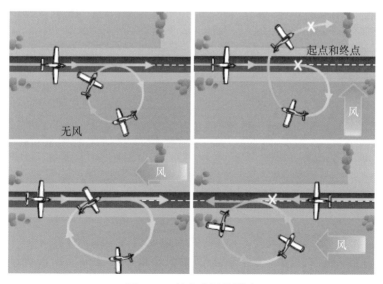

图6-3 转弯中风的影响

可以在参考线上方的一个特定点开始类似的 360°转弯,飞机正对顺风方向。在这个示范中,恒定坡度转弯过程中风的影响将使飞机飘移到一个与参考线重新相交的地方,但是将在顺风方向偏离起点的一个点上完成 360°转弯。

也可以选择另一个正好侧风的参考线并重复相同步骤,可以发现如果没有修正风飘移,在完成 360°转弯时飞机将会朝向和原来一样的方向,但是将偏离参考线一定距离,距离大小取决于风的强弱。

在这些示范的基础上,可以理解在何处以及为什么增加或减小转弯坡度和转弯率是必要的,从而实现在地面上方按预期航迹飞行这一目的。可以通过执行本章所讨论的地面轨迹机动来练习和评估这里涉及的原理和技能。

6.4　矩形航线

通常,向飞行员介绍的第一个地面参考机动是矩形航线。如图 6 - 4 所示。

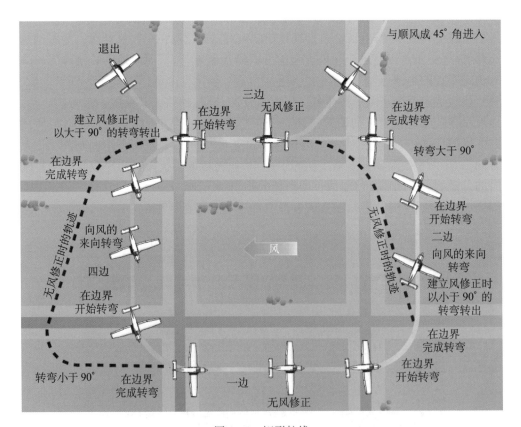

图 6 - 4　矩形航线

矩形航线是一个训练机动,其中飞机的地面轨迹与地面上选定一个所有四边的距离是相等的矩形区域。这个机动是模拟在机场起落航线中遇到的情形。执行机动时,应该保持高度和空速恒定。这个机动帮助飞行学员熟练掌握下列内容：

- 转弯的实际运用。
- 在航迹、地面目标和飞机操控之间分配注意力。
- 转弯时机的选择，以便能够在地面上空一个确定的点完全建立转弯。
- 从转弯改出的时机，以便能维持一个确定的地面轨迹。
- 地面轨迹的建立以及确定合适的"偏航"角。

和其他地面轨迹机动一样，这个机动的目标之一是培养飞行员操控飞机和观察附近其他飞机时在航迹与地面参考之间分配注意力的能力。另一个目标是培养判断飘向或飘离与预期地面轨迹平行的参考线的能力。这将有助于提高在机场起落航线的不同航段判断飘向或飘离机场跑道的能力。

对于这个机动，应该认真地选择一个正方形或者矩形场地，或者是一个有分界线或公路四面包围的有限区域（其边长大约 1 mi（1 mi＝1.609 km）），并且远离其他空中交通。飞机应该平行于场地边界飞行，且保持一致的大约为 1/4 到 1/2 mi 的距离，而不是在边界的上方飞行。为得到最好结果，航迹应该位于场地边界外部恰好足够远，从每一个飞行员座位向外看都可以观察到场地边界。如果试图在场地边界正上方飞行，飞行员将没有可用的参考点用于开始和完成转弯。飞机航迹越靠近场地边界，在转弯点就必须要更大的滚转坡度。而且，无论是在标准还是非标准起落航线中，飞行员坐在正常位置且向外看应该能够看到选定场地的所有边界。应该在飞机正切场地边界的拐角处开始所有转弯，且转弯坡度通常应该不超过 45°。这些应该是为执行机动而确定距场地边界距离的决定性因素。

虽然可以从任何方向进入矩形航线，但这里的讨论假设从三边进入。

在三边航段，风是顺风的，结果是导致地速增加。从而，向下一航段转弯也是以相当快的转入速度和相当大的坡度进入的。随着转弯的前进，坡度逐渐降低，因为顺风分量逐渐减小，导致地速不断减小。

在转向这个航段（相当于起落航线的四边）的过程中和完成转弯后，风会倾向于使飞机飘离场地边界。为补偿这个飘移，转弯角度应大于 90°。

必须在机翼变为水平的同时从转弯改出，飞机稍微转向场地且朝着风向来修正偏移。飞机应该再次在相同的高度上保持和在其他航段上距离场地边界相同的距离。在靠近逆风边界之前应该继续飞四边。飞行员应该再次预测飘移和转弯半径。由于是在四边进行飘移修正的，因此转弯必须小于 90° 使飞机对准并平行于一边航段边界。应该以中等坡度开始这个转弯，随着转弯前进逐渐降低到小的坡度。应该及时地改出转弯，以确保在机翼变成水平时飞机平行于场地边界。

当飞机处于一边航段时，在靠近下一个场地边界的时候应该观察到它，以便计划转到二边航段。由于在这个航段上是逆风，因此它会不断地降低飞机的地速并且在转到二边航段时将使飞机向场地偏移。由于这个原因,必须放慢进入这个转弯的速度,以相对较小的坡度抵消这个效应。随着转弯的前进,迎风分量降低,使地速增加。进而,坡度和转弯率是逐渐增加的,以确保在完成转弯时二边航段地面轨迹距场地边界继续保持相同的距离。在对准场地逆风拐角的一点处应该以机翼水平完成转弯的过程。

同时,在机翼转为水平时,通过使飞机转向风而建立正确的飘移修正。这就要求转弯的航向变化小于 90°。如果已经正确地转弯,将再次在距离场地边界四分之一到二分之一处看到场地边界。在二边航段上,必要时应该调整风修正角以保持相同的到场地边界的距离。

在靠近下一个场地边界时,飞行员应该计划转向三边航段。由于在二边航段风修正角被保持为向风且远离场地,下一个转弯将需要大于 90°的转向。由于侧风将变为顺风,导致转弯期间的地速增加,最初的坡度应该是中等且随着转弯前进而逐步增加。为完成转弯,必须及时地改出,在对齐场地侧风拐角的一点处机翼变为水平,这时飞机纵轴恰好再次变成平行于场地边界。到场地边界的距离应该和在其他边飞行时到场地边界的距离一样。

通常,不要在一边或者三边航段抵消飘移,但是或许难以找到正好平行于场地边界吹来的风。这就必须在所有航段上使用微小的风修正角。预测转弯以便修正地速、飘移和转弯半径,这是很重要的。当风从飞机后面吹来,转弯必须更快且使用更大的坡度;当风从飞机前面吹来,转弯必须更慢且使用更小的坡度。这些相同的技能适用于机场起落航线中的飞行。

执行矩形航线时的常见错误有:

- 不能充分地清场。
- 进入矩形航线时不能建立合适的高度(通常是在下降中进入机动)。
- 不能建立合适的风修正角从而导致发生飘移。
- 高度增加或降低。
- 协调性差(典型的是从顺风航向转弯时外侧滑,从逆风航向转弯时内侧滑)。
- 生硬地使用控制。
- 不能在飞机控制和保持地面轨迹之间充分地分配注意力。
- 不能及时地进入转弯和从转弯改出。
- 不能充分地观察和留意其他航空器。

6.5 跨公路的 S 形转弯

跨公路的 S 形转弯是一个训练机动,其中在地面上选定直线的每一边飞机的地面轨迹都是等半径的半圆。如图 6-5 所示。直线可以是与风向垂直的一条公路、围墙、铁路或者分界线,而且应该有足够的长度确保能完成一系列转弯。在整个机动过程中应该保持恒定的高度。

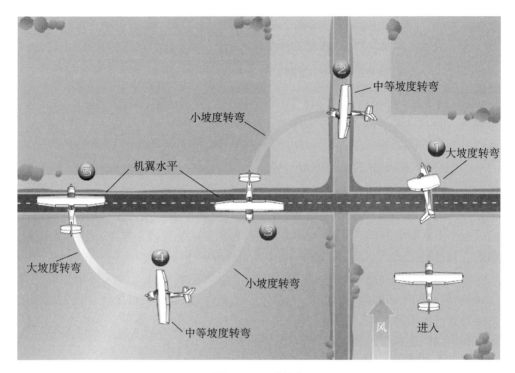

中等坡度转弯

小坡度转弯

大坡度转弯

机翼水平

大坡度转弯

小坡度转弯

中等坡度转弯

风　　进入

图 6-5　S 形转弯

　　跨公路的 S 形转弯暴露了在实际应用转弯和转弯中修正风飘移时遇到的一些最基本问题。虽然在某些方面这个机动的应用明显不比矩形航线高级,但是为了让学员在试图通过转弯进行飘移修正之前掌握沿参考线直线飞行进行风飘移修正的知识,在向学员介绍完矩形航线之后教学这个机动。

　　跨公路的 S 形转弯的目标是培养以下能力:抵消转弯中的飘移,用地面参考来确定航迹,并沿一个指定的地面轨迹以指定航向到达特定的点,以及飞行员的注意力分配能力。

　　这个机动的过程是以 90°角飞越公路,然后立即开始一系列方向相反、半径一致的 180°转弯,就在完成每个 180°转弯的时候再次以 90°角飞越公路。

　　为实现恒定半径的地面轨迹,需要不断地改变滚转速率和坡度来建立风修正角。随着地速的增加或减小,这两者都将增加或减小。

　　当开始在公路的顺风侧转弯时,坡度必须是最大的,在从顺风航向到逆风航向的转弯前进过程中,坡度必须逐步减小。在逆风侧,应该以相对较小的坡度开始转弯,然后在飞机从逆风航向变为顺风航向的转弯过程中坡度逐渐增大。

　　在这个机动中,飞机应该在恰好飞越地面上参考线的时候从向一侧倾斜的滚转姿态直接转到向另一侧倾斜的滚转姿态。

　　在开始进入机动之前,应该选好一个与风向成 90°角的笔直地面参考线或公路,然后检查这个区域以确保在附近没有障碍物或其他航空器。应该在选定高度上以顺风航向从公路的逆风侧接近公路。当在公路正上方时,应该立即开始第一个转弯。由于飞机航向是顺风的,因此地速是最大的,飞离公路的速度会很快;因此必须相当快地作大坡度转弯来获得合适的风修正角。这就避免了飞机飞离公路太远,也避免了建立过大半径的地面轨迹。

在第一个 90°转弯的后面部分,这是飞机航向正从顺风航向改为侧风航向的阶段,地速减小,飞离公路的速度降低。风修正角在飞机航向正好侧风的时候达到最大。

90°转弯之后,飞机的航向变得越来越趋向于逆风航向,地速将会降低,因而接近公路的速度变慢。如果保持一个恒定的大坡度,由于接近公路的速度较低,飞机将会非常快速地转弯,从而过早地和公路成垂直航向。由于接近逆风航向时地速和接近速率不断降低,在半圆的剩余 90°飞行过程中必须逐渐减小坡度,这样在到达公路的时刻恰好完成 180°转弯,机翼变为水平且完全消除了风修正。

就在再次飞越公路的时刻,应该开始朝相反方向转弯。因为飞机仍然逆风飞行,地速相对较慢。因此,必须以小的坡度开始转弯,以避免太快地建立最大风修正角而导致过快的转弯率。坡度应该保持在获得合适的风修正角所必需的大小,这样飞出的地面轨迹和顺风侧建立的弧线大小相同。

因为飞机是从逆风向顺风航向转弯的,转过 90°之后地速将增加,接近公路的速度将快速增加。进而,必须逐渐增加转弯的坡度和速率,以便在飞机到达公路的时候完成 180°转弯。此外,必须及时地改出转弯,从而让飞机在公路正上方以直线水平姿态飞行且和公路垂直。

在整个机动飞行过程中,应该保持恒定高度,且应该连续地改变坡度以实现一个真正的半圆形地面轨迹。

通常有一种倾向,即在逆风一侧转弯的开始部分转弯坡度增加得太快,它将导致再次飞越公路的时候无法完成 180°转弯。在飞机没有及时地完成转弯且以垂直角度飞越公路时这种情况就很明显。为避免发生这个错误,飞行员必须设想好预期的半圆形地面轨迹,在这个转弯的开始阶段增加坡度。在转弯的后续阶段接近公路时,飞行员必须正确地判断接近公路的速度且相应地增加坡度,以便恰好在完成改出的时候垂直地飞越公路。

执行跨公路的 S 形转弯过程中的常见错误如下:

- 不能充分地清场。
- 协调性差。
- 高度增加或降低。
- 无法设想半圆形地面轨迹。
- 不能及时地进入转弯和从转弯中改出。
- 不合格的飘移修正。
- 未充分地观察和留意其他航空器。

6.6 绕一个点的转弯

绕一点的转弯是一个训练机动,它是对跨公路的 S 形转弯过程中所涉及原理的逻辑性扩充。作为一个训练机动,其目的是:

- 进一步熟练转弯技能。
- 提高在航迹和地面参考之间分配注意力的时候下意识地控制飞机的能力。
- 让学员理解转弯半径是受相对于一个确定物体转弯时所用坡度影响的一段航程。
- 培养对高度的敏锐感知能力。
- 提高转弯过程中修正风飘移的能力。

在绕一点的转弯过程中,飞机航迹是两个或多个完整的半径一致的圆,或相对一个明显的地面参考点保持一致的距离,在保持恒定高度的时候使用大约 45° 的最大坡度。

S 形转弯中涉及的飘移修正因素和原理也适用于这个机动。和在其他地面机动中一样,如果有任何风存在,恒定半径的绕一点转弯需要持续改变坡度和风修正角。飞机越接近完全顺风航向,其地速就越大,从而需要更大的坡度和更快的转弯率才能建立合适的风修正角。越接近完全逆风航向,其地速就最小,从而需要更小的坡度和更慢的转弯率才能建立合适的风修正角。即在整个机动过程中,遵循着坡度和转弯率必须和地速成比例地逐步变化这个规则。

选定的用于绕一点转弯的点应该是明显的,易于被飞行员辨别,并且还要足够地小,以便作为精确的参考点。如图 6 - 6 所示。孤立的树木、十字路口或其他类似的小型地标通常是合适的。

为进入绕一点的转弯,飞机应该以等于预期转弯半径的距离按顺风航向飞向选定点的迎风侧。在上单翼飞机上,尽管在转弯中机翼被放低,但是到这个点的距离必须能够让飞行员在整个机动过程中看到这个点。如果半径太大,放低的机翼将会阻挡飞行员观察那个点的视线。

在有任何明显的风的时候,必须以较快的速度建立最初的滚转姿态,这样在飞机完全顺风航向的时候正切这个点获得了最大的坡度。借助完全顺风航向进入这个机动,可以立即获得最大的坡度。因此,如果预期最大坡度为 45°,若飞机在距离这个点正确的距离位置,最初的滚转将是 45°。其后,坡度被逐渐地减小直到飞机到达完全逆风航向的点。在这个点,坡度应该逐渐地增大直到再次获得最大坡度,这时飞机会在最初的进入点,而且是顺风航向。

就像 S 形转弯要求飞机在不断改变坡度之外还要逆风转弯一样,绕一点的转弯也同样如此。在圆周的顺风一半中,机头逐渐地转向圆周的内部;在逆风的一半中,机头逐步地向外部转。绕一点转弯的顺风一半圆周好比是跨公路的 S 形转弯的顺风侧;绕一点转弯机动的逆风一半圆周好比是跨公路的 S 形转弯的逆风侧。

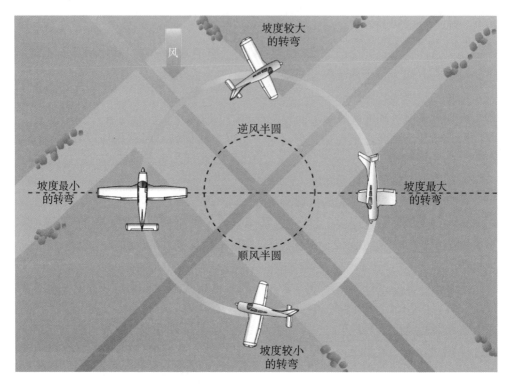

图 6-6 绕一点的转弯

随着飞行员执行绕一点的转弯的经验积累,并且对风飘移和不断变化的坡度以及根据需要使用的风修正角达到深入理解,那么可以从任意一点进入机动。然而,当从不是顺风的一点进入机动时,应该细心地选择转弯半径,这样稍后就不需要用过大的坡度来维持合适的地面轨迹。飞行教员应该特别强调不正确的初始坡度造成的影响。在执行基本 8 字的时候应该继续强调这个影响。

执行绕一点的转弯时常见错误有:

- 不能充分地清场。
- 不能建立适当的进入坡度。
- 不能识别风飘移。
- 在圆周的顺风侧,坡度过大和/或风修正角不足,导致飞机飘向参考点。
- 在圆周的逆风侧,坡度不足和/或风修正角过大,导致飞机飘离参考点。
- 在从顺风向侧风转弯时,发生外侧滑。
- 在从逆风向侧风转弯时,发生内侧滑。
- 高度增加或降低。
- 不充分地观察留意其他航空器。
- 在保持精确的飞机控制时,不能对飞机外部保持注意力。

6.7 基本 8 字机动

"8 字"是一种机动(8 字机动简称 8 字),其中飞机在地面上空飞出的航迹有点像数字 8 的形状。在除"懒 8 字"(懒 8 字,又名柔 8 字,麻花 8 字)之外的所有 8 字机动中,它的航迹是水平的并沿着地面上标记的轨迹。有多种类型的 8 字,包括从基本类型进阶到非常困难的高级机动类型。在训练学员解决相对大地或地面目标的转弯中遇到的特定问题时,每一个机动都有它的特殊用途。随着每一种类型机动完成难度的不断提高,进一步地使得学员的协调技能变得熟练,并且需要高度的下意识飞行能力。在教官可用的所有训练机动中,只有 8 字要求飞行员持续地对外部目标有意识地保持较高的注意力。然而,8 字的真正重要性是需要达到尽善尽美和进行下意识飞行的能力。

基本 8 字,确切地说有顺公路的 8 字和跨公路的 8 字,以及绕标塔的 8 字,它们都是绕一点转弯机动的变化形式,它使用了两个点,并让飞机在每一侧都绕一个点飞行。设计基本 8 字的目的如下:

- 使转弯技能更加完美。
- 培养在实际操控飞机和外部目标之间分配注意力的能力。
- 透彻地理解坡度对转弯半径的影响。
- 示范风是如何影响地面上空飞机航迹的。
- 积累在执行机动之前设想计划结果的经验。
- 训练学员超前飞机进行思考和计划的能力。

6.7.1 顺公路的 8 字

顺公路的 8 字是一个由两个相邻的等半径圆周组成的地面轨迹,它们横跨在地面上笔直公路或其他参考直线的两侧。地面轨迹像数字 8 的形状。如图 6-7 所示。

和其他地面参考机动一样,它的目标是培养在抵消飘移、保持地面参考方位并保持恒定高度时分配注意力的能力。

尽管可以在平行于公路方向吹的或垂直于公路方向吹的风中完成沿公路的 8 字机动,但是为简化起见,本节只解释后一种情况,因为在另一种情况中所涉及的原理是通用的。

应该选择和风垂直的参考线或公路,且飞机平行于公路并位于公路正上方飞。因为风是垂直地吹向航迹的,飞机将需要一定大小的风修正角以便在最初的直线水平部分保持在公路的正上方。在开始进入机动之前,应该检查所在区域确保无障碍物并且避免出现其他航空器。

通常,应该朝顺风航向以中等坡度进行第一个转弯。因为飞机将越来越多地转向完全顺风,地速将逐渐增加,飞离公路的速度将倾向于变得更快。因而,通过增加坡度和转弯速度来建立风修正角,以免在完成 180° 方向变化后飞机到公路的距离超

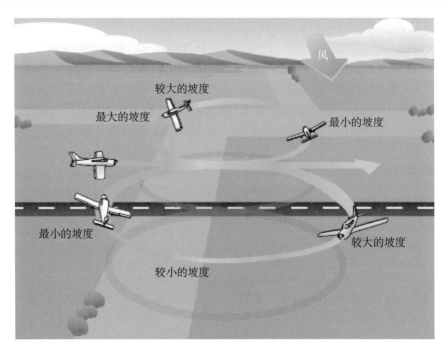

图 6-7　顺公路的 8 字

出预期。在飞机航向完全顺风的时候达到最大的坡度。

在飞机完成 180°方向变化后,它将平行于公路并使用风修正角朝向公路飞行,而且风以正好垂直于地面轨迹的方向作用于飞机。在这点,飞行员应该设想好剩余的 180°地面轨迹,这是恢复到机动开始时地面上空同一位置所必需的。

在转弯继续朝向逆风航向时,风将倾向于阻止飞机到达公路,且地速和接近速率在下降。转弯率和风修正角成比例地降低,所以将正好在完成 360°转弯的时候到达公路。为实现这点,应该降低坡度,这样在完全朝向逆风时,飞机将处于最小的坡度。在最后的 90°转弯过程中,可以通过改变坡度来修正任何先前判断转弯率和接近速度时所犯的错误。应该及时地改出转弯,这样飞机将在起点位置保持直线水平,并以足够的飘移修正保持在公路上方。

在短暂地沿公路直线水平飞行之后,飞机以相反方向进入中等坡度转弯开始公路逆风侧的圆周,风将仍然不断地减小地速,且试图使飞机飘回到公路。因而,为了获得距公路的预期距离,在第一个 90°方向变化期间必须慢慢地降低坡度,以使在完成 180°方向变化后达到合适的风修正角。

在继续随后的 180°转弯飞行中,风变得更加是顺风并会增加飞机的地速。这就导致接近公路的速度加快,进而,必须进一步增加坡度和转弯率来获得足够的风修正角以防飞机太快地接近公路。当飞机完全朝向顺风时,坡度将处于最大角。

在转弯的最后 90°部分,应该降低转弯率使飞机飞越公路上方的起点。必须及时改出,这样飞机将保持直线水平的飞行姿态并逆风转向,而且在公路上方平行于公路飞行。

衡量学员执行顺公路8字进步的标准是抵消飘移的坡度变化的平稳度和准确度。越快速地觉察到飘移并施加修正,就需要越小的坡度变化。学员越快速地估计需要的修正,那么明显的坡度变化将更小,从而可以分配更多的注意力来保持高度和飞机的操纵。

必须纠正协调方面的错误,并保持恒定高度。飞行技能务必不能受学员的注意力被分散这一事实所影响。随着学员变得能够在飞机控制操作和沿一个指定航迹飞行之间分配注意力,这个飞行技能应该有所进步。

6.7.2　跨公路的8字

这个机动是顺公路8字的一种变化形式,涉及到的原理和技能也是相同的。主要区别是在完成每一圈8字形飞行后,飞机应该飞越公路的交叉口或公路上的一个特定点。如图6-8所示。

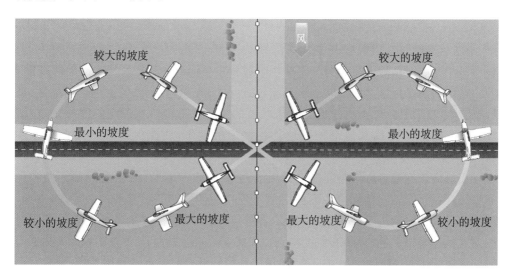

图6-8　跨公路的8字

8字航迹应该是横过公路的,而且风应该垂直于公路。在每次飞越公路时,不仅飞越角度应该相同,而且飞机的机翼应该保持水平。也可以通过正好在公路上方从向一侧滚转立即转为向另一侧滚转来执行这个8字。

6.7.3　绕标塔的8字

这个训练机动使用与绕一点转弯中的风飘移修正同样的原理和技能,和其他地面轨迹机动的目标也相同。在这个机动中,地面上的两个点或者标塔被用作参考点,以相反方向绕每个标塔进行转弯并沿着8字形地面轨迹飞行。如图6-9所示。

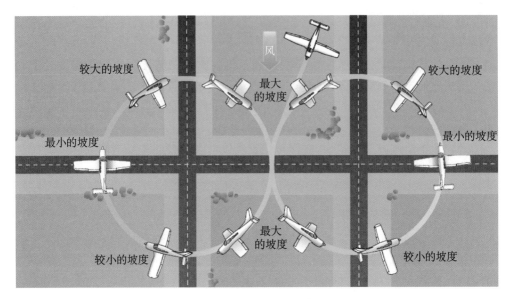

图 6-9 绕标塔的 8 字

　　在这个航线中,飞机在两个标塔之间顺风飞行,在两个标塔的外侧逆风飞行。在从一个标塔对角地飞行到另一个标塔的过程中可能有短暂的直线水平飞行过程。

　　选定的两个标塔之间的联线应该与风方向成 90°角,且应该位于远离居民区、畜牧场或人群的地区,以避免给他人带来可能的干扰和危险。在选定的区域中,应该没有危险的障碍物和其他空中交通。在整个机动中,应该保持在地面上空至少500 ft的恒定高度上。

　　飞机应该在通过标塔中间时以顺风航向进入 8 字飞行。标塔之间的距离和风速将决定在每个转弯中保持距离标塔恒定半径所需要的初始坡度。恰好在每个转弯的入口和恰好从每个转弯改出时,必须用最大的坡度,在这里飞机的航向是顺风的而且地速是最大的;最小的坡度将是在飞机正好逆风航向且地速最小的时候。

　　坡度变化的快慢取决于风的速度,和在 S 形转弯及绕一点转弯中一样,坡度在整个转弯过程中是持续变化的。在飞机不断地朝向风飞行时,坡度应该逐渐从最大坡度调整到最小坡度,继之以逐渐地增加,直到恰好在改出之前再次达到最大坡度。如果飞机是从一个转弯对角地飞行到另一个转弯,则必须有足够的风修正角以合适的航向完成每次转弯的改出,以确保在短暂的直线水平飞行之后飞机将到达可以绕另一个标塔以同样半径开始转弯的点。直线水平飞行航段必须与两个圆形航线相切。

　　执行基本 8 字时的常见错误如下:
- 不能充分地清场。
- 选择不好的地面参考点。
- 就风向和地面参考点而言,飞行员执行了不适当的机动进入。
- 不正确的初始坡度。

- 转弯时的协调性不足。
- 高度增加或损失。
- 失去方位感。
- 使用生硬的而不是平稳的坡度变化来抵消转弯过程中的风飘移。
- 不能估计需要的飘移修正量。
- 不能及时地应用所需要的飘移修正。
- 不能以正确的航向从转弯改出。
- 不能在地面上的参考点、飞机控制和扫视其他航空器之间分配注意力。

6.7.4　标塔上的8字(标塔8字)

标塔8字是低空飞行训练机动中最高级也最困难的一种。由于涉及到很多不同的技能,因此标塔8字最适合用于教学、培养和测试对飞机下意识控制的技能。

由于标塔8字本质上是一个高级机动,其中飞行员的注意力集中于保持在一个选中标塔的关键位置,期间对驾驶舱内的注意力最少,因此在教官确信学员已经完全掌握基本机动之前不要向学员介绍这个机动。因此,必要条件是高度不增加也不降低地进行协调转弯的能力、对飞机的卓越感觉、失速识别、放松地进行低空机动,以及不会犯过度集中注意力的错误。

和绕标塔的8字一样,这个训练机动也要驾驶飞机在圆形航迹上飞行,绕地面上两个选中的点或者标塔以8字形左右交替飞行。然而,和绕标塔8字不同的是这个机动不需要保持距离标塔一致的距离。在标塔8字中,如果有任何风存在,那么到标塔的距离是变化的。相反,飞机以精确的高度和空速飞行,以至于平行于飞机横轴的直线从飞行员的视野延伸下来,这条线看起来是以每个标塔为中心的。如图6-10所示。而且,和绕标塔8字不同,在执行标塔8字中坡度随着到标塔距离的降低而增加。

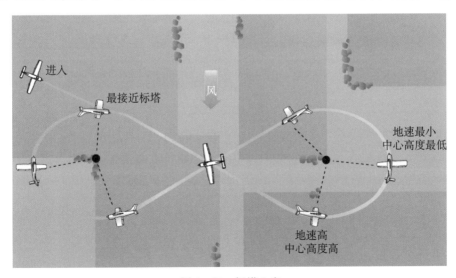

图6-10　标塔8字

　　适合于飞机作标塔8字飞行的高度称为中心高度,且受地速控制。虽然这个地面轨迹机动不是前述的机动,但目标是类似的——为了培养在航迹和地面上选中的点之间分配注意力的同时精确地操纵飞机的能力。

　　在解释标塔8字的执行时,经常把术语"翼尖"看作适当参考线的同义语,或飞机上的关键点。这种阐释并不总是正确的。在上单翼飞机、下单翼飞机、后掠翼和梯形机翼飞机,以及那些有前后排座位或并排座位的飞机上,从飞行员眼睛到翼尖都呈现出不同的角度。如图6-11所示。因而,在正确执行标塔8字的过程中,和在其他机动中一样需要一个侧向参考,飞行员应该使用目视参考线,这个参考线在眼睛的高度上,并平行于飞机的横轴。

图6-11　视线

　　虽然视点或视线不必在翼尖本身,也可以定位在相对翼尖的位置(前面,后面,上面或者下面),但是尽管如此,对于飞机上每个座位上的每个飞行员却是不同的。这在前后座飞机上特别正确。在并排型飞机上,如果这些人坐好且每个人的眼睛近似在相同水平面上,那么不同人的视线的变化很小。

　　对中心高度进行解释也是必须的。有一个特定高度,当飞机以一定的地速转弯时,目视参考线到地面上选中点的射线看上去以那一点为中心。因为不同的飞机以不同的空速飞行,从而地速也就不同。因此,每一个飞机有它自己的中心高度。如图6-12所示。中心高度不会随着飞行的坡度不同而变化,除非坡度足够大以至于影响了地速。估计无风时中心高度的一个经验规则是真空速的平方除以 15 mi/h（1 mi＝1.609 km）或者除以 11.3 kn。

空速		近似的中心高度/ft
/kn	/mi·h⁻¹	
87	100	670
91	105	735
96	110	810
100	115	885
104	120	960
109	125	1 050
113	130	1 130

图 6-12 速度和中心高度

到标塔的距离影响坡度的大小。在高于中心高度的任何高度上，投射的参考线看上去将是以圆形路线相对标塔向后运动。反之，当飞机低于中心高度时，投射的参考线看上去将是以圆形路线相对标塔向前运动。如图 6-13 所示。

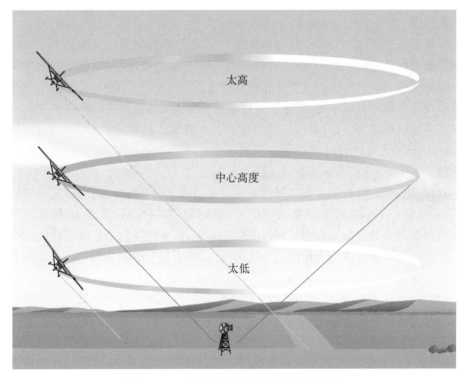

图 6-13 不同飞行高度对中心高度的影响

为示范这一点,飞机以正常巡航速度飞行,在估计低于正确的中心高度上,然后以中等坡度转弯,将会看到投射的目视参考线看上去随飞机转弯而沿地面向前运动(标塔向后运动)。

然后爬升到一个恰好高于中心高度的高度上,当飞机再次以正常巡航速度飞行时,进行中等坡度转弯。在这个较高的高度上,投射的目视参考线现在看上去在地面上与飞行方向相反作向后运动(标塔向前运动)。

在完成最大高度示范后,降低发动机功率,然后以巡航速度下降,开始一个连续的绕标塔中等坡度转弯飞行。相对标塔投射的参考线所作的明显向后运动将随着高度降低而变慢,并停止一会儿,然后开始反向运动,如果让飞机在中心高度下方继续下降则会向前运动。

当目视参考线在地面上明显停止运动时的飞行高度就是中心高度。如果飞机在中心高度下方下降,则应该增加功率以维持空速,直到高度再次到达一个点,在这点上投射的参考线既不向后运动也不向前运动,实际上它恰好以标塔为中心旋转。这样,飞行员就可以确定飞机的中心高度。

中心高度是关键的,且随着地速的变化而改变。由于在整个转弯过程中航向持续地从完全顺风变化到完全逆风,地速也将持续变化。这导致在整个8字飞行过程中正确的中心高度不断地发生轻微的变化。因而,对它的调整是通过爬升或下降实现的,并根据需要保持参考线或参考点在标塔上。高度的这种变化取决于风对地速影响的程度。

飞行教官应该强调升降舵是保持标塔飞行的主要控制手段。即使是很小的高度变化也会明显地影响修正,由于在降低高度时速度增加,因而即使是轻微的爬升也会降低空速。尽管这种高度的变化在保持标塔飞行中是重要的,但是在大多数情况下高度变化是非常微小的,以至于在灵敏的高度表上也难以觉察到这种变化。

在开始机动之前,飞行员应该选择地面上一直线上的两点,该直线与风方向成90°角。应该检查要执行机动的所在区域是否有障碍物和任何其他空中交通,而且应该位于不干扰人群、畜牧场或居民区的地方。

选择合适的标塔对于实现良好的标塔8字飞行很重要。它们应该是足够明显的,在完成绕一个标塔的转弯和飞向下一个标塔时容易被飞行员看到,两个标塔之间还应该有足够的空间以便为计划转弯提供时间,但不会导致不必要的直线水平飞行。选定的标塔还应该处于相同的海拔高度上,原因是很少的几英尺高度差都会导致飞行员在每个转弯之间必须执行爬升或下降。

出于一致性考虑,通常通过在两个标塔之间对角地侧风飞行到第一个标塔的一个顺风位置开始8字飞行,这样开始的第一个转弯就是向风转弯。随着飞机接近标塔并且看起来标塔位于翼尖前面的一个位置时,应该通过放低迎风侧机翼来开始转弯,以便把飞行员的目视参考线对准标塔。随着转弯的继续,可以通过逐渐增加坡度来把目视参考线保持在标塔上。参考线看上去应该以标塔为中心。随着飞机逆风飞行,地速在降低;进而,中心高度也更低,飞机必须下降才能保持参考线在标塔上。随着在标塔迎风侧转弯的继续前进,风变得更加是侧风。由于这个机动不要求到标塔的距离保持固定,因此在转弯过程中不需要对飘移进行修正。

如果参考线看上去向标塔前面移动,飞行员应该增加高度;如果参考线看上去向标塔后面移动,飞行员应该降低高度。改变方向舵压力使飞机偏航并迫使机翼和参考线向标塔的前面或后面移动,这是一种危险的技术,千万不要尝试。

随着飞机向顺风航向转弯,应该开始改出转弯,以便让飞机对角地前进到第二个标塔顺风侧的一个位置。必须以正确的风修正角完成改出以修正风飘移,这样飞机将会到达距离第二个标塔的顺风侧某一位置,它和机动开始时距第一个标塔的距离相同。

一旦到达那个点,就通过放低迎风侧机翼来开始反方向转弯,以便再次把飞行的目视参考线投射到标塔上。然后就像绕第一个标塔的转弯一样继续转弯,但是方向相反。

通过及时地修正和利用非常准确的控制触觉,即使在强风中把投射的参考线正好保持在标塔上也是可能的。诸如因阵风或意外导致的临时变化,可以通过降低坡度以相对直线的飞行把滞后的机翼向前拉,或者通过临时增加坡度把飘移到前面的机翼往后拉来实现对它们的修正。实际上,这些修正会变得非常微小以至于很少被注意到。比从高度表上发现这些变化早得多,就可以从明显的翼尖运动看到这些变化。

可以在坡度从小到大的范围内执行标塔 8 字。如图 6 - 14 所示。学员应该明白使用的坡度大小不会改变中心高度。随着熟练程度的提高,教官应该增加机动的复杂性,方法是指示学员从标塔的某一个距离处进入,这个距离使得在标塔转弯中坡度最大的位置有一个特定的坡度。

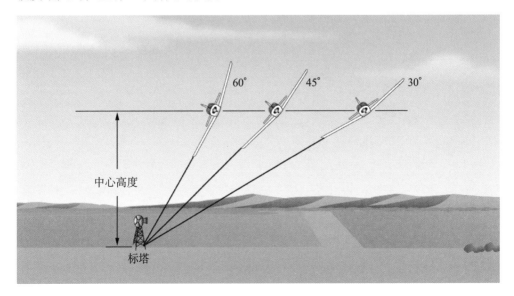

图 6 - 14　坡度和中心高度的关系

在尝试进行标塔飞行时最常见的错误是不正确地使用方向舵。当投射的参考线相对标塔向前运动时,很多飞行员会倾向于蹬内侧方向舵使机翼向后偏转。当参考线相对标塔向后运动时,他们会蹬外侧方向舵使机翼向前偏转。注意,方向舵只能用于协调控制。

执行标塔上的 8 字(标塔 8 字)的其他常见错误有:

- 不能充分地清场。
- 转弯中发生外侧滑或者内侧滑(无论是否使用方向舵试图维持标塔 8 字飞行)。
- 过分增加或降低高度。
- 注意力过分地集中于标塔而没有观察空中交通。
- 选择的标塔不好。
- 不是以逆风转弯的方式进入标塔。
- 在标塔之间飞行时,不能使用可以充分抵消飘移的航向。
- 不能选择合适的滚转时机,以至于标塔还未在合适位置时就完成转弯进入。
- 使用生硬的控制。
- 无法选择中心高度。

7 机场起落航线

7.1　机场起落航线及其运行

就像为了使用汽车而需要公路和街道一样,使用飞机需要机场和飞机跑道。每次飞行都是在机场或其他合适的着陆场地开始和结束的。由于这个原因,飞行员就必须学习交通规则、交通程序和在不同机场使用的起落航线结构。

当在拥挤的城市街道上驾驶汽车时,可以把汽车停下来为冲突的交通让路;但是,飞机只能降低速度。因而,在指定的机场建立了具体的起落航线和交通管制程序。起落航线为起飞、离场、进场和着陆提供具体的航路。每一个机场起落航线的具体特性取决于使用的跑道、风的状况、障碍物和其他因素。

管制塔台和雷达设施是调节进场和离场飞机流量的一种手段,也为在繁忙的终端区域中运行的飞行员提供帮助。机场的灯光和跑道的标志系统通常用来向飞行员提醒异常状况和危险因素,从而可以安全地进场和离场。

从小型草地机场或铺草皮的简易跑道到有很多铺设的跑道和滑行道的大型机场,机场的复杂程度随之变化。不管机场是什么类型,飞行员必须知道和遵守适用于所在机场的规则和通用运行程序。这些规则和程序不仅是根据逻辑或常识制定的,还有礼貌方面的考虑,它们的目标是保持空中交通以最高的安全和效率运行。不管使用任何起落航线,其中的服务或程序都不改变飞行员观察和避让其他航空器的职责。

7.2　标准的机场起落航线

为确保空中交通以有序的方式进入和离开机场,根据适合当地的条件建立机场的起落航线,包括起落航线的方向和结构、飞行的高度以及进入和离开起落航线的程序。除非机场安装了经批准的表示应该右转弯的目视标志,否则飞行员在起落航线中所有转弯都是向左的。

当在工作着的管制塔台机场运行时,飞行员通过无线电接收到进近或离场许可以及与起落航线有关的信息。如果没有管制塔台,确定起落航线的方向就是飞行员的职责,要遵守适用的交通规则并向区域中运行的其他飞行员表示例行的礼貌。

并不期望飞行员对所有机场的所有起落航线有广泛的知识,但是如果飞行员熟悉基本的矩形起落航线,无论是否有管制塔台,那么在大多数机场进行正确的进近和离场就会变得容易。在有工作着的管制塔台的机场,塔台操作员会指示飞行员在某一点进入起落航线或无需按通常的矩形起落航线飞行而进行直线进近。如果塔台操作员和飞行员一道致力于保持空中交通运行畅通,就可能有很多其他变化。喷气式飞机或重型飞机经常会比轻型飞机按更宽和/或更高的起落航线飞行,而且在很多情况下将做直线进近着陆。

遵守基本的矩形起落航线可减少在没有工作着的管制塔台的机场发生冲突的可能性。即使空中交通看起来很稀少,飞行员也必须养成持续地警惕机场周围的习惯。

图7-1解释了标准的矩形起落航线。起落航线高度通常高于机场地面1 000 ft。在一个特定机场使用常规高度是使在没有工作着的管制塔台的机场发生碰撞的风险降到最低程度的关键因素。

在没有工作着的管制塔台机场进行起落航线运行时,建议飞行员保持一个符合联邦法规全书第14篇第91部对这样的机场所规定的限制空速:不超过200 kn(230 mi/h)。在任何情况下,只要切实可行就应该调节速度,以便和起落航线中其他飞机的速度一致。

当进入没有工作着的管制塔台机场的起落航线时,准备进场的飞行员应观察已经在起落航线中的其他航空器,并遵守正在使用的起落航线要求。如果其他航空器不在起落航线中,那么必须检查地面上的交通指示器和风向指示器来确定应该使用哪一个跑道和确定起落航线方向。如图7-2所示。很多机场在跑道附近有一个和虚线圆圈同时安装的L形起落航线指示器。L的短边表示在使用与长边平行的跑道时起落航线应该转弯的方向。在距离任何可能在用的起落航线适当距离处或者在高于常用起落航线高度的安全高度上,都应该检查这些指示器。在确定了正确的起落航线方向后,飞行员在下降到起落航线高度前应该前进到与起落航线保持合适间隔的一个位置。

当为了着陆而接近机场时,应该与三边成45°角进入起落航线,飞向正切预期着陆的跑道中点的一个位置。进场的飞机在进入起落航线之前应该处于正确的起落航线高度上,并且应该在建立进场航段之前与其他交通流保持间隔。在下降时进入起落航线会产生特定的碰撞危险,应该一直避免发生这种情况。

进场航段应该有足够的长度以便能够清楚地观察到整个起落航线,让飞行员有足够的时间计划起落航线中的预期路线和着陆进近。

三边是一个平行于着陆跑道飞行的航段,但是其方向和预期的着陆方向相反。这个航段应该距离着陆跑道约1/2~1 mi,并且飞行在指定的起落航线高度上。在

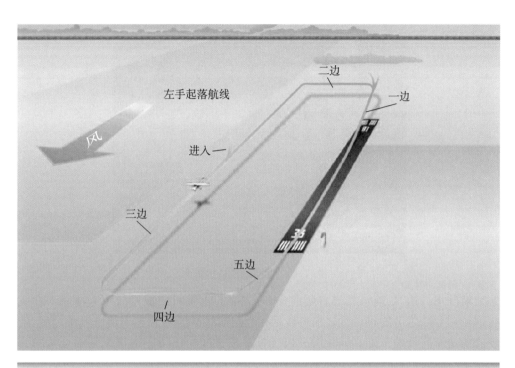

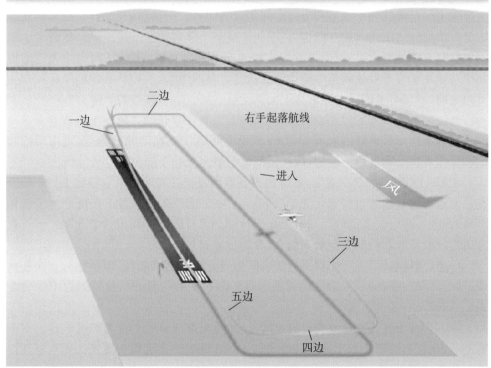

图 7-1 起落航线

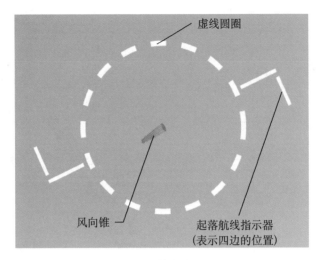

图 7 - 2   起落航线指示器

这个航段飞行期间,应该完成着陆前检查,如果起落架可收放则放下起落架。在飞行到正切着陆跑道的进近端之前应该保持起落航线高度。到达正切进近端之后,应该降低功率并开始下降。继续沿三边飞行并飞过一个正切跑道进近端的点从而到达一个与跑道进近端成 45°角的点,然后以中等坡度转弯到四边。

四边是起落航线中三边和五边之间的过渡部分。根据风的状况,在距离着陆跑道进近端足够的距离上建立四边,以便允许逐渐下降到预期的接地点。尽管为了抵消飘移而必须朝向风时,飞机纵轴可能和地面轨迹不对齐,但是在四边时飞机的地面轨迹应该垂直于着陆跑道中心线的延长线。在四边时,飞行员必须确保在转弯到五边之前,不会与可能已经在五边上的其他航空器有发生碰撞的危险。

五边是一个下降的航迹,从完成四边向五边的转弯开始并延伸至接地点。这是整个起落航线中最重要的航段,因为在这里不断地接近预期的接地点,飞行员的判断和操作步骤必须是最准确的,以便精确地控制空速和下降角。

正如 14 CFR 第 91 部规定,在五边准备着陆或正在着陆的航空器比飞行中的或在地面运行的其他航空器有优先通行权。在两架或多架航空器正在接近一个机场准备着陆时,高度较低的航空器有优先通行权。飞行员不要利用这个规则飞到正在五边进近准备着陆的航空器的下面,或者超过那架航空器。

一边(离场航段)是一个以平行于着陆跑道方向飞行的航段,但是它的方向和预期着陆方向是相同的。一边从正切跑道离场端的一个位置开始延伸到以中等坡度向二边转弯 90°角的位置。

在五边开始复飞并建立爬升高度时,一边也是起落航线的过渡部分。达到安全高度后,飞行员应该开始小坡度转弯到机场的迎风侧。这可以为离场的航空器获得更好的跑道能见度。

矩形起落航线的离场航段是与起飞跑道对齐并从它延伸出来的一条笔直航道。

这个航段从飞机离开地面的地点开始一直到向二边90°转弯的起点为止。

从离场航段起飞后,飞行员应该继续以笔直航向爬升,并且如果仍然在起落航线中,在飞过跑道的离场端且位于起落航线高度300 ft以内开始向二边转弯。如果正在离开起落航线,则继续笔直离场或在达到起落航线高度之后飞越跑道离场端并以45°角转弯离开(在左手起落航线中向左转弯;在右手起落航线中向右转弯)。

二边是矩形起落航线的一部分,它水平地垂直于起飞跑道的中心线延长线,并且是从一边经过大约90°转弯进入的。在二边,飞机继续前进到三边位置。

由于在大多数情况下飞机是逆风起飞的,因此现在风是近似垂直于飞机航迹的。结果是,在二边的时候,飞机必须转弯或者航向稍微转向风,以便维持和跑道中心线延长线垂直的地面轨迹。

有关机场运行的更多内容可以在《航空情报手册》(AIM)中找到。

8

进近和着陆

8.1　正常进近和着陆

正常进近和着陆是在下列正常情况下执行的程序：即发动机功率可用，风不大或者恰好逆风地进行五边进近，五边进近路线上没有障碍物，而且着陆地面是坚固的，并有足够长度让飞机逐渐停下来。选择的着陆点应该越过跑道的进近端，但是要位于跑道的第一个 1/3 长度内。

正常进近和着陆涉及的因素和解释的步骤也适用于本章后面讨论的非正常进近和着陆。实际情况是这样的，在学习更复杂操作之前，首先解释正常运行的原理并且必须理解它们。这样，飞行员就可以更好地理解那些影响判断和程序的因素，起落航线进近的最后部分和实际着陆过程可以分为五个阶段：四边、五边进近、拉平、接地及着陆后滑跑。

必须记住一架特定品牌和型号的飞机制造商所建议的程序，包括飞机的构型和空速，以及有关进近和着陆的其他内容，都应该包含在这架飞机的 FAA 批准的飞机飞行手册和/或飞行员操作手册（AFM/POH）中。如果本章的任何内容与包含在 AFM/POH 中的飞机制造商建议有所不同，则优先采纳飞机制造商的建议。

8.1.1　四边

在所有着陆进近中，四边是需要飞行员作出更多重要决定的一个航段。如图 8-1。飞行员必须准确判断能够逐渐下降并着陆在预期着陆点位置的高度和距离。距离取决于四边的高度、风的影响以及襟翼的用量。当五边进近有强风或要使用襟翼产生一个大的下降角时，飞行在四边必须比微风或无襟翼时需要的位置更加接近跑道进近端。通常，在到达四边之前应该放下起落架并完成着陆前检查。

在转弯到在四边之后，飞行员应该以降低的功率和大约 1.4 倍 V_{SO}（V_{SO} 是在无动力且起落架和襟翼都放下时的失速速度）速度开始下降。例如，如果 V_{SO} 是 60 kn，速度应该是 60 的 1.4 倍，即 84 kn。这个时候，如果需要则可以放下部分着陆襟翼。不推荐在建立五边进近之前使用最大襟翼。应该建立并保持飘移修正，以便沿着垂直于着陆跑道中心线延长线的地面轨迹飞行。由于五边进近和着陆通常是向风的

图 8-1 四边和五边进近

来向进行的,因此在四边时有一定程度的侧风。这就需要飞机有足够的偏流角以防止飘离预期的着陆点太远。

四边应该延伸至使用中等至小坡度转弯就可以使飞机航迹恰好对准着陆跑道中心线的位置。应该在根据地形和沿地面轨迹上任何障碍物所确定的安全高度上完成这个下降转弯。在保持合适的进近空速的时候,为了使飞行员准确地估计最终的接地点,向五边进近的转弯也应该足够地高于机场的海拔高度,以便让五边进近航段有足够的长度。这就需要仔细地计划开始转弯的位置和转弯半径。通常,建议转弯坡度不超过中等坡度,因为坡度越大,飞机的失速空速就越高。由于是在相对较低的高度上进行由四边向五边的转弯,在这个位置上不要发生失速就非常重要。如果需要非常大的坡度才能避免越过合适的五边进近线,那么明智之举是中断进近,进行复飞,并且计划在下一次进近时较早地转弯,而不是冒严重的危险。

8.1.2 五边进近

在完成四边至五边转弯后,飞机的纵轴应该已经对准跑道中心线或着陆地面,因此若有任何飘移都可以立即看出来。在没有风飘移的条件下正常进近时,在整个进近和着陆过程中飞机纵轴应该保持对准跑道中心线(将在下面章节解释正确的侧风修正方法:侧风进近和着陆。现在,只讨论风向平行于跑道条件下的进近和着陆程序)。

在让飞机对准跑道中心线之后,应该完成最后的襟翼设定,并按预期下降率调节需要的俯仰姿态。可能需要稍微调节俯仰和功率以便保持下降姿态和预期的进近空速。如果没有制造商的推荐空速数据,则应该使用 1.3 倍 V_{SO} 速度。如果 V_{SO}

速度是 60 kn,那么进近速度就应该是 78 kn。在俯仰姿态和空速稳定后,应该重新配平飞机以便释放操纵杆上保持的压力。

在整个进近过程中应该控制下降角,以便飞机能在跑道前 1/3 长度内的中点着陆。下降角受作用于飞机的所有四个基本力(升力、阻力、推力和重力)的影响。如果所有的力是恒定的,那么在无风条件下下降角也恒定。飞行员可以通过调节空速、姿态、功率和阻力(襟翼或前向侧滑)来控制这些力。风也对飞机在地面上空的滑翔距离有明显影响。如图 8-2 所示,自然地,飞行员无法控制风,但是可以通过适当地调节俯仰和功率来修正风对飞机下降的影响。

图 8-2   五边进近时逆风的影响

在考虑影响五边进近下降角的因素时,实际上在一定的俯仰姿态条件下,只有一个特定的功率大小适合于一组空速、襟翼和风的条件。这些变量中的任何一个发生变化都需要适当地协调改变其他可控变量。例如,如果在不增加功率的条件下俯仰姿态升得太高,那么飞机将会很快地下降并且在没有达到预期地点的地方接地。根据这个道理,飞行员永远不要试图只通过增加向后的升降舵压力来延长滑翔距离以便到达预期的着陆点。如果没有同时增加功率,那么这将会缩短滑翔距离。应该通过协调地控制俯仰姿态变化和功率变化来维持合适的下降角和空速。

一个好的五边进近的目标是让飞机以能够到达预期接地点的角度和空速下降,其空速大小可以实现恰好在接地前有一段距离最小的平飘;基本上是一个半失速状态。为达到这个目的,关键是精确地控制下降角和空速。因为在正常进近时功率大小不像在无动力进近时是固定的,应该根据需要同时调节功率和俯仰姿态来控制空速和下降角,或实现沿进近路线飞行的预期姿态。通过放低机头和降低功率来保持恒定的进近速度,在太高的进近中可以用更高的下降率来修正。这就是以部分功率执行进近的一个原因。如果进近高度太高,只要放低机头和降低功率即可;如果进近高度太低,那么增加功率和抬升机头即可。

8.1.3 襟翼的使用

飞行员也可以通过使用着陆襟翼来调节下降从而改变升力/阻力因素。如图

8-3和图8-4所示。在着陆过程中放下襟翼有下列好处：

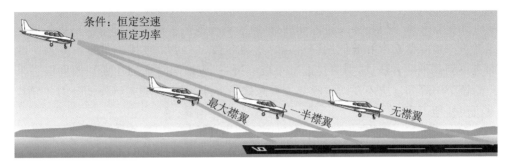

图8-3 襟翼对着陆点的影响

图8-4 襟翼对进近角度的影响

- 产生更大的升力并允许以更低的速度着陆。
- 产生更大的阻力，允许在不增加空速的条件下有更大的下降角。
- 降低着陆滑跑的距离。

放下襟翼对飞机的俯仰姿态有明显的影响。因襟翼偏转而增大的机翼弯曲度主要在机翼后半部分产生升力。这就引起了机头向下的俯仰运动。然而，因襟翼导致下洗流的方向偏转而引起的尾部载荷变化对水平尾翼的俯仰运动有重要影响。进而，俯仰行为取决于具体飞机的设计特性。

襟翼偏转在15°范围内主要产生升力，其阻力最小。由于最初的襟翼偏转，升力增加，飞机有上升的倾向。然而，机头向下的俯仰运动会抵消上升。超过15°的襟翼偏转会引起阻力的大幅增加。而且，在上单翼飞机上，超过15°偏转会产生明显的机头向上的俯仰运动，因为襟翼偏转引起的下洗流增加了水平尾翼上的气流速度。

襟翼放下的时机与襟翼偏转角度是有关的。在着陆航线的一个位置上使用大的襟翼度数会产生大幅度的升力变化，为了保持空速和下降角稳定，这就需要明显地改变俯仰和功率。因而，在着陆航线中的特定位置上使用襟翼有明确的好处。相比一次性放最大襟翼而言，在三边、四边和五边进近时，逐步增加襟翼偏转度数可以允许小幅度地调节俯仰和功率。

在襟翼放下后,除非增加功率或放低俯仰姿态,否则空速将会下降。因此,在五边进近时,飞行员必须通过准确地判断下降角的大小来估计飞机将在什么地方着陆。如果看起来飞机将要飞过预期的着陆点,若未放最大襟翼则可以使用更多襟翼或者进一步降低功率和放低俯仰姿态。这将导致一个更大坡度的进近。如果下冲而飞不到到预期着陆点,则需要进行小坡度进近,应该同时增加功率和俯仰姿态来重新调节下降角。决不要通过收起襟翼来修正下冲,因为这会突然降低升力并导致飞机更快地下降。

在五边进近时,必须重新配平飞机以补偿飞机空气动力学受力的变化。由于功率降低和空速较低,气流在机翼上产生的升力更少,并且作用于水平安定面上向下的力更低,这样就导致机头产生明显的向下倾向。然后必须通过配平升降舵使飞机头更加上仰。

可以发现,如果以精确的空速、姿态、功率和阻力控制形成一个稳定的下降角,从而实现正确的五边进近,那么更加容易完成随后的拉平、接地和着陆滑跑。

8.1.4　估计高度和运动

在进近、拉平和接地过程中,视觉是最重要的因素。为了提供大范围视野和培养对高度与运动的良好判断力,飞行员的头脑中应该假设一个自然的正前方位置。飞行员的视觉焦点不要固定在飞机前方的任何一侧或者任何一点上,而是应该从飞机头上面的一个位置缓慢地改变到预期接地区域,然后再移动回来,同时还要对飞行员视场周围到跑道每一边的距离保持准确的感知。

除了依赖于练习之外,对距离的准确估计还取决于观看物体的清晰程度,为了使重要的物体尽可能清楚地突显出来,这就需要正确地聚焦视线。

高速运动使附近的物体看起来变得模糊。例如,大多数人在高速行驶的汽车上留意过这种现象。附近的物体看起来在一片模糊中一起消失,而远离的物体则清楚地突显出来。司机下意识地让视线集中在汽车前头足够远的地方以便能够清楚地看见物体。

飞行员视觉焦点的远近应该和飞机在地面上空前进的速度成相应比例。这样,随着速度在拉平期间降低,在飞机前方视线可以聚焦的距离应该相应地变得更近。

如果飞行员试图聚焦在太近的参考物或者直接向下看,参考物看起来将变得模糊,如图8-5所示,而且飞行员作出的反应也会变得要么太过突然要么太迟。在这种情况下,飞行员倾向于过度控制,拉平太高,进而变成完全失速,下降式着陆。当飞行员视觉焦点在前方太远的位置时,就无法准确地判断接近地面的程度,因而飞行员反应也变得太迟缓,原因是看不出有行动的必要性。这就会导致飞机的头部首先接地。视觉焦点从远距离向近距离变化需要一定的时间,即使时间是短暂的,在这段时间内飞机的速度会使飞机朝地面向前和向下前进一段相当长的距离。

图 8-5　焦点太近导致视觉模糊

　　如果焦点是逐渐变化的,随着速度的降低它被逐渐地移到附近,这可以缩短时间间隔并提高飞行员的反应,从而平稳地完成整个着陆过程。

8.1.5　拉平

　　拉平是一个从正常进近姿态向着陆姿态缓慢平稳过渡的过程,在这个过程中飞行员逐渐地把航迹拉平至与跑道平行且距离地面几英寸高的位置。在正常下降过程中飞机接近地面 10 到 20 ft 高度时,应该开始拉平动作,一旦开始就应该保持连续的过程,直到飞机接地。

　　在飞机到达地面上方可以及时地改变为适合着陆姿态的高度时,应该逐渐施加向后升降舵压力来逐渐增加俯仰姿态和迎角。如图 8-6 所示。这将导致飞机头逐渐升高至需要的着陆姿态。迎角增加的速率应该能够让飞机随前进空速的降低而持续缓慢地下降。

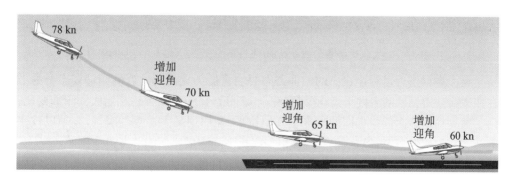

图 8-6　拉平时迎角的变化

在迎角增加后,升力立刻增加,它降低了下降率。由于在拉平过程中通常功率降低到慢车,空速也逐渐降低,这就导致升力再次降低,必须通过升高机头和进一步增加迎角来控制它。在拉平过程中,在控制升力的同时空速被降低到接地速度,因此飞机将轻轻地下降到着陆地面。执行拉平动作的快慢应该能够让轮子在恰好接触到着陆地面的同时飞机达到合适的着陆姿态和接地空速。

执行拉平的节奏取决于飞机距地面的高度、下降率和俯仰姿态。在建立合适的着陆姿态后,为了让飞机能够下降至地面,在较大的高度上必须比在较低的高度上更加缓慢地执行拉平。拉平的节奏必须和接近地面的速度成相应比例。当飞机的下降率看起来很慢时,必须以相应的缓慢节奏增加俯仰姿态。

在合适的高度上进行拉平并维持轮子距跑道几英寸高度直至最终接地的过程中,视觉提示是关键。拉平提示主要取决于飞行员的中央视线和前方地面(或跑道)相交形成的角度,并稍微向两边扩展。正确的深度感知是成功拉平的一个因素,但是使用的视觉提示大多数都和跑道或地形投影变化有关,也与着陆区域附近熟悉的物体的大小变化有关,例如栅栏、矮树丛、树木、飞机棚,甚至是草地或跑道的纹理。在开始拉平后,飞行员应该使中央视线指向跑道并与之成向下的 $10°\sim15°$ 的小角度。如图 8-7 所示。保持固定的视线角度可以让视线和跑道的交点随飞机高度降低而不断地朝飞行员眼前移动。这是评估高度下降快慢的一个重要视觉提示。相反地,视线交点的向前运动表示高度增加,这意味着俯仰角度增加得太快了,导致过度拉平。当轮子就在跑道上方几英寸高度的时候,视线交点的位置结合跑道边附近地形的流速,以及飞机前方跑道上高度的外观相似性(相比在飞机起飞前滑行时所看的方式)也可以用于判断。

图 8-7　为获得必要的视觉提示,飞行员的视线应该以小角度向前看

最大襟翼进近过程中飞机的俯仰姿态要明显低于无襟翼进近的俯仰姿态。为了在接地前获得正确的着陆姿态,在襟翼完全放下后,机头必须经历相当大的俯仰变化。由于通常在距地面近似相同的高度上开始拉平,在使用最大襟翼的时候,必须以较快的节奏增加俯仰姿态;但是,仍然应该以与飞机下降率成比例的节奏执行拉平。

一旦开始实际的拉平过程,就不要向前推升降舵控制。如果施加了太大的向后升降舵压力,根据误差的程度,要么柔和地减小这个压力要么保持恒定。在某些情况下,可能有必要稍微前推油门以防止下降率过大或者失速,所有这些都将导致一个重的下降式着陆。

建议飞行学员养成一个良好的习惯,在整个进近和着陆期间把一只手保持在油门上,随时准备在发生突然和意外的危险状况时增加功率。

8.1.6　接地

接地是飞机柔和地下降到着陆地面的动作。应该以发动机慢车执行拉平和接地,且飞机处于最小可控空速,因而飞机能够用主起落架以接近失速的速度接地。在飞机接地后,通过施加一些必要的向后升降舵压力来获得正确的着陆姿态。

一些飞行员可能在未建立合适的着陆姿态时使飞机飞到地面上或使飞机强行着陆。永远不要让飞机以过大的速度在跑道上滑行。进行理想着陆的错误方法是试图用升降舵保持飞机的轮子尽可能长时间地离地面几英尺高。在大多数情况下,当轮子离地 2~3 ft 内时,对于柔和接地的飞机而言仍然会下降太快;因此,必须进一步施加向后升降舵压力使下降变慢。由于飞机已经接近其失速速度,并且正在下降,这个增大的向后升降舵压力只能降低下降率,而不能停止它。同时,它将导致飞机以合适的着陆姿态接地,并且主轮首先接地,从而前轮就几乎没有承重。如图 8-8 所示。

图 8-8　执行较好的拉平获得正确的着陆姿态

在主轮刚开始接地后,应该保持向后升降舵压力以维持正迎角从而获得气动制动力,而且可以在飞机减速之前保持机头离地。随着飞机动量的降低,可以逐渐释放向后升降舵压力以便让前轮柔和地接触跑道。这样就可以用前轮转向。同时,它将导致迎角变低而且机翼上的升力为负,以避免发生平飘和跳跃,而且让轮子承受飞机的全部重量从而获得更好的制动效果。

至关重要的是接地时要让飞机纵轴准确地平行于沿跑道运动的方向。如果不能实现这种状态,则起落架会受到严重的侧向载荷。为避免这些侧向应力,飞行员不要在飞机逆风转向或者发生飘移的时候让飞机接地。

8.1.7　着陆后的滑跑

在飞机着陆滑跑阶段,在飞机减速至正常滑行速度或远离着陆区而完全停止之前,绝不要认为已经完成着陆过程。很多事故都是在飞机到达地面后由于飞行员放松警惕和不能保持明确的控制而导致的。

由于轮子上的地面摩擦力影响,一旦接地及接地后飞行员必须立即注意方向控制的困难。摩擦力产生了一个力臂可作用于其上的支点,失去方向控制会导致在地面上发生严重失控的急转弯,或导致在地面上打转。在地面上打转期间,作用于重心(CG)的离心力和主轮抵抗离心力而产生的地面摩擦力互相结合,将导致飞机产生足够大的倾斜度,引起外侧翼尖接触地面。这甚至会引起能破坏起落架的侧向力。

在地面上方向舵的作用和在空中相同——它控制飞机的偏航运动。方向舵的有效性取决于气流,气流又取决于飞机的速度。随着速度降低,前轮已经放低到地面上,容易操纵的前轮提供了更加可靠的方向控制作用。

飞机的刹车和汽车的刹车主要的作用相同——降低飞机在地面上的速度。在飞机上,当需要比仅靠方向舵或者前轮转向获得更多的可靠控制时,刹车也可以用于辅助方向控制。

为了在装配脚踏的飞机上使用刹车,飞行员应该让脚尖或脚从方向舵脚踏滑动至刹车脚踏。如果在需要刹车动作的时刻保持住方向舵压力,那么在脚或者脚尖滑动到刹车脚踏时不要释放这个压力,因为在施加刹车之前可能失控。

让轮子在接地后承受最大的重量是获得最佳刹车性能的一个重要因素。在拉平的早期阶段,机翼会继续产生一些升力。在接地后,应该把前轮放低到跑道上以维持方向控制。在减速期间,可以通过刹车而使机头向下俯,并把部分重量从主轮转移到前轮。这对于刹车动作是没有帮助的,因此无需让前轮抬离跑道,反而应该在操纵杆上施加向后的控制压力。这能够让飞行员在重量保持在主轮的时候维持方向控制。

在前轮接地并建立方向控制后,可以开始谨慎地使用刹车。最大的刹车有效性发生在恰好要出现打滑的时刻。如果使用的刹车力太大而出现了打滑,刹车就变得无效。释放刹车压力可以停止打滑。而且,刹车的有效性不会因为交替地施加和释放刹车压力而得到增强。应该根据需要扎实而平稳地使用刹车。

在地面滑跑过程中,通过小心地在一个刹车上施加压力或者朝预期方向对每一个刹车施加不平衡压力而改变飞机的运动方向。使用刹车时必须保持谨慎以防过度控制。

在地面时副翼的作用和在空中相同——它们改变机翼的升力和阻力分量。在着陆后滑跑期间,应该就像在飞行中一样使用它们来保持机翼水平。如果一侧机翼开始升高,应该朝能够放低它的一侧施加副翼控制。需要的控制量取决于速度,因为随着飞机速度的下降,副翼的有效性减弱。在侧风条件下使用副翼的步骤将在本章进一步解释,请参阅侧风进近和着陆部分。

在飞机到达地面后,可以逐渐释放向后升降舵压力让前轮承受正常重量从而获得更好的转向操控。如果使用的跑道允许,应该按正常方式降低飞机的速度。一旦飞机速度足够慢并且已经转弯到滑行道停下来,飞行员应该收起襟翼,使飞机变成光洁的构型。很多事故的发生是因为飞机仍然在滑跑时,飞行员无意中操作了起落架手柄并收起起落架,而不是收起襟翼。在起动这两个控制之前,应该在飞行训练的一开始就养成明确识别这两个手柄的习惯,并且在将来的所有飞行活动中坚持下来。

8.1.8　稳定进近的概念

稳定进近是飞行员建立并维持一个恒定角度的下滑航迹飞向着陆跑道上预定点的进近过程。它是根据飞行员对具体可见提示的判断,并取决于维持恒定的五边下降所需的空速和构型而实现的。

在五边进近过程中,以恒定下降率和空速下降的飞机在一条指向前方地面上一点的直线上前进。这个点不是飞机将要接地的点,因为在拉平过程中不可避免地要产生一些飘移。如图8-9所示。它也不是飞机头所指向的点,因为飞机是以明显的高迎角飞行的,并且作用于机翼且平行于地球表面的升力分量倾向于把飞机水平地向前推进。

飞机前进所指向的点术语称为"瞄准点"。如图8-9所示。如果飞机维持恒定的下滑航迹,并且假设着陆时不拉平,则飞机到达地面时就接触到这个点。对于笔直地朝前方物体运动的飞行员来说,这点看起来是稳定的。它不会"移动"。这就是识别瞄准点的方法——即它不移动。但是,随着距离的靠近,瞄准点前面或者后面的物体看起来是运动的,并且它们看起来是朝相反方向运动的。在着陆教学的过程中,飞行学员必须掌握的一个最重要技能就是在五边进近时,如何使用目视提示在任何距离上准确地确定真实的瞄准点。因此,飞行员不仅要能够确定下滑航迹是否会导致下冲或者过冲,而且要考虑拉平期间的飘移,飞行员要能够预测几英尺内的接地点。

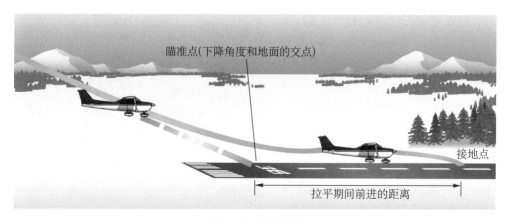

瞄准点(下降角度和地面的交点)

接地点

拉平期间前进的距离

图8-9　稳定进近

对于恒定角度的下滑航迹，地平线和瞄准点之间的距离将保持恒定。如果已经建立了五边进近的下降，但是判断的瞄准点和地平线之间的距离看起来在增加（即瞄准点远离地平线向下移动），那么真实的瞄准点，进而也就是接地点，是在跑道的更远处。如果判断的瞄准点和地平线之间的距离减小（瞄准点朝地平线向上移动），那么真实的瞄准点比判断的瞄准点更靠近飞行员。

当飞机建立了五边进近后，跑道图像的形状也可以作为维持稳定进近以便安全着陆而采取措施的提示。

很明显，跑道通常是呈伸长的矩形形状。在进近中从空中观看时，由于投影导致跑道看起来是不等边的四边形，其远端看起来比近端窄，边界线在前方汇聚。如果飞机持续沿恒定角度（稳定的）的下滑航迹下降，飞行员看到的图像将仍然是梯形的，但是其大小成比例地变大。换句话说，在稳定进近中跑道的形状不变化。如图8-10所示。

但是，如果进近坡度变小，跑道将会看起来变短且变得更宽。相反，如果进近坡度更大，跑道将会看起来变得更长并且更窄。如图8-11所示。

稳定进近的目标是在跑道上选择一个合适的接地点，调整下滑航迹让真实的瞄准点和预期的接地点基本一致。

就在完成五边进近拉平之后，飞行员应该立即调整俯仰姿态和功率，使飞机以合适的空速直接朝瞄准点下降。飞机应该处于着陆构型，并且配平为"脱手"飞行。在以这种方式设定好进近后，飞行员就能够自如地把全部注意力分配到外部参考。飞行员不要盯住任何一个地点看，而是要从一个点扫视到另一个点，例如从瞄准点到地平线、到沿跑道的树木和矮树丛、到跑道远端的一个区域，然后回到瞄

3°进近角，4 000 ft×1 000 ft
跑道距离跑道尽头1 600 ft，
高度105 ft

同样的跑道，同样的进近角度
距离跑道尽头800 ft，
高度为52 ft

同样的跑道，同样的进近角度
距离跑道尽头400 ft，
高度为26 ft

图8-10　稳定进近过程中的跑道形状

太高

正确的下降角度

太低

图 8-11 低进近或高进近时的跑道形状变化

准点。按照这样的方法,飞行员将更加易于发觉是否偏离预期的下滑航迹,以及飞机是否正好朝瞄准点前进。

如果飞行员觉察到跑道上的瞄准点不是预期地点的任何迹象,就必须调整下滑航迹。因而这将移动瞄准点。例如,如果飞行员发觉瞄准点没有达到预期的接地点位置,将会导致下冲飞行,那么增加俯仰姿态和发动机功率就是合理的,必须维持恒定的空速。因此,俯仰和功率的改变必须平稳且同时进行。这就会导致下滑航迹坡度变小,结果瞄准点向预期的接地点移动。反之,如果飞行员觉察到瞄准点沿跑道比预期接地点变远,这就会导致过冲,应该通过同时降低俯仰姿态和功率使下滑航迹坡度变大,必须再次保持恒定的空速。关键就是要尽早地发觉偏离预期的下滑航迹,这样只需要对下滑航迹做少量小幅度的调整即可。

飞机越靠近跑道,需要的修正量就变得越大(并且还可能更加频繁),进而导致不稳定的进近。

执行正常进近和着陆时的常见错误如下:

- 在四边时风飘移修正不足。
- 向五边进近转弯时发生过冲或下冲,导致五边进近转弯的坡度过大或过小。
- 过冲/不充分的风飘移修正导致从四边向五边的转弯变得平直或发生外侧滑。
- 四边向五边转弯期间的协调性不好。
- 不能及时地完成着陆检查单。
- 不稳定的进近。
- 不能充分地抵消放下襟翼的影响。

- 五边进近时配平技能不熟练。
- 试图只使用升降舵保持姿态或到达跑道。
- 视觉焦点距离飞机太近导致拉平太高。
- 视觉焦点距离飞机太远导致拉平太低。
- 在达到合适的着陆姿态之前已经接地。
- 接地后不能保持足够的向后升降舵压力。
- 接地后过大的刹车力。

8.2 有意的内侧滑

相对于当前的转弯率如果飞机的坡度太陡,则会发生外侧滑。意外的外侧滑经常是不协调地使用方向舵/副翼导致的。但是,在不增加空速的条件下可以使用有意的内侧滑来降低高度,和/或在侧风中调整飞机的地面轨迹。有意的内侧滑在迫降以及在进近到受限区域而必须飞越障碍物时特别有用。内侧滑也可以作为机翼襟翼失效或未安装襟翼的条件下快速降低空速的紧急手段。

内侧滑是向前运动和侧向运动(绕飞机的纵轴)的合成,横轴倾斜而且朝向轴的低端(低机翼一侧)侧向运动。处于内侧滑的飞机实际上是向侧面飞,这就会导致相对风冲击飞机的方向发生变化。内侧滑的特征是阻力明显增加,且飞机的爬升、巡航和滑翔性能相应降低。然而,就是阻力的增加才使得外侧滑的飞机快速地下降而未增加空速。

大多数飞机表现出明显的静态方向的稳定性特性,因而,它有抵消内侧滑的固有倾向。所以,执行有意的内侧滑需要在整个机动过程中很好地交叉控制副翼和方向舵。

通过放低一侧机翼并且施加足够的反向方向舵压力以防止转弯而进入侧滑。在侧滑中,飞机的纵轴仍然平行于原来的航迹,但是飞机不再是笔直地向前飞行。而是机翼升力的水平分量迫使飞机也向低翼一侧稍微侧向移动。如图8-12所示。侧滑程度因而也就是侧向运动速度,它是由坡度大小决定的。坡度越陡——侧滑程度越大。然而,随着坡度的增加,需要增加额外的反向方向舵控制压力以防发生转弯。

前向滑动是飞机的运动方向继续和侧滑开始前的方向相同的一种侧滑。假设原来飞机是直线飞行的,应该通过使用副翼来放低侧滑方向一侧的机翼。同时,必须通过施加反向方向舵来控制飞机头使飞机朝反向偏航,这样飞机的纵轴就和它原来的航迹成一个角度。如图8-13所示。飞机头朝滚转的反方向偏航的角度应该可以保持原来的地面轨迹。在前向滑动中,滑动的量,进而也是下降率,是由滚转角度决定的。滚转角度越大——下降得越陡。

在大多数轻型飞机上,侧滑的坡度是受方向舵可用偏转行程的大小限制的。在侧滑和前向滑动中,可能达到这个程度:虽然副翼还能够进一步使坡度变陡,却需要

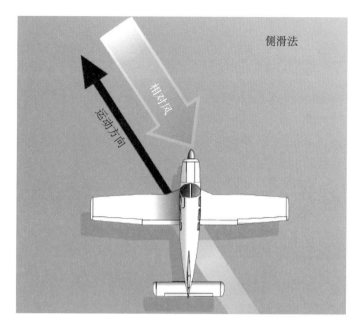

图 8 - 12　侧滑法

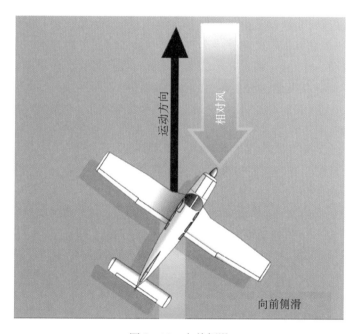

图 8 - 13　向前侧滑

用满方向舵来保持航向。这就是有效侧滑极限,因为即使施加了满方向舵,但是施加任何额外的坡度将会导致飞机转弯。如果甚至达到了有效侧滑极限还需要更快地下降,那么放低机头不仅会增加下降率而且会增加空速。空速的增加增强了方向舵的有效性,允许更陡的侧滑。反之,在机头升高后,方向舵的有效性降低,必须随之降低坡度。

侧滑的停止是通过放平机翼并且同时释放方向舵压力而实现的,这时把俯仰姿态重新调整为正常下滑姿态。如果突然释放方向舵上的控制压力,那么机头会太快地改变方向,飞机的速度将会变得过大。

由于皮托管和静压管的位置,一些飞机在侧滑时空速表可能有相当大的误差。飞行员必须知道这个可能性,并通过飞机的姿态和气流产生的声音以及飞行控制的感觉来判断正确执行的侧滑。但是,和内侧滑不一样,如果处于内侧滑的飞机发生了失速,它会表现出很轻的偏航倾向,导致外侧滑失速发展成尾旋。处于内侧滑的飞机会倾向于滚转成为机翼水平的姿态。实际上,对于一些飞机它甚至会改善其失速特性。

8.3   复飞(中断着陆)

无论何时只要不具备着陆条件,就可以执行复飞。有很多因素会造成不理想的着陆条件。例如空中交通管制要求、跑道上出现意外的危险因素、超过另一架飞机、风切变、尾流湍流、机械故障和/或不稳定的进近,这些状况都是导致中断继续着陆进近的具体原因,然后可以在更加有利的条件下进行下一次进近。中断进近的一个假设是差的进近,因而也就是由于经验和技能不足导致的,这是一个谬论。严格来说,复飞不是一个紧急程序。它是一个经常会在紧急情况下使用的正常机动。和任何其他正常机动一样,必须练习并熟练复飞机动。飞行教官应该尽早强调并且应该培训飞行学员理解复飞是任何进近和/或着陆的一个备用手段。

尽管可能在着陆过程中的任何一个位置需要中断着陆,但最危险的着陆是在非常接近地面的时候才开始复飞。因此,越早识别出需要复飞的条件,复飞/中断着陆就会越安全。复飞机动本身并不必然是危险的,只有在不当的延误或者不正确执行复飞时才变得危险。延误执行复飞的原因通常有两个:①着陆预期或形势——情况不像预期认为的那样危险,肯定会以安全的着陆完成进近。②自尊——错误地认为执行复飞就表示承认失败——即不能正确地执行进近。复飞机动执行不当的原因是不熟悉程序的三个基本原理:功率、姿态和构型。

8.3.1   功率

功率是飞行员要考虑的首要因素。在飞行员决定复飞的时刻,必须平稳而果断地使用满的或者最大可用起飞功率,并且一直保持到恢复飞行速度和可控性之后。在复飞过程中只使用部分功率总是错误的。在飞机朝地面下降可以重新获得足够的速度而变得完全可控并能够安全地转弯或者爬升之前,飞行员务必知道必须要克服的惯性大小。应该平稳而果断地施加功率。在一些飞机上,如果油门杆突然移动则会导致发动机振动。最大功率时应该关闭汽化器的加热。

8.3.2　姿态

在接近地面时,姿态总是关键的,当增加功率时,需要飞行员预先做好部分准备以防机头过早地上仰。在做出任何增加高度或者执行转弯的努力之前,执行复飞的飞机必须维持一个能够让空速增加到明显超过失速点的姿态。如果在低空执行复飞,那么过早地升高机头可能导致飞机难以改出失速。

在复飞过程中,考虑到要快速地再次升高高度,这就产生一个拉起机头的固有倾向。执行复飞的飞行员必须接受飞机在可以飞行之前不能爬升的这一事实,且它不能以低于失速速度飞行。在某些情况下,可能要求进一步放低机头暂时增加空速。一旦达到合适的爬升空速和俯仰姿态,飞行员就应该"快速配平"飞机以减轻任何不利的控制压力。然后,在飞行状态稳定后,可以进行更加精确的配平调整。

8.3.3　构型

在复飞过程中要使飞机构型光洁时,飞行员首先应该考虑襟翼,其次是起落架(如果可收放的话)。当决定执行复飞后,应该立即施加起飞功率并改变俯仰姿态,以便使下降率降低或停止下降。在停止下降后,着陆襟翼就可以部分收起或者置于制造商推荐的起飞位置。然而,在收起襟翼期间必须保持警惕。根据飞机的高度和空速,明智的方法是以小的增量逐步地收起襟翼,以便有时间让飞机在升高后逐渐加速。突然和完全收起襟翼会导致失去升力,结果是飞机落回到地面。如图 8 - 14 所示。

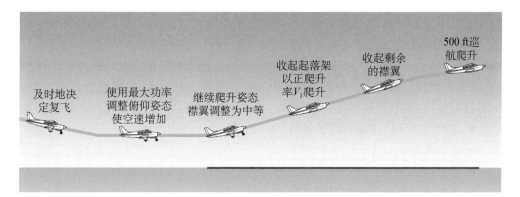

图 8 - 14　复飞程序

除非在 AFM/POH 中另有规定,通常推荐在收起起落架之前收起襟翼(至少是部分的),这有两个原因。首先,在大多数飞机上,最大襟翼会产生比起落架多的阻力;其次,在开始复飞时如果飞机无意中接地,最好的预期结果就是起落架处于放下且锁定的位置。在建立正爬升率之后,就可以收起起落架了。

在施加起飞功率后,通常必须在操纵杆上保持相当大的压力来维持直线飞行和安全的爬升姿态。因为飞机已经为进近完成配平(是一种低功率和低空速条件),施加最大的可用功率需要相当大的控制压力来维持爬升俯仰姿态。功率的增加会倾向于使飞机头突然抬升并转向左边。必须预计好施加的向前升降舵压力,以便保持安全的爬升姿态。必须增加向右方向舵压力来抵消扭矩和P因子,以便保持机头笔直。无论需要多大的控制压力,必须保持飞机处于合适的飞行姿态。应该使用配平来减轻不利的控制压力以及帮助飞行员维持合适的俯仰姿态。当在复飞中使用最大功率时,在那些产生高控制压力的飞机上,飞行员在伸手触及襟翼手柄时应该保持谨慎。在这个工作量很高的阶段,飞行控制变得非常关键。

只有在完成最初的或大致的配平后才应该收起起落架,并且这时可以确信飞机将保持在空中。在很低的复飞过程的早期阶段,飞机可能落回到跑道并发生弹跳。如果飞机保持笔直且维持了一个恒定而安全的俯仰姿态,那么这种状况不是特别危险。飞机将会很快地接近安全飞行速度并且增大的功率会减轻二次接地的冲击力。

如果努力防止飞机接触跑道而过分地增加俯仰姿态,则可能导致飞机失速。这就特别像没有进行配平修正并且仍然放下最大襟翼时的情况。在完成大致的配平并且建立了正爬升率之前,飞行员不要尝试收起起落架。

8.4　地面效应

地面效应是固定翼飞机每次着陆和起飞时的一个因素。地面效应也是复飞时的一个重要因素。如果在接近地面时进行复飞,飞机可能处于地面效应区域。飞行员经常会被机翼下面明显的"气垫空气"效应蒙骗从而形成一种假的安全感,这种气垫效果最初在飞机从进近下降过渡到爬升中起帮助作用。但是,这种气垫空气是不真实的。事实上,飞机性能的明显增加是由于地面效应区域中阻力的降低而造成的。这种"借来"的性能在飞机飞离地面效应区域时必须偿还。在靠近地面开始复飞时,飞行员必须考虑地面效应这个因素。过早地尝试爬升可能导致飞机不能爬升,或者甚至难以用最大功率维持高度。

执行复飞(中断着陆)时的常见错误有:
- 不能识别应该中断着陆的条件。
- 优柔寡断。
- 延迟执行复飞。
- 不能及时地使用最大可用功率。
- 生硬地使用功率。
- 不正确的俯仰姿态。
- 不能正确地配置飞机构型。
- 试图过早地飞离地面效应区域。
- 不能充分抵消扭矩/P因子。

8.5　侧风进近和着陆

在很多跑道或着陆区域,必须在风侧面吹来而不是平行于着陆方向吹来时进行着陆。当出现这种情况时，所有飞行员都应该准备好应对这种情况。在正常进近和着陆中涉及的基本原理和因素同样适用于侧风进近和着陆，因此，这里只讨论修正风飘移所需的额外步骤。

执行侧风着陆比侧风起飞稍微更困难一些，主要是因为在速度降低而不是起飞过程中速度增加的条件下维持精确的飞机控制涉及到不同的问题。

有两个完成侧风进近和着陆的常用方法——航向法和低翼法（也叫侧滑法）。尽管在五边进近的时候飞行员更容易维持航向法，但是它需要高度的判断力和在接地前及时地迅速消除偏航。虽然可以结合使用两种方法，但是大多数情况下推荐使用侧滑法。

8.5.1 侧风五边进近

航向法是通过以机翼水平姿态向逆风方向转一个偏流角来执行的，因此飞机的地面轨迹可以保持和跑道中心线对齐。如图 8-15 所示。在接地前一直维持这个偏航角，接地时飞机的纵轴和跑道对齐以避免轮子和跑道的侧向接触。如果正在飞一个长的五边进近，在开始拉平之前飞行员可以使用航向法，然后在着陆的剩余过程平滑地改变为侧滑法。

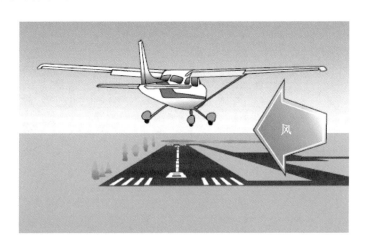

图 8-15　航向法进近

侧滑法（低翼法）可以抵消来自任何角度的侧风，但是更重要的是，它能够让飞行员在五边进近、拉平、接地和着陆后滑跑整个过程中，同时使飞机的地面轨迹和纵轴保持与跑道中心线对齐。这可以防止飞机在侧向运动过程中接地，从而避免产生对起落架有破坏性的侧向载荷。

为使用侧滑法，飞行员使飞机航向和跑道的中心线对齐，留意飘移的速度和方向，然后迅速地通过放低迎风侧机翼来进行飘移修正。如图 8-16 所示。机翼必需放低的程度取决于飘移的速度。在机翼放低后，飞机会倾向于朝那个方向转弯。然后就必须同时施加足够的反向方向舵压力来防止转弯，并保持飞机的纵轴和跑道对齐。换句话说,飘移是用副翼控制的,而航向是用方向舵控制的。现在飞机将会向风的来向侧滑,恰好足够使航迹和地面轨迹与跑道对齐。如果侧风减弱,就应该相应地减小侧风修正,或者飞机将开始偏离预期的进近航迹。如图 8-17 所示。

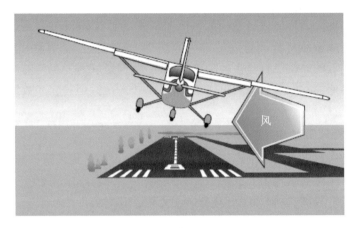

图 8-16　侧滑法进近

图 8-17　侧风进近和着陆

为了修正强侧风,要相当大幅度地放低迎风侧机翼来增加向风的来向侧滑。因而，这将会导致飞机更明显的转弯倾向。因为不希望转弯，所以必须使用相当大的反向方向舵压力来保持飞机的纵轴和跑道对齐。在一些飞机上，可用的方向舵行程可能不足以抵消大坡度引起的强烈转弯倾向。如果需要使用的坡度达到了反方向满舵也不能阻止转弯的程度，那么在这样的风条件下，风太强烈以至于不能使飞机在特定的跑道上安全着陆。因为会超出飞机的能力，务必在这个机场或备降机场的更合适的跑道上进行着陆。

在大多数进近中，可以而且应该使用襟翼，因为它们倾向于对飞机起稳定效果。襟翼应该放下的度数随飞机的操控特性和风速不同而变化。

8.5.2 侧风拉平

通常，可以像正常进近一样进行拉平，但是要根据需要使用侧风修正以防飘移。

由于随着拉平的前进飞机空速降低，飞行控制的有效性就逐渐变低。结果是，保持的侧风修正将变得不足。在使用侧滑法的时候，必须逐渐增加方向舵和副翼的偏转量来保持适当的飘移修正量。

不要使机翼水平；在整个拉平过程中保持迎风侧机翼放低。如果机翼改为水平，飞机将开始飘移并且将在飘移时接地。记住，主要目标是使飞机着陆时不受到因飘移接地而引起的任何侧向载荷的影响。

8.5.3 侧风接地

如果在整个五边进近和拉平过程中使用了航向法进行侧风修正，那么在接地之前必须及时地通过使用方向舵使飞机的纵轴和运动方向对齐来消除偏航角。这需要及时而准确的动作。如果不能实现，将导致在起落架上施加严重的侧向载荷。

如果使用的是侧滑法，那么应该在整个拉平中维持侧风修正（向风的来向使用副翼控制且使用反向方向舵），并且以迎风侧主轮接地。

在阵风或大风条件下，必须迅速地调整侧风修正以确保在接地时飞机不会飘移。

在最初接地后向前的运动速度降低，飞机的重量将会使顺风侧主轮逐渐落回到跑道上。

在那些前轮转向机构和方向舵互连的飞机上，在轮子接地的时候前轮可能未和跑道对齐，原因是在侧风修正过程中保持反向方向舵。为防止突然朝前轮偏转的方向转向，恰好在前轮接地的时候必须迅速释放方向舵上的修正压力。

8.5.4 侧风着陆后滑跑

尤其在着陆后滑跑期间，在使用副翼防止迎风侧机翼升高的同时，必须特别注意通过使用方向舵或者前轮转向来保持方向控制。

当飞机在空中时，无论飞机的航向和速度如何，它都会随空气一起运动。而当飞机在地面时，由于轮子上产生的地面摩擦力的抵抗，它就不能随着空气（侧风）一起运动。

有一个特性,即在飞机的主轮后部比它的前部有更大的截面或侧面积。主轮作为一个中心点,在这个中心点之后有更大的表面积朝向侧风,飞机将会倾向于朝风向转变或产生风向标效应。

侧风着陆过程中作用于飞机的风是两个因素的结果。一个是自然风,它以气团前进的方向作用于飞机,而另一个是由于飞机的运动诱导的,它以平行于运动的方向作用于飞机。因而,侧风有一个沿飞机地面轨迹方向作用的迎风分量和垂直于轨迹 90°作用的侧风分量。合成的风就是两个分量之间某个方向的风。随着飞机在着陆后滑跑期间前进速度的降低,迎风分量降低,相对风的侧风分量更大。侧风分量越大,就越难以克服风向标效应。

由于作用于飞机上的风有"风向标"效应,因此在地面上保持控制就是着陆后滑跑的一个关键部分。另外,在前三点式起落架飞机上,频繁飘移时因与跑道接触而引起的侧向载荷会产生侧翻倾向,涉及的基本因素是顶角和侧向载荷。

顶角是轮胎朝向和它的前进路线之间的夹角。只要载荷与轮胎的运动路线有方位角以及与朝向有偏差,就会产生侧向载荷。它还伴有轮胎变形的现象。尽管侧向载荷随轮胎类型和胎压的不同而不同,但它在一个很大的范围内和速度完全无关,且和顶角方向大小成比例,与轮胎的承重成正比。10°这样小的顶角会产生等于一半承重的侧向载荷;超过 20°之后,侧向载荷不再随顶角增加而增加。对于每一架上单翼前三点式起落架飞机,都有一个必然会发生侧翻的顶角。侧倾轴是连接机头和主轮的直线。若顶角较小,则可以使用副翼、方向舵或可转向的前轮避免侧翻,而不是靠刹车。

在着陆后滑跑过程中飞机减速时,应该越来越大地施加副翼控制以防止迎风侧机翼升高。因为飞机速度正在降低,副翼周围的气流减弱,而且它们的有效性降低。同时,相对风变得更像是侧风,在迎风侧机翼上产生了更大的升力。当飞机停下时,必须保持副翼控制完全向风。

8.5.5　最大安全侧风速度

在特定的侧风条件下起飞和着陆是不明智的或者甚至是危险的。如图 8 - 18 所示。如果侧风足够强而需要使用非常大的飘移修正,那么可能出现危险的着陆状态。因此,必须考虑所报告的地面风情况和可用着陆方向时飞机的起飞和着陆能力。

一架飞机在获得 FAA 的类型认证之前,必须对其进行飞行测试以满足特定的要求。其中之一就是要求飞行员无需具备特殊技能或警觉就能够在高达 0.2 倍 V_{so} 速度的 90°侧风条件下获得满意的可控性。也就是说风速为无动力且起落架/襟翼放下时飞机失速速度的 2/10。法规要求 1962 年 5 月 3 日以后的飞机标牌上要包括验证的侧风速度。

一定条件下的迎风分量和侧风分量可以参考侧风分量图来计算。如图 8 - 19 所示。飞行员必须计算他们驾驶的每架飞机的最大安全侧风速度,并避免在超出飞机能力的有风条件下运行。

执行侧风进近和着陆时的常见错误有:

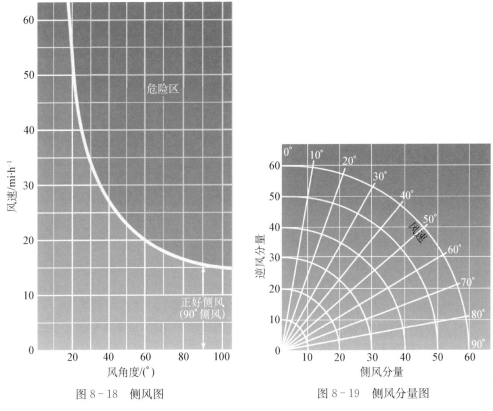

图 8-18　侧风图　　　　　　　　　　图 8-19　侧风分量图

- 试图在大于飞机最大验证侧风分量的侧风条件下着陆。
- 在从四边向五边转弯时，不能充分地抵消风飘移，导致超过或者未达到跑道中心线。
  - 在五边进近时，不能充分地抵消风飘移。
  - 不稳定的进近。
  - 不能补偿侧滑期间增加的阻力，因而导致过大的下降率和/或空速太低。
  - 在飘移时接地。
  - 接地时空速过大。
  - 在拉平期间不能使用合适的飞行控制输入。
  - 在拉平时不能维持方向控制。
  - 过大的刹车力。

8.6　湍流时的进近和着陆

在湍流中进近时，应该以稍微高于正常进近的速度按有动力进近方式来着陆。在遇到强烈的水平方向阵风或者垂直方向的气流时，这可以提供更明确的飞机控制。和其他有动力进近一样（这时飞行员可以改变功率大小），需要协调地结合使用俯仰和功率调整。和在大多数其他着陆进近中一样，合适的进近姿态和空速需要的拉平程度是最小的,并且在着陆时很少或者无平飘。

为了维持良好的控制,在有阵风侧风的湍流中进近的时候需要使用部分襟翼。不使用最大襟翼时,飞机将会处于较高的俯仰姿态。因此,建立着陆姿态只需要很少的俯仰变化,并且会以较高的空速接地以确保具备明确的控制。速度不要大到使飞机飘过预期着陆区域的程度。

有一个步骤是使用正常进近速度加上阵风因子的一半。如果正常速度是70 kn,且阵风增加 15 kn,那么合适的空速是 77 kn。在任何情况下,空速和襟翼的大小应该符合飞机制造商的建议。

在整个进近过程中,应该使用足够的功率来维持合适的空速和下降航迹,只有在主轮接触着陆地面后才能把油门收到慢车位。在飞行员准备好接地之前,必须小心地关闭油门。在这种情况下,突然或者过早地关闭油门可能导致下降率突然增加,这会引起重着陆。

湍流中的有动力进近着陆应该是以飞机近似水平的姿态接地。接地时的俯仰姿态应该是只要足以防止前轮比主轮提前接地即可。接地后,飞行员应该避免在操纵杆上施加向前压力的倾向,因为那会导致"独轮车"效应,并且可能失控。应该让飞机正常减速,辅以小心地使用轮刹车。在机翼失去升力使飞机的全部重量作用于起落架之前,应该避免过度刹车。

8.7 短场地进近和着陆

短场地进近和着陆需要运用在较短着陆区域着陆或者在限制可用着陆区的障碍物上方进近的操作步骤。如图 8-20 和 8-21 所示。正如短场地起飞一样,它是最大性能运行的最关键部分之一。这要求飞行员在接近地面时以飞机的巡航性能驾驶飞机,以便在受限的区域安全地着陆。这个低速型有动力进近和最小可控空速飞行的性能密切相关。

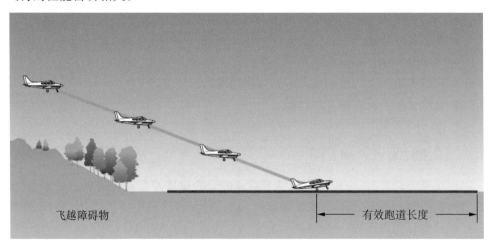

图 8-20 飞越障碍物的着陆

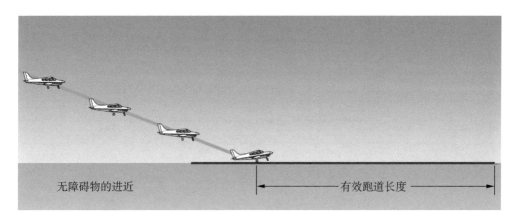

图 8 - 21 短场地着陆

为在短场地或受限区域着陆,飞行员必须精准而明确地控制下降率和空速,以便进近过程能飞越任何障碍物,在拉平过程中很少或无平飘,并且让飞机在尽可能最短的距离内停下来。

应该使用 AFM/POH 中推荐的短场地着陆或越障进近的操作步骤。执行一个稳定的进近是关键。如图 8 - 22 和 8 - 23 所示。这些步骤通常要使用最大襟翼,并且从离接地区域至少 500 ft 的高度开始五边进近。应该使用比正常情况下更宽的起落航线以便正确地配置构型和配平飞机。在不知道制造商推荐的进近空速时,应该使用不大于 1.3 倍 V_{so} 的速度。例如,一架飞机在襟翼和起落架放下后,无动力失速速度为 60 kn,那么进近速度应该不超过 78 kn。在阵风中,进近速度还应该加上不大于阵风因子的一半。过大的空速会导致飞机在距离跑道入口太远的地方接地,或者着陆后滑跑超出可用的着陆区域。

在放下起落架和最大襟翼之后,同时飞行员应该调整功率和俯仰姿态,以便建立和维持合适的下降角和空速。需要协调地结合使用俯仰调整和功率调整。正确地完成这个操作之后,有必要对飞机的俯仰姿态和功率设定作微小的改变来修正下降角度和空速。

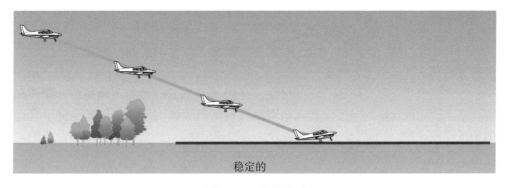

图 8 - 22 稳定进近

不稳定的

图 8‑23　不稳定的进近

　　短场地进近和着陆实际上是一个定点着陆的精确进近。应该使用前面稳定进近部分讲述的操作步骤。如果看起来过高地飞越障碍物，将会在明显超越预期的地点处接地，从而导致用于飞机停止的空间不足，这就需要放低俯仰姿态以使下降航迹变陡，从而增加下降率，这时可能要降低功率。如果下降角看起来不能确保安全的越障高度，那么应该增加功率，同时升高俯仰姿态使下降航迹坡度变小，降低下降率。必须小心地避免空速过低。如果速度变得太低，那么增加俯仰和使用最大功率只能导致下降率进一步增加。以迎角很大的姿态，从而使用最大可用功率也不足以克服巨大阻力的时候会发生这种情况。这就是人们常说的发动机在反向控制区工作，即发动机工作于功率曲线的左侧。

　　由于飞越障碍物的五边进近是以相对大的进近角度进行的，而且接近飞机的失速速度，因此必须准确判断何时开始拉平，以避免飞向地面或过早失速而快速地下降。进近速度是否合适的一个证明是拉平期间不平飘，且具备充分的控制能力和正确的接地。

　　飞机应该在油门关闭时能导致近似无动力失速的俯仰姿态下以最小可控空速接地。在飞行员准备接地之前，必须注意不要太快地关闭油门，因为关闭油门会导致下降率立即增加并引起重着陆。

　　一旦接地，只要升降舵仍然有效，就应该保持飞机处于正的俯仰姿态。这可以提供气动制动以帮助飞机减速。

　　一旦接地后立即关闭油门，应用合适的刹车力使着陆后滑跑距离最短。应该在符合安全性和可控性的条件下让飞机在尽可能短的距离内停下。如果维持了合适的进近速度，拉平时平飘最小，而且以最小可控速度接地，那么只需要使用最小的刹车力。

　　执行短场地进近和着陆时的常见错误有：

● 不能在五边预留足够的空间用于设定进近，被迫产生过大的进近坡度和高的下降率。

- 不稳定的进近。
- 不适当地延误了下滑航迹的修正。
- 五边进近时空速太低,导致不能正确地拉平,引起重着陆。
- 空速太高导致拉平时平飘。
- 拉平时过早地把功率降低到慢车,从而导致重着陆。
- 以过大的空速接地。
- 接地后刹车过重和/或使用不必要的刹车。
- 不能保持方向控制。

8.8　软场地进近和着陆

在诸如雪地、沙地、泥地或较厚的草皮这些粗糙或柔软地面的场地上着陆时,需要使用独特的操作步骤。在这样的地面着陆时,其目标是以最低的可能着陆速度尽量平稳地接地。飞行员必须控制飞机让机翼尽可能长时间地承受飞机重量,目的是为了使粗糙或柔软地面作用于起落架的阻力或压力最小。

软场地着陆的进近和在长的坚实着陆区域运行的正常进近类似。两者之间的主要区别是在软场地着陆过程中,尽可能长时间地保持飞机在地面效应中距离地面1～2 ft。这使得向前的运动速度逐渐降低,以便让轮子以最小速度柔和地接地。这个方法使飞机接地的时刻影响飞机的机头着地力最小。在改平飞和接地过程中,可以使用功率来确保以最低可能速度接地,且飞机应该在机翼承受全部重量的状态下飞到地面上。如图 8-24 所示。

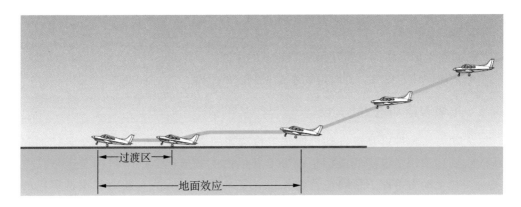

图 8-24　软质/粗糙场地的进近和着陆

在软场地着陆过程中,使用襟翼有助于以最低速度接地,只要切实可行则推荐使用。对于下单翼飞机,襟翼可能因轮子扬起的泥土、石头或烂泥而损坏。如果使用了襟翼,在着陆后滑跑期间收起它们通常是不明智的,因为集中全部注意力完全控制飞机比收起襟翼更重要。

短场地着陆使用的五边进近空速近似等于软场地着陆的。使用较高的进近速度可能导致在地面效应中过度地平飘，这个平飘使平稳而可控的接地变得更加困难。但是，若不是在进近路线上有障碍物，任何原因不得使用太大的下降角。

飞机应该处于高机头俯仰姿态以最低可能的空速在柔软或粗糙场地上接地。对于前三点式起落架飞机，在主轮接触地面后，飞行员应该保持足够的向后升降舵压力让前轮离地。飞行员可以使用向后升降舵压力和发动机功率来控制飞机的重量从机翼向轮子转移的速度。

在到达合适的滑行地面之前，场地条件可能允许飞行员维持主轮恰好接地但是飞机的重量仍然由机翼支撑这种飞行状态。在飞机重量由轮子支撑和前轮接地之前这个过渡阶段的任何时刻，飞行员应该能够中断着陆而使用最大功率执行一次安全起飞（越障高度和场地长度允许的话）。一旦决定着陆，飞行员应该柔和地把前轮放低到地面。稍微增加功率通常有助于使前轮更容易放下。

在软场地上不需要使用刹车而且应该避免使用，因为这会由于和着陆地面的过早接触或重度接触而倾向于在前轮上产生重载荷，从而导致前轮下陷。软质或粗糙地面本身会充分降低飞机的前进速度。通常会看到在很软的场地上一着陆，飞行员就会增加功率来保持飞机运动以防止飞机滞留于软质地面上。

执行软场地进近和着陆时的常见错误有：

- 五边进近时下降率过大。
- 五边进近时空速过大。
- 不稳定进近。
- 在跑道表面上拉平太高。
- 拉平和接地过程中功率管理技能很差。
- 重接地。
- 对接地后飞机的重量从机翼到轮子的过渡控制不足。
- 接地后让前轮"落"到跑道而不是控制它的下降。

8.9 无动力精确进近

无动力精确进近是以发动机慢车进行滑翔的进近和着陆，经过一个具体的起落航线到达跑道指定横线或标记前 200 ft 以内的接地区。这个目标是逐步培养飞行员在无动力条件下精确地驾驶飞机并安全着陆所需的判断力和执行程序的能力。

估计飞机滑翔到着陆点距离的能力是所有无动力精确进近和着陆的坚实基础。这就基本确定了在一定高度上执行机动的幅度大小。除了估计距离的能力之外，它还需要机动飞行时保持正确滑翔的能力。

根据经验和实践，在近似到 1 000 ft 为止可以相当精确地估计高度，但是超过这个高度之后，对距地面高度的判断的准确性降低，因为所有的地面特征倾向于汇聚。

有助于在这个高度之上提高对高度的准确判断的最佳方法就是:借助高度表指示并结合地面的基本外观。

对滑翔角和它最终的距离的估计能力要比对几英尺、几百英尺或几千英尺高度的判断更重要。无论高度多大,知道飞机正常滑翔角的飞行员可以相当精确地进行估计,并让飞机沿一定的地面轨迹着陆到近似的着陆点。同时具备精确估计高度能力的飞行员可以判断滑翔过程中可能有多大机动幅度,这对于实际紧急状态下选择着陆区域很重要。

好的五边进近的目标是以能让飞机到达预期着陆区域的角度下降,并且空速使接地前的平飘距离最小。为了实现这个目的,关键就是要准确地控制下降角和空速。

和可以改变功率设定的正常进近不同,无动力进近中功率固定在慢车位。空速是通过调节俯仰姿态来控制的。这也会改变滑翔或者下降角。通过放低机头来保持进近空速恒定,则下降角度会变陡。如果俯仰姿态抬升得太高,飞机将会由于空速较低升力不足而快速地下降。由于这个原因,永远不要为了到达预期的着陆点而试图延长滑翔距离。

本章将会进一步讲述如 90°、180° 和 360° 无动力进近的同一标准的进近起落航线。飞行员练习这些进近可以培养判断滑翔距离和计划进近的基本能力。

这些进近中的基本步骤和在一定高度上关闭油门并滑翔到一个关键位置有关。和起落航线本身一样,这个位置决不能成为主要目标;它仅仅是空中的一个合适的点,在这个点上飞行员可以判断是否可以在预期着陆点结束滑翔。选中的关键位置应该适合于可用高度和风的情况。从这个关键位置开始,飞行员必须不断地评估其所处状况。

尽管准确地定点接地是重要的,但必须要强调的是安全而正确地执行进近和着陆是重中之重。飞行员决不能仅仅为了着陆在预期地点而放弃保持良好的进近和着陆。

8.9.1　90°无动力进近

90°无动力进近是从四边开始并只要求向五边做 90°转弯。根据风的条件不同,可能通过定位四边是接近还是远离跑道的进近端而改变进近航迹。如图 8 - 25 所示。

所有精确着陆机动的最后部分是从四边上的关键位置经滑翔转弯 90°至五边。

90°无动力进近通常从矩形起落航线中大约离地 1 000 ft 高度或者正常起落航线高度开始。飞机应该和正常起落航线中距离着陆地面相同的距离飞入三边。在三边上应该完成着陆前检查单,包括若飞机装配了可收放起落架则放下起落架。

在完成中等坡度转弯至四边后,应该稍微降低油门并让空速降低到正常的四边速度。如图 8 - 26 所示。在四边上,向 45°关键位置前进时应该保持空速、风飘移修正和高度。在这个位置,预期的着陆点看上去在飞机头的 45°角方位上。

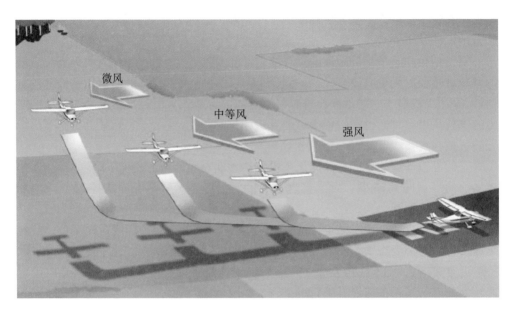

图 8-25 根据风状况计划四边飞行

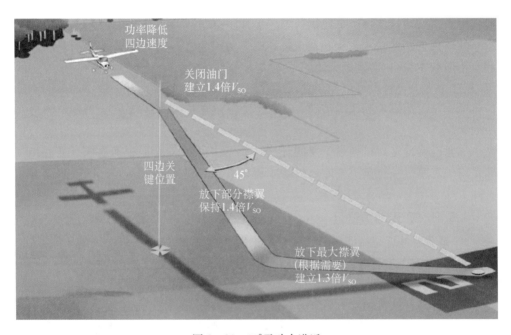

图 8-26 90°无动力进近

　　飞行员可以根据在四边保持预期地面轨迹所必需的偏航角大小来确定风的强度和方向。这有助于计划转弯到五边和放下大小正确的襟翼。

　　在 45°关键位置,应该完全关闭油门,螺旋桨控制杆前推至最大转速的位置,并保持高度,直到空速降低到制造商推荐的滑翔速度。如果不知道推荐速度,则使用 1.4

倍 V_{SO}。达到这个速度后,应该放低机头以便维持滑翔速度和重新配平控制面。

应该计划好并完成四边至五边的转弯,这样在改出转弯后飞机将对准跑道中心线。在五边时,根据需要放下襟翼并调节俯仰姿态来建立合适的下降角和空速($1.3V_{SO}$),然后重新配平控制面。为控制滑翔角和空速,可能有必要稍微调整俯仰姿态和襟翼设定。但是,决不要为了到达预期着陆点而试图延长滑翔距离或者收起襟翼。可以使用或不使用侧滑法进行五边进近。

在建立五边进近滑翔后,应该把全部注意力放到进行好的、安全的着陆上,而不是集中于选择的着陆点。四边的位置和襟翼设定已经决定了着陆到预期地点的可能性。任何情况下,在距离着陆点 200 ft 的位置安全地着陆比在准确的着陆点危险地着陆要更好。

8.9.2 180°无动力进近

180°无动力进近是从三边上的一点以无动力滑翔到一个预先选定的着陆点。如图 8-27 所示。它是对刚才讲述的 90°无动力进近所涉及原理的扩充。它的目标是进一步培养估计距离和滑翔速度的判断力,其中飞机无动力地从一个较高的高度飞行,经 90°转弯后到达四边位置的一个合适高度,以便执行 90°进近。

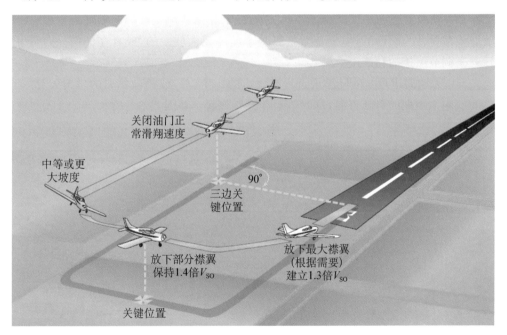

图 8-27 180°无动力进近

180°无动力进近比 90°无动力进近需要更多的计划和判断。在执行 180°无动力进近时,飞机在三边飞行且航向平行于着陆跑道。执行这种类型进近的初始高度会随着飞机的类型不同而不同,但是通常不要高于地面 1 000 ft,除非是大飞机。在较高的高度上需要更为准确的判断和机动飞行。

　　当平行或正切着预期着陆点时,应该关闭油门并保持高度,这时减速至制造商推荐的滑翔速度或 $1.4V_{SO}$。油门关闭时所处的点是三边的关键位置。

　　从三边到四边的转弯应该是中等或稍微大坡度的稳定转弯。初始的转弯坡度大小和转弯角度取决于飞机的滑翔角和风的速度。同样,应该根据高度和风的情况的需要确定四边位置,确定增加或下降高度来定位四边位置以便达到预期的着陆点。

　　应该在足够高且足够接近的高度上执行向四边的转弯,以便让飞机滑翔到 90° 无动力进近过程中通常的四边关键位置。

　　尽管关键位置是重要的,但是不能过分强调也不能把它看作是地面上的一个固定点。很多有经验的飞行员对这个概念的理解也是把它看作在一特定高度上要达到的具体地标,例如树木、十字路口或其他目视参考。这会形成一个机械的概念,并让飞行员在看不到这样的物体时完全迷失方向。应该根据实际情况尽可能多地改变高度和地理位置来消除这样的概念。在到达四边关键位置后,其进近和着陆与 90° 无动力进近相同。

8.9.3　360°无动力进近

　　360°无动力进近是飞机经过 360° 方向变化滑翔到预先选择的着陆点。整个起落航线被设计为圆形的,但是转弯可以是小坡度或大坡度的,或者在任何一点停止转弯来调节航迹的精确度。

　　360°无动力进近从着陆跑道进近端上方的一个位置或稍微偏离的位置开始,飞机的航向为预期的着陆方向,且起落架和襟翼收起。如图 8-28 所示。

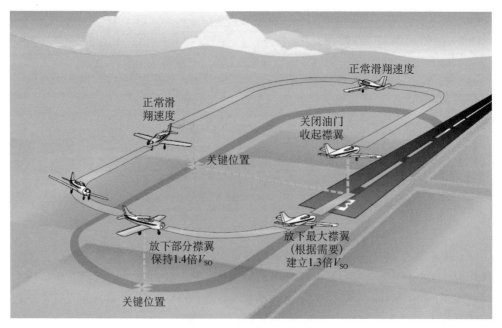

图 8-28　360°无动力进近

它通常是从距地面 2 000 ft 或更高的高度开始的，在这里由于高度较低，风可能有明显的变化。当飞机机动飞行到可以完成 90°或 180°无动力进近位置时必须考虑这个问题。

在预期着陆点上方关闭油门后，应该立即建立合适的滑翔速度，并且以中等坡度转弯至预期方向，这样可以到达正对着预期着陆点的三边关键位置。处于或正好飞过三边关键位置后，如果装配了起落架则可以放下起落架。在三边关键位置时的高度应该大约离地 1 000～1 200 ft。

到达那个点之后，应该继续转弯到四边关键位置，距离地面高度大约 800 ft。根据需要，可以在这个位置使用襟翼，但是在建立五边进近之前不要使用最大襟翼。

在整个起落航线中，根据需要可以改变坡度来修正风飘移，使飞机对准五边进近。应该在离地最低 300 ft 高度上完成向五边的转弯。

执行无动力精确进近时的常见错误有：

- 三边距离跑道/着陆区太远。
- 由于顺风导致在三边的飞行距离过长。
- 四边时风飘移修正不足。
- 用外侧滑转弯增加滑翔距离。
- 没有放下可收放起落架飞机上的起落架。
- 在不能滑翔到预期接地点的时候试图延长滑翔距离。
- 过早地放下襟翼/起落架。
- 使用油门来增加滑翔距离而不是仅仅使发动机维持在慢车。
- 为避免飞过指定的着陆点而迫使飞机着陆到跑道上。

8.10 紧急进近和着陆(模拟的)

有时在带飞期间，飞行教官应该通过降低油门并喊出"模拟紧急着陆"来做一次模拟的紧急着陆。这些模拟紧急着陆的目标是培养飞行员在很小可用功率或无动力时的准确性、判断力、计划性、操作程序和信心。

可以在飞机处于任何构型时进行模拟紧急着陆。在教官喊出"模拟紧急着陆"时，飞行员应该立即建立滑翔姿态并确保襟翼和起落架处于当时情况下的合适位置。当达到合适的滑翔速度后，接着应该放低机头并配平飞机保持这个速度。

应该保持恒定的滑翔速度，因为滑翔速度的变化会使准确判断滑翔距离和着陆点的任何努力都归于失败。很多变化因素如高度、障碍物、风的方向、着陆方向、着陆地面和坡度，以及飞机需要的着陆距离都决定了要使用的起落航线和进近程序。

利用正常滑翔机动的任意组合，如从机翼水平到盘旋飞行，飞行员最终应该能够到达正常起落航线上选中着陆区的常规的关键位置。从这点开始，进近几乎是一个正常的无动力进近。如图 8-29 所示。

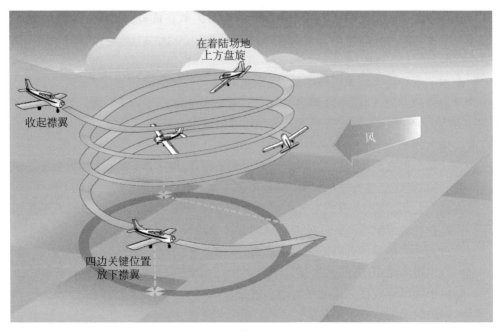

图 8-29　保持在预定着陆区域上空

由于较高的高度提供了更大的场地选择范围,缺乏经验的飞行员会倾向于推迟做出决定,由于在相当大的高度内做机动,就可能产生机动错误和对滑翔距离的错误估计。

所有飞行员都应该学会根据机场的风向锥、工厂/房屋冒出的烟、尘土、灌木丛的着火和风车来确定风向和估计风速的技能。

一旦选定一个场地后,总是应该要求飞行学员把它指给飞行教官看。通常,在教官终止模拟紧急着陆之前,应该要求学员计划好并飞一个起落航线而着陆到预先选择的场地。这就给教官一个解释和纠正学员错误的机会;也让学员有一个看到错误结果的机会。然而,如果在进近过程中学员认识到选择了一个不好的场地,若在这个场地着陆会明显导致灾难,并且在滑翔距离内还有一个更好的场地,那么应该允许改到更好的场地。但教官应该透彻地解释这些最后一分钟内决定所涉及的危险,例如在很低的高度上执行过大的机动。

应该强调用这些方法如使用襟翼、使飞机侧滑、改变在四边的位置,和改变向五边的转弯来纠正对高度和滑翔角的误调整。

在模拟紧急着陆中,缺乏经验的飞行员的一个最常见错误就是急于着陆到地面。即使承认这一点,他们还会忘记了速度,以太大的速度到达场地的边缘是难以安全着陆的。速度太大就像速度太低一样危险;它会导致过大的平飘并飞过预期的着陆点。应该向飞行学员强调的是他们不能期望向场地俯冲后还能在场地上安全着陆。

在所有模拟紧急着陆中,应该保持发动机不冷并处于慢车。在模拟紧急着陆中,要么教官要么学员应该完全控制油门。对于谁控制油门应该毫无疑义,因为很多最近发生的意外事故就是因为这种误解而产生的。

在每次模拟紧急着陆进近时,一旦可以确定能否安全着陆,就应该马上终止这种模拟过程。绝不要继续发展到出现不当危险因素,或者对地面上人员或财产造成损害的程度。

除了教会学员把飞机从模拟发动机故障的位置驾驶到可以进行合理的安全着陆的位置之外,还应该教会学员某些紧急情况下的驾驶舱操作。执行这些驾驶舱操作步骤的习惯应该培养到这样一种程度:当一个发动机确实发生故障时,学员在选择一个场地并计划进近时能检查发动机再次运行所必要的关键项目。完成进近操作与计划并保持飞行进近,这两者的结合是学员在紧急着陆训练早期阶段的难点。

在模拟紧急着陆中有需要遵守的确定的步骤和操作程序。尽管实际紧急情况中使用的程序会多少有点不同,但是学员应该彻底地学习它们,并且把每一个步骤向教官喊出。强烈推荐使用检查单,大多数飞机制造商为对应项目提供了一个检查单,如图 8 - 30 所示。

65 节(襟翼放下)
2. 混合气:慢车切断
3. 燃油选择器阀门:关闭
4. 点火开关:关闭
5. 襟翼:根据需要
6. 主开关:关闭

飞行中发动机失效(重起发动机程序)
1. 空速:70 节
2. 汽化器加热:打开
3. 燃油选择器阀门:BOTH 位置
4. 混合气:富油
5. 点火开关:BOTH 位置(如果螺旋桨已经停止不旋转,则打到 START 位置)
6. 起动注油器接入并锁定

迫降
发动机失效时的紧急着陆
1. 空速:70 节(襟翼收起)
　　　　65 节(襟翼放下)
2. 混合气:慢车切断
3. 燃油选择器阀门:关闭
4. 点火开关:关闭
5. 襟翼:根据需要(推荐使用 30°襟翼)
6. 主开关:关闭
7. 舱门:接地前解锁
8. 接地:尾部稍微放低
9. 刹车:使用重刹车

图 8 - 30 紧急检查单实例

要检查的关键项目应该包括油箱选择器位置和所选油箱中的燃油量,如果使用了电子燃油泵则需要查看燃油压力表,混合气控制位置,磁电机开关位置和汽化器加热的使用情况。已经完成的很多实际紧急着陆在后来发现是燃油选择阀门被设定在空油箱位置,而其他油箱燃油是满的。即使燃油表指示所有油箱中有燃油,但是改变燃油选择阀门位置可能是明智的,因为燃油表有可能不准确。如果飞行员在飞行训练中已经培养了检查这些关键项目的习惯并继续贯穿到后续飞行中,则可以避免发生很多实际的紧急着陆。

紧急程序的教学不要受限于动力失效引起的模拟紧急着陆。如果切实可行,也应该解释、示范和练习其他和飞机运行有关的紧急情况。在这些紧急情况中如飞行中着火、电力或液压系统故障、意外的严重天气情况、发动机过热、燃油即将耗尽,以及飞机系统和设备的紧急操作。

8.11 错误的进近和着陆

8.11.1 低五边进近

当四边高度太低、使用的功率不足、过早地放下着陆襟翼,或者误判风速,那么高度可能明显降低,这就会导致飞机明显地低于正确的五边进近航迹。在这种情况下,飞行员必须使用相当大的功率把飞机驾驶到跑道入口(在相当低的高度上)。在认识到除非采取合适的动作否则不可能到达跑道时,必须立即增加功率来维持空速、升高俯仰姿态以增加升力从而停止下降。当截获正确的进近通道后,必须重新建立正确的进近姿态,并降低功率和保持稳定进近。如图 8 - 31 所示。若不增加功率,则不要增加俯仰姿态,因为飞机会很快减速,且可能接近临界迎角并失速。不要收起襟翼,这会突然降低升力并导致飞机更快地下降。如果对安全完成进近还有任何疑问,那么明智的选择是立即执行复飞。

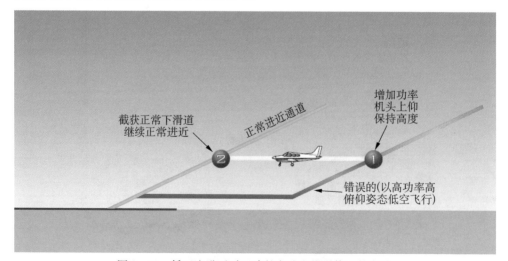

图 8 - 31　低五边进近时正确的方法和错误修正的方法

8.11.2 高五边进近

当五边进近太高时,应该根据需要放下襟翼。在放低机头以保持进近空速和进近航迹更陡时,可能还需要进一步降低功率。如图 8-32 所示。在截获正确的进近通道后,根据需要调节功率来保持稳定进近。在使进近通道变陡的时候,必须小心谨防下降时产生过高的下降率。如果以高的下降率一直持续到接近地面,那么在接触地面之前可能难以减速到合适的速率。超过 $800\sim1\,000$ ft·min^{-1} 的下降率被认为是过大的。如果下降率变得过大,则应该开始复飞。

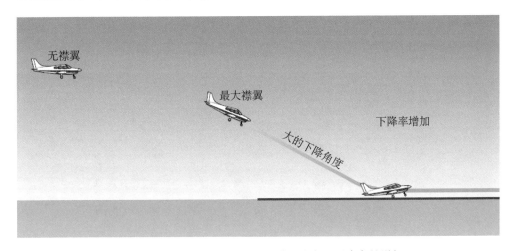

图 8-32　高五边进近时下滑通道的改变和下降率的增加

8.11.3 慢速的五边进近

当飞机以低于正常空速进行五边进近时,那么飞行员对下降率和拉平高度的判断将变得困难。以过低速度的进近时,机翼工作在接近临界迎角,根据俯仰姿态的改变和控制面的使用情况,飞机可能会失速或者快速下降,从而以重的冲击力接触地面。

只要觉察到低速进近,就应该施加功率使飞机加速,增加升力以降低下降率和防止失速。应该在仍然处于足够高的高度时就完成这个操作,以便重新建立正确的进近空速和姿态。如果太慢或者太低,最好执行复飞。

8.11.4 功率的使用

在进近和拉平期间可以通过有效地使用功率来弥补判断的错误。无需增加迎角,通过增加功率就可以使飞机加速以增加升力;因此,下降率就可以降低到可接受的程度。如果获得了正确的着陆姿态且飞机只是稍微有点高,那么应该保持着陆姿态恒定,并使用足够的功率来帮助飞机更容易地着陆到地面。在飞机接地后,必须关闭油门,这样就消除了额外的推力和升力,从而使飞机停留在地面上。

8.11.5 高的拉平

有时候,在飞机看起来暂时停止下降时,说明拉平太快,且飞机处于水平飞行,距离跑道太高。继续拉平会进一步降低空速,导致迎角增加到临界迎角。这会导致飞机失速并重重地落到跑道上。为防止这样,应该保持俯仰姿态恒定直到飞机减速到足够再次开始下降为止。然后可以继续拉平来建立正确的着陆姿态。这个步骤只应该在空速足够的时候使用。可能有必要稍微增加一些功率以防空速过分降低从而防止快速地失去升力。

尽管可以稍微释放向后升降舵压力,除非临时增加了一些功率,否则在相当接近跑道的时候不要通过明显地放低机头来使飞机下降。放低机头可能会导致突然降低升力,还会大幅地降低迎角,这样飞机可能会以前轮首先接触地面,从而可能毁坏前轮。

在获得正确的着陆姿态后,甚至在俯仰姿态不再增加的时候,由于空速不断降低,所以也不断地接近临界迎角,因而飞机不断地接近失速。如图 8-33 所示。

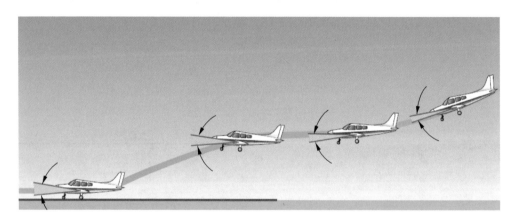

图 8-33 拉平太高

任何时候只要看起来必须明显地放低机头或者着陆处于任何不确定状况,则建议执行复飞。

8.11.6 慢的或快的拉平

为防止飞机过早接地,太迟地开始拉平或者太快地向后拉升降舵控制都会在机翼上引起重的载荷因子从而导致加速的失速。

在拉平过程中突然增加迎角并使飞机失速是一种危险的状况,因为它可能导致飞机的主起落架相当重地着陆,然后反弹回到空中。在飞机接触地面时,尾部会由于向后升降舵压力和向下的惯性作用而被迫快速向下。

从这种状况改出需要在出现失速之前果断而明确地使用功率。之后如果有足够的跑道长度,则可以接着进行正常着陆,否则飞行员应该立即执行复飞。

如果拉平迟了,前轮会首先冲击跑道,导致机头向上弹跳。不要尝试迫使飞机回到地面;而应该立即执行复飞。

8.11.7 拉平时的平飘

如果五边进近时空速过大,通常会导致飞机平飘。如图 8-34 所示。在可以接地之前,飞机可能明显飞过了预期的着陆点,并且可用的跑道长度不足。当使飞机在五边向合适的地点俯冲着陆时,那么空速将会有明显可感知的增加。如果不能产生额外的迎角和升力,则不能建立正确的接地姿态。过大的迎角又会导致飞机增加高度或者拉飘。

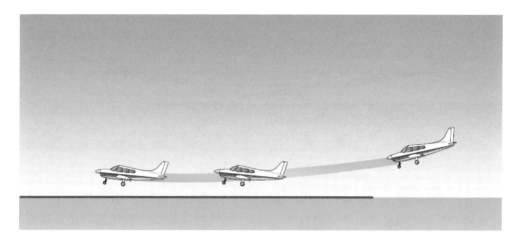

图 8-34　拉平期间的平飘

任何时候只要飞机平飘,那么对速度、高度和下降率的判断必须特别敏锐。随着飞机减速到接地速度并开始下降,飞行员必须平稳而逐步地调节俯仰姿态,这样就能在接地的时刻获得正确的着陆姿态。判断或及时性稍有误差就会导致要么拉飘要么弹跳。

从平飘改出取决于平飘的程度和侧风的影响,以及剩余跑道的长度。因为长时间的平飘会使用相当大的跑道长度,所以在短跑道或者强烈侧风时特别应该避免。

8.11.8　拉平时的拉飘

在着陆过程中,如果飞行员误判下降率,并认为飞机比应该的下降率还要快,那么就有太快地增加俯仰姿态和迎角的倾向。这不仅会使下降停止,而且实际上使飞机开始爬升。拉平期间的这种爬升称为拉飘。如图 8-35 所示。由于距离地面的高度不断增加且飞机可能快速地接近失速状态,所以拉飘会很危险。在每次拉飘时增加的高度取决于空速或俯仰姿态增加的快慢。

当拉飘比较轻微时,应该保持恒定的着陆姿态让飞机逐步减速并落回到跑道。根据拉飘的严重性,使用油门或许有助于缓冲着陆的冲击力。通过增加功率,可以增加推力以防止航速降低太快,从而防止机翼突然失去升力,但是在接地后必须立即关闭油门。记住,在增加功率的时候会产生扭矩,因此,有必要使用方向舵压力使飞机在落回地面时保持笔直。

当拉飘过大时,最好立即执行复飞;不要尝试勉强着陆。在飞机进入失速状态之前必须增加功率。

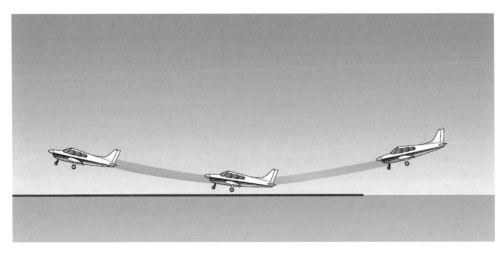

图 8 - 35　拉平期间的拉飘

在出现侧风时飞行员必须对拉飘极其警觉,因为可能在无意间就不需要侧风修正或者侧风修正不足。由于拉飘后空速较低,侧风对飞机的影响更加明显。进而,必须进一步放低机翼以补偿增加的飘移。飞行员务必确定已经放下合适的机翼并且用反向方向舵保持了方向控制。如果有任何疑问,或者飞机开始飘移,则立即执行复飞。

8.11.9　接地时的弹跳

由于不正确的姿态或过大的下降率,导致飞机以强烈碰撞的方式接触地面时,它会倾向于弹跳回到空中。不过飞机的轮胎和减震支杆有一些弹性效应,飞机不会像橡皮球那样弹跳。相反,它弹跳回到空中是因为机翼的迎角突然增加,导致升力突然增加。如图 8 - 36 所示。

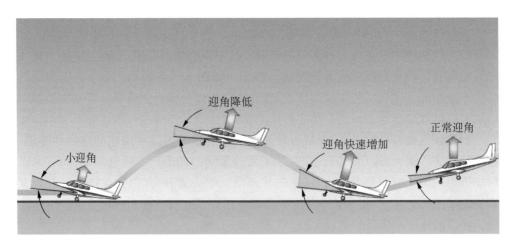

图 8 - 36　接地过程中的弹跳

在主轮快速接地的时候,飞机尾部向下的瞬间惯性力是使迎角突然改变的原因。弹跳的严重性取决于接地时的空速和迎角或者俯仰姿态增加的度数。

由于在飞机和地面接触发生弹跳时还没有获得正确的接地姿态,所以几乎总是伴有向后升降舵压力的过度使用。这通常是由于飞行员太迟地意识到飞机未处于正确姿态,并试图在第二次接地的时候建立合适的姿态。

应对弹跳的正确动作和处理拉飘一样,同样取决于它的严重程度。当弹跳轻微且飞机的俯仰姿态没有明显的改变时,通过使用足够的功率来缓冲后续的接地并平稳地把俯仰姿态调整为正确的接地姿态,以此执行后续的着陆。

在侧风着陆发生轻微弹跳时,进行下一次接地时必须保持侧风修正。记住,后续的接地空速更低,迎风侧机翼必须放得更低以便抵消飘移。

必须对随时发生的弹跳极其小心谨慎,特别是有侧风的时候。缺乏经验的飞行员几乎总是没有对侧风进行修正。在飞机的一个主轮冲击跑道时,其他轮子会立即随之接地,机翼将变为水平。然而,在飞机弹跳而无侧风修正时,风会导致飞机随风滚转,这样就会使飞机的更多表面积暴露于侧风之中,从而发生更快的飘移。

在弹跳严重时,最安全的程序是立即执行复飞,不要尝试勉强着陆。保持方向控制的同时应该施加最大功率,并把机头放低到一个安全的爬升姿态。即使飞机可能下降而发生另一次弹跳,也应该继续执行复飞程序。试图在严重的弹跳中着陆是极其愚蠢的,因为在高机头的姿态下空速很快下降,并在第二次接地之前就可能会发生失速。

8.11.10 海豚跳[①]

在不正确恢复的弹跳着陆中,飞机头产生了一系列模仿海豚跳跃和俯冲的运动,这就是名字的来源。如图 8-37 所示。这其中的问题是接地时飞机姿态不当,有时是由于意外导致的、不知道哪里是地面、误配平或者迫使飞机着陆到地面上造成的。

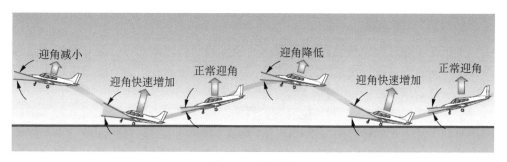

图 8-37 海豚跳

---

① 海豚跳又名纵向跳跃、纵向摆动——译注

地面效应降低了升降舵控制的有效性和降低抬升机头所需要的努力。若升降舵或全动水平尾翼配平不足则会导致飞机以低机头的姿态接触跑道,进而发生海豚跳。

不当的空速控制也会导致海豚跳。通常,如果进近太快,导致飞机平飘,进而在飞机仍然要飞行的时候飞行员试图迫使其着陆到跑道。一阵阵风、跑道上的一个凸起或者甚至对操纵杆轻轻地一拉都会使飞机再次升空。

处理海豚跳的正确动作和处理弹跳一样,同样取决于其严重性。当海豚跳很轻微且飞机的姿态无明显改变时,则可以通过使用足够的功率来缓冲后续的接地冲击力,并平稳地把俯仰姿态调整为正确的接地姿态而继续执行着陆。

当海豚跳严重时,最安全的程序是立即执行复飞。在严重的海豚跳中,飞机的俯仰摆动会变得逐渐严重,直到飞机以足够损坏前起落架的力量首先冲击跑道为止。飞行员试图使用飞行控制和功率输入来纠正严重的海豚跳多半是不及时的,并且和海豚跳的摆动不协调,从而只会使情况更差。不要尝试勉强着陆。保持方向控制的同时应该施加最大功率,并放低机头到一个安全的爬升姿态。

8.11.11　独轮车效应

在起飞或着陆滑跑期间,若飞行员让飞机的重量集中在前轮则会发生独轮车效应。独轮车效应可能导致着陆滑跑期间方向失控,因为刹车动作无效,且飞机倾向于突然转向或者以前轮为中心旋转,特别是在侧风条件下。导致着陆滑跑过程中独轮车效应的一个最常见原因是以过大的空速让主轮和前轮同时接地,接着在升降舵控制上使用向前压力。通常,可以通过平稳地施加向后升降舵压力来纠正这种情况。然而,如果遇到独轮车效应且跑道和其他条件允许,则及时开始复飞是明智的选择。如果飞行员建立并保持正确的着陆姿态、以正确的速度接地、在拉平中减速的时候柔和地放低前轮,则不会发生独轮车效应。如果飞行员决定继续停留在地面上而不是试图执行复飞,或者如果方向失控,则应该关闭油门,并平稳而可靠地把俯仰姿态调节到正确的着陆姿态。收起襟翼来降低升力以便增加主轮上的载荷,这可以获得更好的刹车效果。

8.11.12　重着陆

飞机在着陆过程中接触地面时,其垂直速度瞬间就降低到零。除非配备了减缓垂直速度的装置以减轻接地的冲击力,否则与地面接触的冲击力可能非常巨大以至于损坏飞机的结构。

空气轮胎、减震起落架和其他装置的目的是缓冲冲击力和延长飞机垂直下降的停止时间。从下面的计算中可以理解这个缓冲的重要性,着陆时 6 in 的自由落体相当于 340 ft/min 的下降。在不到一秒的时间内,飞机必须从这个垂直下降率降低到零而不允许有损坏。

在这期间,起落架和一部分机翼升力的结合必须提供抵消飞机惯性和重量所需要的力。随着飞机向前速度的降低,升力快速地下降,起落架上的力因接地冲击而增加。当停止下降后,升力将几乎变为零,因而只有起落架承受飞机的重量和惯性力。根据接地的严重性,在接地瞬间产生的载荷会很容易达到飞机实际重量的三至四倍。

8.11.13 飘移或偏航时接地

有时飞行员在五边航段中使用航向法来修正风飘移。如果在飞机处于飘移或偏航的时候进行拉平或接地,它将会在侧向运动的同时接触地面。这就会在起落架上施加很大的侧向载荷,如果足够严重的话,可能导致结构性失效。

在大多数初级教练机上防止飘移的最有效方法是侧滑法。这个方法在整个进近和接地过程中保持飞机的纵轴与跑道和运动方向对齐。

接地过程中导致纵轴和运动方向未对准的三个因素是:飘移、偏航或者这两者的结合。

如果在侧风着陆过程中飞行员没有采取足够的修正动作来避免飘移,则主轮的轮胎面产生相对飞机侧向运动的地面阻力。进而,飞机的任何侧向速度会被突然减速,结果惯性力如图 8-38 所示。这会导致主轮接地时产生绕主轮的运动,倾向于使飞机侧翻。如果迎风侧翼尖由于这个运动而升高,则所有的重量和着陆冲击将由一个主轮负担。这可能导致结构性损坏。

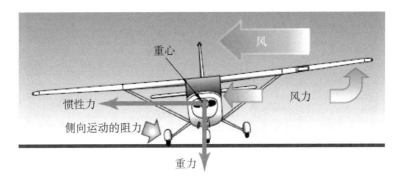

图 8-38 接地过程中的飘移

不仅表现出来的相同因素试图升高一侧机翼,而且侧风也作用于主轮之后的机身表面,倾向于使飞机向风转向(顺风打转)。这通常会导致在地面上打转。

8.11.14 在地面上打转

在地面上打转是飞机在地面运行过程中的一种转弯失控状态,可能发生在滑行或起飞时,但特别是发生在着陆后滑跑过程中。飘移或者随风转向效应虽然可能会导致最初的突然转向,但是并不总是导致在地面上打转。方向舵的粗心使用、不平坦的地面、或者阻碍飞机一个主轮的软质地面也可能会导致突然转向。任何情况下,不管是后轮型打转还是前轮型打转,最初的突然转向都倾向于使飞机在地面上打转。如图8-39所示。

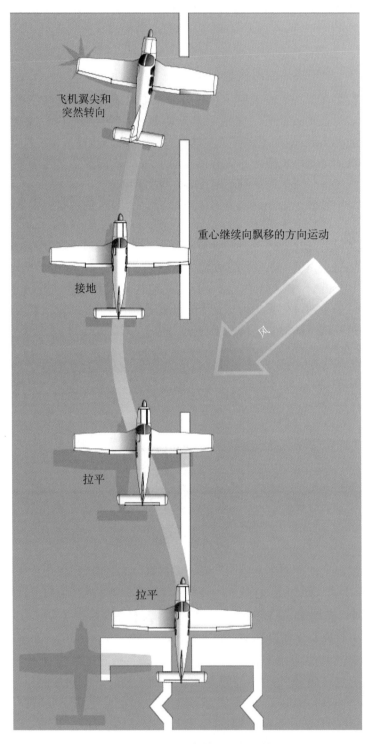

飞机翼尖和
突然转向

重心继续向飘移的方向运动

接地

风

拉平

拉平

图 8-39　地面上打转过程的开始

前轮型打转飞机一定程度上比后轮型打转飞机在地面上打转的倾向更低。因为在这些飞机上,重心(CG)位于主轮的前面,发生突然转向的任何时刻,作用于重心的离心力将会倾向于使突然转向的动作停下来。

如果飞机在飘移或者处于航向法飞行的时候接地,飞行员应该向高机翼一侧使用副翼并用方向舵停止突然转向。只有在方向舵不足以纠正转弯或突然转向时,才应该使用刹车。在使用修正性刹车时,飞行员必须保持谨慎,因为很容易过度控制并使情况恶化。

如果使用了刹车,则应该在低机翼侧轮子(转弯的外侧)上施加足够的刹车来停止突然转向。在机翼近似水平后,在飞机减速到滑行速度或者停下来之前必须保持新的方向。

在前轮型打转的飞机上,在地面打转几乎总是由独轮车效应引起的。飞行员必须知道纵然前轮型打转飞机比后轮型打转飞机的打转倾向更低,事实上各种类型的飞机,包括大型的多发飞机,在严重的操作错误时也会导致在地面上打转。

8.11.15 接地后机翼升高

当在侧风中着陆时,在着陆后滑跑期间可能发生一侧机翼升高的情况。无论是否方向失控,根据侧风的大小和修正动作的程度可能发生这种情况。

只要飞机在地面上侧风滑跑,迎风侧就会比顺风侧受到来自风的更大的力。这导致升力有所不同。而且,随着迎风侧机翼的升高,迎角增加,它会增加迎风侧机翼的升力,使飞机向顺风侧滚转。

当这两个因素的作用足够大时,即使保持住方向控制,迎风侧机翼也会升高。如果不进行修正,可能导致迎风侧机翼足够升高从而导致顺风侧机翼冲击地面。

如果在着陆滑跑过程中一侧机翼开始升高,飞行员应该立即向高机翼一侧使用更多的副翼压力并且继续保持方向控制。越是及时地使用副翼控制,就会越有效。在采取修正动作之前让一侧机翼进一步升高,就会让更多的飞机表面暴露给侧风作用力。这降低了副翼控制的有效性。

8.12 打滑

打滑是飞机在有积水、烂泥和/或湿雪污染的跑道表面上着陆时出现的一种状态。打滑对在地面上的可控性和刹车的有效性有严重的不利影响。打滑的三种基本类型是动态打滑、复原橡胶打滑和黏性打滑。这三者中的任意一个都可以在着陆滑跑过程中随时使飞机部分或完全失控。

8.12.1 动态打滑

动态打滑是一种在跑道上至少有十分之一英寸($1\ \mathrm{in} = 2.54\ \mathrm{cm}$)厚的水薄膜时出现的相对高速现象。随着飞机速度和水深度的增加,水薄膜对运动形成不断增加的阻力,导致在轮胎下面形成锲形水薄膜。达到某一速度时,术语称为打滑速度V_P,水压力等于飞机的重量,轮胎被水薄膜支撑而不与跑道表面接触。在这种情况下,轮胎不再提供方向控制,其刹车效果为零。

动态打滑和轮胎的充气压力有关。在打滑测试过程中获得的数据表明轮胎的最小动态打滑速度是胎压(lb/in²(1 lb/in²＝703.1 kg/m²))平方根的 8.6 倍。例如某飞机的主轮胎压为 24 lb/in²,则计算出来的打滑速度应该是大约 42 kn。需要说明的重点是根据上面计算出来的速度是动态打滑的开始。一旦开始打滑,根据遇到的类型不同,打滑过程可能一直持续到相当慢的速度时才停止。

8.12.2　复原橡胶打滑

复原橡胶(蒸汽)打滑发生在重刹车导致轮子长时间的锁定滑行时。只需要跑道上有一层水薄膜就可以发生这种类型的打滑。

轮胎打滑产生的热量足以导致和跑道接触的橡胶复原到它的原来未硫化状态。复原的橡胶作为轮胎和跑道之间的密封垫,会延长水从轮胎接地面积中流出的时间。水被加热并被转化成蒸汽,它支撑轮胎使其不与跑道面接触。

复原橡胶打滑通常随着动态打滑而发生,在那个时候飞行员可能为了让飞机减速而锁定刹车。最终飞机减速到足以让轮胎和跑道表面接触的速度,且飞机开始打滑。对于飞行员来说,这种类型打滑的纠正方法是放松刹车让轮子转起来,并使用中等刹车。复原橡胶打滑可能是如此地不易觉察,以至于在它开始发生的时候飞行员可能不知道,并且它会一直持续到很低的地速才会停止(20 kn 或者更低)。

8.12.3　黏性打滑

黏性打滑是由于水的黏性属性导致的。所需的全部就是不超过千分之一英寸厚度的一层薄膜流体。轮胎不会压穿流体,并且轮胎在薄膜上面滚动。这可以在比动态打滑速度低得多的条件下发生,但是它需要光滑的作用面,例如沥青表面、或者覆盖着以往着陆积累的橡胶的接地区。这样的表面可能和湿冰有相同的摩擦系数。

当面临打滑的可能时,最好是在有凹槽的跑道(如果可用的话)上着陆。接地速度符合安全要求且应该尽可能地慢。在前轮放低到跑道后,应该使用中等刹车。如果发觉没有减速且怀疑打滑,应该抬升机头同时利用气动阻力减速到刹车变得有效的位置。

正确的刹车技巧是关键。在到达恰好不会打滑的位置之前应该坚定地使用刹车。一旦出现打滑迹象,飞行员就应该放松刹车压力让轮子旋转起来。尽可能地使用方向舵保持方向控制。记住,如果在侧风中发生打滑,侧风将会导致飞机同时向风的来向转弯和向顺风侧侧滑。

9 性能机动

性能机动用于培养高级驾驶技能。它们帮助飞行员分析作用于飞机的力,帮助培养准确的控制触觉、协调性、及时性,和精确机动飞行时的注意力分配能力。性能机动被称为"高级"机动是因为在飞行员从"常规"机动中获得方位感和控制感之前,通常无法达到正确执行这些机动所需的熟练程度。性能机动的一个重要好处是可以提高飞行员的基本技能,从而能够应付正常飞行中偶尔遇到的异常或意外情况。

这些高级机动是前面学习的基本机动的变化和/或组合。它们涉及的原理和技能与基本机动相同,但是需要更高的熟练程度才能正确地执行。因此,在执行高级机动方面难以取得进步的学员,几乎意味着他连一个或多个基本机动都不能做得很好。飞行教官在继续教授高级机动之前,应该考虑把高级机动分解为其组成要素的基本机动,并努力识别和纠正学员的不足。

9.1 大坡度转弯

这个机动的目标是培养飞行员在飞机接近最大性能极限时执行最大性能转弯所必需的平稳度、协调性、方位感、注意力分配和控制技能。控制运用的平稳度和协调性以及执行的准确性是这个机动的重要特征。

大坡度转弯机动是坡度在 $45°\sim60°$ 之间的向左或向右转弯。这会导致在达到最大转弯性能时产生过度滚转的倾向,并产生相对高的载荷因子。由于产生了高的载荷因子,应该以不超过飞机设计机动速度 V_A 的空速执行这些转弯。常规大坡度转弯的原理也适用于这个机动,但是作为训练机动,这个大坡度转弯应该持续到完成 $360°$ 或者 $720°$ 为止。如图 $9-1$ 所示。

一架飞机的最大转弯性能是在转弯率最快和转弯半径最小的时候达到的,它们随着空速和坡度的不同而变化。每一架飞机的转弯性能都受发动机输出功率大小、极限载荷因子(结构强度)和它的空气动力学特性限制。

极限载荷因子决定了最大坡度,可以在不发生失速或超出飞机的结构强度限制的条件下维持这个坡度。对于很多小型飞机,已经发现其最大坡度大约为 $50°\sim60°$。

图 9 - 1　大坡度转弯

飞行员应该认识到在坡度增加超过 45°之后会在飞机上产生巨大的额外载荷。在滚转 70°的协调转弯中,作用于飞机结构上载荷因子约为 3 G。大多数通用航空类型的飞机承受约 3.8 G 的应力强度。

无论飞机的空速多大或者是什么类型,若以一定的坡度保持高度进行转弯,则产生的载荷因子总是相同的。飞行员必须知道额外增加载荷因子将会明显地增加失速速度——失速速度随载荷因子的平方根而增加。例如,一架水平飞行时失速速度为 60 kn 的轻型飞机在 60°滚转时失速速度接近 85 kn。飞行员理解和遵守这个事实是执行所有需要转弯的机动的必要安全防范措施。

在开始大坡度转弯之前,由于转弯率相当大,所以飞行员应该确保所在区域没有其他空中飞行器。在建立制造商推荐的进入速度或者设计机动速度后,应该平稳地把飞机滚转到 45°~60°范围内的所选坡度。在建立转弯后,应该平稳地增加向后升降舵压力来增加迎角。这为抵消增加的载荷因子提供了所需的额外机翼升力。

在达到选择的坡度之后,飞行员将发现为保持高度而维持飞机水平飞行需要在升降舵控制上施加相当大的力。由于升降舵上施加的力的增加,载荷因子随着坡度的增加而快速增加。额外的向后升降舵压力增加了迎角,这就导致阻力的增加。进而,必须增加功率来维持进入高度和空速。

最终,随着坡度接近飞机的最大角度,就会达到飞机的最大性能或者结构限制。如果超过这个限制,飞机将会受到过大结构载荷的约束,并且会损失高度或者失速。千万不能超过极限载荷因子,以防止结构损坏。

在转弯过程中,飞行员不要盯住看任何物体。为了维持高度和方位,需要知道机头、地平线、机翼的相对位置和坡度的大小。只通过观察机头作为飞机转弯参考的飞行员将难以保持高度恒定;换句话说,观察机头、地平线和机翼的飞行员通常可以把高度保持在几英尺偏差范围内。如果高度开始增加或者下降,则要求适当地减小或增加向后升降舵压力。这也会需要调整功率以维持选择的空速。可能需要稍微增加或降低1°~3°坡度来控制小的高度偏差。应该协调地使用副翼和方向舵来完成所有的坡度改变。

应该及时地完成从转弯改平飞,以便在飞机航向恰好和开始机动一致的时候机翼达到水平飞行状态。在完成改平飞后,为保持高度和空速,根据需要逐渐释放向后升降舵压力并且降低功率。

执行大坡度转弯时的常见错误有:

- 不能充分地清场。
- 在进入或者改出过程中俯仰变化过大。
- 试图过早地开始改出。
- 不能在准确的航向上停止转弯。
- 在改出过程中方向舵过大,导致发生外侧滑。
- 不适当的功率管理。
- 不适当的空速控制。
- 差的协调性。
- 右转弯时高度增加和/或左转弯时高度减小。
- 不能维持恒定的坡度。
- 失去方位感。
- 不是试图通过目视参考而是靠仪表参考来执行机动。
- 在执行机动过程中没有扫视其他空中交通。

9.2 急盘旋

这个机动的目标是提高飞行员控制空速、风飘移、计划、方位感和注意力分配的技能。急盘旋不仅是一个有价值的飞行训练机动,而且有实践应用,可以为保持在准备着陆的选定点上方飞行的飞机提供一个下降高度的方法,特别是用于紧急迫降。

急盘旋是一个恒定的滑翔转弯,它和绕一点的转弯机动类似,在机动过程中要维持绕地面一点的半径恒定。这个半径应该确保最大坡度不超过60°。在开始这个机动之前,必须获得足够的高度,这样盘旋才能够持续完成一连串至少三个360°的转弯。如图9-2所示。在离地高度1 000 ft以下不要继续执行这个机动,除非以盘旋方式执行紧急着陆。

在滑翔过程中,发动机太长时间地运行于慢车档位会导致发动机过度冷却或火花塞积炭。应该定期地简单前推油门杆至正常巡航功率来防止发动机过度冷却,同时调节俯仰姿态维持一个恒定空速。更为可取的是,这应该在迎风的时候完成,以便使地速和转弯半径的任何变化降低到最低程度。

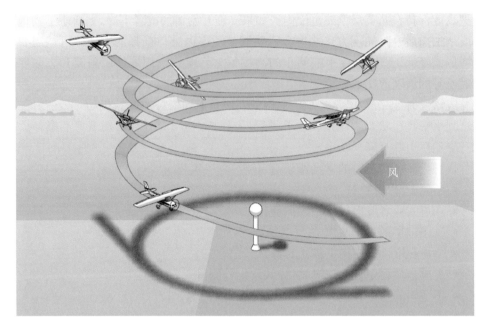

图 9 - 2 急盘旋

　　在关闭油门并且建立滑翔速度后,应该开始滑翔盘旋并且维持绕地面上选定点的半径恒定地进行转弯。这就需要进行风飘移修正,在顺风侧航向飞行的时候加大坡度,在逆风侧航向飞行的时候降低坡度,就像在绕一点转弯的机动中一样。在不断下降的盘旋过程中,飞行员必须判断不同高度上的风方向和速度,并适当地改变坡度来维持相同的半径。

　　在整个机动过程中也应该维持空速不变。如果不能保持空速恒定,那么会导致转弯半径和必要的坡度发生过度的变化。在机动的顺风一侧,坡度更大,为维持一定空速就必须要使用更低的俯仰姿态。相反地,在逆风一侧,随着坡度变得更小,必须升高俯仰姿态来维持合适的空速。这之所以是必需的,原因是空速倾向于随着坡度从小变大再变小而不断变化。

　　在练习这个机动的过程中,飞行员应该执行三个转弯并且向一个确定的目标改平飞或者在一个特定航向上改平飞。在改平飞过程中,平稳度是关键,且必须协调地使用控制以至于重新开始直线滑翔的时候不会引起速度的增加或降低。

　　执行急盘旋时的常见错误有:

- 不能充分地清场。
- 不能维持恒定的空速。
- 差的协调性,从而导致外侧滑和/或内侧滑。
- 风飘移修正不足。
- 不能协调地控制,以至于在继续直线滑翔时,速度不增加/降低。
- 不能扫视其他空中交通。

- 不能维持方位感。

9.3 急转跃升

这个机动的目标是培养飞行员在最大性能飞行时的协调性、方位感、计划性和控制的准确性。

急转跃升是以最大性能进行爬升转弯,它从近似直线水平飞行开始,到以最小可控空速且机翼水平、高机头的姿态完成准确的 180°转弯为止。如图 9 - 3 所示。这个机动要求飞机达到最大飞行性能;飞机应该在不失速的条件下以一定的坡度和功率设定爬升尽可能大的高度。

图 9 - 3   急转跃升

由于飞行员无法控制的很多大气变化因素会影响具体的高度增加量,因此就不能仅仅根据高度的增加来判断性能品质,而且还要根据飞行员的总体熟练程度,因为这和结合使用功率/坡度的爬升性能有关,也和飞行员表现出来的飞行技能有关。

在开始急转跃升之前,襟翼和起落架(如果是可收放的)应该处于收起位置,功率设定为巡航状态,且后面和上方的空域没有其他空中交通。应该从直线水平飞行(或小坡度俯冲)进入这个机动,速度不超过制造商推荐的最大进入速度,在大多数情况下不会超过飞机的设计机动速度 V_A。

在建立适当的空速和功率设定后,通过适合于所驾驶飞机的一定坡度进入协调转弯开始急转跃升机动。通常,这个坡度不要超过约 30°。在建立合适的坡度之后,应该通过平稳地使用向后升降舵压力以恒定速率增加俯仰姿态来开始爬升转弯,并且在完成 90°转弯后达到最高的俯仰姿态。对于固定桨距螺旋桨飞机开始爬升后,可以施加最大功率,但是要逐步增加,这样才不会超过最大可用转速。对于恒速螺旋桨飞机,可以把功率保持在正常巡航设定。

一旦建立了坡度,应该保持坡度恒定直到完成 90°转弯。虽然在爬升转弯过程中坡度是固定的,但是它看起来可能会增加,事实上,如果随着机动的继续而不管坡度,那么坡度确实会倾向于增加。

在完成相对原航向 90°转弯后,飞行员应该在保持恒定俯仰姿态的同时以恒定的速率从滚转改平。因为在改平过程中坡度将会降低,升力的垂直分量会稍微增加。由于这个原因,可能有必要稍微释放向后升降舵压力以防止飞机头抬升得较高。

在完成 180°转弯且机翼变为水平后,应该通过检查外部目视参考和姿态仪来留意俯仰姿态。这时飞机以最小可控空速飞行,应该暂时保持这个俯仰姿态。然后可以逐步地降低俯仰姿态恢复到直线水平巡航飞行。

由于空速在机动过程中持续下降,发动机的扭矩效应变得越来越明显。因此,要逐步增加向右方向舵压力以便控制偏航和保持恒定的转弯率,以及保持飞机处于协调飞行。飞行员应该通过作用于操纵杆上的压力感觉和转弯侧滑指示仪上的小球来维持协调飞行。如果维持了协调飞行,则小球会保持在滚道的中央。

为了从左急转跃升中改平飞,必须放下左侧副翼以升高左侧机翼。这就会产生比右侧机翼更多的阻力,结果是飞机倾向于向左偏航。由于在这点空速较低,扭矩效应会使得向左侧偏航更多。因此,有两个推动飞机头向左的力——副翼阻力和扭矩。为了保持协调的飞行,在改平飞过程中需要使用相当大的向右方向舵压力来克服副翼阻力和扭矩的影响。

在向右的急转跃升中,当施加控制压力开始改平飞时,要放下右侧机翼的副翼。这就会在这个机翼上产生更多阻力,倾向于使飞机向右偏航。同时,较低空速时的扭矩效应导致飞机头向左偏航。因此,副翼阻力把机头向右拉,而扭矩向左拉,倾向于彼此抵消。如果施加了过大的向左方向舵压力,则改平飞会变得不协调。

通常可以用很轻微的向左方向舵控制压力完成向左改平飞,因为副翼阻力和扭矩效应倾向于互相抵消。释放一些已经施加的用于纠正扭矩的向右方向舵压力,通常和施加向左方向舵压力有相同效果。在机翼变为水平且副翼回中后,副翼阻力消失。由于空速低且功率高,扭矩效应变成更为主要的力,必须继续使用方向舵压力来控制它。

向左改平飞主要是通过施加副翼压力实现的。在改平飞期间,应该逐步释放向右方向舵压力,只有在必须维持协调性的时候才施加向左方向舵。即使机翼水平且释放了副翼压力,也必须保持向右方向舵压力以抵消扭矩效应,保持机头笔直。

执行急转跃升时的常见错误有:

- 不能充分地清场。
- 最初的坡度太小,导致失速。
- 最初的坡度太大,导致不能获得最大性能。
- 在建立最初坡度之后让实际的坡度增加。

- 在转弯的 90° 位置未能开始改出。
- 在转弯的第二个 90° 过程中，随着滚转改为平飞，使俯仰姿态升高。
- 在到达 180° 位置之前消除了所有的滚转。
- 改出时机头太低，导致空速太大。
- 生硬地使用控制。
- 差的协调性（内侧滑或外侧滑）。
- 机动过程中随时会发生失速。
- 执行一个大坡度转弯而不是执行爬升机动。
- 未能扫视其他航空器。
- 试图通过仪表参考而不是目视参考来执行机动。

9.4　懒 8 字

设计懒 8 字机动的目的是培养在大范围的空速和高度内掌握娴熟的控制协调性，从而能够以计划的姿态和空速到达某个准确的位置。在执行过程中，俯冲、爬升和转弯都结合在一起，这种结合在飞机的性能范围内是变化的且得以应用。这是唯一的一个在执行过程中控制力不保持恒定的标准飞行训练机动。

作为训练机动，由于需要持续不断地改变力和姿态，所以懒 8 字有重大意义。不仅是由于滚转、俯冲和爬升的结合不断变化，而且由于空速也不断变化，因此必须持续不断地协调这些力。这个机动有助于培养下意识感觉、计划性、方位感、协调性和速度感。机械地执行懒 8 字是不可能的，因为娴熟的协调性所需的控制压力从来都不是恰好相同的。

这个机动的名字来源于飞行航线沿飞机纵轴扩展并勾勒出一个落在其边上的数字 8 的形状（低垂的 8 字）。如图 9-4 所示。

图 9-4　懒 8 字

一个懒8字由两个180°转弯组成,其方向相反,但是以对称的形式在每一个转弯过程中作爬升和下降运动。在整个懒8字飞行过程中,飞机绝不会以直线和水平飞行;相反,它直接从一侧倾斜姿态滚转到向另一侧倾斜的姿态,只有在完成每一个180°航向变化后朝反方向转弯的瞬间机翼才处于水平状态。

为了有助于在每个转弯中进行对称的绕圈飞行,应该选择地平线上容易识别的参考点。选择的参考点应该和机动开始时的方向成45°、90°和135°。

在执行懒8字机动之前,后面和上面的空域应该没有其他空中交通。应该以正常巡航功率和制造商推荐的空速或者飞机的设计机动速度以直线水平的状态进入机动。

这个机动从水平飞行开始,逐渐地向45°参考点方向爬升转弯。为了在45°参考点达到最大上仰姿态,应该计划好和控制好爬升转弯。进入滚转的速率必须能够避免转弯率变得太快。随着俯仰姿态的升高,空速下降,导致转弯率增加。由于坡度也在增加,它也会导致转弯率增加。除非机动以慢速滚转开始,否则不断增加的俯仰和变大的坡度会导致转弯率太快,以至于在达到最高俯仰姿态之前就到达了45°参考点。

在45°这个位置,俯仰姿态应该最大,且坡度继续增加。而且,在45°这个位置,俯仰姿态应该开始缓慢地朝水平面和90°参考点下降。由于空速仍然在下降,则必须施加向右方向舵压力来抵消扭矩。

随着向90°参考点放低飞机头,应该继续增加坡度。由于空速不断增加,可能需要稍微施加反向副翼压力以防坡度变得过大。当飞机完成90°转弯后,坡度应该最大(大约30°),空速应该是最低的(高于失速速度5~10 kn),并且飞机的俯仰姿态应该是正处于水平俯仰姿态。恰好在这时,一条假想的直线从飞行员的眼睛平行于飞机纵轴延伸穿过90°参考点。

通常,应该以不超过约30°的坡度来执行懒8字机动。可以使用更陡的坡度,但是必须在控制触觉和技能发展到比以小坡度执行机动时高得多的程度之后。

在这个时候飞行员不要犹豫,而应该继续驾驶飞机到下降转弯,这样飞机头才能在水平面下面飞出和上面一样大小的圈。当飞行员的参考线穿过90°点位置,应该逐步降低坡度,让飞机头继续放低。当飞机完成135°转弯后,机头应该处于最低的俯仰姿态。在不断下降的转弯过程中,空速会不断增加,因此有必要逐渐地放松方向舵和副翼压力,同时抬升机头并使机翼滚转为水平姿态。在完成这个之后,飞行员应该留意剩余的转弯量并调节滚转和俯仰变化的速度,以便在恰好到达180°位置的时候,机翼变为水平并处于水平飞行,且达到原来的空速。一旦恢复到初始高度和到达180°位置,就应该向选定参考点的相反方向开始爬升转弯以便按照和前一半同样的方式完成8字机动的后一半。如图9-5所示。

由于空速不断下降,需要逐渐施加相当大的向右方向舵压力来抵消在8字顶部向右和向左转弯时的扭矩。在空速最低的位置控制压力将达到最大。

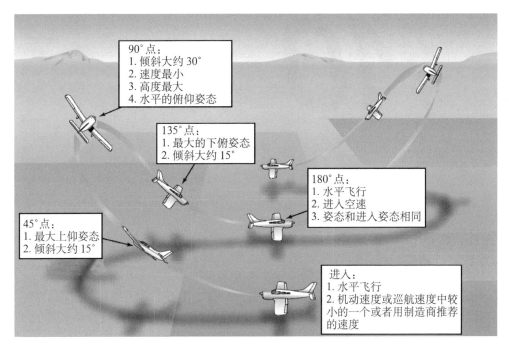

图 9-5 懒 8 字

在向右的爬升转弯过程中,需要比向左的转弯中施加更多的向右方向舵压力,原因是需要更多的扭矩修正以防偏航降低转弯率。在向左的爬升转弯中,扭矩倾向于帮助转弯;从而,需要更少的方向舵压力。可以发现,由于需要使用向左副翼压力以防过度滚转和向右方向舵来克服扭矩,因此在向右爬升转弯中有轻微的交叉控制。

正确的懒 8 字功率设定是能够在 8 字的爬升和下降过程中保持最大高度和最小空速。很明显,如果使用了过大的功率,在完成机动后飞机高度将会增加;如果使用的功率不足,则会降低高度。

执行懒 8 字机动时的常见错误有:

- 不能充分地清场。
- 使用机头或引擎罩顶部作为纵轴参考而不是使用真正的纵轴,导致飞出的圆圈不对称。
- 盯着飞机而不是参考点。
- 计划性不足,导致在水平面上面和下面的圆圈峰值点不在合适的位置。
- 控制生硬,通常是由于为了弥补不好的计划性而导致的。
- 完成每一个 8 字时持续地增加或降低高度。
- 试图有节奏地执行机动,导致飞行航迹的对称性很差。
- 让飞机从绕圈的顶部"落"下来而不是在整个机动中驾驶飞机飞行。
- 发生内侧滑和/或外侧滑。
- 未能扫视其他空中交通。

10 夜晚的运行

10.1 夜晚的视觉

通常，大多数飞行员都没有获得有关夜晚视觉方面的知识。人眼从没有像夜行性动物的眼睛在夜晚那么有效，但是如果人们学会了如何正确地使用他们的眼睛并知道它们的限制，那么可以明显地改进夜晚的视觉。训练正确地使用眼睛有几个原因。

第一个原因是大脑和眼睛要互相配合才能让人很好地观看；必须有效地使用这两者。眼睛的构造导致在夜晚看东西和在白天看东西是不同的。因此，理解眼睛的构造和黑暗影响眼睛的方式是非常重要的。

有无数个称为"圆锥细胞"和"杆状细胞"的光感受神经处于眼球后面的视网膜上，在其上所有的图像聚焦成一层。这些神经连接到视神经细胞，它们直接把信息传送到大脑。圆锥细胞位于视网膜中心，而杆状细胞聚集成一个绕圆锥细胞的环。如图 10 - 1 所示。

圆锥细胞的功能是探测颜色、细节和远处的物体。当有东西超出眼角或周边视觉时，杆状细胞开始起作用。它们特别擅长探测那些运动的物体，但是无法探测细节或颜色，只当做灰色调处理。在白天，圆锥细胞和杆状细胞都发挥视觉作用。

虽然没有清楚的机能分工，但是杆状细胞使夜晚的视觉成为可能。杆状细胞和圆锥细胞在白天和月光下起作用，但是在缺乏正常光线的时候，夜晚视觉的任务几乎完全由杆状细胞负责。

杆状细胞绕圆锥细胞呈带状分布且不恰好位于瞳孔之后这一事实使夜晚飞行中的非居中观看（朝某物体的边上看）很重要。在白天，可以直接看一个物体而最清楚地看到它，但是在夜晚非居中地看一个物体的扫视步骤则更有效。所以，飞行员应该有意识地执行这个扫视步骤来改进夜晚的视觉。

眼睛对黑暗的适应过程是夜晚视觉的另一个重要方面。在进入一间黑暗的房间时，在眼睛适应黑暗之前是难以看到任何东西的。几乎每个人在进入一间黑暗的电影院之后都经历过这个过程。在这个过程中，眼睛的瞳孔首先放大以便尽可能大

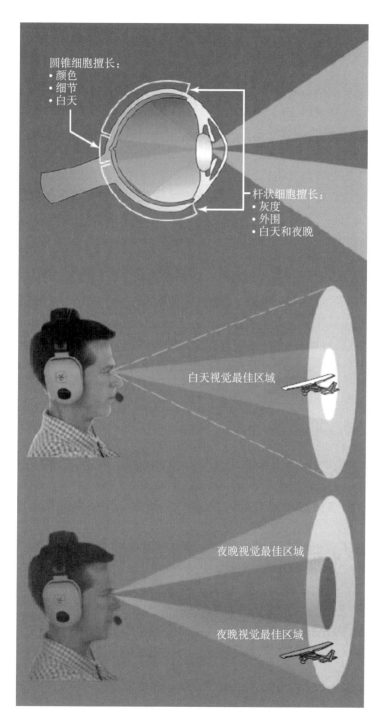

图 10-1 杆状细胞和圆锥细胞

量地接收可用光线。在大约 5～10 min 之后，圆锥细胞开始适应暗淡的光线，眼睛开始变得比进入黑暗房间之前对光线敏感 100 倍。杆状细胞需要多得多的时间——大约 30 min 才能变得适应黑暗，但是当它们适应后，它们对光线的敏感要比在明亮地方的时候大 100 000 倍。在完成适应过程后，特别是如果正确地使用眼睛，则可以看见多得多的东西。

在眼睛适应黑暗后，进入明亮的房间时整个过程则相反。首先眼睛因明亮的光线而出现眼花，但是很快就会完全适应，从而脱离对黑暗的适应状态。现在，如果再次进入黑暗房间，眼睛会再一次经历适应黑暗的长期过程。

在夜晚飞行之前以及飞行过程中，飞行员必须考虑到眼睛的适应过程。首先，应该让眼睛适应少量光线，然后应该保持适应状态。在眼睛变得适应黑暗之后，飞行员应该避免眼睛暴露在任何明亮的白光中，因为这会导致短暂的失明而引起严重后果。

在眼睛从明亮的光线中恢复之前，由于异常的亮光导致的暂时失明可能会引起错觉或者余像。大脑会产生由眼睛报告的这些错觉。这导致错误判断或者错误地识别物体，例如误认为倾斜的云层是地平线或把居民区误认为是着陆场地。体验到的眩晕被看作是眩晕感和不平衡感，这会产生或增加错觉。错觉看起来非常真实，无论经验或技能多高的飞行员都会受其影响。认识到大脑和眼睛会以这样的方式产生错觉是对夜晚飞行的最佳保护。

良好的视觉取决于生理条件。疲劳、感冒、维生素缺乏、酒精、刺激物、吸烟，或者药物会严重地损害视力。把这些事实铭记于心并且充分预防应该能够保障夜晚的飞行安全。

除了前面讨论的原理之外，下列事项也有助于提高夜晚视觉的有效性。

- 在飞行前让眼睛适应黑暗并且保持在适应状态。在暴露于明亮光线后，大约需要 30 min 才能让眼睛调节到适应黑暗的最高效率状态。
- 如有氧气可用，那么在夜晚飞行期间使用它。谨记在机舱高度低至 5 000 ft 的时候，夜晚视觉会明显地变差。
- 在暴露于亮光时，闭上一只眼睛来帮助避免炫目的影响。
- 在日落之后，不要佩戴太阳镜。
- 眼睛运动得比在白天更慢一些。
- 如果眼睛变得模糊，那么眯着眼睛。
- 集中精力看物体。
- 迫使眼睛以偏离中心的方式观看。
- 保持良好的生理条件。
- 避免吸烟、喝酒和使用可能有害的药物。

10.2　夜晚的错觉

除了夜晚视觉的限制之外，飞行员还应该知道在夜晚飞行期间夜晚错觉会导致混淆和焦虑。下面的讨论涉及到导致夜晚飞行相关错觉的一些常见情况。

在晴朗的夜晚,远处固定的光线会被误认为是星星或其他航空器。连北极光都会让飞行员混淆,进而指示错误的地平线。地面光线的特定几何模式,例如高速公路灯、跑道灯、进近灯,或者甚至运动的火车灯都会导致混淆。黑暗的夜晚倾向于使飞行员失去对目视地平线的参考。结果是,在夜晚飞行员需要更少地依赖外部参考而更多地依赖飞行仪表和导航仪表。

在黑暗的夜晚,当飞行员盯住一个单一光源看几秒钟则会产生视觉的自动运动效应。其结果是灯光看起来是运动的。如果飞行员扩展他的视场则不会出现自动运动效应。不要盯住一个光源看是个很好的方法。

驾驶舱中闪烁的灯光、防撞灯、频闪灯或其他航空器灯光会导致分心和麻烦,还会导致闪光眩晕。如果持续不断,则可能产生的生理反应有恶心、头晕、头昏眼花、意识不清、头疼或者混淆。飞行员应该尝试消除驾驶舱中任何导致闪光或闪烁问题的光源。

当从水面或者无灯光的地形上方进行着陆时,在那里跑道灯光是唯一的可见光源,则会发生黑洞进近现象。如果没有周围目视线索的帮助,飞行员将遇到无法根据地面进行定向的困难。跑道会看起来处于不适当的位置(在下滑道上方或在下滑道下方),并且在更坏的情况下导致飞机在未到跑道时已落地。如果有电子式下滑坡度或者目视进近坡度指示器(VASI),则应该使用它们。如果没有助航设施(NAVAIDs),应该小心谨慎地使用飞行仪表帮助保持方位和正常进近。任何时候如果飞行员不确信他/她的位置或姿态,则应该执行复飞。

特别在周围地形有少量的光亮时,明亮的跑道和进近灯光系统会产生到跑道距离更短的错觉。在这种情况下,倾向于飞出一个较高的进近。同样,当在仅仅一点灯光的地形上飞行时,它会使跑道向后退或者看起来更远。这种情况下,通常倾向于飞得比正常进近较低。如果在跑道远处的较高地形上有一个城市,则会倾向于飞出比正常情况下低的进近。在开始任何进近之前,充分地检查机场布局和边界有助于飞行员维持安全的进近角。

跑道灯光产生的错觉引起很多问题。明亮的光线和醒目的颜色会把跑道向飞行员面前推进,使得它看起来更近。

可能难以判断距离和混淆进近灯与跑道灯,这使得夜晚的着陆更加复杂。例如,当双排进近灯和跑道边界灯连接起来时,会在进近灯终止而跑道灯开始的地方产生混淆。在特定条件下,进近灯使飞机在向五边转弯中比它的机翼水平时看起来更高。

10.3 飞行员装备

在开始夜晚飞行之前,要认真考虑在飞行过程中可以迅速使用的个人装备。所有夜晚飞行推荐的标准装备是至少有一个可靠的手电筒。记得在飞行工具箱中放上一组备用电池。可以选择红色或白色灯光,并带有灯泡切换功能使用 D 型电池的手电筒是首选的。在飞行前执行飞机目视检查时使用白色光,而在执行驾驶舱操作时使用红色光。因为红光不耀眼,它就不会削弱夜晚视觉的能力。一些飞行员更愿意使用两个手电筒,一个用于飞行前检查的白光和另一个使用红光的笔形电筒。后者可以用细绳挂在脖子上,以确保随时都容易使用灯光。有一个警告需要记住:如果使用红光阅读航图,则航图上的红色特征会显不出来。

航图是夜晚越野飞行的基础,并且如果预期的航线靠近航图的边缘,则应该带上邻近区域的航图。

在夜晚可以看到非常遥远的城市和城镇的灯光,如果没有邻近的航图来识别那些地标,则会导致混淆。不管使用什么装备,驾驶舱的条理性可以减轻飞行员的负担并提高安全性。

10.4　飞机装备和灯光

联邦法规全书第 14 篇(14 CFR)第 91 部详细说明了夜晚飞行至少需要的基本飞机装备。这些装备只包括基本的仪表、灯光、电源和备用保险丝。

联邦法规全书第 14 篇(14 CFR)第 91 部规则下的仪表飞行所需要的标准仪表是夜晚飞行时操纵飞机的重要器材。必需的飞机装备是一套防撞灯系统,它包括一个闪烁的或旋转的信标以及航行灯。飞机航行灯的安装和游艇及船舶的航行灯类似。红灯位于左侧翼尖,绿灯位于右侧翼尖,在尾部有一个白色灯。如图 10-2 所示。

这种安装方式为飞行员提供了一种确定其他飞行中的飞机大体运动方向的手段。如果另一架飞机的红灯和绿灯都能被看到,则飞机将是飞向飞行员的,并且可能处于冲突的航线上。

图 10-2　航行灯

着陆灯不仅对滑行、起飞和着陆有用,而且还为其他飞行员在夜晚看到飞机提供了一种手段。联邦航空管理局已经起动了一个称为"运行灯打开"的志愿飞行员安全计划。"灯光打开"这个主意是为了增强空中和地面冲突转移中的"看见与被看见"概念,以及降低鸟撞击的可能性。鼓励飞行员在距离飞机场 10 mi 距离内运行时打开他们的着陆灯。这适用于白天和夜晚,或在能见度降低的条件下。在估计会有很多鸟群的区域也应该打开着陆灯。

尽管打开飞机灯光遵从看见和被看见这一理念,但是飞行员不要由于可以被其他飞机明显地看到而变得自满。因为大多数飞机灯光在夜晚和星光或城市灯光融为一体，除非有意识地努力把它们从其他灯光中分辨出来，否则它们是不会引人注意的。

10.5　机场和导航灯光辅助设施

夜晚飞行的其他重要方面是机场、跑道、障碍物和其他目视辅助设施在夜晚使用的灯光系统。

可以很容易地通过跑道轮廓灯光认出远离人口稠密地区的明亮机场。经常难以认出靠近或位于大型城市错综复杂灯光中的机场。重要的是不仅要知道机场相对城市的准确位置，而且要能够根据它们的灯光模式认出这些机场。

航空灯光是按照多种不同的颜色和配置进行设计和安装的，每一个都有它自己的用途。虽然有一些灯光只在云幕高度和能见度低的条件下使用，这里的讨论只包括目视飞行规则(VFR)夜晚运行时的基本灯光。

推荐飞行员在夜晚飞行前特别是越野夜晚飞行前，检查目的地机场的灯光系统可用性和状态。这个信息可以在航图和《机场/设施指南》中找到。通过检查有关的航行通告(NOTAMs)可以确定每一个设施的状态。

大多数机场使用旋转信标来指示其位置。信标以恒定的速度旋转，这样就导致看起来是时间间隔有规则的一系列闪烁灯光。这些闪光可能是一种或两种不同颜色，它们用于识别不同类型的着陆区域。例如：

- 明亮的民用陆地机场——使用交替变化的白色和绿色。
- 明亮的民用水上机场——使用交替变化的白色和黄色。
- 明亮的军用机场——交替变化的白色和绿色，但是和民用机场不同，它是双尖峰(两个快速的)白色闪光，然后是绿色。

发出红色闪光的信标表示障碍物或对航空导航危险的区域。稳定发亮的红灯用于标记机场上或其附近的障碍物，有时在航路障碍物上也安装闪烁灯光。高强度的闪烁白光用于标志一些跨越江河、深渊和峡谷的高空输电线支撑建筑。这些高强度灯光还用于标识高的建筑物，例如烟囱和标塔。

作为航空科技进步的结果，跑道灯光系统已经变得相当成熟而足以适用于不同天气条件下的起飞和着陆。然而，受限于 VFR 飞行的飞行员只需要考虑下列基本的跑道灯光和滑行道灯光。

基本的跑道灯光系统由两个用于确定跑道横向界限的互相平行的直线跑道边界灯组成。这些灯光是航空白色的，尽管在距离跑道远端 2 000 ft 距离处可用航空黄色替代来指示警戒区。但是在一些机场，可以调节跑道边界灯的强度以便满足个别飞行员的需要。跑道的长度限制是由横跨跑道两端的直线灯光确定的。在一些机场，跑道边界灯光是航空绿色的，而跑道端点灯光是航空红色的。

在很多机场，滑行道也是有灯光的。滑行道边界灯光系统由标志滑行道可用边界的蓝色灯光组成。

10.6 准备和起飞前检查

夜晚飞行要求飞行员知道他们的能力和限制并在其范围内运行。尽管仔细地计划任何一次飞行都是重要的,但是夜晚飞行需要更加注意飞行前的准备和计划的细节。

夜晚飞行前准备应该包括彻底检查可用的天气报告和预报,特别注意温度/露点的分布。小范围的温度/露点表示可能有地面雾气。也应该着重注意风的方向和速度,因为它对飞机的影响不像在白天时那么容易被发觉。

在夜晚越野飞行时,应该选择合适的航图,包括合适的邻近区域的航图。应该用黑色在航图上画出航线以便更容易辨别。

应该标注沿预期航线附近明显发光的检查点。机场的旋转信标、发光的障碍物、城市或城镇的灯光以及来自主要公路交通的灯光都能够作为很好的目视检查点。无线电导航设施和通信设施的应用明显提高了夜晚飞行的安全性和效率。

在飞行之前应该检查所有个人装备以确保功能正常。例如,在需要使用的时候发现手电筒不能用则是非常令人不安的。

应该短暂地打开所有的飞机灯光,并检查它们的运行状况。通过轻敲航行灯的固定装置来检查它们的连接是否松动。如果在敲打的时候发生灯光闪烁,那么应该在飞行之前进一步检查并确定其原因。

在进入飞机之前应该检查停机坪。在白天,很容易看到登机活梯、凹坑、轮挡和其他障碍物,但是在夜晚则比较困难。对所在区域的检查可以预防在滑行过程中发生意外事件。

10.7 起动、滑行和试车

飞行员在驾驶舱中坐好并起动发动机之前,在飞行中要用到的所有东西和材料都应该按照容易获取和便于使用的方式放置好。

在夜晚应该格外小心以便确保螺旋桨区域已被清场。打开旋转信标,或者让飞机航行灯闪烁以警告附近的人远离螺旋桨。为避免过分地消耗电池的电流,建议在完成发动机起动之前关闭不必要的电气设备。

在起动后和滑行前,应该打开滑行灯或着陆灯。在滑行时功率正常的条件下连续使用着陆灯可能过度地消耗飞机的电力。而且,由于带走热量的气流不强,所以着陆灯过热会变成一个问题。应该在滑行时根据需要使用着陆灯。在使用着陆灯时,应该考虑到不要让其他飞行员眼花。滑行要缓慢,特别是在拥挤的区域。如果在停机坪或者滑行道上画上了滑行线,则应该跟着这些线路以确保滑行路线的正确。

应该使用检查单来执行起飞前检查和试车。在白天,可以很容易地发觉飞机的向前运动。但是在夜晚,飞机会在不注意的情况下缓慢前行,除非飞行员警惕这种可能性。在试车期间,应该保持或锁定刹车并警惕任何向前的运动。

10.8　起飞和爬升

夜晚飞行和白天飞行不同,需要飞行员更加警惕。最明显的区别是有限地可用外部目视参考,因此,应该在很大程度上使用飞行仪表来控制飞机。这特别是在夜晚起飞和爬升时很明显。驾驶舱灯光应该调节到让飞行员能够阅读仪表和看清开关的最低亮度,但是不妨碍飞行员的外部视野。这还可以消除风挡玻璃和窗户的反射光。

在确定五边进近航道和跑道上没有其他空中交通时,或者在塔台允许起飞后,应该打开着陆灯和滑行灯,并且使飞机对齐跑道的中心线。如果跑道没有中心线灯光,则使用画出的中心线和跑道边界灯。在飞机对齐后,应该注意航向仪或设定成与已知跑道方向一致。为准备起飞,应该释放刹车,平稳地把油门前推到最大可用功率处。随着飞机的加速,它应该平行于跑道边界灯并在它们之间保持直线向前运动。

除了无法使用很多跑道目视提示手段,夜晚起飞的步骤和白天正常起飞的步骤一样。因此,在起飞过程中应该经常检查飞行仪表以确保达到了正确的俯仰姿态、航向和空速。在空速达到正常升空速度后,应该把俯仰姿态调节到能建立正常爬升的姿态,这应该通过参考外部目视参考例如灯光以及飞行仪表来完成。如图 10-3 所示。

图 10-3　建立正爬升率

在升空后,夜晚的黑暗通常使得飞行员难以注意到飞机是接近还是远离地面。为确保飞机持续地处于正爬升率,要确保垂直速度表(VSI)和高度表上都指示爬升状态。确保空速处于最佳爬升速度也很重要。

应该通过参考姿态仪和航向仪来完成必要的俯仰和滚转调整。在到达安全机动高度之前不推荐进行转弯。

尽管使用着陆灯有助于起飞,但是在飞机爬升到光线不再照射地面的姿态时它们就变得无用了。这个光线在爬升中可能遇到的阴霾、烟或者雾气的反射下会导致变形。因此,在使用着陆灯起飞时,建立良好的爬升之后可以关闭它们,区域内的其他空中交通不再需要用它们来避免空中相撞。

10.9　定向和导航

通常,在夜晚难以看到云层,特别是在漆黑的夜晚或者乌云密布的情况下能见度受到限制。在 VFR 规则下飞行的飞行员必须警惕避免飞入云朵或雾气中。通常，飞入能见度受限条件的最初迹象是地面灯光逐渐消失。如果灯光看起来被光环或白光环绕，则飞行员应该小心地继续以相同方向飞行。绕地面灯光的这种光环或白光表示地面有雾。记住，如果为了着陆而必须通过雾气、烟或者阴霾下降，而水平方向地看受限制区域的能见度要比从上向下看受限区域时低得多。在差的或临界天气条件下绝不要进行 VFR 夜晚飞行，除非飞行员通过了仪表飞行规则(IFR)的飞行认证和飞机装备了相应的设备。

飞行员应该练习并获得执行直线水平飞行、爬升和下降、水平转弯、爬升和下降转弯，以及大坡度转弯的能力。也应该练习从异常姿态改出，但是只能在有飞行教官带飞训练时练习。飞行员还应该练习在所有驾驶舱灯光关闭的条件下执行这些机动。如果飞行员遇到电力或仪表灯光故障，那么这种照明不足条件下的训练就是必要的。训练还应该包括对导航设备和当地助航设施(NAVAIDs)的使用。

尽管夜晚越野飞行的参考物或检查点很少，但是如果飞行前计划周全，并且飞行员持续地监视自己的位置、消耗的时间和消耗的燃油，那么也不会出现特别的问题。如果可以使用助航设施(NAVAIDs)的话，应该使用它们来帮助监视航路进度。

单发飞机在夜晚飞越一大片水域可能有潜在的危险，不仅从水上着陆(水上迫降)的观点看，而且由于在和水体融合的水平面上很少或几乎没有光线，所以在这种情况下对深度的感知和定位变得困难。在水面上能见度很差的条件下，水面将变得模糊不清，并且会导致失去方位感。即使是在晴朗的夜晚，星星也会在水面形成反射，它们看起来像连续的灯光排列，这样就使得飞行员难以识别水面。

在从不同的高度观看时，明亮的跑道、建筑物或其他物体可能导致飞行员出现错觉。在 2 000 ft 高度，一个物体上的一组灯光可能被逐个地看到，但是在 5 000 ft 或更高高度，同样的灯光看起来则是一个连续的发光体。随着高度的变化这些错觉可能变得非常厉害，并且如果不加以克服，则会导致在接近明亮的跑道时出现问题。

10.10　进近和着陆

在接近机场进入起落航线准备着陆时，重要的是要尽早识别跑道灯光和其他的机场灯光。如果飞行员不熟悉机场布局，由于这个地区的光线看起来混乱，在非常靠近跑道之前可能难以看到跑道，如图 10-4 所示。在灯光能够勾勒出跑道的明显轮廓之前飞行员应该朝旋转信标飞行。为飞行在正确大小和方向的起落航线上，必须明确地识别出跑道入口和跑道边界灯光。一旦看见了机场灯光，在整个进近过程中就应该一直保持看见这些灯光。

由于光线条件受限，看到的距离可能有一定欺骗性。这是由于缺乏地面上的中介参考和飞行员不能比较地面上不同物体的大小和位置所导致的。这也适用于对高度和速度的估计。因而，必须更多地依赖于飞行仪表，特别是高度表和空速表。

图 10 - 4　使用灯光模式来确定方位

　　在进入起落航线时,要留出足够的时间来完成着陆前检查单。如果航向仪有航向游标,那么把它设定为跑道航向则是很好的起落航线的航向参考。

　　应该尽最大努力维持推荐的空速,按照与白天相同的方式执行进近和着陆。在夜晚运行时,低的或小坡度的进近明显是不合适的。当飞机的位置在四边和五边时,应该不断地交叉检查高度表和垂直速度表(VSI)。在建立和维持正确的下滑道时,目视进近坡度指示器是必不可少的辅助手段。如图 10 - 5 所示。

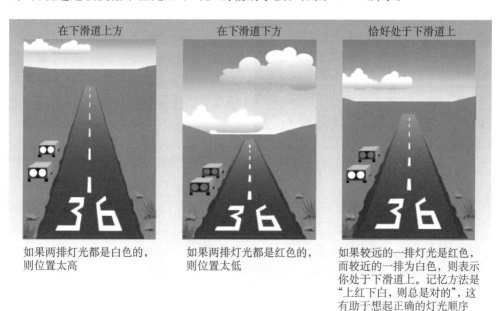

图 10 - 5　目视进近坡度指示器

在完成五边转弯并使飞机对齐两列跑道边界灯中间时,飞行员应该留心并修正存在的任何风飘移。在整个五边飞行过程中,应该通过调整俯仰和功率来维持一个稳定的进近。应该像在正常进近中一样使用襟翼。通常,在完成五边进近一半之后,应该打开着陆灯。由于要遵守"运行灯打开"规则,以及为本地空中交通考虑,可能有必要提早使用着陆灯。由于在高空着陆灯的光束通常不会照到地面,有时它会变得没什么效果,甚至可能被存在的任何阴霾、烟和薄雾反射回飞行员的眼睛。在附近有其他飞行器时使用"运行灯打开"程序是出于安全的考虑,相比之下使用这个程序而导致的不利因素就不那么重要了。

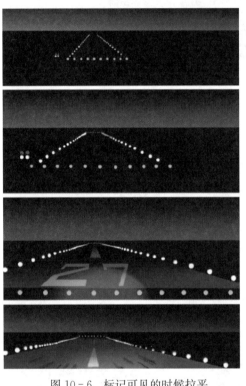

图10-6　标记可见的时候拉平

应该像在白天着陆中一样进行拉平和接地。在夜晚,对高度、速度和下降率的判断由于着陆区域中缺乏可观察的物体而削弱。在达到正确的拉平高度之前,缺乏经验的飞行员会倾向于拉平太高。为了帮助确定合适的拉平点,要继续以恒定下降率进近,直到可以清楚地看到跑道上着陆灯反光和轮胎擦痕。在这个点,应该平稳地开始拉平,在飞机接地时油门逐渐地降低到慢车位。如图10-6所示。在不使用着陆灯的着陆过程中,可以在跑道远端的跑道灯开始看上去比飞机头上升得还高时开始拉平。这需要平稳而非常及时地拉平,为了使飞机缓慢地落回到跑道,还要求飞行员根据需要使用功率和俯仰变化来感知跑道表面。作为一个紧急程序,在夜晚飞行员训练课程中,总是应该包含驾驶舱全黑着陆课程。

10.11　夜晚的紧急情况

飞行员对单发飞机夜晚飞行的最大顾虑大概是发动机完全失效的可能性以及后续的紧急着陆。即使继续飞入不利天气条件和飞行员的判断力变差是大多数严重事故的原因,但发动机失效也是合理的顾虑。

如果在夜晚发生发动机失效,要谨记的几个重要步骤和考虑事项是:

● 维持对飞机的明确控制,建立最佳滑翔构型和空速。把飞机改航向机场或者远离人口稠密的地区。

● 检查并确定发动机故障原因,例如燃油选择器、磁电机开关或者起动注油器的位置。如果可能的话,应该立即纠正故障原因并重新起动发动机。

- 向空中交通管制(ATC)或 UNICOM 宣布紧急状态。如果已经和一个设施保持无线电联络,则不要改变频率,除非命令要求改变。

- 如果知道附近的地形条件,则转向所在区域的不明亮部分。计划一次向不明亮部分的紧急进近。

- 如果可能的话,考虑选择一个靠近公共活动场所的紧急着陆区域。这会有助于营救和帮助,如果需要的话。

- 维持相对风的方向,避免顺风着陆。

- 完成着陆前检查单,并在高处检查着陆灯的运行,在足够的时间内打开它以照亮航迹上的地形和障碍物。应该以最低可能空速的正常着陆姿态完成着陆。如果着陆灯不能使用,且没有外部目视参考,应该保持飞机处于水平着陆姿态直到接触地面。

- 着陆后,关闭所有开关,并尽可能迅速撤离飞机。

11 过渡到复杂的飞机

11.1 高性能和复杂飞机

向复杂的或高性能的飞机过渡是大多数缺乏以往经验的飞行员所需要的。性能的提升和复杂度的增加这两方面都要求飞行员具备更高的计划性、判断力和驾驶技能。因此,应该在合格的飞行教员指导下并以系统化的方式通过结构化训练课程完成向这些类型飞机的过渡。

复杂飞机的定义是装配了可收放起落架、襟翼和可控桨距螺旋桨的飞机。对于复杂的水上飞机要求安装了襟翼和可控桨距螺旋桨。高性能飞机的定义是发动机功率大于 200 hp 的飞机。

11.2 襟翼

飞机可以被设计为快速或者低速飞行用途。高的速度要求翼型薄,有适当弯曲度,而且机翼面积较小,反之低速飞行时需要的高升力是通过更厚的大面积大弯曲度翼型获得的。如图 11-1 所示。已经付出了巨大的努力来兼顾高巡航速度和低着陆速度这两种情况下互相矛盾的要求。

由于翼型在某一时刻不能有两个不同的弯曲度,必须达到一种弯曲度。要么翼型做出妥协,或者巡航翼型结合使用一种为了在低速飞行条件下增加翼型弯曲度的装置。一种改变翼型弯曲度的方法是增加后缘襟翼。工程师把这些装置称为增升系统。

11.2.1 襟翼的作用

襟翼主要是通过改变翼型的弯曲度而起作用的,因为襟翼偏转增加了后缘的弯曲度。襟翼偏转不会增加临界(失速)迎角,但在某些情况下襟翼偏转实际上降低了临界迎角。

后缘控制面的偏转,例如副翼,会改变升力和阻力。在副翼偏转时,产生不对称的升力(倾斜运动)和阻力(逆偏航)。襟翼不同于这种偏转,它产生了对飞机的对称作用力。它没有倾斜或偏航效应,且俯仰变化取决于飞机的设计。

图 11-1　翼型类型

俯仰行为取决于襟翼类型、机翼位置和水平尾翼的位置。襟翼偏转增加的弯曲度产生的升力主要位于机翼的后半部分。这就产生了一个机头向下的俯冲运动；然而，由于襟翼偏转产生下洗流导致尾部载荷的变化对俯仰运动有明显影响。因而，俯仰行为取决于具体飞机的设计特性。

在襟翼偏转 15°范围内主要产生升力，增加的阻力很小。在襟翼开始偏转时飞机的上升倾向是由于升力的增加，但是机头向下的俯冲运动倾向于抵消上升运动。在偏转超过 15°之后导致阻力大幅增加。襟翼偏转引起的阻力称为寄生阻力，并且它与速度的平方成正比。同时，对于大多数上单翼飞机，在偏转超过 15°之后会产生明显的机头上仰运动，因为襟翼偏转产生的下洗流增加了流过水平尾翼上的气流速度。

11.2.2　襟翼的有效性

襟翼的有效性取决于很多因素，但是最明显的因素是它的大小和类型。就本章的讨论而言，后缘襟翼分为四种基本类型：平板襟翼（铰链式），分裂襟翼，开缝襟翼和福勒（Fowler）襟翼。如图 11-2 所示。

平板襟翼或铰链襟翼是机翼的铰链部分。其结构和功能与其他控制面相当——副翼、方向舵和升降舵。分裂襟翼更加复杂，它是机翼的下面部分；襟翼的偏转不干扰机翼的后缘部分，然而，它比平板襟翼更有效，原因是升力更大而俯仰运动更少，但是其阻力更大。分裂襟翼对着陆很有用，但是部分偏转的平板襟翼在起飞方面有优势。分裂襟翼在小偏转量时有明显阻力，但是平板襟翼不会这样，因为气流仍然"附着"在襟翼上。

开缝襟翼在机翼和襟翼前缘之间有一个缝隙。这个缝隙让机翼下表面的高压气流给襟翼上表面的低压气流增加能量，因而延迟了气流分离。开缝襟翼的升力比

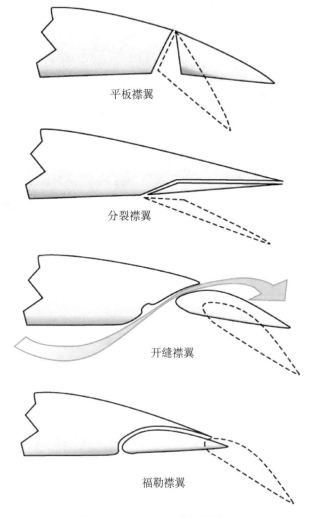

平板襟翼

分裂襟翼

开缝襟翼

福勒襟翼

图 11 - 2　四种基本的襟翼类型

平板襟翼大,但是比分裂襟翼低;不过,由于较高的升阻比,它有更好的起飞和爬升性能。开缝襟翼的少量偏转可以产生比平板襟翼更高的阻力,但是阻力没有分裂襟翼的大。这就允许开缝襟翼可用于起飞。

福勒襟翼向下和向后偏转增加了机翼面积。这个襟翼可以有多个缝隙,使它成为最复杂的后缘系统。然而,这个系统确实有最大的升力系数。在小偏转角度时的阻力特性非常类似于开缝襟翼。由于结构复杂度和封闭缝隙的困难,福勒襟翼最常用在更大型的飞机上。

11.2.3　操作程序

这里不可能讨论很多的飞机设计和襟翼组合。对于一架具体的飞机,这里强调FAA 批准的飞机飞行手册和/或飞行员操作手册(AFM/POH)的重要性。尽管一些 AFM/POH 详细地描述了襟翼的运行使用,但是很多手册都缺乏这些内容。因此,在飞行员判断中襟翼操作是极其重要的。另外,在着陆和起飞时需要进行襟翼操作,在这个过程中飞机非常接近地面,这里没有多少可以出错的空间。

由于 AFM/POH 中给出的建议是根据飞机和襟翼设计组合而提出的,因此飞行员必须把制造商的推荐和襟翼的空气动力效果结合考虑。这就需要飞行员有基本的襟翼空气动力学和几何学背景知识。由于这个原因,飞行员必须根据跑道以及与风状况有关的进近条件来决定襟翼偏转的度数和时机。

襟翼放下的时机和偏转度数有关。在着陆起落航线中的一个位置上使襟翼大幅度偏转会导致升力大幅变化,这需要明显地改变俯仰和功率才能维持空速和下滑坡度。在三边、四边和五边时逐渐增加襟翼偏转,相比一次放最大襟翼这种操作方式它需要更小的俯仰和功率调整。这个操作步骤使稳定进近更容易实现。

软场地或短场地着陆要求着陆时速度最小。因此,应该使用襟翼偏转来获得最小的地速。如果飞越障碍物是一个因素,则应该使用能实现最陡进近角度的襟翼偏转度数。然而,应该说明的是使接地时速度最小的襟翼设定不一定能使进近角度最陡;反而,最大的襟翼偏转度数使得进近角度最陡和接地时速度最小。最大襟翼偏转度数特别是超过 $30°\sim35°$,会产生巨大的阻力。这需要比部分襟翼放下时使用更大的功率设定。由于抵消阻力的功率和陡的进近角度互相结合,导致最大襟翼时的拉平变得危险。必须使用功率来控制引起高下降率的阻力,然而如果在接地时不能以一定的速度把功率降低到慢车,则飞机会向下飘到跑道上。过早地降低功率会引起重着陆。

侧风分量是襟翼放下度数的另一个考虑因素。放下的襟翼增加了风作用的表面积。在侧风中,迎风侧放下襟翼的机翼比顺风侧受到风更大的影响。然而,在航向法进近中这种影响被降低到很小的程度,原因是飞机和风向更接近对齐。反之,在使用侧滑法进近时,放低的机翼部分地阻挡了迎风侧襟翼,但是机翼和襟翼组成的二面角以及风使得横向控制更加困难。在襟翼放下达到最大限度时,横向控制变得愈加困难,且侧风变得和跑道垂直。

随着飞机不断地靠近地面,侧风对襟翼放下的机翼的影响变得更加明显。机翼、襟翼和地面形成一个填满侧风空气的"容器"。风冲击偏转的襟翼和机身侧面,且襟翼位于主起落架的后面,导致迎风侧机翼倾向于升高,飞机将会倾向于向风的来向转弯。因此,正确的控制位置是维持跑道对齐的关键。而且,一旦可靠接地后可能有必要收起襟翼。

在决定襟翼偏转度数以及在着陆起落航线中放下襟翼的位置时,复飞是另一个需要考虑的因素。由于襟翼放下会产生机头的下降俯冲运动,需要使用配平来抵消这个俯冲运动。在复飞时使用最大功率会增加放下襟翼的机翼上的气流。这产生了额外的升力,导致机头上仰。随着襟翼收起,由于配平设定导致上仰趋势不会完全消失。适当地收起襟翼有利于降低阻力,从而允许快速地增加空速;然而,收起襟翼也会降低升力,导致飞机快速下降。

襟翼偏转的度数与水平尾翼相对机翼的设计构型互相结合,这需要飞行员仔细地监视飞机的俯仰和空速,小心地控制襟翼收起以使高度损失最小,并且恰当地使用方向舵来进行协调控制。鉴于这些因素,飞行员应该在着陆起落航线的相同位置让襟翼放下相同的偏转度数,这就要求使用相同的起落航线。从而,飞行员可以根据在着陆起落航线中的位置预先计划好复飞程序。

没有可用于确定着陆时襟翼偏转度数的唯一规则,因为着陆涉及到很多互相依赖的变化因素。特定飞机的 AFM/POH 会包含针对相同着陆条件下的制造商建议操作程序。另一方面,AFM/POH 中有关如何使用起飞襟翼的内容更加准确。制造商的要求是根据一定的襟翼设计所产生的爬升性能而提出的。在起飞时,绝不要超过 AFM/POH 中给出的襟翼设定。

11.3　可控桨距螺旋桨

固定桨距螺旋桨被设计成在一定的转速和飞行速度下达到最佳的效率。这种类型的螺旋桨在很小的空速范围内提供了合适的性能;但是,超出这个范围后效率明显下降。为了在大的运行范围内有高的螺旋桨效率,螺旋桨桨叶角必须是可控的。控制螺旋桨桨叶角的最简便方法是借助恒速控制系统。

11.3.1　恒速螺旋桨

恒速螺旋桨在大多数飞行条件下能保持桨叶角调节到最大效率。当发动机以恒定速度运行时,发动机在螺旋桨转轴输出的扭矩(功率)必定等于空气阻力提供的反作用负荷。转速控制是通过调节螺旋桨承受的扭矩实现的,换句话说是通过增加或降低空气对螺旋桨的阻力实现的。在固定桨距螺旋桨的情况下,螺旋桨承受的扭矩是转速(r/min)的函数。如果发动机输出功率改变,则发动机将会加速或减速,直到转速达到输出功率等于被吸收的功率为止。在恒速螺旋桨的情况下,被吸收的功率和转速无关,由于通过改变桨叶的桨距,空气阻力亦即扭矩或负荷可以不以螺旋桨转速为基准而变化。这是通过恒速螺旋桨上的一个调速器实现的。在大多数情况下,这个调速器是和发动机的曲轴连接的,因而它对发动机转速的变化很灵敏。

飞行员借助于驾驶舱中的螺旋桨控制杆间接地控制发动机转速,这个螺旋桨控制杆和调速器相连。为了达到最大起飞功率,螺旋桨控制杆总是向前移动到低桨距/高转速位置,油门向前推进到最大可用歧管压力位置。为了在爬升或巡航阶段降低功率,要利用油门把歧管压力降低到需要的数值,并且通过向后移动螺旋桨控制杆到高桨距/低转速位置来降低发动机转速,直到在转速计上观察到预期转速为止。向后拉螺旋桨控制杆导致螺旋桨桨叶移动到一个更高的角度。从而导致螺旋桨桨叶角(迎角)增加,引起空气的阻力增加。这就在发动机上增加了负荷,因而它会慢下来。换句话说,在更高桨叶角时,空气的阻力大于发动机输出到螺旋桨的扭矩或功率,因此它会减速到两个力互相平衡的一个点。

当飞机头从水平飞行上仰到爬升时,发动机会倾向于变慢。由于调速器对发动机转速的微小变化很灵敏,它会恰好足够地降低桨叶角以防止发动机速度降下来。如果飞机头下降到俯冲姿态,调速器将会足够地增加桨叶角以避免发动机转速过快。这让发动机保持了一个恒定的转速,进而保持了输出功率。可以在歧管压力恒定的条件下通过改变转速来实现空速和功率的改变;或在恒定转速条件下改变歧管压力;或通过改变转速和歧管压力这两者来实现空速和功率的变化。因而,恒速螺旋桨使得任意的功率设定成为可能。

11.3.2　起飞、爬升和巡航

在起飞过程中,这时飞机以低速向前运动并且需要最大功率和推力,恒速螺旋桨就设定在低桨叶角(桨距)。低桨叶角在飞机低速时保持相对风的迎角小而有效率。如图 11 - 3 所示。

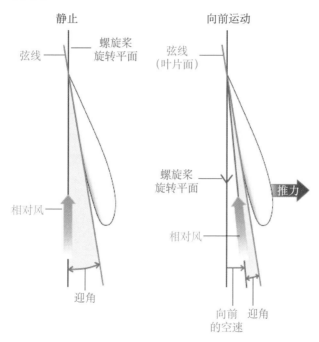

图 11 - 3　螺旋桨桨叶角

同时,它让螺旋桨像"切薄片"一样,使每旋转一圈搅动的空气量更少。这种低负荷能够让发动机以最大转速旋转,因而产生最大功率。尽管每旋转一圈搅动的空气量少,但是每分钟旋转的转数是高的。推力在开始起飞时最大,然后随着飞机速度的增加和飞机阻力的升高而降低。由于在起飞过程中滑流速度高,位于螺旋桨后面的机翼的有效升力是增加的。

随着升空后空速增加,由于桨叶角较小,作用于发动机的负荷减轻。调速器检测到这种情况,然后逐渐地增加桨叶角。再次地,随着飞行速度不断增加,更大的桨叶角能够保持桨叶的迎角相对于相对风较小且有效率。

为了开始起飞后的爬升,通过降低歧管压力和增加桨叶角降低转速,从而让发动机输出功率降低到爬升功率。在较高的(爬升)空速和较高的桨叶角条件下,螺旋桨在较慢的滑流速度时每秒钟内搅动的空气量更大。这种功率的降低被螺旋桨效率的增加抵消了。桨叶迎角在空速增加的条件下再次由于桨叶角增加而保持较小。

在巡航高度上,这时飞机处于水平飞行,达到更高的空速所需要的功率比爬升中使用的功率更低。因而,再次通过降低歧管压力和增加桨叶角(为了降低转速)来降低发动机功率。更高的空速和更高的桨叶角使得螺旋桨在依然较低的滑流速度下能够在每秒钟内搅动更大量的空气。在正常巡航速度时,螺旋桨效率达到或接近最大效率。由于桨叶角和空速的增加,桨叶迎角仍然较小而且高效。

11.3.3　桨叶角控制

一旦飞行员设定好螺旋桨的转速,螺旋桨调速器就会自动地调整桨叶角以维持选择的转速。它是通过利用机油压力的变化实现的。通常,桨距变化所使用的油压直接来自于发动机润滑系统。当使用调速器后,通过油泵增加油压来利用机油,而这个油泵和调速器是集成在一起的。更高的压力能够使桨叶角变化得更快。螺旋桨的运行转速由调速器调节。飞行员通过驾驶舱中的螺旋桨控制杆改变调速器齿条的位置而改变调速器的设定。

在一些恒速螺旋桨上,通过使用桨叶的固有离心扭转运动实现桨距的改变,这个运动倾向于使桨叶向低桨距位置变平,而作用到和螺旋桨叶相连的液压活塞的油压把桨叶向高桨距位置移动。另一种恒速螺旋桨使用连接到桨毂中桨叶柄的配重物。调速器油压和桨叶扭转运动使桨叶向低桨距位置移动,而作用于配重物上的离心力把配重物(和桨叶)向高桨距位置移动。在上述的第一种情况下,调速器油压使桨叶向高桨距位置移动;在第二种情况下,调速器油压和桨叶扭转运动使桨叶向低桨距位置移动。因此,一旦失去调速器油压,将会以互相不同的方式对每个桨叶造成影响。

11.3.4　调节范围

恒速螺旋桨的桨叶角范围为 $11.5°\sim40°$。飞机速度越高,桨叶角范围越大。如图 11-4 所示。

飞机类型	设计速度/mi·h^{-1}	桨叶角范围	桨距	
			低	高
固定起落架	160	11½°	10½°	22°
可收放起落架	180	15°	11°	26°
增压可收放起落架	225~240	20°	14°	34°
涡轮可收放起落架	250~300	30°	10°	40°
运输类可收放起落架	325	40°	10°~15°	50°~55°

图 11-4　桨叶角范围(近似值)

　　桨叶角的可能范围术语称为螺旋桨的调节范围。调节范围的定义是在高桨叶角和低桨叶角桨距停止位之间的螺旋桨桨叶行程极限。只要螺旋桨桨叶角位于调节范围内且不靠近每一桨距停止位，就能够维持恒定的发动机转速。然而，一旦螺旋桨桨叶达到它的桨距停止位极限，发动机转速将会与固定桨距螺旋桨类似，随着空速和螺旋桨负荷的变化而增加或降低。例如，一旦选择了一个具体的转速，如果空速充分地降低，螺旋桨桨叶将会降低桨距，以便维持选择的转速，直到它们到达低桨距停止位。在那一点，空速任何程度的进一步降低都会导致发动机转速降低。相反，如果空速增加，螺旋桨桨叶角将增加，直到达到高桨距停止位。然后发动机转速会开始增加。

11.3.5　恒速螺旋桨的操作

　　发动机是在螺旋桨控制杆处于低桨距/高转速位置时起动的。这个位置降低了螺旋桨的负荷和阻力，其结果是更易于起动和加热发动机。在试车期间，应该从头至尾缓慢而平稳地操作螺旋桨桨叶调节机构完成一个完整的周期。这是通过移动螺旋桨控制杆(歧管压力设定达到 1 600 r/min 的转速)到高桨距/低转速位置实现的，让转速稳定，然后螺旋桨控制杆移回到低桨距起飞位置。应该这样做的原因有两个：确定系统是否运行正常和让试车不久的机油在螺旋桨调节系统中循环。应该记住机油已经在上一次发动机关闭时流入螺旋桨油缸。如果螺旋桨油缸有一定的漏油，那么机油就会凝结，特别是在外部大气温度很低时。因而，如果在起飞之前没有让螺旋桨运转一段时间，则在起飞时发动机有可能超速。

　　装配了恒速螺旋桨的飞机其起飞性能高于装配了固定桨距螺旋桨的同样功率的飞机。这是因为使用恒速螺旋桨时，飞机可以在静止不动的条件下输出其最大的额定马力(转速计上的红线)。另一方面使用固定桨距螺旋桨的飞机，必须沿跑道增加空速和螺旋桨上的空气动力载荷才能让转速和马力稳定地提高到它们的最大值。在恒速螺旋桨条件下，一旦使用最大功率则转速计读数应该达到红线转速的40%以内，并且在整个起飞过程中一直保持这个数值。

　　过大的歧管压力升高了气缸内的压缩压力，导致发动机内部产生高的应力。过大的压力还导致发动机高温。高歧管压力和低转速的结合会诱发破坏性的爆震。为了避免这种状况，在改变功率时应该遵守下列步骤。

- 增加功率时，首先增加转速，然后增加歧管压力。
- 降低功率时，首先降低歧管压力，然后降低转速。

　　在非涡轮增压的发动机上，以 inHg(英寸汞柱)为单位的歧管压力不要超过以百转为单位的巡航功率转速(r/min)这个说法是错误的。选择巡航功率设定时应该参考 AFM/POH 中的巡航功率表格。不管这些表格中列出来的转速和歧管压力组合是什么情况，它们都已经经过飞行测试以及相应的机身和发动机制造商的机身和发动机工程师批准。因而，如果在功率表格中有 2 100 r/min 和 24 inHg 歧管压力的设定，那么它们是已被批准可以使用的。

对于恒速螺旋桨,可以在不使发动机超速的条件下降低功率。系统通过增加螺旋桨桨叶角来抵消下降时的空速增加。如果下降得太快,或者是从高空开始下降,那么即使最大桨叶角极限也不足以保持转速恒定。出现这种情况时,转速对油门的任何变化都会做出反应。

一些飞行员认为为了在发生紧急情况时有最大马力可用,明智的做法是在进近过程中按最大转速设定螺旋桨控制杆。如果在进近的早期阶段就把调速器设定为较高的转速,这时桨叶还没有到达它们的最大桨叶角停止位,那么转速可能会增加到危险的极限数值。然而,如果在进近几乎完成之前螺旋桨控制杆没有被重新调整为起飞转速,则桨叶会达到或非常接近它们的桨叶角最小停止位,并且如果转速有任何改变,桨叶角的变化将很小。如果发生紧急情况,应该移动油门和螺旋桨控制杆到起飞位置。

在进近过程中,很多飞行员在他们短暂地突然加大油门时更喜欢直接地感觉飞机的反应。通过以低功率进近但让螺旋桨控制杆设定在或接近巡航转速,就可以获得这样的结果。尽管调速器对油门设定的任何变化都会作出快速响应,但是在桨叶调节到吸收增加的功率之前,突然和快速地增加油门设定会导致发动机短暂地超速。如果在进近过程中出现紧急情况需要使用最大功率,那么突然地向前推油门杆会导致发动机短暂超速,超过调速器可以调节的转速。发动机速度的这种临时性增加其目的是紧急的功率储备。

有关恒速螺旋桨操作需要记住的要点如下:

● 转速计上的红线不仅表示最大可用转速,而且表示获得发动机额定马力所需要的转速。

● 当快速地前推油门到起飞位置时,可能出现短暂的螺旋桨超速现象。如果没有超过额定转速 10%且不超过 3 秒钟,那么通常这并不严重。

● 转速计上的绿色弧线表示正常运行范围。当在这个范围内输出功率时,则发动机驱动螺旋桨。但是,在低于绿色弧线时,通常是旋转的螺旋桨驱动发动机。在低于绿色弧线下长时间运行对发动机有害。

● 在低海拔机场起飞时,歧管压力的 inHg 数可能超过转速。大多数情况下这是正常的。飞行员应该参考 AFM/POH 来了解限制情况。

● 所有改变功率的操作应该是平稳而缓慢的,以避免歧管压力过大和/或发动机超速。

11.4　涡轮增压

涡轮增压发动机能够让飞行员在高空维持足够的巡航功率,在那里阻力更小,这意味着真空速更快,从而节约了燃油增加了航程。同时,发动机有其灵活性,涡轮发动机可以在低空飞行而不会增加燃油消耗。当它安装到标准发动机上之后,涡轮增压器不靠任何来自发动机的马力而运行;它是相对简单的机械式结构,而且某些型号还可以使机舱增压。

涡轮增压器是一个排气驱动的装置,它提高了吸入到发动机的空气压力和密度。它由两个独立的部件组成:一个压缩机和一个通过总轴连接的涡轮。压缩机向发动机提供用于高空运行的增压空气。压缩机及其外壳位于进气道和进气歧管之间。涡轮及其外壳是排气系统的一部分,它利用排出的气流驱动压缩机运转。如图11-5所示。

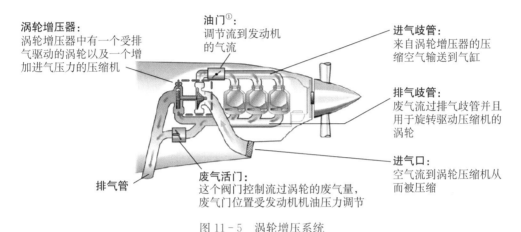

涡轮增压器:
涡轮增压器中有一个受排气驱动的涡轮以及一个增加进气压力的压缩机

油门①:
调节流到发动机的气流

进气歧管:
来自涡轮增压器的压缩空气输送到气缸

排气歧管:
废气流过排气歧管并且用于旋转驱动压缩机的涡轮

进气口:
空气流到涡轮压缩机从而被压缩

排气管

废气活门:
这个阀门控制流过涡轮的废气量,废气门位置受发动机机油压力调节

图 11-5　涡轮增压系统

对于特定的发动机,涡轮会导致歧管压力超过最大可用值。为了不超过最大可用歧管压力,使用了一个分路器或废气活门,因此一部分废气在流过涡轮之前就被排放到飞机外部。

废气活门的状态调节涡轮的输出,因而也调节发动机可用的压缩空气。当废气活门关闭后,所有的废气都流过并驱动涡轮。在废气活门打开时,一部分废气被输送到涡轮,经过排气旁路机构并通过排气管排出到飞机外部。

废气活门驱动机构是一个弹簧活塞,它受发动机油压控制。调节废气活门状态的这个驱动机构通过机械连杆连接到废气活门。

涡轮增压系统的控制中心是压力控制器。这个装置把涡轮增压简化为一种控制方式:即油门控制。一旦飞行员设定好预期的歧管压力,实际上高度改变时无需调节油门。控制器检测不同高度下的压缩机排气要求,控制废气活门驱动机构的油压从而调节废气活门。因此涡轮增压器只维持油门设定所要求的歧管压力。

11.4.1　地面增压和高空涡轮增压的对比

高空增压(有时称为"正常化")是通过使用在一定高度以下能够保持最大可用海平面歧管压力(通常为 29～30 inHg)的涡轮增压器实现的。这个高度由飞机的制

---

① 虽不是调节燃油流量,但是起到调节功率的作用,故译为"油门"。——译注

造商指定,且被称为飞机的临界高度。在临界高度以上,歧管压力随着高度的不断增加而降低。另一方面,地面增压是涡轮增压的一种应用,这时在飞行中使用超过标准的 29 inHg 歧管压力。在不同的飞机上使用地面增压时,起飞歧管压力有可能高达 45 inHg。

尽管在临界高度以下可以维持海平面功率设定和最大转速,但这并不意味着发动机的输出能达到在海平面时的功率。发动机功率不只是由歧管压力和转速决定的。吸入的空气温度也是一个因素。经过涡轮增压而吸入的空气由于压缩而变热。温度的这种升高降低了吸入空气的密度,这就导致功率降低。在一定高度上,需要比吸入未经涡轮增压器压缩的空气稍微更高的歧管压力才能维持相同的输出马力。另一方面,如果系统结合使用一个自动的密度控制器,而不是维持恒定的歧管压力,它将自动地确定废气活门的状态,因此能够保持进入发动机的空气密度恒定,从而得到几乎恒定的输出马力。

11.4.2 操作特性

首先并且最重要的是,涡轮增压发动机的所有功率控制动作应该缓慢而柔和。频繁且/或生硬的油门控制运动会增加过度供油的可能性。在改变功率时,飞行员应该仔细地监视发动机指示器。

在废气活门打开时,转速改变后,涡轮增压的发动机的反应和正常进气的发动机是一样的。也就是在转速增加后,歧管压力会稍微降低;当发动机转速降低后,歧管压力会稍微增加。但是,在废气活门关闭后,歧管压力随发动机转速的变化恰好和正常进气的发动机相反。发动机转速增加会导致歧管压力增加,发动机转速降低会导致歧管压力降低。

在临界高度以上,这时废气活门是关闭的,空速的任何变化将会导致歧管压力的相应变化。这是实际情况,因为随着空速的增加,冲压空气压力的增加被压缩机放大,进而导致歧管压力增加。歧管压力的增加引起更大量的气流流过发动机,导致更高的涡轮速度,因而又进一步增加歧管压力。

当在高空运行时,航空汽油可能在到达气缸之前蒸发掉。如果在油箱和发动机驱动燃油泵之间的燃油系统部分出现这个问题,则油箱可能需要一个辅助的正压力输送泵。由于发动机驱动泵吸入燃油,它们很容易发生气阻。增压泵提供了正的压力——它泵出燃油——降低了发生蒸发的倾向。

11.4.3 热量管理

必须小心谨慎地操作涡轮增压发动机,并且不断地监视压力和温度。有两个特别重要的温度——涡轮进气温度(TIT),或者在一些安装方式下称为排气温度(EGT)和气缸头温度。设定 TIT 或者 EGT 限制的目的是为了保护涡轮增压器中受热部分的元件,而气缸头温度限制起到保护发动机内部部件的作用。

由于吸入的空气受压缩变热,涡轮增压发动机比非涡轮增压发动机的运行温度更高。因为涡轮增压发动机在高空运行,那里的环境冷却效率较低。在高空由于空气密度较低,因而冷却效果更差。而且,空气密度较低导致压缩机工作困难。发动机总体运行温度增加后,压缩机的涡轮速度可以达到 80 000～100 000 r/min。而且涡轮增压发动机在大部分时间里以较高的功率运行。

高热量对于活塞式发动机的运行是有害的。热量的积累效应能导致活塞、活塞环和气缸头故障,并且会在其他运行部件上产生热应力。过高的气缸头温度会导致爆震,这进而会导致灾难性的发动机故障。涡轮增压发动机对热量特别敏感,因此,涡轮增压器操作的关键就是高效的热量管理。

飞行员依靠歧管压力表、转速计、排气温度表/涡轮进气温度表和气缸头温度表来监视涡轮增压发动机的运行状态。飞行员使用油门、螺旋桨转速、混合气和整流罩鱼鳞片管理"热量系统"。在任意设定的巡航功率下,混合气对排气温度/涡轮进气口温度控制有最大影响。油门调节总的燃油流量,但是混合气控制燃油和空气的比率。因此,混合气控制温度。

在起飞后爬升过程中温度超过极限通常不是什么问题,因为在完全富油条件下大量燃油有冷却作用。然而,在巡航时飞行员通常要把功率降低到 75％或更低,且同时要调节混合气。在巡航条件下,应该非常密切地监视温度极限,因为即使发动机输出较低的功率,但是温度也很容易达到最大值。无论如何,在航路爬升中出现过热现象时,则可能需要完全打开引擎罩鱼鳞片和以更高的空速飞行。

由于涡轮增压发动机在高空运行时比正常进气的发动机温度更高,它们更容易受冷却应力的破坏。在下降阶段,逐渐地降低功率并仔细地监视温度是关键。飞行员可以发现,在减小发动机功率时放下起落架,以便给发动机增加一定的工作负载,可以达到降低发动机冷却速度的目的。还可能有必要稍微贫油以防低功率时发动机运行不稳。

11.4.4 涡轮增压器故障

由于在涡轮排气系统中产生了高温高压,必须极其小心地对待涡轮增压器发生的任何故障。在涡轮增压器运行的所有情况下,应该遵守制造商推荐的程序。特别是在涡轮增压器发生故障的情况下更应如此。然而,如果制造商的程序没有详细地说明涡轮增压器故障时应该采取的动作,在这种情况下应该使用下列程序。

1) 过增压状态

如果在正常的油门前推过程中出现歧管压力过度升高(可能是因为废气活门的误操作):

● 立即平稳地降低油门,以便把歧管压力限制在转速和混合气设定可以使用的最大歧管压力以下。

● 按照防止进一步出现过增压状态的方式来操作发动机。

2) 低歧管压力

尽管可能由于细微的错误而导致这种状态,但是出现严重的排气泄漏时很可能产生潜在的严重状况:

- 根据推荐的发动机故障程序关闭发动机,除非出现了允许发动机继续运行的更加紧急的情况。
- 如果发动机要继续运行,则使用当时情况需要的最低功率设定,并且只要切实可行就着陆。

在涡轮增压器任何故障之后确保采取了纠正性维护措施是非常重要的。

11.5 可收放起落架

能够收起起落架的主要好处是因阻力降低而增加爬升性能和可达到更高的巡航空速。可收放起落架系统可以是液压或电力操纵的,或者使用这两者的结合。在驾驶舱中提供告警指示,向飞行员显示轮子放下且锁定和轮子收起且锁定状态,或者如果它们处于中间位置也给出相应指示。还提供了用于紧急操作的系统。可收放起落架系统的复杂性要求飞行员坚持使用特定的操作程序,并且不能超出某些操作限制。

11.5.1 起落架系统

电动式起落架收放系统使用电动马达控制起落架的操作。这个系统基本上是一个电力驱动的用于收起或放下起落架的千斤顶。当驾驶舱中的手柄移动到 UP(收起)位置时,则电力马达运转。经过一个由轴、齿轮、适配器和执行机构螺杆,以及一个万向轴管组成的系统,力被传递到阻力撑杆连杆机构上。这样,就可以收起和锁定起落架。也会起动撑杆来打开和关闭起落架舱门。如果手柄移动到 DOWN(放下)位置,则马达反向运转,起落架向下运动并锁定。一旦被起动,起落架马达会持续运转直到马达变速箱到达其上极限或下极限位置。

液压式起落架收放系统利用增压的液压油来起动连杆机构收起或放下起落架。当驾驶舱中的手柄移动到 UP(收起)位置时,液压油被引导进入收起起落架的油管中。液压油顺序地流经一系列阀门和起落架放下锁定装置到达动力油缸。在起落架放下的时候发生类似的过程。为系统中液压油增压的泵可以是发动机驱动的或是电力驱动的。如果使用电力驱动泵增压液压油,则系统被称为电动液压式系统。这个系统也会结合使用一个液压蓄油器来容纳过多的液压油,并且可以提供确定系统液压油量的方法。

不管其动力来源是什么,液压泵都被设计成在一个特定的范围内运行。当传感器检测到压力过大时,泵中的安全阀就会打开,液压油被送回蓄油器。另一种类型的安全阀可以防止因热膨胀而引起的过大压力。液压压力也被限制开关所控制。每一个起落架有两个限制开关——一个专门用于放下起落架而另一个专门用于收起起落架。在起落架完成它的工作周期后,这些开关会降低液压泵的能量。如果限制开关失效,则起动备用压力安全阀来释放过大的系统压力。

11.5.2 控制和位置指示

起落架位置受驾驶舱中的一个手柄控制。在大多数飞机上,起落架开关的形状像一个轮子,目的是为了更容易明确识别并且把它和其他驾驶舱控制开关区别开来。如图11-6所示。

根据飞机品牌和型号的不同,起落架位置指示器会有所不同。大多数常见的起落架位置指示器使用一组灯光。其中一种类型由一组三个绿灯组成,当起落架放下且锁定后它们点亮。如图11-6所示。另一种类型由一个指示起落架放下的绿灯和一个指示起落架收起的琥珀色灯组成。还有其他系统结合使用红色或琥珀色灯来指示起落架处于过渡状态或者对着陆不安全的状态。如图11-7所示。这种灯光通常是"按压测试型"的,且灯泡是可互换的。如图11-6所示。

图 11-6　典型起落架手柄
和位置指示器

图 11-7　典型起落架手柄和位置指示器

其他类型的起落架位置指示器由标签型指示器组成,标记 UP 表示起落架收起且锁定,在起落架未锁定的时候显示红色和白色对角线,或者显示每个起落架的外形图像表示起落架已经在 DOWN(放下)位置锁定。

11.5.3　起落架安全装置

大多数装配可收放起落架的飞机都有一个起落架告警喇叭,它在飞机处于着陆构型但起落架没有放下和锁定时发出警报声响。通常,喇叭是和油门或襟翼位置,和/或空速表连接的,这样当飞机在起落架收起且低于一定的空速、构型或者功率设定时,告警喇叭将会发出声响。

诸如机械式起落架放下锁定装置、安全开关和地面锁定装置可以防止起落架意外收起。机械式起落架放下锁定装置是起落架收放系统的内置组成部分,并且由起落架收放系统自动地操作。为防止意外地操作放下锁定装置,以及防止飞机在地面时意外地收起起落架,安装了电操控的安全开关。

起落架安全开关,有时称为着陆检测开关,它通常安装在主轮减震支柱中的一个支架内。如图 11 - 8 所示。当支柱受飞机重量压缩时,开关打开,电流输送到驱动起落架收起的马达或机械装置中。这样,如果在重量作用于起落架的时候,驾驶舱中的起落架手柄被放置在收起位置,起落架将会仍然保持放下,并且告警喇叭可能发出声响以提醒不安全的状态。然而,一旦重量脱离起落架,例如在起飞时,安全开关就会释放,起落架将会收起。

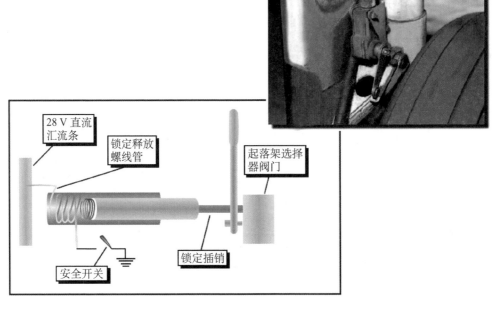

图 11 - 8　起落架安全开关

很多飞机装配了额外的安全装置以防飞机在地面时起落架损坏。这些装置称为地面锁定装置。一种常见的类型是一个安装在两个或更多单元上对齐钻孔中的插销,这些单元属于起落架支撑结构。另一种类型是设计成把两个或多个支撑结构单元固定在一起的弹簧式箍器。所有类型的地面锁定装置通常都有永久粘贴的红色条纹,目的是方便地表示它们是否已经安装好。

11.5.4　紧急起落架放下系统

如果主要的动力系统发生故障,则使用紧急放下系统来放下起落架。一些飞机在驾驶舱内有一个紧急释放手柄,它经过一个机械连杆机构连接到起落架收起锁定装置。在操作手柄后,它释放起落架收起锁定装置,并让起落架自由落下,或者靠起落架自己的重量放下。如图 11 - 9 所示。

在其他飞机上,松开收起锁定装置是通过使用压缩气体完成的,气体被引导至收起锁定装置的释放气缸中。

在一些飞机上,设计结构使得单单依靠重力或空气阻力紧急地放下起落架是不

手动泵

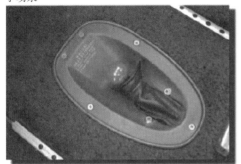

压缩气体

手摇曲柄

图 11-9 典型起落架放下系统

可能的或不切实际的。在这些飞机上,提供了紧急情况下强制放下起落架的装置。一些装置设计成要么是由液压油提供必要的压力,要么由压缩气体提供必要的压力,而其他的则使用诸如手摇曲柄这样的手动系统来完成紧急的起落架放下操作。如图 11-9 所示。根据飞机的设计,用于起落架紧急操作的液压压力可以由辅助手动泵、蓄压器、或者电动式液压泵提供。

11.5.5 操作程序

1) 起飞前

由于可收放起落架的复杂性,需要在每次飞行前对其严格检查。检查应该从驾驶舱内部开始。飞行员应该首先确定起落架手柄位于 GEAR DOWN(起落架放下)位置。然后飞行员应该打开主电瓶开关,确保起落架位置指示器显示起落架放下且已锁定。

起落架的外部检查应该包括对每个单独的系统部件的检查。如图 11-10 所示。起落架、轮舱,及其周围应该干净,没有泥巴和碎屑。在起落架完全放下和锁定之前,脏的开关和阀门可能导致错误的安全灯指示或者干扰起落架的放下过程。轮舱中应该没有任何异物,因为外部物体可能损坏起落架或者干扰它的运行。弯曲的起落架轮舱门表示在正常的起落架操作中可能有问题。

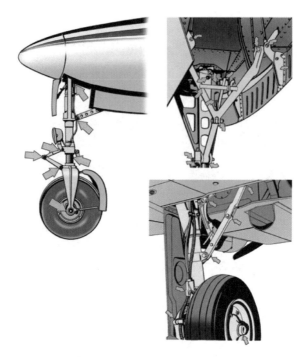

图 11-10　可收放起落架检查点

　　减震支柱应该适当膨胀且活塞应干净。应该检查主起落架和前起落架的收起和放下锁定机械装置的总体状况。还要检查动力源和收起机械装置的总体状况，以及是否有明显的缺陷和连接可靠性问题。应该检查液压管线的侵蚀迹象和连接点是否漏油。检查警告系统微动开关（着陆检测开关）的清洁度和链接的可靠性。应该检查动作筒、链轮、万向节、传动齿轮、连杆机构和任何其他可接触部件有无不良状况和明显缺陷。还应该检查起落架所连接的飞机结构是否有畸变和裂纹及其总体状况。所有螺钉和铆钉都应该完整无缺且牢固可靠。

　　2）起飞和爬升

　　通常，在飞机升空到达一定高度后就应该收起起落架，在这个高度上如果发生单发失效或其他紧急情况则需要中断起飞，此时飞机已不能着陆到跑道上。但是，这个程序可能并不适用于所有情况。应该预先计划好起落架收起操作，并考虑跑道长度、爬升坡度、越障要求、跑道离场端之外的地形特征，以及具体飞机的爬升特性。例如，如果发生单发失效，在某些情况下应更优先地以起落架放下姿态在机场附近迫降，以便利用地形吸收能量的特性（参阅第 16 章）。在这种情况下，可允许从短跑道起飞后推迟收起起落架。在其他情况下，在爬升航线上的障碍物可能需要在起飞后及时地收起起落架。而且，在一些飞机上，最初的爬升俯仰姿态阻挡了对剩余跑道的所有视线，使得评估在剩余跑道上接地的可能性变得非常困难。

　　应该避免过早地收起起落架。在飞行仪表指示正爬升率之前不要收起起落架。如果飞机还没有获得正爬升率，那么在起落架收起后总有落回到跑道的可能性。特别是在过早升空的情况下会这样。飞行员还应该记住,如果探身向前伸手触及起落架手柄,可能导致意外地在操纵杆上施加向前的压力,这会导致飞机下降。

在起落架收起时,空速将会增加,飞机俯仰姿态可能会改变。可能需要几秒钟时间收起起落架。起落架收起和锁定完成时的声音和感觉对于特定品牌和型号的飞机来说是特有的。飞行员应该熟悉起落架正常收起的声音和感觉,这样就可以很容易地识别任何不正常的起落架运行状态。不正常的起落架收起经常明确地表明起落架放下过程也不会正常。

3）进近和着陆

作用于起落架的工作负荷在较高空速时可能由于气流力量而导致结构性损坏。因此,确立了飞行过程中起落架操作的极限速度,以便保护起落架部件防止受力过大。这些速度不显示在空速表上,它们公布在具体飞机的 AFM/POH 中,并且通常在驾驶舱中的标牌上列出来。如图 11-11 所示。最大着陆起落架放下速度 V_{LE} 是飞机在起落架放下时可以飞行的最大速度。最大着陆起落架操作速度 V_{LO} 是可以完成起落架操作过程的最大速度。

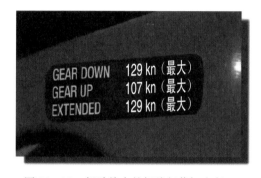

图 11-11　驾驶舱中的标牌起落架速度
GEAR DOWN—起落架放下;GEAR UP—起落架收起;EXTENDED—起落架伸长

通过把起落架选择手柄置于 GEAR DOWN（起落架放下）位置来放下起落架。在起落架放下时,空速将会降低,俯仰姿态可能增加。在起落架放下的几秒钟时间内,飞行员应该留意任何不正常的声音或者感觉。飞行员应该根据系统运行的正常声音和感觉以及根据驾驶舱中的起落架位置指示器来确认起落架已经放下并锁定。除非为了帮助下降到起落航线高度而先前已经放下起落架,否则应该在飞机到达三边上正切预期着陆点的一个位置时放下起落架。飞行员应该建立一个包含在三边具体位置放下起落架的标准程序。严格地坚持这个程序有助于飞行员避免意外地以起落架收起的姿态着陆。

操作装配了可收放起落架的飞机需要谨慎、细心和持续地使用正确的检查单。飞行员应该养成在三边完成飞机的起落架检查单的习惯。这实现了两个目的,它不仅确保已经采取动作放下起落架,并且它增加了飞行员的情境感知,这样在着陆之前可以再次检查起落架放下指示器。

除非良好的运行实践另有规定,否则在操作任何控制杆或者手柄之前,应该完成着陆滑跑和飞机退出跑道。这可以实现下列目的:将会起动起落架支柱安全开关,关闭起落架收起系统。在滑出并脱离跑道后,飞行员就能够集中注意力完成着陆后检查单和确定合适的控制。

过渡到可收放起落架飞机的飞行员应该知道可收放起落架飞机事故涉及的最

常见飞行操作因素有：

- 意外地没有放下起落架。
- 意外地收起起落架。
- 已经起动起落架，但是没有检查起落架的位置。
- 误用紧急起落架操作系统。
- 起飞时过早地收起起落架。
- 放下起落架太迟。

为了把与起落架相关的事故可能性降到最低，飞行员应该：

- 使用合适的检查单（在飞行员视野内配备一张简洁的检查单作为使用起落架的提醒，便于参考，这是特别有帮助的）。
- 熟悉并定期检查特定飞机的起落架紧急放下程序。
- 熟悉特定飞机的起落架告警喇叭和告警灯光系统。在发觉不安全状态时，使用喇叭系统和告警灯系统交叉检查。
- 检查特定飞机的起落架告警灯指示器中灯泡替换程序，这样你就可以正确地替换灯泡以确定指示器中灯泡是否良好。检查飞机备用灯泡储备中是否有备用灯泡可用也是飞行检查的一部分。
- 熟悉并知道正常运行的起落架系统的声音和感觉。

11.6 过渡训练

应该在胜任且合格的飞行教官的指导下通过结构化训练课程实现向复杂飞机或高性能飞机的过渡。应该根据地面和飞行训练教学大纲完成训练。如图 11 - 12 所示。

地面教学	飞行教学	实践飞行*
1 小时	1 小时	
1. 飞行手册的运行部分 2. 线路检查 3. 驾驶舱熟悉	1. 飞行训练机动 2. 起飞，着陆和复飞	
1 小时	1 小时	1 小时
1. 飞机装载，限制和维修 2. 仪表、无线电和特殊装备 3. 飞机系统	1. 紧急操作 2. 参考仪表进行操作 3. 无线电和自动驾驶的使用	由飞行教官安排
1 小时	1 小时	1 小时
1. 飞行手册的性能部分 2. 巡航控制 3. 复查	1. 短场地和软场地起飞与着陆 2. 最大性能运行	由飞行教官安排
1 小时考试		
* 实践飞行课程单独安排或者由教官认可的安全飞行员一起安排		

图 11 - 12   过渡训练大纲

这个示例性质的过渡训练大纲是灵活的。相关项目的安排可以修改，可以改变重点以适合过渡训练飞行员、涉及的飞机以及培训情况的具体条件，从而达到规定的熟练标准。这些标准包含在适合于过渡飞行员所持有或所要报考执照的实践考试标准中。

教学大纲中指出的训练次数的根据是飞行员当前具备的能力和完全满足颁发至少是私人飞行员执照的当前要求。对于资格较高的飞行员可以缩减训练时间，对于未达到当前认证要求或者最近飞行经验很少的飞行员可增加训练时间。

12 过渡到多发飞机

12.1 多发飞行

本章专门讨论与小型多发飞机运行有关的因素。对本手册而言,"小型"多发飞机是指认证最大起飞重量不超过 125 000 lb 的往复式发动机飞机或涡轮螺旋桨飞机。这里假设的是常规设计的双发飞机——每一个机翼上安装一台发动机。除非另有说明,否则假设使用往复式发动机。尽管在法规中没有正式定义"轻型双发"这一术语,但是在这里使用时是指认证最大起飞重量不超过 6 000 lb 的小型多发飞机。

多发飞机有几个独特的特性使得有必要把它们划分为一个单独的类别。理解这些因素以及娴熟的飞行技能是安全地驾驶这些飞机的关键。本章充分地探讨了单发失效(OEI)飞行的很多方面。但是,要明确地提醒飞行员不要过分看重掌握单发失效(OEI)飞行,而把它作为安全驾驶多发飞机的唯一关键。只因为本章强调驾驶多发飞机相对单发飞机的区别,所以大量的关于失效发动机的内容被放到后面介绍。

装备精良的现代化多发飞机可以明显地适应很多环境。但是,和单发飞机一样,必须由持照而胜任的飞行员驾驶,以尽可能达到最高的安全水平。

出于飞行训练和飞行员认证考试的目的,本章包含了在小型多发飞机上执行特定机动和程序有关的内容和指导准则。然而,对特定品牌和型号的飞机而言,其最终运行权威是飞机制造商。飞行教官和学员都应该明白:如果本手册中的任何指导准则和飞机制造商在 FAA 批准的飞机飞行手册和/或飞行员操作手册(AFM/POH)中推荐的程序或指导准则互相矛盾,那么优先采纳制造商提出的指导准则和程序。

12.2 概述

操作多发飞机和单发飞机的主要区别是涉及到单发失效的潜在问题。单发失效后的不利条件有两方面:即性能和控制。最明显的问题是功率减少 50%,这会让爬升性能降低 80%～90%,有时甚至更多。另外就是由于剩余的推力导致的控制问题,推力变得不对称。重视这两个因素是安全地进行单发失效飞行的关键。只有对受过训练的熟练飞行员来说,多发飞机的性能和系统冗余才是一种安全优势。

12.3　术语和定义

单发飞机飞行员已经熟悉很多表示性能的速度 V 和它们的定义。双发飞机有几个只有在单发失效(OEI)运行时才有的额外的速度 V。这些速度用符号"SE"表示以区别于单发飞机。下面就来复习一下一些关键的速度 V 和几个只有双发飞机才有的速度 V。

- V_R——抬前轮速度。在这个速度,向后施加控制压力抬起飞机前轮至起飞姿态。
- V_{LOF}——升空速度。在这个速度,飞机离开地面。(说明:一些制造商的基准起飞性能数据使用 V_R,而不是 V_{LOF}。)
- V_X——最佳爬升角的速度。以这个速度飞行,飞机能够在一定的前进距离内爬升到最大高度。
- V_{XSE}——单发失效时的最佳爬升角的速度。
- V_Y——最佳爬升率的速度。以这个速度飞行,飞机能够在一定的单位时间内爬升到最大高度。
- V_{YSE}——单发失效时的最佳爬升率的速度。在大多数空速表上用一根蓝色径向线标记。在单发绝对升限以上,V_{YSE}能获得最小的下降率。
- V_{SSE}——安全的有意单发失效速度。最初被称为安全单发速度。现在它被正式地定义在联邦法规全书第 14 篇第 23 部,适航标准中,还要求确定这个数据并在 AFM/POH 中予以公布。这是有意操作使关键发动机失效时的最小速度。
- V_{MC}——关键发动机失效时的最小控制速度。在大多数空速表上用一根红色径向线标记。这个速度是在 14 CFR 第 23 部适航标准规定的一组非常详细的条件下能够维持方向控制的最小速度。根据目前有效的小型飞机认证法规,飞行测试飞行员必须能够:①在关键发动机突然失效时,使用最大方向舵偏转量和最大 5°的坡度让转弯在相对原来的航向 20°的变化范围内停止,②因此,可以保持不大于 5°坡度的直线飞行。在这个规定中,没有要求飞机能够以这个空速爬升。V_{MC} 只关注方向控制。在示范最小控制空速 V_{MC} 之后,就可以进一步深入讨论在飞机认证和飞行员训练示范过程中规定的 V_{MC}。如图 12-1 所示。

除非另有说明,在 AFM/POH 中给出的速度 V 适用于在海平面和标准天气条件下以最大起飞重量起飞时的情况。性能速度随飞机重量、构型和大气条件而变化。速度可以用英里每小时(mi/h)

图 12-1　多发飞机的空速表标记

或者节(kn)表示,并且给出的速度可能是校正空速(CAS)或指示空速(IAS)。作为通用规则,在更新的 AFM/POH 中给出的速度 V 是以节为单位的指示空速(KIAS)。一些速度 V 还会用以节为单位的校正空速(KCAS)来表示,以满足特定的法规要求。只要可以使用,飞行员就应该根据公布指示的空速来操作飞机。

对于多发飞机的爬升性能,特别是在起飞和着陆构型时,可以被认为是发动机分为两个单元的单发飞机。14 CFR 第 23 部从未要求多发飞机在起飞或着陆构型时单发失效的条件下保持高度。实际上,很多双发飞机在任何构型下都未作这方面的要求,即使是在海平面上。

目前 14 CFR 第 23 部往复式发动机驱动的多发飞机的单发爬升性能要求如下:

• 最大重量超过 6 000 lb 和/或 V_{SO} 超过 61 kn:在 5 000 ft 平均海平面(MSL)高度上以 ft/min(英尺每分钟)为单位的单发爬升率必须等于至少 $0.027 V_{SO}^2$。对于 1991 年 2 月 4 日或从那以后进行类型认证的飞机,用爬升坡度这个术语表示爬升要求,即 1.5%。爬升坡度并不是直接等效于 $0.027 V_{SO}^2$ 这个公式。不要把类型认证日期和飞机制造年份混淆。很多多发飞机的类型认证基准日期可以回溯至 CAR 3(民用航空法规,它是今天联邦法规全书的前身)时期。

• 最大重量不大于 6 000 lb 且 V_{SO} 速度不大于 61 kn:仅必须确定在 5 000 ft 平均海平面高度上的单发爬升率即可。爬升率可以是一个负值。没有要求在 5 000 ft 或任何其他高度上进行单发运行达到正爬升率。对于在 1991 年 2 月 4 日或从那以后认证的轻型双发类型飞机,只要确定单发爬升坡度(正的或负的)即可。

爬升率是单位时间内的高度增加量,而爬升坡度是每 100 ft 水平前进距离内实际测得的高度增加量,用百分数表示。每 100 ft 前进距离高度增加 1.5 ft(或者每 1 000 ft 升高 15 ft,或者每 10 000 ft 升高 150 ft)就表示爬升坡度为 1.5%。

单发失效后相关的性能会有惊人的损失,特别是在刚刚起飞后。任何飞机的爬升性能都是推力的函数,这个推力超过了水平飞行的需要。假设一架双发飞机,每个发动机产生 200 hp 推力,假定其水平飞行需要的总推力是 175 hp。这时,飞机正常地会有 225 hp 可用于爬升的储备推力。单发失效后可用的爬升推力只有 25 hp(200−175),可见推力有如此明显的下降。即使在理想的环境下,多发飞机在海平面高度上的单发失效飞行性能也会至少损失 80%~90%。

12.4 系统部件的操作

本节讨论通常可在多发飞机上看到的系统。多发飞机综合了单发飞机的很多特征。但是,这里讨论的某些系统和特征基本上是双发或多发飞机特有的。

12.4.1 螺旋桨

多发飞机的螺旋桨运行可能表面上看起来和很多单发飞机的恒速螺旋桨是一样的,但是情况并非如此。多发飞机螺旋桨是可顺桨的,目的是使单发失效时阻力最小。根据单发性能的大小,这个特征通常可以让飞机在单发失效后继续飞行到一

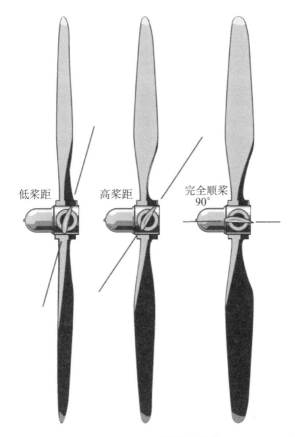

低桨距　　　高桨距　　　完全顺桨
90°

图 12-2　顺桨的螺旋桨

个合适的机场。使螺旋桨顺桨的目的是为了让发动机在螺旋桨桨叶与飞机的相对风顺桨后停止旋转，因而使阻力最小。如图 12-2 所示。

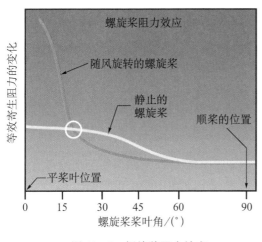

图 12-3　螺旋桨阻力效应

由于寄生阻力随着螺旋桨桨叶角而变化，这使得必须要顺桨。如图12-3 所示。当螺旋桨桨叶角度在顺桨位置时，寄生阻力变到最小，在典型多发飞机的情况下，单个顺桨的螺旋桨额外增加的寄生阻力占飞机总阻力很小的一部分。

在接近低桨距位置的较小桨叶角时，螺旋桨增加的阻力很大。在这些小桨叶角位置，螺旋桨因气流冲击而高速旋转可能产生巨大的阻力，这可能导致飞机不可控。螺旋桨在低桨距范围随气流高速旋转会导致寄生阻力增加,可能大到和飞机的固有寄生阻力一样大。

作为回顾,几乎所有单发飞机上的恒速螺旋桨都是不可顺桨的,而且是油压增加桨距型设计。在这种设计中,来自螺旋桨调速器增大的油压向高桨距低转速位置驱动桨叶角。

相反,安装在大多数多发飞机上的恒速螺旋桨则可以完全顺桨,而且是平衡式,油压降低桨距型设计。在这种设计中,来自螺旋桨调速器增大的油压把桨叶角从顺桨桨叶角向低桨距高转速位置驱动。实际上,唯一防止这些螺旋桨顺桨的就是不断地提供高压发动机机油。失去油压或者螺旋桨调速器故障是使螺旋桨顺桨所必需的。

空气动力对螺旋桨随气流高速旋转时的单独作用倾向于把桨叶向低桨距高转速驱动;连接到每个桨叶柄的配重物倾向于把桨叶向高桨距低转速驱动。通过配重物作用的惯性,或者称为离心力的惯性力通常稍微大于空气动力。来自螺旋桨调速器的油压用于抵消配重物的力,并把桨叶角向低桨距高转速驱动。油压的降低会导致转速受配重物的影响而降低。如图 12 - 4 所示。

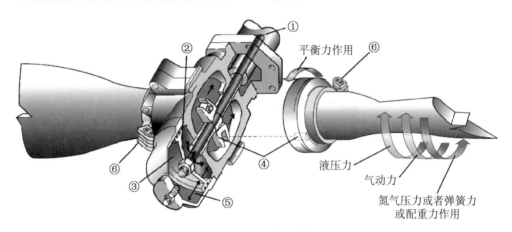

图 12 - 4　改变桨距的力

① 高压机油通过螺旋桨轴和活塞杆的中心进入油缸,螺旋桨控制杆调节来自调速器的高压机油流量。
② 螺旋桨毂轴中的液压活塞通过一个活塞杆连接到每一个桨叶,这个杆子安装到叉形体上,而叉形体在安装于每个桨叶根部的桨距变化插销上滑动。
③ 机油压力驱动活塞朝气缸的前面移动,同时移动活塞杆和叉形体向前运动。
④ 叉形体推动每个桨叶的桨距变化插销朝轮毂的前面运动,导致桨叶向低桨距位置扭转。
⑤ 在毂轴前面注入的氮气压力或者机械弹簧与机油压力方向相反,并导致螺旋桨向高桨距移动。
⑥ 配重也导致桨叶向高桨距和顺桨位置移动,配重抵消试图把叶片向低桨距移动的气动扭转力。

为了使螺旋桨顺桨,要充分地向后带螺旋桨控制杆。从调速器上消除所有的油压,然后配重物驱动螺旋桨桨叶向顺桨方向移动。在作用于配重物的离心力由于转速下降而减小时,就需要额外的力来使桨叶完全顺桨。这个额外的力要么来自弹簧要么是存储在螺旋桨导流罩中的高压空气,它迫使桨叶向顺桨位置移动。整个过程可能需要 10 s。

使螺旋桨顺桨只会改变桨叶角并使发动机停止旋转。为了完全保护发动机,飞行员仍然必须切断燃油(混合气、电子增压泵和燃油选择器)、点火、交流发电机/发电机和关闭引擎罩鱼鳞片。如果飞机是增压式的,则还可能要关闭故障发动机的引气。一些飞机装配了防火隔离壁截止阀门,它用一个单独的开关保护这些系统的几个部分。

根据故障模式、高度和可用时间条件的不同,完全保护一个失效的发动机可能是不必要的或甚至是不值得的。故障发动机的燃油控制、点火开关和交流发电机/发电机开关的位置对飞机性能没有影响。在匆忙或紧张的条件下总是有可能错误地操作开关。

为了使螺旋桨不再顺桨,必须旋转发动机,这样才能产生油压把螺旋桨桨叶从顺桨位置移开。在发动机旋转之前,油门处于低速慢车位,混合气富油,然后打开点火器。当螺旋桨控制杆处于高转速位置时,接通起动器。发动机将开始旋转,起动并运行,这时油压把桨叶从顺桨位置移开。发动机起动时,在发动机需要几分钟变热之前,应该立即降低螺旋桨转速;飞行员应该监视气缸头温度和机油温度。

万一用起动器达到的转速不足以使螺旋桨逆桨,那么以小坡度俯冲增加空速通常是有帮助的。无论如何,为了准确地进行逆桨操作,应该遵守 AFM/POH 中的程序。制造商非常反对在地面上进行顺桨操作和起动处于顺桨状态的往复式发动机,因为这会产生过大的应力和振动。

正如刚才所说,失去来自螺旋桨调速器的油压会让配重物、弹簧和/或整流罩充氮气驱动桨叶到顺桨位置。那么在逻辑上,每次发动机关闭且油压降低到零的时候,螺旋桨桨叶应该是顺桨的,然而,不会发生这样的情况。阻止这种情况发生的是一个安装在螺旋桨毂内桨距变化机构中的小插销,一旦转速下降到大约 800 r/min 以下它就不会让螺旋桨桨叶顺桨。插销检测到螺旋桨旋转的离心力降低并回落到一个位置,阻止了桨叶顺桨。因此,如果要让螺旋桨顺桨,则必须在发动机转速降低到大约低于 800 r/min 之前完成顺桨。在一种型号得到广泛应用的涡轮螺旋桨发动机上,螺旋桨桨叶确实可以而且实际上在每次关闭发动机的时候就顺桨了,原因是这个螺旋桨没有安装这样的离心力控制插销,这是一种独特的发动机设计。

逆桨蓄压器是一种可选用的装置,它允许在飞行中无需使用电子起动器来起动一台顺桨的发动机。蓄压器是任何一种存储储备高压的装置。在多发飞机上,逆桨蓄压器在压缩空气或压缩氮气的压力下存储少量的备用发动机机油。为了在飞行中起动顺桨的发动机,飞行员把螺旋桨控制杆移开顺桨位置以释放蓄压器压力。机油在压力下流到螺旋桨毂并驱动桨叶向高转速低桨距位置移动,因此螺旋桨通常会开始随气流旋转起来(在一些飞机上,可能有必要借助电子起动器的帮助来起动旋转,并完全地使螺旋桨逆桨)。如果有燃油并点火,那么发动机将起动并运行。对于在训练中使用的飞机,这很大程度上节约了电子起动器的寿命和电池的损耗。就在发动机开始旋转后的片刻,来自螺旋桨调速器的高压机油会再次注入到蓄压器中。

12.4.2 螺旋桨同步

很多多发飞机有一个螺旋桨同步器,安装它的目的是消除转速接近但不严格一致的螺旋桨所发出的恼人的振动噪声和差拍的声音。为使螺旋桨同步,飞行员使螺旋桨转速大致相同,然后接通同步器系统。螺旋桨同步器调节"从"发动机的转速和"主"发动机转速精确地匹配,然后维持这样的关系。在飞行员选择新的螺旋桨转速的时候应该断开螺旋桨同步器,然后在设定好新的转速后再次接通。螺旋桨同步器在起飞、着落和单发运行时应该一直关闭。应该参考 AFM/POH 来了解系统说明和限制。

螺旋桨同步器的一个变化形式是螺旋桨自动同步机。螺旋桨自动同步机的作用和同步器非常类似,也是为了精确地匹配转速,但是自动同步机更进一步。它不仅匹配转速而且实际上对比并在它们的弧线内调节螺旋桨各个桨叶的位置。使用螺旋桨自动同步机的时候可以明显地降低螺旋桨噪声和振动。从飞行员的角度来说,操作螺旋桨同步器和操作螺旋桨自动同步机非常类似。自动同步机也常常被称为螺旋桨同步器,尽管从技术的观点看这是不完全正确的术语。

作为飞行员手动同步螺旋桨的一个辅助,一些双发飞机在转速计内或转速计边上装有一个小的仪表,是旋转的圆盘形螺旋桨符号。飞行员手动微调发动机转速使得圆盘停止旋转,从而使螺旋桨同步。可以利用能听见的螺旋桨打拍子的声音作为同步发动机转速的一种有用的备用手段。还可以发现这个仪表随大多数螺旋桨同步器和自动同步机系统一起安装。一些自动同步机系统让飞行员使用一个旋钮来控制相角。

12.4.3 燃油交叉输送

燃油交叉输送系统也是多发飞机特有的。使用交叉输送系统,发动机可以从对面机翼的油箱中抽取燃油。

对于大多数多发飞机,以交叉输送模式运行是一个紧急程序,其目的是为了延长飞机单发失效时飞行的航程和续航性。少数型号的飞机允许把交叉输送作为正常模式,在正常运行中需要使用燃油平衡技能,但这种情况是不合常规的。在 AFM/POH 中将说明交叉输送限制和程序,这些限制和程序在不同的多发飞机之间会有明显的区别。

在地面时,通过快速地重置燃油选择器位置来检查交叉输送系统的运行,这种方法无实质作用,只能确保开关的自由运动。为了切实检查交叉输送系统的运行,应该进行完整的功能性交叉输送系统检查。为检查起见,每一个发动机在试车期间应该从其交叉输送模式开始运行。应该逐个地检查发动机,并让它以中等功率(至少 1 500 r/min)至少运行 1 min,以确保从交叉输送来源获得的燃油流量达到一定数值。一旦完成这个检查,则每个发动机应该从主(起飞)燃油箱供油并以中等功率运行至少 1 min,以便在起飞前再次确认燃油流量。

并没有要求在每次飞行前都执行这个推荐的检查。但是,不经常使用的交叉输送燃油管是水和碎屑聚集的理想场所，除非经常使用它们，并在飞行前使用它们的外部排液装置把它们排干。当备降机场就在附近时，通常不使用交叉输送系统完成单发飞行，并且从不在起飞和着陆时使用交叉输送系统。

12.4.4　燃气加热器

在多发飞机上，燃气加热器是很常见的装置。燃气加热器最好说成是一个小的暖气炉，它通过燃烧汽油产生热空气从而使乘客舒适并为风挡玻璃除雾。大多数是恒温运行的，出于维修目的，还会有一个独立的计时器记录其运行的时间长短。安装在这个装置上的温控开关提供了自动的过热保护，在飞行中不能操作它。这需要飞行员或机械师仔细地目视检查这个装置是否可能受热损坏，以便复位这个开关。

在完成燃气加热器的使用后，需要一段冷却时间。大多数加热器需要在飞行中让外部空气在装置内循环至少 15 s，或在地面上保持通风风扇至少运行 2 min。如果不能提供充分的冷却，通常会导致温控开关报错，致使加热器失效，直到开关被复位。

12.4.5　飞行指引/自动驾驶

在装备更好的多发飞机上，可经常见到飞行指引/自动驾驶系统(FD/AP)系统。这个系统在一台计算机中集成了俯仰、滚转、航向、高度和无线电导航信号处理功能。在飞行指令指示器或叫 FCI 上显示出称为计算指令的输出结果。FCI 代替了仪表面板上传统的姿态仪。FCI 有时也被称为飞行指引指示器(FDI)或者姿态指引指示器(ADI)。整个飞行指引/自动驾驶系统有时也被一些制造商称为综合飞行控制系统(IFCS)。其他的制造商则使用术语"自动驾驶控制系统(AFCS)"。

可能在三个层次上使用 FD/AP 系统。

- 断开(原始数据)。
- 飞行指引(计算的指令)。
- 自动驾驶。

系统关闭时，FCI 以普通的姿态仪方式运行。在大多数 FCI 上，当飞行指引关闭后，指令线从视野中消失。飞行员就像未安装这个系统一样地驾驶飞机。

为了利用飞行指引仪驾驶飞机，飞行员在 FD/AP 模式控制器上输入需要的运行模式(航向、高度、导航截获和跟踪)。然后计算出的飞行指令通过 FCI 中的单指针或双指针显示给飞行员。在单指针系统上，指令有 V 型线指示。在双指针系统上，指令以两个独立的指令线显示，一个用于俯仰，另一个用于滚转。如果没有使用计算出的指令来驾驶飞机，那么飞行员要"驾驶"FCI 上的符号化飞机来匹配显示出的操纵提示。

在大多数系统上，为了接通自动驾驶，必须首先运行飞行指引仪。在之后的任何时候，飞行员可以通过模式控制器接通自动驾驶。然后自动驾驶系统驾驶飞机以满足飞行指引的计算指令要求。

与任何计算机一样,FD/AP 系统只做人们所指定的事情。飞行员必须确保已经为预期的具体飞行阶段正确地制定好自动飞行程序。预位和/或接通模式通常显示在模式控制器或独立的指示灯上。当飞机处于手动驾驶时,如果在任何特定时刻没有使用飞行指引,则应该关闭它,这样就可以使指令线从视野中消失。

在接通系统之前,应该完成所有的 FD/AP 计算机和配平检查。很多较新的系统在未完成自检时是不能被接通的。飞行员还必须非常熟悉不同的断开方法,包括正常断开和紧急断开。包括批准和限制在内的系统详细信息都可以在 AFM/POH 的附录部分找到。另外,很多航空电子设备制造商在你提出需要时可以提供内容丰富的飞行员操作指导。

12.4.6　偏航阻尼器

偏航阻尼器是一个伺服系统,它根据陀螺仪或检测偏航快慢的加速计的输入来移动方向舵。偏航阻尼器使湍流引起的绕垂直轴的运动强度最小(后掠翼飞机上偏航阻尼器的另一个更重要功能是使荷兰滚程度不断减弱)。在接通偏航阻尼器后,乘客可以感受到更加平稳的乘坐感,特别是坐在飞机后部的乘客。在起飞和着陆时,应该关闭偏航阻尼器。在单发运行时,可能还有额外的使用限制。大多数偏航阻尼器可以独立于自动驾驶而被接通。

12.4.7　交流发电机/发电机

交流发电机或者发电机的并联电路与每一个发动机的交流发电机/发电机输出搭接,这样可以在它们之间均衡地分担电力系统的负载。如果一个交流发电机/发电机失效,则可以隔离失效的单元,整个电力系统靠剩余的一个发电机供电。根据交流发电机/发电机的电力容量,当仅靠一个单元运行时,飞行员可能需要降低电力负载(称为减负荷)。AFM/POH 将会包含系统描述和对限制的说明。

12.4.8　前端行李舱

在多发飞机上,前端行李舱是很常见的(甚至在一些单发飞机上也有)。前端行李舱没什么特别和奇异之处,而且通常的指导准则会涉及到检查适用的载荷限制。在这里提到它们的原因是飞行员有时遗漏了正确的插销保险,这是非常危险的。如果插销保险不当,则舱门会打开,里面的货物将掉下来,通常会进入旋转的螺旋桨中,且通常就发生在起飞之后。即使前端行李舱是空的,当舱门打开时飞行员也会因此而变得心烦意乱,进而引起迷航。对前端行李舱的插销和锁定装置进行安全检查是一个重要的飞行前检查项目。

大多数飞机在前端行李舱门打开时将会继续飞行。可能因紊乱气流产生一定程度的抖振,并且噪声会增加。飞行员绝不要对这舱门过度集中注意力,从而导致无法驾驶飞机。

对行李舱内部的检查也是一个重要的飞行前检查项目。不止一个飞行员惊奇地发现原以为是空的行李舱中其实装满了货物或装载了压舱物。牵引杆、发动机进气口盖子、风挡玻璃遮阳屏、机油瓶子、备用轮挡和其他小的手动工具应该放在行李舱中各自的位置上并固定好,以防在飞行中因它们的移动而产生破坏作用。

12.4.9 防冰/除冰

通常在多发飞机上安装防冰/除冰装置,它们由不同的系统组成。根据功能不同,可以被分为防冰或除冰两类。即使安装了防冰和除冰装置,甚至它们可能看起来非常精良和完备,也不一定意味着飞机已被批准允许在结冰条件下飞行。应该参考 AFM/POH、标牌,甚至咨询制造商以获得详细的批准和限制情况。

安装防冰装置的目的是为了防止在特定的受保护表面产生结冰现象。防冰装置包括加热的皮托管、加热的或者不结冰的静压端口和燃油排放口、带电加热保护套的螺旋桨桨叶或酒精抛射环、喷射酒精型或电阻加热型风挡玻璃、风挡玻璃除雾器和加热的失速警告升力检测器。在很多涡轮螺旋桨发动机上,沿进气口的"边缘"用电力加热或用引气加热。如果 AFM/POH 没有对相反的情况加以说明,那么在飞入已知或可疑结冰条件之前要起动防冰装置。

除冰装置通常限于机翼上充满空气的保护罩和尾翼的前缘部分。安装除冰装置是为了除掉已经在受保护表面形成的积冰。在飞行员起动除冰装置时,保护罩因气泵充入的空气而膨胀,使积冰破碎。在短暂的膨胀之后,它们在真空的帮助下收缩恢复到正常位置。飞行员监视冰的形成,并根据 AFM/POH 中的规定周期性地让保护罩膨胀。在左侧发动机吊挂上的用于监视结冰的灯光可以让飞行员在夜间监视机翼上冰的积累情况。

在结冰条件下飞行所必需的其他机身装置包括一个备用进气源和一个备用静压系统源。还有安装耐积冰的天线。

如果在正常发动机进气源上发生积冰,则应该选择汽化器加热(汽化式发动机)或备用空气源(燃油喷射发动机)。可以通过降低固定桨距螺旋桨发动机转速和降低恒速螺旋桨歧管压力来检查正常进气源上的结冰情况。在一些燃油喷射发动机上,当正常空气源被堵塞之后会自动起动备用空气源。

在极少发生的主静压源堵塞后,备用静压系统为皮托静压系统提供了一个备用静压空气源。在非增压的飞机上,大多数备用静压源直接连接到客舱。在增压的飞机上,它们通常直接连接至非增压的行李舱。飞行员必须通过打开驾驶舱中的活门或一个装置来起动备用静压源。起动后,空速表、高度表和垂直速度表(VSI)将会受到影响,并且读数会有点误差。在 AFM/POH 中通常提供了一个修正表格以供参考。

防冰/除冰装置只能消除受保护表面的积冰。即使在正确地使用防冰和除冰系统时,也可能在未受保护的区域形成明显的积冰。以高迎角或者甚至以正常爬升空速飞行都可能在机翼下表面产生明显的积冰,这些区域是不受保护的。很多 AFM/POH 规定了在结冰条件下要维持的最低速度。在冰积累时,可以预期所有飞行特性会变差,并且性能有大幅损失。在冰积累时,飞行员不要依靠失速警告装置来获得足够的失速警告。

在飞机上,冰的积累是不均衡的。它将增加重量和阻力(主要是阻力),并且降低推力和升力。即使机翼形状影响冰的积累;但是薄的翼型截面比厚的高弧形截面更容易导致冰的积累。由于这个原因,一些表面例如水平安定面就比机翼更容易结冰。在结冰时,应该以最小的襟翼设定(襟翼放下增加了水平安定面的迎角)和更大的空速余度进行着陆进近。应该避免空速和构型产生突然的和大幅度的变化。

除非 AFM/POH 中另有建议,否则在结冰条件下不要使用自动驾驶。持续使用自动驾驶会掩盖冰积累条件下发生的配平和操控变化。在没有这个控制反馈的条件下,飞行员可能不知道冰已经积累到危险的程度。自动驾驶在达到其设计极限的时候会突然断开,而飞行员会发现这时飞机已经表现出令人不满意的操控特性。

在未经 AFM/POH 批准的飞机上安装防冰和除冰装置,当不可避免地遇到结冰天气条件时,那么这样的飞机飞入其中也易于避免结冰的产生。即使 AFM/POH 批准了,谨慎的飞行员会避免结冰天气条件达到实际可能的最大限度,并且避免在任何结冰天气条件下延程飞行。多发飞机都没有被批准在严重结冰天气条件下飞行,也没有可以在持续结冰天气条件下一直飞行的多发飞机。

12.5 性能和限制

为了讨论性能和限制,需要定义几个术语。

* 加速-停止距离是指加速至特定速度(由制造商指定的 V_R 或 V_{LOF})时发生单发失效,并让飞机完全停止所需要的跑道长度。

* 加速-续飞距离是假定达到由制造商指定的 V_R 或 V_{LOF} 时单发失效,并继续起飞且爬升至 50 ft 所需要的水平距离。

* 爬升坡度是经常用每 100 ft 水平距离上的高度增加量表示的斜率,因此它用百分数表示。1.5% 的爬升坡度是每 100 ft 前进距离高度增加 1.5 ft。爬升坡度也可以表示为每 n mile(海里)距离内高度增加量的函数,或表示为水平距离和垂直距离的比率(例如 50∶1)。与爬升率不同,爬升坡度受风的影响。迎风分量可以提高爬升坡度,顺风分量则降低爬升坡度。如图 12-5 所示。

* 多发飞机的全发实用升限是在两个发动机都运行的情况下,可以维持稳定的 100 ft/min 爬升率所能达到的最高高度。当不能再爬升时,飞机就达到了它的绝对升限。

* 单发实用升限是在单发失效条件下,多发飞机不能再维持 50 ft/min 爬升率时所达到的高度,而其单发绝对升限是不能再爬升时达到的高度。

应该非常仔细地计划多发飞机的起飞步骤,以便在单发失效时采取合适的动作。为了在飞行前计划中做出良好的飞行决断,飞行员应该非常熟悉飞机的性能和限制。这个决断应该作为起飞前检查单的最后一项并对其进行检查。

在起飞后不久如果一个发动机失效,基本上都是决定继续飞行或者着陆,即使

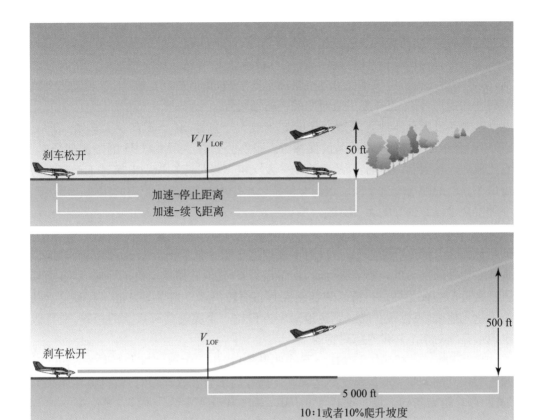

图 12-5　加速-停止距离，加速-续飞距离和爬行坡度

在远离机场的地方也是如此。如果单发爬升性能足以继续飞行，并且飞机已经及时而正确地改变好构型，那么可以继续起飞后的爬升。如果单发爬升性能不可靠或者不满足爬升要求，则必须在最合适的区域选择着陆。最重要的是要避免在超出飞机的性能能力时还试图继续飞行。如图 12-6 所示。

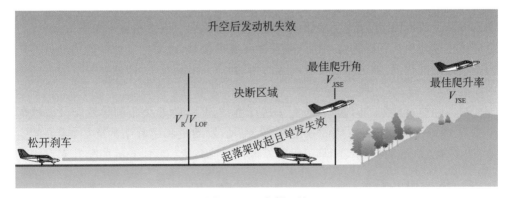

图 12-6　决断区域

　　起飞计划要考虑的因素包括重量和平衡、飞机性能(单发和多发)、跑道长度、跑道坡度和污染物、所在区域的地形和障碍物、天气条件和飞行员熟练程度。大多数多发飞机都有 AFM/POH 性能图表,飞行员应该非常熟练地使用它们。在起飞之前,多发飞机飞行员应该确保遵守重量和平衡限制,跑道长度足够,正常航迹能飞越障碍物和地形,计划好单发失效时明确的行动过程。

　　法规并没有具体地要求跑道长度等于或大于加速-停止距离。大多数 AFM/POH 中公布的加速-停止距离仅供参考。只有公布在 AFM/POH 的限制部分时,它才成为一种限制。然而,经验丰富的多发飞机飞行员能够识别出超过正常起飞所需最小长度的跑道安全余度。他们会坚持把至少为加速-停止距离的跑道长度当作一种安全手段和良好的运行实践。

　　多发飞机飞行员必须记住加速-停止距离只有在理想的条件下才能让飞机起飞到距地面之上仅 50 ft 的一个点。为了实现这个很小的爬升,飞行员必须及时地识别并对意外的发动机失效采取行动,收起起落架,确认并使发动机正确地顺桨,随着飞机接近 V_{YSE} 要始终保持精确的空速控制和滚转角度。到目前为止一直假设驾驶技术毫无瑕疵,飞机现在已经到达地形上方仅比一个翼展高一点点的位置,并且假定地形是绝对水平和没有障碍物的。

　　在 90 kn V_{YSE} 速度和 150 ft/min 净爬升率(仅用于示范)时,需要大约 3 min 时间才能爬升额外的 450 ft 高度到达 500 ft 离地高度。在这样做时,飞机将在原来的加速-停止距离基础上额外前进 5 n mile,其爬升坡度大约 1.6%。无论哪一种转弯,例如返回机场,将会严重地降低已经处于边际状态的爬升性能。

　　并非所有多发飞机都在它们的 AFM/POH 中公布加速-停止距离,有少数手册公布的仍然是爬升坡度。在公布这些内容后,那些数字是在理想的飞行测试条件下得到的。在飞机投入运营的条件下,不大可能重现那样的性能。

　　前述的那个点是为了说明多发飞机在起飞后受到单发失效影响而降低的边际爬升性能,即使在理想条件下也适用。谨慎的多发飞机飞行员应该在起飞和爬升过程中预先选择好一个点。如果在这个点之前发生单发失效,甚至在升空后,为了在前方的跑道或地面上着陆,都应该中断起飞,如果在这个点之后发生单发失效,飞行员应该迅速地执行正确的发动机失效程序并继续爬升,这里假定性能能力允许。作为一个通用的建议,如果还没有收起起落架,则应该中断起飞,即使在升空后也应该中断起飞。

　　在实际执行计划的时候,可能无法选择继续起飞,除非公布的单发爬升率性能至少为 100～200 ft/min。热的紊乱气流、阵风、发动机和螺旋桨的磨损、或差的空速、坡度和方向舵的控制技能都可以轻易地抵消掉高达 200 ft/min 的爬升率。

12.6　重量和平衡

　　重量和平衡概念与单发飞机的重量和平衡概念没有区别。但是,在实际应用时几乎总是更加复杂，原因是多发飞机有很多新的装载区域，包括前端和后端行李舱、吊舱的储物室、主油箱、副油箱、吊舱油箱以及在不同的内部配置时有大量的区域选择方案。多发飞机提供的载荷灵活性需要飞行员对每次飞行前的重量和平衡负责。

有时，飞行员会混淆出现在制造商原始重量和平衡文件中的术语"空重、许可空重、标准空重和基本空重"。

在 1975 年，通用航空制造商协会（GAMA）为 AFM/POH 采用了一种标准化格式。这种格式在大多数制造商 1976 年的型号上实现了。遵守 GAMA 标准的制造商所制造的飞机在重量和平衡方面使用下列术语：

标准空重＋可选装备重量＝基本空重

标准空重是标准飞机在加满液压油、不可用燃油，以及加满机油时的重量。可选装备重量包括在标准之外安装的所有装备的重量。基本空重是标准空重加上可选装备的重量。注意，基本空重不包含可用燃油，但是包含满的机油。

在 GAMA 格式发布之前制造的飞机在重量和平衡方面通常使用下列术语，有时准确的术语可能稍有不同：

空重＋不可用燃油＝标准空重

标准空重＋可选装备重量＝许可空重

空重是标准的飞机加上满的液压油以及不可排放的机油的重量。不可用燃油是发动机无法使用但仍然在飞机里的燃油。标准空重是空重加上不可用燃油的重量。当在标准空重基础上增加可选装备时，结果得到的就是许可空重。因而，许可空重包括标准的飞机、可选装备、满的液压油、不可用燃油，以及不可排放的机油的全部重量。

GAMA 和旧格式这两种的主要差别是基本空重包括了满的机油，而不包括许可空重。

在使用许可空重的任何重量和平衡中必须总是加上机油重量。

当飞机投入运营后，合格的维护人员将会准备一份修改的重量和平衡文件以反映因安装设备而引起的变化。旧的重量和平衡文件通常被标记上"已被取代"并保留在 AFM/POH 中。维护人员没有法律责任一定要使用 GAMA 术语，所以附在原始文件之后的重量和平衡文件可能使用不同的术语。飞行员应该仔细检查机油是否已经被增加到重量和平衡计算中，或者是否已经包含在提供的数字中。

大多数飞行员会从多发飞机开始首次接触到术语"零燃油重量"。并不是所有的多发飞机都会在它们的 AFM/POH 中公布零燃油重量限制，但是确实很多是这样做的。零燃油重量是假定没有可用燃油的条件下飞机和载荷的最大允许重量。当然，实际飞机在装载货物的时候不是完全没有可用燃油，这只是一种假定飞机没有燃油的计算方法。若公布了零燃油重量限制,则超过那个数字的全部重量必包括可用燃油。讲零燃油重量的目的是在重的机身负荷时限制作用于翼梁的载荷力。

假定一架多发飞机,它有下列重量和容量:

基本空重 ····································· 3 200 lb
零燃油重量 ····································· 4 400 lb
最大起飞重量 ····································· 5 200 lb
最大可用燃油 ····································· 180 lb

(1) 计算可用载荷:

最大起飞重量 ····································· 5 200 lb
基本空重 ····································· 一3 200 lb
可用载荷 ····································· 2 000 lb

可用载荷是飞机可承载的可用燃油、乘客、行李和货物的最大总和。

(2) 计算有效载荷:

零燃油重量 ····································· 4 400 lb
基本空重 ····································· 一3 200 lb
有效载荷 ····································· 1 200 lb

有效载荷是飞机可承载的乘客、行李和货物的最大总和。如果公布了零燃油重量,则它是限制性重量。

(3) 计算在最大有效载荷(1 200 lb)时的燃油量:

最大起飞重量 ····································· 5 200 lb
零燃油重量 ····································· 一4 400 lb
允许的燃油量 ····································· 800 lb

假定最大有效载荷,这是唯一允许超过零燃油重量的重量,它必定包含了可用燃油。在这个例子中,相当于 133.3 gal(加仑,1 gal(UK)=4.546 09 L, 1 gal(US)=3.785 43 L)的汽油。

(4) 计算最大燃油容量(180 gal)时的有效载荷:

基本空重 ····································· 3 200 lb
最大可用燃油 ····································· +1 080 lb
最大燃油时的重量 ····································· 4 280 lb
最大起飞重量 ····································· 5 200 lb
最大燃油时的重量 ····································· 一4 280 lb
允许的有效载荷 ····································· 920 lb

假定装载了最大的燃油量,则有效载荷就是加满燃油后的飞机重量与最大起飞重量之间的差值。

有些多发飞机还有一个停机坪重量,它是大于最大起飞重量的。停机坪重量是对在滑行和试车期间所燃烧燃油的一种补偿,这允许飞机以完全最大起飞重量起飞。在开始起飞滑跑时,飞机重量必须不超过最大起飞重量。

最大着陆重量是为了限制以超出公布数值的重量着陆。这要求在飞行前计划好要燃烧的燃油量,以确保飞机重量在到达目的地时等于或小于最大着陆重量。如果发生紧急情况需要立即着陆,飞行员应该知道在超过着陆重量时飞机的设计结构余度并不是全部可用的。进行超重着陆检查是可取的,但是应该参考服务手册或咨询制造商。

尽管前面讲述的问题只与重量有关,但是重量的平衡部分和平衡同样重要。当多发飞机的重心(CG)在批准的范围内移动时,它们的飞行特性会有明显的不同。

在重心向前移动时,飞机将会更加稳定,其失速速度稍微升高,巡航速度稍微降低,形成有利的失速特性。在重心向后移动时,飞机稳定性变低,失速速度稍微降低,巡航速度稍微增加,失速特性不令人满意。重心前移的极限通常由升降舵/全动水平尾翼权威机构在着陆拉平中认证确定。重心后移极限通过最低可接受的纵向稳定性来确定。超过任何重量和平衡参数就违反了飞机操作限制和联邦法规全书。

一些多发飞机在特定的载荷条件下可能需要压舱物以便使重心位于极限范围内。个别型号在只有学员和教官在飞机上的时候,需要在后行李舱添加压舱物以避免重心超过其前移极限。当乘客坐在一些型号飞机上非常靠后的座位时,可能需要在前端行李舱增加压舱物或行李以避免重心超出其后移极限。飞行员必须指派乘客的座位和安排行李及货物的放置,以实现重心处于批准的范围内。大多数多发飞机在AFM/POH的重量和平衡部分有通用的配载推荐。在增加压舱物之后,必须安全地系好它,并且它决不能超过机舱地板的最大允许载荷。

一些飞机使用一个特殊的重量和平衡绘图仪。它由几个活动的部件组成,可以在印有重心范围的绘图板上调节。典型绘图仪的背面包含特定飞机的通用配载推荐。可以在绘图板的正面重心范围内直接画上铅笔线,并留下记号。这个铅笔线可以很容易地擦掉并且每次飞行时重新计算。这种绘图仪只能用于特定品牌和型号的飞机。

12.7 地面运行

在单发飞机上学到的良好习惯可以直接应用于多发飞机的飞行前检查和发动机起动。但是,一旦起动飞机开始滑行,多发飞机飞行员新手会注意到几个不同之处。最明显的是增大的翼展,在靠近住房附近滑行时甚至要更加谨慎。地面运行看起来有些枯燥,并且多发飞机不像典型的双座或四座单发飞机那样轻快。和往常一样,务必小心谨慎,不要通过保持发动机功率最小而进行半制动滑行。多发飞机相比单发飞机的一个地面操控优势就是其差动功率能力。在转弯过程中,差动功率的帮助使得对刹车的需要和转弯半径都降到最低程度。

然而,飞行员应该知道借助刹车和差动功率进行大幅度转弯会导致飞机绕一个固定的内侧轮子和起落架转动。这种方法在并非为此设计的飞机上被滥用了,应该预防不要这样做。

除非 AFM/POH 中另有规定,否则所有的地面操作应该在引擎罩鱼鳞片全开的条件下进行。在滑行到所用的跑道之前,通常一直使用频闪灯。

12.8　正常和侧风时的起飞和爬升

在完成"起飞前"检查单并接收到空中交通管制(ATC)的放行许可后,应该滑行到跑道上中心线的位置。如果从一个无运行的管制塔台的机场离场,应该借助于合适的频率上的无线电咨询信息仔细地检查是否有正在进近的飞机。突然地转弯到跑道上并马上滑跑起飞并不是一个很好的运行实践,并且会由于油箱加速时的"断油"而被 AFM/POH 所禁止(任何情况下如果低于一定的燃油量,则 AFM/POH 可能禁止起飞)。如果有侧风的话,应根据侧风的需要进行飞行控制。不管在白天还是在夜晚,在开始起飞滑跑之前,应该立即打开外部灯光,如着陆灯和滑行灯,以及翼尖的频闪灯。如果在起飞位置等待一段时间,特别是在夜晚,那么飞行员应该在滑行到起飞位置的时候打开所有的外部灯光。

应该按照 AFM/POH 的推荐设定起飞功率。对于通常的吸气式(非增压)发动机,起飞功率将是最大油门。在大多数增压式发动机上也使用最大油门。但是,有些增压式发动机需要飞行员设定一个具体的功率数值,通常是恰好低于歧管压力红线的位置。这可以在低于最大油门的条件下产生起飞功率。

对于涡轮增压发动机,经常需要特殊考虑。涡轮增压式发动机的油门运动应该特别的平稳和小心。在油门向前推的时候用刹车保持飞机不动,这是可以接受的,并且甚可能是期望的。通常在涡轮增压器达到了明显的加速运行之后松开刹车。在发动机功率增加后,这可以避免因缓慢和以部分油门加速而导致浪费跑道长度。如果跑道长度或越障高度是临界的,那么在松开刹车之前应该按照性能图中的要求把油门设定为最大功率。

在建立起飞功率后,最初的注意力应该集中于跟踪跑道中心线和监视发动机仪表。很多初学的多发飞机飞行员倾向于在飞机一开始起飞滑跑时就盯住空速表看。相反,飞行员应该确认两个发动机正在产生最大的额定歧管压力和转速,以及燃油流量、燃油压力、排气温度(EGT)和油压在它们的正常范围内。在飞机接近抬前轮速度之前,可以很好地完成对具体发动机仪表有意识地扫视。如果有侧风,那么随着飞机的加速,可以降低侧风方向的副翼偏转。整个过程中升降舵/全动水平尾翼控制应该保持中立。

每次起飞时应该使用最大的额定起飞功率。不推荐使用部分功率起飞。没有证据表明使用部分功率起飞可以延长现代往复式发动机的寿命。荒谬的是,由于在部分功率的起飞过程中,燃油测量系统不能输送稍微富油的混合气,因它对于发动机冷却至关重要，从而出现发动机过热和发动机磨损的现象。

在任何双发飞机的起飞和爬升过程中，要说明几个关键的空速。第一个要考虑的速度是 V_{MC}。如果飞机在地面且速度低于 V_{MC} 时发生单发失效，那么必须中断起飞。根据需要，只能通过迅速地关闭两个油门和使用方向舵及刹车来维持方向控制。如果在低于 V_{MC} 速度的条件下升空后发生了单发失效，那么不可能通过输出起飞功率的另一台发动机进行方向控制。因而，在起飞过程中，在空速达到或超过 V_{MC} 之前，飞机绝不要升空。飞行员应该使用制造商推荐的抬前轮速度 V_R 或升空速度 V_{LOF}。如果没有公布这些速度，那么应该使用最小的 V_{MC} 加 5 kn 作为速度 V_R。

要平稳地完成抬前轮至起飞上仰姿态的过渡过程。有侧风时，飞行员应该确保飞机升空后起落架不会再次接触跑道，同时将出现侧向飘移。在这些条件下，应该更加果断和/或以更高速度完成抬前轮。但是，飞行员应该记住在推荐的 V_R 和/或 V_{LOF} 速度下计算出的 AFM/POH 性能中的加速-停止距离、起飞地面滑跑距离和越障距离这些数字。

升空后，下一步要考虑的是尽可能快地增加高度。离开地面后，让高度增加比获得过大的空速更加重要。经验表明，如果发生单发失效，过大的速度并不能有效地转化成高度。高度可以给飞行员留出思考和反应的时间。因而，应该允许飞机以小坡度爬升加速至 V_Y 速度，这是最佳全发爬升率速度。在考虑地形和障碍物的条件下，应该一直维持 V_Y 速度直至达到安全的单发机动高度。

为了在起飞和最初的爬升阶段帮助飞行员，一些 AFM/POH 给出了"50 ft"或"50 ft 障碍物"速度，它们作为抬前轮、升空和加速至 V_Y 过程中的目标速度。

在建立正爬升率之后，通常应该收起起落架。一些 AFM/POH 规定飞行员在升空后收起起落架之前，立即使用轮子刹车停止轮子的转动。如果起飞时放下了襟翼，则应该按照 AFM/POH 中的推荐收起襟翼。

一旦达到了安全的单发机动高度，通常最低为 400～500 ft 离地高度，然后应该过渡到航路爬升速度。这个速度比 V_Y 高，且通常一直维持到巡航高度。航路爬升速度提供了更好的能见度，增加了发动机冷却的效率，并且使地速更高。在完成向航路爬升速度的过渡后，如果需要，这时可以降低起飞功率。

一些飞机在 AFM/POH 手册中公布了推荐的（有时是一个限制）爬升功率设定，它应该设定为航路爬升功率。如果没有公布爬升功率设定，通常不作为要求，稍微降低歧管压力和转速进行航路爬升。通常在第一次功率降低之后完成螺旋桨的同步，如果安装了偏航阻尼器，则应该接通。AFM/POH 也可能推荐在爬升过程中进行贫油设定。在空中交通和工作量允许的条件下，应该完成"爬升"检查单。如图 12-7 所示。

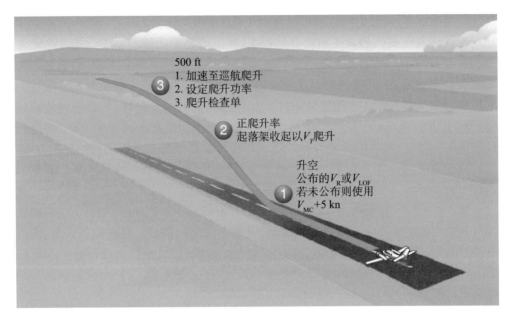

图 12 - 7　起飞和爬升剖面

12.9　改平飞和巡航

在巡航高度上改平飞时,飞行员应该让飞机以爬升功率一直加速到巡航空速,然后设定巡航功率和转速。为了达到任一飞机的最大巡航功率,应该严格地遵守制造商提供的功率设定表格。如果气缸头机油温度位于它们的正常范围内,则可以关闭引擎罩鱼鳞片。在发动机温度稳定后,可以根据 AFM/POH 的推荐进行贫油设定。这时,应该完成"巡航"检查单的其余部分。

多发飞机的燃油管理通常也比单发飞机更加复杂。根据系统设计的不同,飞行员可能需要在主油箱和副油箱之间选择,或者甚至使用燃油输送器从一个油箱输送到另一个油箱。对于复杂的燃油系统,经常可以发现一些油箱被限制只能用于水平飞行,或者要求在下降或着陆时主油箱中有储备燃油。在不同的型号上,电子燃油泵也会有很多不同的操作,特别是在油箱切换或燃油输送过程中。一些燃油泵在起飞和着陆中打开;其他的则应关闭。在操作复杂的飞机时,除了透彻地掌握系统和 AFM/POH 知识之外,无捷径可走。

12.10　正常进近和着陆

由于多发飞机比大多数单发飞机有更高的飞行速度(通常,飞行高度也更高),必须提前做好下降计划。以慢车或接近慢车的功率匆忙而紧急地下降是低效的,且会导致发动机过度冷却。这也会导致乘客不舒服,特别是如果飞机不是增压式的。作为一个经验规则,如果地形和乘客条件允许,应该计划使用最大为 500 ft/min 的下降率。如果需要,那么增压的飞机可以计划使用更高的下降率。

在下降过程中,一些飞机要求有一个最低的 EGT 温度,或者一个最低的功率设定或气缸头温度。在任何情况下,发动机制造商都会严格禁止同时使用很低的歧管压力和高转速设定。如果需要较高的下降率,在明显地降低功率之前,飞行员应该考虑放下部分襟翼或放下起落架。离开巡航高度时应该开始执行"下降"检查单,并在到达终端区域之前完成。到达终端区域且在 10 000 ft 以下运行时,不管白天还是夜晚,鼓励飞行员打开他们的着陆和标志灯,特别是在距离机场 10 mi 范围以及在能见度降低的条件下。

多发飞机在起落航线和进近时的指示空速通常要比大多数单发飞机稍微高一些。飞行员考虑到这点,可能会较早地开始执行"着陆前"检查单。这为飞行员提前进行正确的计划,保持间隔和思考提供了时间。很多多发飞机的部分襟翼放下速度高于 V_{FE},并且在进入起落航线之前可以放下部分襟翼。通常,在三边上正切预期着陆点的时候,可以选择并确认放下了起落架。如图 12-8 所示。

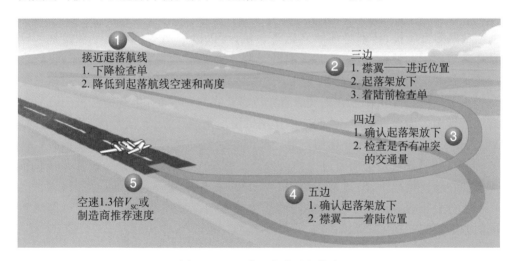

图 12-8 正常双发进近和着陆

联邦航空局(FAA)推荐了一个稳定进近的概念。为了在最大限度上切实可行,在五边上且距离地面高度低于 500 ft 时,飞机应该达到稳定的速度,完成配平,配置为着陆构型,沿着跑道的中心线的延长线,并建立一个恒定的下降角飞向着陆区的一个瞄准点。在没有出现异常飞行状况时,只需要很少的修正就可以在拉平和接地之前维持这个进近。

应该以有动力和制造商推荐的速度进行五边进近;如果没有提供推荐速度,那么在确保短距离的五边着陆进近之前,速度不要低于单发最佳爬升率速度 V_{YSE},但是决不能低于关键发动机失效最低控制速度 V_{MC}。一些多发飞机飞行员在能确定完成短的五边着陆进近之前不愿意放下最大襟翼。在拥有适当经验和熟悉飞机的条件下,这是一个可接受的技能。

在着陆拉平过程中,剩余的功率逐渐降低到慢车位。由于多发飞机较高的机翼载荷以及两个风车式螺旋桨产生的阻力,拉平时的飘移将是很小的。

在多发飞机上,通常不期望使用全失速着陆。飞机应该像高性能单发型号一样被拖延,让主轮在完全失速之前接地。

在有利的风和跑道条件下,可以推迟放下前轮以达到最佳的空气动力制动效果。即使在前轮逐渐放低到跑道中心线的时候,继续使用向后的升降舵压力将极大地帮助轮子制动,从而使飞机停止。

如果跑道长度是临界的或有强侧风,或者跑道表面被水、冰或雪污染了,那么不要在接地后仅靠空气动力制动。只要实际可行,就应该让轮子承受飞机的全部重量。这时轮子制动将比仅用空气动力制动能更加有效地使飞机减速。

一旦到达地面,应该使用向后升降舵压力在主轮上增加额外的重量,并增加额外的阻力。必要的时候,收起襟翼也将会把额外的重量增加到轮子上,进而改进制动效果。然而,在着陆拉平时是不鼓励收起襟翼的,除非有明确可行的要求。不要像例行公事一样完成每次的着陆。

一些多发飞机,特别是那些客运类飞机,可以以小功率进行拉平和接地。这是一种可接受的技能,目的是防止高的下降率并为接地提供缓冲。然而,飞行员应该记住着陆的主要目的是让飞机下降并停止。这种技能应该只用于跑道长度有很大余度的时候。在螺旋桨气流直接流过机翼时,同时产生升力和推力。只要速度和安全方面允许,飞行员就应该让飞机滑出跑道,然后完成"着陆后"检查单。通常,在飞机停下来并离开在用跑道之前不要试图收起襟翼或执行其他检查单任务。这点的例外就是上面所讨论的很少需要的操作,即释放机翼的重量并让轮子承受。在这些情况下,应该遵守 AFM/POH 的指导准则。在着陆拉平时,飞行员不要不分轻重缓急地伸手去触碰任何开关或手柄。意外地收起起落架可能导致同时收起襟翼。

12.11　侧风进近和着陆

多发飞机通常比单发飞机更易于侧风着陆,因为它的进近和着陆速度较高。不管怎样,单发和双发之间的原理是没有区别的。在接地前,纵轴必须和跑道的中心线对齐,以避免起落架受到侧向载荷。

两种主要的方法即航向法和侧滑法通常是互相结合使用的。在飞机转向到五边的时候就应该立即建立沿跑道中心线延长线飞行的偏航角。这是通过调整航向抵消向左或向右的风飘移而实现的协调飞行。在接地前,通过放低迎风侧机翼和施加反向方向舵以防转弯从而实现向侧滑法的过渡。飞机以迎风侧起落架先接地,然后是顺风侧起落架,接着是前起落架。其中的飞行控制是向风的来向增加副翼控制直到达到最大的控制面偏转位置。

从航向法过渡到侧滑法的过渡点取决于飞行员对飞机的熟悉程度和经验。

如果具备高水平的驾驶技能和丰富的经验,那么可以在快要接地之前的拉平过程中进行过渡。如果驾驶技能和经验较差,可以在距离跑道较高的高度上完成过渡。一些多发飞机的 AFM/POH 中有侧滑不能超过一定时间的限制,例如 30 s。这是为了防止较低一侧机翼油箱中的燃油向翼尖流动,导致在燃油抽取点缺油,进而引起发动机功率下降。如果使用侧滑法着陆,那么必须遵守这个时间限制。

一些多发飞机飞行员更愿意使用差动功率来帮助侧风着陆。不对称的推力产生了稍微不同于方向舵产生的偏航运动。在迎风侧机翼放低后,迎风侧发动机的功率增加,以防飞机转向。这个备用的技术是完全可以接受的,但是大多数飞行员认为他们用方向舵和副翼比用油门运动能够对风条件的变化作出更快的反应。特别是在利用涡轮增压发动机时确实如此,因为这时油门响应会延迟片刻。在尝试独自练习差动功率技术之前,应该有一个熟悉这一技术的教官陪伴。

12.12　短场地起飞和爬升

短场地起飞和爬升的空速及初始爬升剖面不同于正常的起飞和爬升。一些 AFM/POH 给出了独立的短场地起飞程序和性能图表,其中建议了具体的襟翼设定和空速。而其他 AFM/POH 未提供独立的短场地起飞程序。如果没有这样的具体程序,那么应该仅按照 AFM/POH 中的建议来操作飞机。任何与 AFM/POH 中的建议相冲突的操作,决不可执行。

一般来说,在短场地起飞时,就在抬前轮和升空后,应该让飞机加速到速度 V_X,以 V_X 进行初始爬升飞越障碍物,在飞越障碍物之后过渡到 V_Y 速度。如图 12-9 所示。

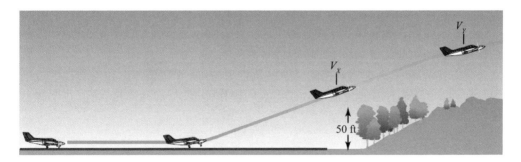

图 12-9　短场地起飞和爬升

在推荐使用部分襟翼进行短场地起飞时,很多轻型双发飞机明显地倾向于在达到 $V_{MC}+5$ kn 速度之前就升空。为防止过早升空而施加向前升降舵压力会导致出现独轮车效应。为了避免这点,可以让飞机升空,但是仅距跑道几英尺高度。如果起飞时发动机失效,起落架和襟翼都放下且空速低于 V_X,那么飞行员应该准备好迅速地中断起飞并着陆。

如果起飞时出现发动机失效,特别是在有障碍物时,那么不仅短场地起飞使用的空速低而且爬升姿态陡。V_X 和 V_{XSE} 通常非常危险地接近于 V_{MC},在达到假定的速度 V_{XSE} 后,若发生发动机失效,则出错的空间就非常不足。如果起飞时使用了襟翼,由于带来了额外的阻力,从而导致的发动机失效状况会变得更加危急。如果 V_X 高于 V_{MC} 但不超过 5 kn,那么要尽力考虑降低有效载荷,或者为了增加起飞余度而使用另一个跑道,这样就不需要使用短场地起飞技能了。

12.13　短场地进近和着陆

短场地进近和着陆的基本原理与正常进近和着陆没有明显区别。很多制造商在 AFM/POH 中没有公布短场地着陆技能或性能图表。在缺乏具体的短场地进近和着陆程序时,应该按照 AFM/POH 中的建议操作飞机。任何操作不得与 AFM/POH 的建议相冲突。

短场地进近的重点是构型(最大襟翼),恒定下降角的稳定进近和精确的空速控制。作为短场地进近和着陆程序的一部分,一些 AFM/POH 推荐使用比正常进近空速稍低的速度。如果没有公布这个较低的速度,那么使用 AFM/POH 推荐的正常进近速度。

最大襟翼用于获得最陡的进近角度。如果有障碍物,应该做好进近计划,这样在飞越障碍物时就不需要突然地降低功率。在接地之前的拉平过程中,应该平稳地把功率降低到慢车位。飞行员应该记住流过机翼上的螺旋桨气流在推力之外还提供了一些升力。一飞越障碍物之后就明显地降低功率通常导致下降率突然增加,这可能导致重着陆。

在短场地接地后,通过收起襟翼,增加向后升降舵/全动水平尾翼压力并施加重的刹车以便最大限度地让飞机停下来。然而,如果跑道长度允许,在飞机停下并退出跑道之前应该让襟翼保持在放下的位置。在着陆拉平过程中试图收起襟翼时,总是有相当大的收起起落架而不是收起襟翼的风险。

只有在短场地、大风或者强侧风这些条件下着陆,才应该考虑在着陆拉平过程中收起襟翼。当在刚接地之后有收起襟翼的操作需要时,必须谨慎执行,在明确地识别襟翼手柄之后才可以移动它。

12.14　复飞

在决定复飞后,应该向前推油门到起飞功率位置。在空速足够之后,应该把飞机调整到爬升俯仰姿态。这些同时完成的动作将防止下降率增加,让飞机处于正确的过渡至爬升的姿态。最初的目标空速应该是 V_Y,或如果有障碍物则应该是 V_X。在空速足够大时,应该把全襟翼收起至一个中间位置,而且若爬升率为正且不会再次接触跑道时再收起起落架。然后应该收起剩余的襟翼,如图 12 - 10 所示。

图 12 - 10　复飞程度

如果是因为与地面或空中的交通相冲突而开始复飞,那么飞行员应该向侧面驾驶飞机,这样能够看到相冲突的交通。这可能是以小坡度转弯偏移到一边,然后平行于跑道或着陆区域飞行。

如果在开始复飞时,飞机配平为着陆进近,那么随着飞机在爬升中加速,它将需要施加很大的向前升降舵/全动水平尾翼压力。飞行员应该施加合适的向前升降舵压力来维持预期的俯仰姿态,而且应该立即开始配平。如果工作量允许,那么应该复查"中断着陆"检查单。

应该在收起起落架之前收起襟翼的原因有两个。首先,在大多数飞机上,最大襟翼产生的阻力比放下的起落架产生的阻力更大。其次,飞机在襟翼收起的时候会稍微倾向于下降,如果发生了意外的或瞬间的接地,那么起落架应该处于放下位置。

很多多发飞机的起落架收起速度明显低于放下速度。在复飞期间应该小心不要超过收起速度。如果飞行员想要返回着陆,那么重新执行完整的"着陆前"检查单是很重要的。对飞行员习惯模式的干扰,例如复飞事件,是经典的以起落架收起状态进行着陆的一种情景。

前面对复飞的讨论假设是从正常进近速度或更快速度开始执行的。如果从较低的空速开始执行复飞,最初的上仰至爬升姿态必须是缓和的,因为在整个过程中必须维持足够的飞行速度。这些原则适用的例子包括从着陆拉平开始复飞或从糟糕的弹跳中改出,以及由于意外的接近失速而开始的复飞。最优先的事情总是维持控制并获得足够的飞行速度。随着飞机加速到爬升速度,可能需要飞机保持一段时间的水平或接近水平飞行。

12.15　中断起飞

多发飞机的起飞可以因与单发飞机中断起飞相同的原因而中断。一旦决定中断起飞,飞行员应该迅速地关闭两个油门并使用方向舵、前轮转向和刹车来维持方向控制。可能需要过度地使用方向舵、前轮转向和刹车来保持飞机在跑道上。特别是,如果没有立即发现单发失效并且还迅速地关闭了两个油门。然而,主要目标不是必须把飞机尽可能在最短距离内停下来,而是在飞机减速时保持对飞机的控制。

有些情况下,宁愿受控制地让飞机继续滑跑到超过跑道的区域,也不能为了让飞机在尽可能最短的距离内停下而冒着方向失控、起落架损毁或轮胎/刹车失效的风险。

12.16　升空后发动机故障

起飞或者复飞是导致单发失效的最关键时刻。这时飞机速度较慢,并且接近地面,还可能已经放下起落架和襟翼。这时高度和时间都是最低限度的。在顺桨之前,失效发动机的螺旋桨会一直自转,产生大量阻力并导致偏航倾向。飞机的爬升性能处于边际状态或者甚至不可能爬升,而且可能在前方还有障碍物。这时,很明显既增加了让飞行员感到意外的因素,又需要在每次起飞前计划好行动步骤。

在失去一个发动机动力后,至关重要的是保持飞机控制并遵守制造商建议的紧急程序。起飞后不久一个发动机完全失效可以被宽泛地归入下列三个情况之一。

(1)起落架放下。如图 12-11 所示。如果在选择收起起落架之前发生发动机失效,那么要关闭两个油门并在剩余的跑道上或者升降带内着陆。取决于飞行员对突然偏航的反应有多快,飞机可能在飞行员采取动作之前已经飞到跑道的侧面。这时确实没有其他实际可行的选择。正如前面所讨论的,在收起襟翼、起落架、使螺旋桨顺桨并且加速的同时还要维持方向控制,这样的可能性是很低的。在一些装有单发驱动型液压泵的飞机上,若那个发动机失效,就意味着收起起落架的唯一方法是让发动机自转或使用一个手动泵。但是在起飞过程中这是不切实际的。

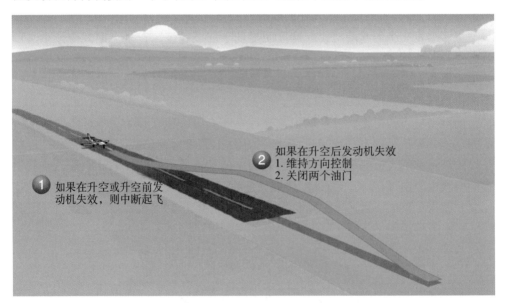

图 12-11　起飞时发动机失效,起落架处于放下位置

(2)已经选择起落架手柄收起,且单发爬升性能不足。如图 12-12 所示。当在起飞后不久遇到单发失效且在接近或者超过单发升限的高度上运行时,那么不管前面的情况怎样,必须完成着陆。也有一个选择就是继续向前飞,只要飞行员不要试

图 12-12 起飞后发动机失效,且爬升性能不足

图在超过飞机性能能力的条件下保持飞机飞行,就可以用余下的发动机产生的功率以 V_{YSE} 速度下降。持续地保持在空中,以牺牲空速为条件,白白地努力保持高度几乎总是致命的。在受控条件下进行着陆是极其重要的。单发起飞的最大危险是当不在飞机的性能范围内时还试图飞行,那么不可避免地要发生事故。

对起飞时发动机故障的分析表明,当飞机在受控下进行着陆有很高的发动机失效场外着陆成功率。分析也表明,当飞行员试图在超过飞机的性能能力之外飞行时,有很高的失速尾旋意外事故率。

如前所述,如果飞机的起落架收起装置依赖于来自某一发动机驱动泵的液压压力,那么发动机的失效就意味着不管飞行员是使螺旋桨自转从而为发动机提供液压压力以便收起起落架,还是通过备用泵手动收起起落架,都会降低几百英尺高度。

(3)已经选择起落架手柄收起,且单发爬升性能充足。如图 12-13 所示。如果

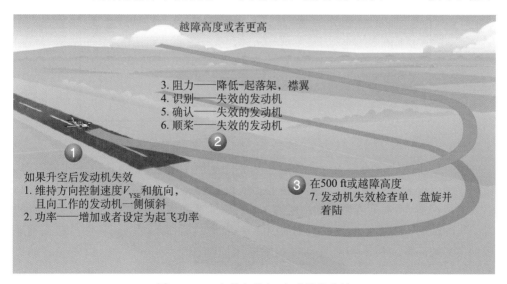

图 12-13 起落架收起,爬升性能充足

单发爬升率是足够的，那么应该遵守继续飞行的操作步骤。有四方面需要考虑：控制、构型、爬升和检查单。

● 控制。起飞过程中发动机失效后的首要考虑就是对飞机的控制。一旦发现单发失效，就应该使用副翼使飞机倾斜并且使用方向舵压力抵消不对称推力导致的偏航和倾斜，如果必要的话还要使用很大的偏转量。特别是在方向舵上，使用的控制力可能很高。俯仰姿态必须从 V_Y 放低到 V_{YSE}。

如果必要，应该使用至少 5°滚转来阻止偏航并保持方向控制。这个初始的滚转控制输入仅保持片刻，只要足够建立或确保方向控制即可。当滚转超出大约 2°或者 3°时，爬升性能就会下降，但是达到并保持 V_{YSE} 速度以及保持方向控制是极为重要的。应该调整配平以降低控制力。

● 构型。应该立即执行"起飞后发动机失效"检查单（见图 12 - 14）的记忆项目，以便把飞机配置成爬升构型。需要遵守的具体程序可以在特定飞机的 AFM/POH 和检查单中找到。大多数会规定飞行员采用 V_{YSE} 速度；设定起飞功率；收起襟翼和起落架；识别、确认并使失效的发动机顺桨（在一些飞机上，起落架要在收起襟翼之前收起）。

起飞后发动机失效	
空速 ···	保持 V_{YSE}
混合气 ···	富油
螺旋桨 ···	高转速
油门 ···	最大功率
襟翼 ···	收起
起落架 ···	收起
识别 ···	确定失效的发动机
确认 ···	关闭失效发动机的油门
螺旋桨 ···	顺桨
配平片 ···	调整
失效的发动机 ·······································	防护
尽可能快地 ···	着陆
粗体项目为需要立即采取的动作并且是根据记忆完成的	

图 12 - 14　典型的"起飞后发动机失效"紧急检查单

"识别"步骤的目的是飞行员最初对失效发动机的识别。根据失效模式的不同，依靠发动机仪表进行确认可能不大可靠。应该主要通过维持直线飞行需要的控制输入进行识别，而不是依靠发动机仪表。"确认"步骤要求飞行员减小被认为失效的发动机的油门。当可疑的发动机的油门降低后而没有性能变化，则证明已经正确地识别出失效的发动机。相应发动机的螺旋桨控制杆应该拉到最后，以便使发动机顺桨。

● 爬升。一旦飞机建立好方向控制并且配置为爬升构型，应该降低滚转姿态为能达到最佳爬升性能的角度。如果没有具体的零侧滑指导,那么建议使用 2°坡度和侧滑指示仪上 1/3～1/2 的小球偏移量。用俯仰控制维持速度 V_{YSE}。由于转弯飞行会降低爬升性能,所以应该保持直线向前爬升,或者以小坡度转弯以避开障碍物,在试图返回机场之前,至少要达到 400 ft 离地高度。

● 检查单。在完成"起飞后发动机失效"检查单的记忆项目后,如果时间允许应该按照印刷的检查单复查一下。然后应该完成"保护失效发动机"检查单。如图 12-15 所示。除非飞行员怀疑发动机着火,否则应该谨慎而不急躁地完成剩余事项。在执行剩余的检查单项目时,永远不要以牺牲飞机的控制为代价,这时应该已经能根据记忆完成优先的事项。

防护失效的发动机	
混合气 ··········	慢车切断
磁电机 ··········	关闭
交流电机 ··········	关闭
引擎罩鱼鳞片 ··········	关闭
增压泵 ··········	关闭
燃油选择器 ··········	关闭
螺旋桨同步 ··········	关闭
电力负荷 ··········	减低
交叉输送 ··········	需要考虑

图 12-15　典型的"防护失效发动机"的紧急检查单

除了关闭失效发动机的引擎罩鱼鳞片之外,如果还有剩余事项未做,那么这些项目中的任何一个都不应对飞机爬升性能有不利影响。如果匆忙地完成这个程序,那很可能错误地去触动开关或控制杆。飞行员应该集中精力驾驶飞机并发挥飞机的最大性能。如果有 ATC 服务,应该宣布紧急情况。

"起飞后发动机失效"检查单中的记忆项目对于飞机的当前构型而言可能是冗长的。例如,在第三个起飞情景中,假设起落架和襟翼已经收起,而记忆的项目包括起落架和襟翼,这并不是意外。记忆项目的目的是为了采取适当的动作或确认存在一种状态,不是在所有情况下都需要执行每一个项目的动作。记忆项目也适用于更多的情况。例如,在复飞时出现单发失效的情况下,如果出现故障,那么起落架和襟翼应该放下。

前述的三个起飞情景都包含起落架,它是决定着陆还是继续飞行的一个关键要素。例如,在起落架手柄处于放下位置时,不推荐继续起飞和爬升。然而,在这种情况下飞机起飞升空离地的时刻收起起落架也并不能被看作是正常程序。只要有可用的跑道或可以用于着陆的升降带,那么起落架就应该保持放下。在收起襟翼之前,用于起飞的襟翼实质上降低了单发爬升的可能性。

有两个久经时间考验应该被记住的经验规则,它们在飞行员处理发动机失效情况时很有用。第一个是"空闲脚-失效的发动机",它用于帮助识别失效的发动机。根据失效模式的不同,飞行员不可能总是根据发动机仪表及时地识别出失效的发动机。但是,在维持方向控制的同时,会在工作发动机的一侧(左侧或右侧)对飞机施加方向舵压力。这样,"空闲的脚"就和"失效的发动机"在同一侧。这个说法的其他形式包括"空闲脚-空闲发动机"和"工作脚-工作发动机"。

第二个要记忆的规则和爬升性能有关。短语"升高失效发动机"提示飞行员向工作的发动机一侧滚转约2°坡度可以获得最佳爬升性能。因而,不工作的,或者说是"失效的"发动机应该会由于稍微滚转而"升高"。

不是所有的发动机故障都导致发动机完全失效。有时故障模式是还有部分功率可用的情况。如果无需为安全妥协,当在受影响的发动机的油门降低后出现性能下降时,那么飞行员应该考虑让它继续运行直到高度和空速允许单发飞行。保护故障发动机的努力可能会导致失去整架飞机。

12.17　飞行中发动机故障

在离地较高的高空发生发动机失效,对它的处理与在较低速度和较低高度下发动机失效的处理是不同的。在巡航速度时允许有较好的飞机控制,并且高度可能为诊断和修复故障赢得时间。然而,保持飞机控制仍然是非常重要的。由于过分集中于发动机问题而导致飞机在高空迷航,这不利于飞机驾驶。

不是所有的发动机失效或故障本质上是灾难性的(灾难性的含义是对发动机造成损坏的机械故障并进一步停止了发动机的运行)。很多功率降低的案例与燃油不足有关,这时可以选择另外一个油箱即可恢复功率。顺序地检查仪表和开关就可以发现这样的问题。可以选择汽化器加热或备用气源。受影响的发动机只用一个磁电机或设定在较低功率,则有可能平稳运行。改变混合气设定可能也有帮助。如果怀疑形成了燃油蒸气,那么可以使用燃油输送泵来排除流量和压力故障。

尽管通过预防性的关闭来保护一个运行状况不佳的发动机是很多飞行员的自然想法,但是如果有任何疑虑需要它用于进一步的安全飞行时,则应该保持这个发动机继续运行。伴随有严重颤抖、冒烟、油漆起泡,或大量的机油污迹,也就是说这表明情况很严重。这时应该使受影响的发动机顺桨,并且完成"保护故障发动机"检查单。飞行员应该改航到最近的合适机场并宣告紧急情况,让ATC优先处理。

燃油交叉输送是一个让燃油从飞机的一侧油箱流到另一侧工作发动机的方法。交叉输送用于延长单发运行的实践。如果在附近有一个合适的机场,则无需考虑交叉输送。如果由于没有可用的机场而不可避免地要延长单发飞行距离,则交叉输送可以让工作的发动机使用那些平时无法使用的燃油。这也可以让飞行员平衡燃油消耗,以避免机翼重量失衡。

AFM/POH 中的交叉输送程序多种多样。如果需要使用交叉输送,那么扎实的有关燃油系统的知识是关键。在多发飞机中,交叉输送时燃油选择器位置和燃油输送泵的使用方法有很大的不同。在着陆之前,应该停止燃油交叉输送,让工作的发动机恢复使用它自己的主油箱进行供油。

如果在发动机失效时飞机高于其单发绝对升限,那么它将缓慢地下降。飞行员应该维持 V_{YSE} 以使下降率最小。在发生故障之后,这个"飘移下降"率会立即变得很大,并且在接近单发升限的时候降低。由于发动机和螺旋桨磨损、湍流和飞行员技能导致的性能差异,飞机可能难以保持在公布的单发升限高度上飞行。但是,下降率可能有适度增加。

在降低的或低功率设定时,发动机失效可能有欺骗性,不会出现明显的偏航和性能下降。在功率设定很低时,飞行员可能甚至都不知道发生了失效。如果怀疑有故障,若有必要则飞行员应该把发动机混合气、螺旋桨和油门控制杆明显地前推至起飞设定位置,以便正确地识别发生故障的发动机。工作的发动机的功率总是可以稍后降低的。

12.18 发动机失效时的进近和着陆

单发失效的进近和着陆本质上和双发进近和着陆是相同的。飞行的起落航线应该和双发进近有类似的高度、空速和关键位置。区别是可用功率降低及剩余的推力不对称。工作的发动机有必要使用比正常设定更高的功率。

在空速和性能足够的条件下,仍然可以在三边放下起落架。应该在正切预期着陆点之前确认起落架已经放下。如果性能允许,可以在三边开始最初的襟翼放下(通常为 10°)操作并从起落航线高度开始下降。这时空速应该不低于 V_{YSE}。在考虑到飞机的可控性和性能后,起落航线的方向以及转弯变得不再那么重要。向失效发动机一侧的转弯是完全可接受的。

在四边时,如果性能足够,可以放下襟翼至中等设定(通常为 25°)。根据空速降低或有很高的下降率,若性能仍不足,则推迟进一步放下襟翼直到接近跑道。V_{YSE} 仍然是要维持的最小空速。

在五边进近时,正常的 3°着陆下滑道是令人满意的。如果可用则应该使用 VASI 或其他垂直通道灯光辅助系统。稍微陡的进近也是可以接受的。但是,应该避免长而平缓的低角度进近。还应该避免大幅度地突然增加或降低功率。在确定着陆之前要一直维持 V_{YSE},然后减速到 1.3 倍 V_{SO} 或 AFM/POH 推荐的速度。可能一直推迟到确定可以着陆时才进行最终的襟翼设定,或者飞机以部分襟翼着陆。

在整个过程中飞机应该保持处于配平状态。但是,飞行员必须对快要接地前的拉平过程中工作的发动机功率降低至慢车而导致的方向舵配平变化做好准备。在只有一个螺旋桨自转的阻力条件下,飞机倾向于比双发进近有更多的拉平飘移。因而精确的空速控制是很关键的,特别是在短的、潮湿的和/或打滑的跑道表面着陆时。

一些飞行员喜欢在五边进近时把方向舵配平恢复至中立位置,并通过保持方向舵压力来抵消剩余进近过程中的偏航。这就使得在接近地面时方向舵配平无需改变,这时在着陆拉平过程中油门已经关闭。

这个技术不需要在五边进近过程中进行方向舵配平并使之保持中立,很多飞行员发现这是非常分散注意力的。这时应该使用 AFM/POH 的建议或根据个人的偏好。

必须避免单发复飞。作为单发进近的实际运用,一旦飞机在五边进近时起落架和襟翼已经放下,那么就决定着陆。如果不在预期的跑道上,那么就在另一条跑道、滑行道或者草地上着陆。轻型飞机在起落架和襟翼都放下时,是不具备单发爬升性能的。在保持速度 V_{YSE} 且收起起落架和襟翼的同时会有相当大的高度损失。降低 500 ft 或更多高度是不正常的。如果已经用一个备用的方法放下了起落架,则不可能再收起,实质上已经排除了任何爬升的可能性。

12.19 发动机失效时的飞行原则

用最大可用功率和最低阻力在速度 V_{YSE} 时达到最佳单发爬升性能。在襟翼和起落架收起以及失效发动机的螺旋桨顺桨之后,最佳爬升性能的一个关键因素是使侧滑降低到最低程度。

对于单发飞机或两个发动机都运行的多发飞机而言,当转弯和侧滑仪表的小球居中时是没有侧滑的。这是一种零侧滑状态,并且飞机向相对风暴露的可能横截面积是最小的,结果就是阻力最小。飞行员把这称为协调的飞行。

对于单发失效的多发飞机而言,居中的小球不再表示零侧滑,因为推力是不对称的。事实上,根本没有这样的仪表可以直接告诉飞行员零侧滑的飞行状态。在没有侧滑线的条件下,使侧滑最小的方法就是让飞机处于预期的坡度和小球位置。AFM/POH 中的单发飞行性能图表是在零侧滑条件下计算出来的。如果这个性能即使是近似的,那么也必须使用零侧滑技术来驾驶。

有两种不同的控制方法可以用于抵消失效发动机的不对称推力:①依靠方向舵的偏航;②来自机翼滚转产生的水平分力。如果单独使用,那么没有一个是正确的。正确地结合使用这两者,才可以实现零侧滑和最佳爬升性能。

下面介绍了三种不同情况下飞机控制的方法。前面两种都是错误的。介绍它们的目的是为了解释接近最佳爬升性能的零侧滑的原因。

(1)以机翼水平且小球居中进行发动机失效飞行需要向工作发动机一侧施加很大的方向舵控制压力。如图 12-16 所示。结果是向失效发动机一侧产生中度侧滑。爬升性能因中度侧滑而降低。在机翼水平的条件下,V_{MC} 将会比公布的数值高很多,因为没有可以用于帮助方向舵抵消不对称推力的水平分量升力。

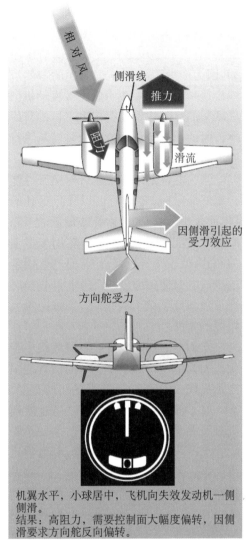

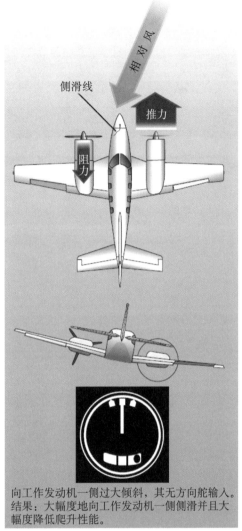

机翼水平，小球居中，飞机向失效发动机一侧
侧滑。
结果：高阻力，需要控制面大幅度偏转，因侧
滑要求方向舵反向偏转。

向工作发动机一侧过大倾斜，其无方向舵输入。
结果：大幅度地向工作发动机一侧侧滑并且大
幅度降低爬升性能。

图 12-16　机翼水平的发动机失效飞行　　　图 12-17　过大倾斜的发动机失效飞行

　（2）发动机失效时使用副翼飞行需要向工作的发动机一侧滚转大约 8°～10°，如
图 12-17 所示。这里假设没有利用方向舵控制，小球将会明显地向工作发动机一
侧移动，结果就是大幅度地向工作发动机一侧侧滑。爬升性能因较大的侧滑而大幅
下降。

　（3）正确地结合使用方向舵和副翼，导致向工作的发动机一侧倾斜大约 2°。小
球将向工作的发动机一侧移动约 1/3～1/2 的距离，结果就是零侧滑，而且爬升性能
最好，如图 12-18 所示。除了零侧滑之外的任何姿态都会增加阻力，降低性能。在
这些条件下的 V_{MC} 将会比公布的数值要高，因为使用的坡度认证极限为 5°。

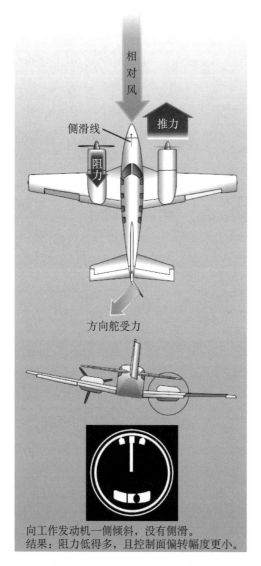

图 12-18 无侧滑的发动机失效飞行

根据不同的型号与不同的功率和空速差异,零侧滑的精确条件稍有不同。如果飞机没有装备逆时针方向旋转的螺旋桨,它也会随失效的发动机而有所不同,因为产生了 P 因子。前述的零侧滑建议适用于以 V_{YSE} 飞行且失效发动机已经顺桨的往复式发动机多发飞机。直线飞行时的零侧滑小球位置也是转弯飞行时的零侧滑位置。

当为假设的双发飞机针对爬升性能计算好坡度时,零侧滑可以导致最佳的(然而是边际的)爬升性能或最低的下降率。零坡度(使用全部方向舵用于抵消偏航)降低了爬升性能,结果是产生中度的侧滑。只使用坡度(不使用方向舵)时严重地降低了爬升性能,结果是产生大幅度的侧滑。

零侧滑的实际坡度在不同飞机中变化范围为 $1.5°\sim2.5°$。小球的位置范围为距离仪表中间 $1/3\sim1/2$ 的小球宽度。

对于任何多发飞机,可以通过使用侧滑线来确认零侧滑。侧滑线是一小段大约 $18\sim36$ in 长的细线或金属丝,沿飞机的中心线粘在挡风玻璃的基部,或者粘在靠近挡风玻璃的前端。在多发协调飞行时,相对风将导致细线本身和飞机的纵轴对齐,并且会使其自己居于正对风挡玻璃中心的位置。这就是零侧滑时的情形。在遇到内侧滑和外侧滑时它将直观地显示出相对风的方位。在完成这些机动的时候必须保持足够的高度和飞行速度。

在一个发动机设定为零推力(或顺桨后)且飞机减速到 V_{YSE},以剩余发动机的最大功率爬升将显示出零侧滑和最佳爬升性能要求的精确坡度和小球偏移位置。当侧滑线在风挡玻璃上垂直地对齐后,它将再次指示零侧滑状态。根据失效的发动机(非逆时针旋转的发动机)、可用功率、空速和重量的不同,姿态会有轻微的变化;但是如果没有更为灵敏的检测装置,这些变化是难于察觉的。唯一的明显区别是在不同密度高度、可用功率和重量条件下维持 V_{YSE} 所需要的俯仰姿态。

如果飞机在 V_{MC} 示范的时候粘上侧滑线，可以发现在侧滑条件下发生的 V_{MC}。在飞机认证过程中，没有在零侧滑条件下确定 V_{MC}，并且零侧滑也不是飞行员认证中 V_{MC} 示范的一部分。

回顾一下，在单发失效飞行中，有两组不同的坡度。

- 为了维持多发飞机在单发失效时低速飞行条件（如爬升）下的方向控制，在设定好 V_{YSE} 速度的俯仰姿态后，立即向工作的发动机一侧滚转至少 $5°$ 且最大为 $10°$ 的坡度。对于熟练的飞行员来说这个机动应该本能地只需 $1\sim2$ s 即可完成。在采用速度 V_{YSE} 的俯仰姿态后，为确保方向控制需要保持足够长的时间。

- 为了获得最佳爬升性能，飞机必须以 V_{YSE} 速度和零侧滑状态飞行，并且使失效的发动机顺桨，工作的发动机使用最大可用功率。零侧滑条件是向工作的发动机一侧滚转大约 $2°$ 并且小球也向工作的发动机一侧偏移 $1/3\sim1/2$ 小球宽度。精确的坡度和小球位置随着品牌和型号以及可用功率的不同而稍有不同。如果在飞机的单发升限高度之上飞行，这个姿态和构型能够导致下降率最低。

在低空和低速条件下的单发失效飞行，例如起飞后最初的爬升，飞行员必须操作飞机防止发生下列三个意外因素：①方向失控；②性能降低；③飞行速度降低。这些都有可能成为危险因素。但是，当飞机以合适的方向控制和性能飞行时，飞行速度降低不会是一个危险因素。

12.20 低速飞行

多发飞机在低速飞行时的机动没什么与众不同之处。可以在直线水平飞行、转弯或以光洁构型、着陆构型或任何其他的起落架和襟翼组合构型时进行低速飞行。在低速飞行过程中，飞行员应该密切监视气缸头温度和机油温度。一些高性能多发飞机在某些低速飞行条件下会明显地快速升温，特别是在着陆构型时。

在低速飞行过程中不要模拟发动机失效。飞机会明显低于速度 V_{SSE} 并非常接近 V_{MC}。在低速飞行的机动过程中，不要禁用稳定性装置、失速警告或避免失速装置。

12.21 失速

和单发飞机一样，多发飞机的失速特性也是互相不同的，因而熟悉它们很重要。然而，在失速过程中，失速改出时使用功率对失速比单发飞机明显有更大的影响。在双发飞机上，增加功率会让大量空气直接从螺旋桨吹过机翼，从而在预期的推力之外还产生明显的升力。多发飞机，特别在以轻的重量运行时，通常有较高的推重比，使得它能够较快地加速从而脱离失速状态。

一般而言，执行双发飞机失速识别和改出训练与任何高性能单发飞机类似。然而，对于双发飞机而言，应该做好所有的失速机动计划，以便能够在至少 3 000 ft 离地高度上完成改出。

由于飞行失控以及进入尾旋的可能,不要尝试单发失速,或以一个发动机功率明显高于另一个发动机功率的方式进入失速。类似地,在失速进入和改出过程中不要执行模拟发动机失效。

12.21.1　无动力失速(进近和着陆)

练习无动力失速的目的是为了模拟典型的进近和着陆情况。为了开始无动力失速机动,应该首先清除飞机附近区域可能的交通。然后飞机应该减速并配置为进近和着陆构型。应该建立稳定的下降率(大约 500 ft/min),并调整配平。然后飞行员应该平稳地从稳定的下降姿态过渡到能导致失速的俯仰姿态。在这个阶段进一步降低功率,在速度低于起飞速度时应该停止配平。

当飞机达到失速条件时,通过同时降低迎角并协调使用飞行控制和平稳地施加起飞或特定功率来完成失速改出。襟翼设定应该是从最大襟翼减小到进近设定,或按照制造商的建议进行设定。然后,在达到正爬升率后,收起起落架。在开始爬升后,可以收起剩余的襟翼。应该以适合飞机特性的最小高度损失完成这个改出过程。

在改出和爬升过程中,飞机应该加速到 V_X(如果有模拟的障碍物)或 V_Y。随着飞机加速至 V_X 或 V_Y,在失速改出后将需要施加相当大的向前升降舵/全动水平尾翼控制压力。应该使用适当的配平控制。

可以在机翼水平条件或在小坡度至中等坡度转弯条件下执行无动力失速。当从转弯飞行的失速中改出时,在把机翼改成水平之前应该降低迎角。并应该保持协调的飞行控制。

在多发飞机上执行完全失速通常是不明智的,因为它们的机翼载荷相对较高。失速训练应该仅限于出现失速条件时逼近的失速。应该在一出现失速,或控制的有效性降低,或在首先出现身体感觉失速发生时就改出失速。

12.21.2　有动力失速(起飞和离场)

练习有动力失速的目的是为了模拟典型的起飞情景。为了开始有动力失速机动,总是应该首先清除飞机附近区域可能的交通。飞机然后减速到制造商推荐的升空速度。飞机应该配置为起飞构型。应该为这个升空速度调整配平。然后发动机功率增加到 AFM/POH 中练习有动力失速推荐的设定。如果没有推荐设定,那么当飞机处于能导致失速的姿态时使用大约 65% 的最大可用功率。其他特定的(降低的)功率设定可以用于模拟较高总重量和较高密度高度条件下的性能。

当飞机达到失速条件时,通过在降低迎角的同时协调地使用飞行控制并施加合适的功率进行失速改出。

然而,如果模拟高总重量和高密度高度条件下有限的可用功率,那么改出过程中的功率应该被限制为那个具体的值。应该在适合飞机特性且高度损失最小的条件下完成改出。

应该在达到正爬升率后收起起落架,并且如果襟翼设定为起飞则也收起襟翼。改出时的目标空速是 V_X(如果模拟了障碍物)或 V_Y。在飞机改出后加速到 V_X 或

V_Y，飞行员应该估计到有放低机头的配平需要。

可以在直线飞行或在小坡度至中等坡度转弯飞行中执行有动力失速。当从转弯飞行中的有动力失速改出时，应该在机翼改为水平之前降低迎角，并且应该保持协调的飞行控制。

12.21.3 尾旋感知

所有多发飞机都没有被批准可以进行尾旋机动，并且它们的尾旋改出特性总体上是很差的。因而，有必要练习避免尾旋，并且对能够导致意外尾旋的情况保持高度的感知。

为了让任何飞机进入尾旋，首先必须让其失速。在失速时，必须引起偏航运动。对于多发飞机，可以通过方向舵控制或不对称推力实现偏航运动。然后，接着就是在 V_{MC} 示范、失速练习、低速飞行，或者在所有推力极不对称的条件下让尾旋感知达到最大值，特别是在低速/大迎角飞行时。单发失速不是任何多发训练课程的一部分。

在不合适的低速飞行条件下模拟发动机失效可能意外地恶化为尾旋进入的情况。在低于安全的有意单发失效速度 V_{SSE} 时，绝不要让发动机失效。如果没有公布 V_{SSE}，那么使用 V_{YSE}。在低空速条件下模拟发动机失效的"必要性"是错误的。除了在训练的情况下，多发飞机只有在升空后的几秒内或在准备着陆的最后几十英尺高度内，其运行速度低于 V_{SSE}。

练习发动机失效是为了避免尾旋，飞行教员在学员执行相应程序时应该密切留意保持合适的空速和坡度。飞行教员在失速训练和低速飞行训练中还应该特别警觉。靠前的重心位置产生有利于避免失速和尾旋的特性，但是不能消除危险。

在执行 V_{MC} 示范时，教员还应该对任何接近失速的迹象保持警觉。学员可能把注意力高度地集中于机动飞行的方向控制方面，以至于没有注意到接近失速的一些迹象。如果在当前密度高度条件下不能完成 V_{MC} 示范，对于训练目的而言，可以利用下一节介绍的阻塞方向舵的技术完成 V_{MC} 示范。

由于很少有双发飞机经过了尾旋测试（且没有要求任何一架飞机进行这样的测试），推荐的尾旋改出技能只好基于可获得的最可靠信息。飞行失控可能发生得非常突然且可能使人失去方位感。如果有必要，则可以用转弯指针或转弯协调仪上的符号化飞机来确认向右上方向的尾旋。不要依靠小球的位置或其他仪表来判断。

如果已经进入尾旋，大多数制造商推荐立即降低两个油门至慢车位，向旋转的反方向施加满的方向舵控制，并且向前施加满的升降舵/全动水平尾翼压力（副翼控制处于中立）。这些动作应该尽可能地同时执行，然后控制应该保持在那个位置。如果可能，则改出过程将需要很大的高度损失。从进入尾旋开始，采取正确的动作拖延的时间越长，那么成功改出的可能性就越低。

12.22 发动机失效——方向失控示范

单发失效的方向失控示范通常称为"V_{MC} 示范"，是多发飞机飞行员评级实践考试中要求完成的任务。对影响 V_{MC} 的因素以及其定义的透彻理解是多发飞行员的基础,也是要求完成这个任务的关键部分。V_{MC} 是一个由制造商确定的速度,在 AFM/POH 中予以公布,并且在大多数空速表上用一根红色径向线标记。多发飞行员必须理解并不是在所有情况下 V_{MC} 是一个固定的空速。只有在一组非常具体的环境条件下 V_{MC} 才是固定的空速,这个环境条件是在飞机认证过程中确定的。如图 12-19 所示。

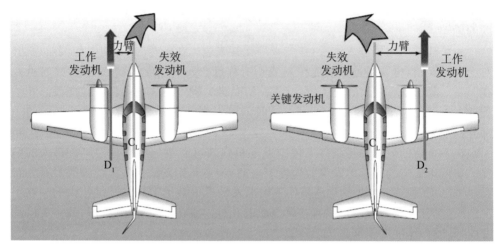

图 12-19 单发运行过程中产生的力

实际上,V_{MC} 随下面的很多因素而变化。根据具体条件和驾驶技能的不同,在实践中和示范时或在实际的单发运行期间,V_{MC} 速度可能低于或甚至大于公布的数值。

在飞机认证过程中,关键发动机突然失效,在那个发动机仍然失效的条件下保持飞机的控制,并且飞机以相同速度和不超过 5°的坡度保持直线飞行,V_{MC} 就是这种条件下的海平面校正空速。

前述的内容是在"动态"条件下计算 V_{MC}。这个技能只有经验非常丰富的飞行测试飞行员在飞机认证过程中使用。在不具备这些条件时,绝不要尝试使用这个技能。

在飞机认证过程中,还有一个在"静态"条件下计算 V_{MC}。如果动态速度和静态速度有所不同,则取两个数值中较高的一个作为公布的 V_{MC}。静态的计算方法是以速度 V_{MC} 且坡度不超过 5°并保持直线飞行的能力。这非常类似于多发飞行员评级实践考试中要求的 V_{MC} 示范。

AFM/POH 公布的 V_{MC} 是在"关键"发动机失效时确定的。关键发动机是其失效对方向控制产生最不利影响的发动机。在每个发动机都是常规旋转的双发飞机上,从飞行员位置看去是顺时针旋转的,因此关键发动机就是左侧的发动机。

多发飞机就像单发飞机一样受 P 因子影响。当飞机在有动力和正迎角条件下运行时,每个发动机的下方螺旋桨桨叶比上方螺旋桨桨叶产生更大的推力。右侧发动机的下方螺旋桨桨叶也更加远离重心,因而其力臂长度也比左侧发动机的下方螺旋桨桨叶的力臂更长。结果是左侧发动机的失效会导致最不对称的推力(逆偏转),这时右侧发动机将提供剩余的推力。如图 12 - 19 所示。

很多双发飞机的右侧发动机会设计为反向旋转的螺旋桨。使用这种设计时,不管哪一个发动机失效,推力的不对称程度是相同的。每一个发动机都不比另一个更为关键,因而可以在任一发动机停车条件下执行 V_{MC} 示范。

在飞机认证时,动态 V_{MC} 是在下列条件下确定的。

● 最大可用起飞功率。V_{MC} 随着工作发动机的功率增加而增加。对于正常进气的发动机,V_{MC} 在起飞功率和海平面条件下最大,并且随着高度增加而降低。对于涡轮增压发动机,起飞功率以及 V_{MC} 随着高度的增加而保持恒定,直到达到发动机的临界高度(在这个高度上飞机不能再保持 100% 的功率)。在临界高度以上,V_{MC} 就像正常进气的发动机一样降低,正常进气发动机的临界高度是海平面。V_{MC} 是在很多不同高度下测试的,然后使用这些测试结果通过外推法求得一个单独的海平面时的数值。

● 自转的螺旋桨。V_{MC} 随着失效发动机的阻力增加而增加。因而,当关键发动机螺旋桨以低桨距高转速的桨叶角自转时,V_{MC} 是最高的。V_{MC} 是在关键发动机螺旋桨处于起飞位置时自转条件下确定的,除非发动机装备了自动顺桨系统。

● 最不利的重量和重心位置。V_{MC} 随着重心的后移而增加。随着重心的后移,方向舵的力臂就减小,因而其有效性降低。同时,螺旋桨桨叶的力臂增加,这就恶化了不对称推力。不变的是,最靠后的重心极限位置是最不利的重心位置。目前,14 CFR 第 23 部要求 V_{MC} 是在最不利的重量条件下确定的。对于根据 CAR 3 或早于 14 CFR 第 23 部认证的双发飞机,没有具体指明确定 V_{MC} 时的重量大小。V_{MC} 随着重量的降低而增加。如图 12 - 20 所示。

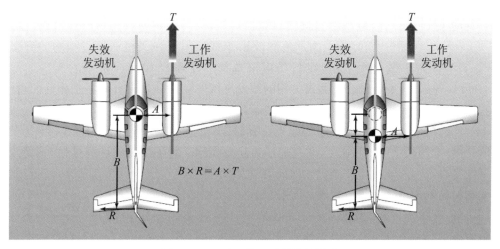

图 12 - 20　重心位置对偏航的影响

- 起落架收起。在收起起落架后，V_{MC}增加。放下起落架对方向稳定性有利，它倾向于减小V_{MC}。
- 襟翼在起飞位置。对于大多数双发飞机，这是 0° 襟翼。
- 引擎罩鱼鳞片在起飞位置。
- 飞机配平为起飞。
- 飞机升空且忽略地面效应。
- 最大坡度 5°。V_{MC}对坡度非常敏感。在飞机认证时，为了避免需要以不切实际的低速度 V_{MC} 飞行，允许制造商向工作发动机一侧使用最大 5° 坡度。倾斜产生的升力水平分量有助于方向舵抵消工作发动机的不对称推力。倾斜有利于制造商降低 V_{MC}。

V_{MC} 随着坡度的增加而明显地降低；反之，V_{MC} 随着坡度的降低而明显增加。测试表明，坡度不超过 5° 时，每增加 1° 坡度，V_{MC} 可能增加超过 3 kn。在机翼保持水平的同时，当速度超过公布的 V_{MC} 几乎 20 kn 的时候可能出现方向失控。

最大坡度 5° 是对飞机制造商在飞机认证过程中的法规性限制。坡度 5° 并不必然能够实现零侧滑或达到最佳单发爬升性能。零侧滑以及由此产生的最佳单发爬升性能发生在坡度明显低于 5° 的时候。在认证过程中，V_{MC} 的计算只与在一组非常具体的条件下维持方向控制的最低速度有关，和爬升性能无关，也和飞机爬升性能的最佳姿态或构型无关。

在飞机认证过程中进行动态 V_{MC} 示范时，在每次努力逐渐降低飞机速度的时候，飞行测试飞行员使用混合气控制关闭关键发动机。V_{MC} 是当关闭关键发动机后，方向控制能够保持在不超过最初进入方向 20° 范围内的最小速度。在这个测试过程中，当两个发动机都运行时，爬升角度是很高的，但是在发动机关闭后俯仰姿态必然地快速放低以重新获得最初的速度。飞行员绝不要试图在发动机处于大功率状态下关闭发动机来演示 V_{MC}，也绝不要在速度低于 V_{SSE} 时有意地关闭一台发动机。

在飞行训练中，实际的 V_{MC} 示范和改出非常类似于在飞机认证过程中的静态 V_{MC} 计算。为了做一次示范，飞行员应该选择一个确保在完成机动后至少离地 3 000 ft 的高度。下面的介绍假设使用的双发飞机发动机其旋转方向不是相反的，且左侧发动机是关键发动机。

在起落架收起和襟翼设定为起飞位置时，飞机应该减速至比 V_{SSE} 或 V_{YSE}（这个值较高）大约高 10 kn 的速度，并且配平为起飞构型。对于机动的后续过程，不要改变配平设定。应该选定一个进入航向，并把两个螺旋桨设定为高转速状态。在右侧发动机功率推进到起飞设定时，左侧发动机的功率应该拉回到慢车位。只要一个油门降低，起落架告警喇叭就会一直发出声响。但是，如果安装了失速告警，那么飞行员应该继续认真地听是否有失速告警，或观察失速告警灯光。向左偏航以及因不对称推力导致的滚转运动主要是利用向右方向舵抵消的。还应该建立坡度 5°（在这个例子中是向右滚转)。

维持进入航向的同时,缓慢地增加俯仰姿态,以每秒 1 kn 的速率减速(不要更快)。随着飞机减速和控制有效性的降低,应该使用额外的方向舵压力抵消不断增加的偏航趋势。为了维持坡度 5°,还要增加副翼偏转。很快就会达到满的右方向舵行程和向右滚转 5°无法再抵消不对称推力的一个空速,进而飞机将开始失控地向左偏航。

在飞行员首先发现失控偏航的时刻,或遇到任何失速有关的征兆时,应该充分地降低工作发动机的油门以便在俯仰姿态降低的同时停止偏航。在设定对称的功率之前,通过以速度 V_{SSE} 或 V_{YSE} 保持进入航向直线飞行,并且以高度损失最小从而完成改出。不要通过单独增加自转的发动机的功率来尝试改出。

为了让前面的介绍简单一些,有几个重要的背景信息还没有介绍。在示范过程中,方向舵压力可能非常高。在认证中,在方向舵压力而不是方向舵行程成为限制因素之前,允许使用 150 lbf。大多数双发飞机在达到要求的 150 lbf 之前将会用完方向舵行程。

保持高度不是完成这个机动的标准,这是可控性示范而不是性能示范。很多飞机在示范过程中会降低(或增加)高度。开始执行机动的高度要足够确保在离地高度 3 000 ft 之上完成这个机动。

如前面讨论所述,对于正常进气的发动机,V_{MC} 随着高度增加而降低。但是,失速速度 V_S 仍然相同。除一些个别的型号外,公布的速度 V_{MC} 几乎总是比 V_S 高。在海平面上,在 V_{MC} 和 V_S 之间通常都有几 kn 速度余度,但是这个余度随着高度的增加而降低,并且在某一高度上,V_{MC} 和 V_S 相同。如图 12-21 所示。

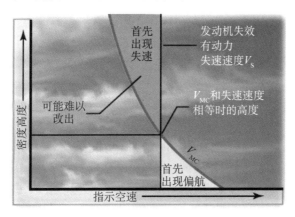

图 12-21 V_{MC} 和 V_S 的关系说明图

如果在飞机处于功率不对称,特别是在功率高度不对称的条件下发生失速,那么很可能进入尾旋。不对称推力引起的偏航运动和型号相当的单发飞机在有意尾旋中因满方向舵而引起的偏航运动稍有不同。但是,在这个例子中,飞机将向慢车发动机一侧失控飞行,而不是向施加方向舵的方向。不要求双发飞机示范尾旋改出，并且它们的尾旋改出特性总是非常地差。

在速度 V_{MC} 时或在速度 V_{MC} 之前达到速度 V_S，有可能突然失控，向相反方向有强烈偏航和滚转倾向，并进入尾旋。因而，在 V_{MC} 示范中，如果有任何接近失速的征兆诸如失速警告灯或喇叭、机身或升降舵抖振，或控制有效性快速降低，那么应该立即停止机动，降低迎角，这时油门已经降低，并且飞机恢复至进入空速。应该注意如果飞行员戴着有话筒的耳机，那么有可能听不到失速警告喇叭的声音。

V_{MC} 示范仅表现出最早的方向失控。在按照前面介绍的程序执行时，那么它不是飞机失控。绝不允许产生失速条件，也绝不要以不对称推力执行失速，并且绝不允许 V_{MC} 示范恶化成单发失速。若让 V_{MC} 示范在高度不对称推力条件下恶化成单发失速，则很可能导致飞机失控。

在特定的密度高度条件下或者飞机的 V_{MC} 速度等于或低于 V_S，也许不可能执行一次实际的 V_{MC} 示范。作为一个训练技能，在这些条件下，可以通过人工限制方向舵行程来模拟最大可用方向舵，以便安全地进行 V_{MC} 示范。应该在明显大于 V_S 的速度（大约超过 20 kn）时实现对方向舵行程的限制。

方向舵限制技术避免了由于功率高度不对称条件下失速导致的尾旋危险，还能有效地示范方向失控。

绝不要在两个发动机都运行的高俯仰姿态条件下，以降低一个发动机功率的方法来执行 V_{MC} 示范。前面的讨论应该已经对绝不要在低空速时执行发动机失效示范的原因给予了大量警告。不幸的是，有大量飞机和飞行员在飞机恶化成失控且无担保的低空速模拟发动机失效事件中坠毁和丧生。V_{SSE} 是可以模拟任一发动机失效的最低空速。

12.23　多发飞机的训练考虑

如果飞行教官和飞行学员都知道下列因素，那么可以安全地完成多发飞机的飞行训练。

- 如果在飞行之前没有对目标、机动、预期的学员动作以及达标标准作透彻的介绍，则不得开始飞行。
- 必须清楚地理解如何进入模拟的紧急情况和飞行学员采取何种预期行动。

对紧急程序的介绍、训练和测试总是一个很敏感的主题。在飞行训练中，不得在未经事先详细介绍的条件下，用紧急情况使多发飞行学员感到惊讶。必须在仔细平衡考虑安全的条件下进行高效的训练。例如，模拟的发动机失效会迅速地变成实际的紧急情况，或者在粗心进近时导致飞机失控。拉动断路器可能导致以起落架收起姿态着陆。在紧急训练过程中失速—尾旋意外事故和实际紧急情况下的失速—尾旋意外事故数量相当。

可以且应该在飞机停在地面上并关闭发动机的条件下介绍和练习所有正常、异常和紧急程序。此时，飞机就当作驾驶舱程序训练设备（CPT）、地面训练设备或模拟器。永远不要低估这个训练的价值。在真实学习时,并不一定让发动机运行。在完成训练一段时间后,应该细心地把各个项目恢复到它们的正常位置,如开关、阀门、配平、燃油选择器和断路器。

不能高效利用检查单的飞行员对于多发飞机而言是非常不利的。使用检查单是飞机安全运行的基础,在无检查单时不得飞行。应该使用具体品牌、型号和制造年份的制造商检查单或零配件检查单。如果检查单和 AFM/POH 的程序不同,那么总是优先采用 AFM/POH 给出的程序。

应该记住特定的立即执行项目(如飞行关键阶段中对发动机失效的反应)。在完成它们之后,如果工作量允许,飞行员应该按照印刷的检查单来确认采取的动作是否正确。

应该使用混合气控制完成起飞地面滑跑过程中的模拟发动机失效。模拟的失效应该在不超过 $50\%\ V_{MC}$ 的速度时开始。如果学员没有迅速地作出反应降低两个油门,那么教员总是可以操纵其他的混合气控制。

对于所有低于 3 000 ft 离地高度的空中发动机失效模拟,FAA 建议以平稳地降低油门的方式开始。这样,发动机保持在运行状态,并且在必要的时候可以立即使用。应该平稳地降低油门而不是突然地,这可以避免损伤发动机和可能的损坏。必须在 V_{SSE} 或高于这个速度时执行所有的空中发动机失效。

如果发动机装配了动态曲轴配重物,那么在模拟发动机失效时让油门平稳地降低是很重要的。导致动态曲轴损伤的其他方面包括高转速和低歧管压力的结合、过度增压以及螺旋桨顺桨。如果严重损伤或重复地滥用配重物,那么最终会导致发动机失效。在较大型更加复杂的发动机上可以发现有动态配重物,飞行教员应该咨询维修人员或发动机制造商以确定他们的发动机是否安装了这样的装置。

在教官模拟单发失效时,学员应该按照正确的记忆项目作出反应,并向顺桨位置降低螺旋桨控制杆。假设要设定零推力,飞行教官应该迅速地向前移动螺旋桨控制杆并设定合适的歧管压力和转速。学员能够及时地理解教员意图是至关重要的。这时,飞行教官可能做出有效的指示,"我控制右发动机;你控制左侧。我已经设定零推力,右侧发动机模拟顺桨。"对于谁正在操作什么系统或什么控制杆,不要存有任何疑问。

在模拟发动机失效后,教官应该像学员留意工作的发动机那样继续留意"失效的"发动机。如果设定了零推力来模拟顺桨的螺旋桨,那么应该关闭引擎罩鱼鳞片并且对混合气进行贫油控制。临时增加发动机功率也是有利的。如果可能,要避免在发动机长时间处于零推力设定的条件下冷却后立即施加较高的功率。飞行教官必须向多发飞行学员强调在遇到实际发动机失效情况时及时使螺旋桨顺桨的特殊重要性。很多情况下,自转的螺旋桨给训练不当的多发飞行员一种错觉,误认为失效的发动机仍产生有用的推力,导致心理上不愿意进行顺桨,因为顺桨会让螺旋桨停止旋转。飞行教官应该花足够的时间示范模拟顺桨螺旋桨的飞机和自转螺旋桨的飞机之间的性能差异。

应该在合适的高度和位置上执行所有实际的螺旋桨顺桨操作,这些高度和位置能够让飞机易于在确定的机场着陆。应该计划好顺桨和重新起动发动机,以便在不低于 3 000 ft 离地高度的时候完成。在特定的海拔高度上,且对于很多流行的多发教练机来说,这可能超过了单发实用升限,进而可能难以水平飞行。

重复地顺桨和逆桨对发动机和机身要求较高,并且只应该在绝对必要的时候才这样做,以确保充分训练。多发飞机评级的 FAA 实践考试标准要求在飞机飞行中可以安全地对一个螺旋桨进行顺桨和逆桨操作。

虽然本章的大部分内容专门讨论了多发飞机在单发失效时的独特飞行特性,但是现代的精心维护的往复式发动机是相当可靠的。由于在极低高度(例如升空后的瞬间)和/或低于速度 V_{SSE} 时模拟发动机失效不存在安全余度,因此这不是期望的。在 200 ft 离地高度以下模拟单发失效是极其危险的,且不保证能够实际执行这样的机动。

对于那些可能是危险飞行的训练机动,或者对于高级多发飞机的初次和周期性鉴定,应该考虑使用模拟器训练中心或制造商训练课程。可以同时使用大量的训练手册和教室指导课程、系统的训练辅助材料、音频/视频教程,以及飞行训练设备和模拟器。借助模拟器可以开展在很多不同环境和飞机状态下的飞行训练。对于一架飞机可能是危险或不可能完成的紧急程序,它们可以被安全而有效地在飞行训练设备和模拟器中完成。飞行训练设备或模拟器不必要与使用的具体飞机有相同的品牌和型号。在训练设备中可以获得针对其他品牌和型号飞机以及通用训练设备的高效指导。

大部分多发训练是在 4～6 座飞机上进行的,其重量明显低于最大重量。特别是在低密度高度的时候,其单发性能可能看起来很好。为了体验预期在较高重量、较高高度和温度条件下的性能,教官应该偶尔人工地限制工作发动机上可用的歧管压力大小。也可以按这种方式模拟在高于单发升限的机场的运行。为了练习最大起飞重量条件下的紧急程序而在飞机上搭载乘客是错误的。

在飞行训练中使用接地后立即起飞这种着陆和起飞方式一直是有些争议的。对这种学习经验的价值之评价,必须要看到在极其有限的时间内把飞机重新配置为起飞构型的危险,而且失去了常规全停着陆过程中流程概念。在最初熟悉多发飞机的过程中,不建议使用接地后立即起飞的方法。

如果确实要执行接地后立即起飞,那么在每次飞行之前需要仔细地说明学员和教官的职责。在接地后,学员通常保持方向控制,这时左手保持在操纵杆上,而右手在油门上。教官重新设定襟翼和配平,并且在飞机完成设定后作出通告。多发飞机比单发飞机需要更多的跑道长度来执行一次接地后立即起飞的过程。在最初的熟悉飞机过程中,全停后再开始滑行这种着陆方式是更加可取的。在双发飞机上仅使用接地后立即起飞的方法是极不鼓励的。

13

过渡到后三点式飞机

13.1 后三点式起落架飞机

后三点式起落架飞机通常被称为传统起落架飞机。由于其设计和结构的原因，后三点式起落架飞机表现出不同于前三点式起落架飞机的操作和操控特性。后三点式起落架飞机并不必然比前三点式起落架飞机难于起飞、着陆和/或滑行；实际上在某些条件下，它们可能更易于操控。本章将专门讨论在地面运行、起飞和着陆过程中出现的操作差别。

13.2 起落架

主起落架是飞机在地面时的主要支撑部分。虽然尾轮也支撑飞机重量，但是转弯和方向控制是主起落架的主要功能。对于后三点式起落架飞机，两个主要的支柱安装在稍微超前于飞机重心的位置。

方向舵脚踏是滑行时主要的方向控制手段。可以通过气流或螺旋桨滑流作用于方向舵表面的力，或通过连接到可转向尾轮的连杆机构来实现脚踏对转向的控制。最初，在滑行时，飞行员应该让脚后跟放在驾驶舱地板上，而前脚掌放在方向舵脚踏的底部。只有在需要压下刹车的时候，脚才应该滑动到刹车脚踏上。这让飞行员在必要时可以同时使用方向舵和刹车。一些型号的后三点式起落架飞机安装了脚后跟刹车而不是脚尖刹车。这种结构的刹车主要用于在预期地点停下飞机或者让飞机减速，或者是作为进行受控的快速转弯的辅助手段。无论何时使用，必须要一直平稳而均匀且谨慎地对它们施加作用力。

13.3 滑行

在开始滑行时，应该迅速地测试刹车是否正常工作。测试的方法是先施加功率让飞机缓慢地向前移动，然后减小油门，同时平稳地对两个刹车施加压力。如果刹车效果不满意，那么应该立即关闭发动机。

在地面上，为了让飞机转弯，飞行员应该向需要转弯的方向上施加方向舵压力,并且根据控制滑行速度的需要使用适当的功率和刹车。在靠近预期地点转弯快要停止之前,要一直向转弯方向保持方向舵,然后放松方向舵压力,或必要的时候还需要稍微施加反向方向舵压力。滑行时,飞行员必须顾及飞机的运动并相应地调整方向舵压力。因为即使在方向舵压力释放后飞机还会继续稍微转弯,因此必须估计转弯何时停止,并且在达到预期航向之前把方向舵脚踏置于中间位置。在某些情况下,根据滑行速度的不同,可能有必要使用反向方向舵压力使飞机停止转弯。

如果有中等至强逆风和/或强烈的螺旋桨滑流,那么在滑行时必须使用升降舵维持俯仰姿态的控制。在考虑到因这两个因素之一而在水平尾翼上产生升力作用的时候,这就变得更明显。应该保持升降舵控制处于靠后位置(操纵杆向后拉)以便保持尾翼向下。

当在45°斜逆风中滑行时,迎风侧的机翼通常倾向于被风升起,除非向那个方向保持副翼控制(通过逆风侧副翼向上偏转)。副翼向上移动降低了风冲击机翼的效果,因此降低了升力作用。这个控制运动也会导致对面的副翼向下移动,因而产生阻力,并且可能在顺风侧机翼上产生一些升力,进而降低了逆风侧机翼升高的趋势。

当在45°斜顺风中滑行时,应该保持升降舵处于完全向下的位置(操纵杆完全向前推),并且保持逆风侧副翼向下。因为风从后面吹向飞机,这些控制面的位置减小了尾翼和机翼下方可能导致飞机侧翻的风的速度。使用这些侧风滑行修正也有助于降低顺风转向的倾向,因为最终提高了可控性。

后三点式起落架飞机在滑行时有向风的来向转向的倾向。当在完全侧风中滑行时,飞机顺风转向的趋势是最大的,因此,方向控制稍微困难些。如果没有刹车,几乎不可能避免飞机向风速强烈的风的来向转弯,原因是飞机方向舵控制能力可能不足以抵消侧风。在顺风滑行时,顺风转向的趋势增加,因为顺风降低了飞行控制的有效性。这需要更加果断地使用方向舵和刹车,特别是风速高于微风速度时。

除非场地是柔软的或非常粗糙,在顺风滑行时最好把方向舵控制保持在向前位置。即使在柔软场地也是如此,只有在飞机有侧翻倾向,从而绝对必须保持控制的安全余度时才应该升起升降舵。

在大多数后三点式起落架飞机上,滑行时使用可转向的尾轮使方向控制变得容易,它随方向舵一起操作。当尾轮在每边距中立位置16°~18°范围内运行时,尾轮的转向机构是保持有效的,当转到更大角度时,会自动地变得可以完全转动。在某些型号上,尾轮也可以被锁定在适当位置上。飞机可能在其自身的长度范围内旋转,如果想要这样的话,那么在向前滑行的时候,即使轻微的转弯也是完全可以转向的。滑行时,可转向的尾轮应该用于正常转弯,并且飞行员的脚离开刹车脚踏以防止刹车不必要的磨损。

由于后三点式起落架飞机由尾轮和主起落架轮子支撑,它在地面上的时候表现为高机头的姿态。在大多数情况下,这让引擎罩鱼鳞片足够高以至于限制了飞机正前方区域的飞行员视野。进而,可能难以看到飞机正前方的物体。为了观察以及避免与任何物体或危险的地面状况相冲突,飞行员应该交替地把机头从一边转向至另一边,这就使得在向前滑行时呈 Z 字形或一连串短的 S 形转弯。应该缓慢、平稳、果断而谨慎地进行滑行。

13.4 正常起飞滑跑

在滑行到跑道后,应该仔细地使飞机对准预期的起飞方向,并且尾轮保持笔直或居中放置。若在安装了锁定装置的飞机上,尾轮应该锁定在居中位置。松开刹车后,应该平稳而连续地把油门前推至起飞功率位置。在飞机开始向前滑跑的过程中,飞行员应该把两只脚移到方向舵脚踏上,这样脚尖或前脚掌就在方向舵部分,而不是在刹车部分。

突然施加功率可能导致飞机快速地向左侧偏航,原因是发动机和螺旋桨的扭矩效应。而且,在后三点式起落架飞机的起飞过程中,如果尾翼快速地从三点接地姿态升高为水平飞行姿态,那么要特别注意它的运动。姿态的突然改变使螺旋桨的水平轴倾斜,其运动在右侧产生了一个向前的力(超前旋转方向 $90°$),使飞机头向左偏航。在尾部升高时,这个运动产生的力的大小直接和螺旋桨轴倾斜的快慢有关。记住这点之后,应该总是平稳而连续地前推油门杆以防止突然转向。

平稳而逐步地向前推后三点式起落架飞机的油门杆是非常重要的,因为它们的起飞特性和施加起飞功率的快慢有密切关系。

随着速度的增加,如果飞机配平正确,那么升降舵控制将倾向于表现出中立特性。同时,在整个起飞滑跑过程中,应该平稳、迅速而果断地使用方向舵修正以维持方向控制。在开始加速时,扭矩效应和 P 因子倾向于把飞机头向左侧拉。飞行员必须运用必要的方向舵压力来修正这些效应或修正当时的风条件,以便保持飞机头笔直地指向跑道前方。应该避免使用刹车来转向,因为它们会导致飞机缓慢地加速,延长起飞距离,并且可能导致严重的突然转向。

在升降舵配平设定为起飞后,施加最大可用功率时,飞机自己将达到正确的起飞俯仰姿态(在达到足够的速度后)——尾翼将稍微升高。然后通过稍微施加向后升降舵压力就可以维持这个姿态。如果在起飞滑跑过程中向前推升降舵控制而过早地升起尾翼,那么随着速度的增加,其有效性会快速地增加,以至于必须施加向后的升降舵压力来放低尾翼才可以达到合适的起飞姿态。这种奇怪的改变会拖延起飞时间,还会导致方向控制问题。必须及时而平稳地使用方向舵压力来抵消偏航力,这样飞机就可以继续笔直地沿着跑道飞行。

随着起飞滑跑速度的增加,可以在飞行操纵杆上感觉到越来越大的压力,特别是在升降舵和方向舵上。由于尾翼表面受到螺旋桨滑流的完全影响,因此它们首先变得有效。随着速度继续增加,所有飞行控制面将逐渐变得有效,足以能绕飞机的三个轴来驾驶飞机。这一点就是滑行向飞行的过渡点,飞机处于飞行而不是滑行。

这时,需要不断地稍微增加方向舵偏转以维持方向控制。

13.5　起飞

由于良好的起飞取决于正确的起飞姿态,知道这个姿态并且知道如何达到这个姿态是很重要的。理想的起飞姿态只需要在升空后对俯仰姿态做最小的调整,就可以达到最佳爬升率的空速。

首先应该让尾部先升高,稍微离开地面,以便让飞机更快地加速。这时,应该留意机头相对水平面的位置,然后根据需要施加升降舵压力来保持这个姿态。根据需要使用副翼压力保持机翼水平。

可以让飞机以正常起飞姿态飞离地面。如果通过施加过大的向后升降舵压力迫使飞机升空,那么这会导致过高的俯仰姿态,还可能拖延起飞时间。正如前面的讨论,俯仰姿态过大且快速地改变会导致扭矩效应相应地改变,导致飞机更加难以控制。

尽管可以迫使飞机升空,但是在正常情况下这是不安全的实践,应该避免。如果在达到足够的飞行速度之前,通过使用过大的向后升降舵压力迫使飞机离地,那么会导致飞机落回到跑道或者甚至失速。另一方面,如果在升空后没有保持足够的向后升降舵压力以维持正确的起飞姿态,或者让机头放得过低,那么飞机也会落回到跑道。出现这种现象的原因是迎角减小使升力降低到不足以支撑飞机的程度。在抬前轮或升空后保持姿态恒定是很重要的。

在飞机离开地面时,飞行员必须继续保持直线飞行,而且要保持正确的俯仰姿态。当在强烈的阵风中起飞时,在让飞机离开地面之前获得额外的速度余度是很明智的。如果以正常起飞速度起飞,那么当飞机在强烈的阵风中遇到突然平静的或其他紊乱的气流时,则可能导致缺乏可靠的控制或导致失速。既然这样,飞行员应该保持飞机在地面上足够长的时间,以便达到更大的速度,然后平稳而果断地抬前轮飞离地面。

13.6　侧风起飞

在起飞前建立并保持合适的侧风修正量是很重要的,方法是向风施加副翼压力避免迎风侧机翼升高,根据需要施加方向舵压力以防顺风转向。

在尾轮升高离开跑道后,逆风保持副翼控制可能导致顺风侧机翼升高,从而导致顺风侧主轮首先升空离开跑道,在剩余的起飞滑跑过程中只依靠一个主轮进行滑跑。这是可以接受的,而且比侧向滑动更为可取。

如果存在明显的侧风,那么主轮应该比正常起飞时在地面上保持稍微长些时间,这样可以进行平稳而可靠的升空。这个操作步骤将让飞机在更加可靠的控制下离开地面,因而在建立正确的飘移修正量后,飞机将肯定保持在空中。更为重要的是,它可以避免在起落架上施加过大的侧向载荷,进而可以防止飘移过程中因飞机落回跑道而导致可能的损坏。

在两个主轮都离开跑道后,地面的摩擦力不再阻碍飘移,在达到足够的飘移修正之前,飞机将会缓慢地随风侧向移动。

13.7 短场地起飞

在起飞之前,如果有制造商的建议则应该放下襟翼。应该平稳而连续地施加起飞功率,(应该毫不犹豫地)尽可能快地加速飞机。随着起飞滑跑的前进,飞机的俯仰姿态和迎角应该调整到产生最小阻力和最快加速的位置。应该允许尾部轻轻地抬高离开地面,然后保持这个低尾翼的飞行姿态,直到达到合适的升空或抬前轮的空速。为了获得最陡的爬升和最佳的越障高度,应该让飞机以全部重量作用于主轮的方式滑跑并加速到升空速度。

13.8 软场地起飞

在开始起飞之前可以放下襟翼,以便提供额外的升力以及尽可能快地把飞机重量从轮子转移到机翼上。飞机应该滑行到起飞地面上,但是不能在柔软的地面上停下来。停在柔软地面,例如泥沼或雪地,可能使飞机陷入泥沼。在飞机准备起飞滑跑而和跑道对齐的过程中应该用足够的功率保持飞机持续地运动。

在飞机对齐准备起飞的跑道后,以发动机无振动的方式平稳而尽快地施加起飞功率。尾翼应该保持在较低位置以维持固有的正迎角,以及避免由于软场地、厚的草皮或厚的积雪导致的机头前翻着地的倾向。

当飞机在起飞滑跑过程中一直保持高机头姿态时,随着速度的增加,机翼将会产生升力,逐渐越来越多地减轻轮子上的飞机重量,因而使地面粗糙和黏性产生的阻力降低到最小。如果精确地保持了这个姿态,最终飞机自己会飞离地面。应该让飞机在地面效应中加速到爬升速度。

13.9 接地

接地就是轻轻地让飞机落回到着陆的地面。应该以发动机慢车进行拉平和接地,飞机将以最小可控的空速飞行,因此飞机将在接近失速速度的时候接地。在飞机下降时,必须通过施加必要的向后升降舵压力来保持正确的着陆姿态。应该及时地拉平和接地,以便让主起落架轮子和尾轮同时接地(三点式着陆)。这需要良好的及时性和驾驶技能,以及对距离和高度的准确判断。如图 13-1 所示。

当轮子接触地面时,应该小心地控制升降舵完全向后,以便保持尾翼向下让尾轮接触地面。这为配有可转向尾轮的飞机提供了更可靠的方向控制,还防止了飞机头着地前翻的倾向。如果尾轮还没有接触地面,那么若松开对升降舵的控制让其恢复则可能导致飞机再次升空,因为姿态的改变会增加迎角,从而产生足够的飞机飞行升力。

正常滑翔

开始拉平
至着陆状态

主轮和尾轮同时接地

保持方向舵
完全向上

图 13-1　尾轮接地

　　以飞机纵轴准确地平行于飞机沿跑道前进的方向进行接地是极其重要的。如果不能实现这点,那么不仅会在起落架上引起严重的侧向载荷,还会产生在地面上打转倾向。为了避免侧向受力或在地面上打转,飞行员决不能在使用航向法接地或在产生飘移的时候让飞机接地。

13.10　着陆后的滑跑

　　在飞机减速到着陆滑跑过程中的正常滑行速度之前,或者在脱离着陆区并完全停止之前,绝不要认为着陆过程已经完成。飞行员在接地时或者接地后必须立即警惕控制方向的困难,因为这时在轮子上有地面摩擦力。摩擦力的力矩对作用于其上的支点形成了一个力臂。原因是飞机的重心位于主轮之后。如图 13-2 所示。

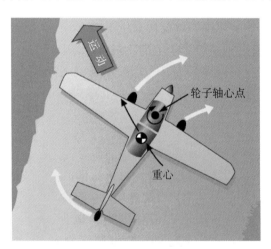

运动

轮子轴心点

重心

图 13-2　重心对方向控制的影响

　　如果飞机前进方向与飞机头朝向之间有任何差异,那么将产生一个绕轮子中心点的运动,并且飞机将倾向于突然转向。方向失控可能导致在地面上产生恶化的、失控的急转弯,或者导致在地面上打转。作用于重心的惯性力和在地面上打转过程中阻碍主轮的地面摩擦力互相结合,可能导致飞机侧翻或足够的倾斜,以至于让外侧的翼尖接触到地面,进而甚至可能产生破坏起落架的侧向力。飞机可能在着陆后滑跑一段时间才开始在地面上打转,因为在飞机减速时,方向舵的有效性随着流过方向舵表面气流的减弱而降低。在飞机速度降低且尾轮放低到地面后,可转向的尾轮能提供更加可靠的方向控制。

为了使用刹车,飞行员应该把脚尖或脚掌从方向舵脚踏移到刹车脚踏(或者在装有脚后跟刹车的飞机上施加脚后跟压力)。如果在需要刹车的时候还保持了方向舵压力,那么在脚或脚尖滑动到刹车脚踏的时候不要放松这个压力,因为在可以使用刹车之前飞机可能失控。在地面滑跑过程中,可以通过小心地在一个刹车上施加压力或在每个刹车上向需要转弯的方向施加不对称压力来改变飞机的运动方向。在使用刹车时必须谨慎,以防过度控制。

如果一个机翼开始升高,那么应该向那个机翼施加副翼控制以便降低它。需要的控制量取决于飞机速度,因为随着前进速度的降低,副翼的有效性降低。

应该尽可能长时间地并尽可能可靠地保持升降舵控制,直到飞机停止。依靠尾轮转向可以提供更可靠的控制,也会缩短着陆后的滑跑距离,以及防止跳跃和打滑。

如果跑道的可用长度允许,应该用摩擦力和地面上轮子的阻力这种正常方式来降低飞机的速度。如果需要,则可以使用刹车帮助飞机减速。在飞机充分减速并且已经滑到滑行道或脱离着陆区之后,应该完全停止。只有在完成这个步骤之后,飞行员才应该收起襟翼和执行其他的检查单项目。

13.11　侧风着陆

如果在五边进近和拉平的整个过程中使用航向法进行飘移修正,那么在接地之前,必须通过使用方向舵让飞机的纵轴和其运动方向对齐来消除偏航。这需要动作及时而准确,如果不能这样,则会导致在起落架上施加严重的侧向载荷,还会产生在地面上打转倾向。

如果使用的是侧滑法,那么在整个拉平过程中应该保持侧风修正(逆风控制副翼且反向使用方向舵),并且以迎风侧主轮进行接地。

在阵风或大风条件下,必须迅速调整侧风修正以确保飞机在接地时不会飘移。

在开始接地后前进速度会下降,飞机的重量将导致顺风侧主轮逐渐地落回到跑道。

在整个进近过程中,应该使用足够大的功率来保持合适的空速,并且在主轮接触着陆地面后应该降低油门到慢车位。在飞行员准备接地之前必须小心地关闭油门,因为突然或过早地关闭油门可能导致下降率突然增加,这会引起重着陆。

13.12　着陆后侧风滑跑

特别是在着陆后滑跑过程中,在使用副翼防止逆风侧机翼升高的时候,要特别注意通过使用方向舵和尾轮转向保持方向控制。这种飞机的特性就是主起落架后的侧向面积比主起落架前的要大。如图 13 - 3 所示。由于主轮作为一个中心点,而在这个中心点后有很大的表面积暴露于侧风,因而飞机会倾向于转弯或顺风打转。在后三点式飞机上,顺风打转的趋势更加明显,原因是在这种飞机上,主起落架后面的表面积比前三点式起落架飞机主起落架后面的表面积要大。

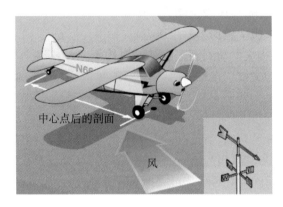

图 13 - 3　随风旋转倾向

　　飞行员应该熟悉他们所驾驶的各种飞机的侧风分量,避免在超出飞机性能范围之外的风条件下操作,也不要超出飞机自身的各项限制。

　　在飞机着陆后滑跑的减速过程中,必须使用更多的副翼以防止逆风侧机翼升高。由于飞机在不断地减速,因而副翼周围的气流减弱,副翼的有效性变得更低。同时,逆风变得更像是侧风,并在逆风侧机翼上施加更大的升力。进而,当飞机快要停下来的时候,必须保持副翼控制完全朝向风的来向。

13.13　轮着陆

　　在湍流或侧风中进行有动力进近的着陆,应该以飞机近似水平飞行的姿态接地。应该用主轮平稳地接地,并且尾轮保持在空中而不接触跑道。这称为"轮着陆",并需要细心及时地使用控制以防跳跃。在主轮接地之前,通过保持飞机处于水平姿态可以很好地实现轮着陆,然后迅速而平稳地减小油门,并且保持足够的向前升降舵压力以便让主轮维持在地面上。绝不要通过使用过大的向前控制压力而迫使飞机着陆到地面。

　　如果在主轮冲击着陆地面时以过高的下降率接地,尾轮将被迫依靠其重量下降。因而,当尾轮被迫下降后,机翼的迎角增加,导致升力突然增加,所以飞机可能再次升空。然后随着飞机速度继续降低,尾轮会再次放低至跑道。如果让尾轮下降得太快,飞机可能再次升空。这个过程通常称为"海豚跳",即使在飞行员试图停止它的时候,海豚跳通常也会变得更加强烈。最好的纠正动作就是执行复飞程序。

13.14　短场地着陆

　　一旦接地,就应该稳定地保持飞机处于三点接地姿态,这就能够让机翼提供空气动力制动效果。就在接地之后并且关闭油门的瞬间,应该均匀地使用刹车且稳定地使着陆后滑跑距离最短。飞行员应该在遵守安全要求的条件下,让飞机在尽可能最短的距离内停下来。

13.15　软场地着陆

尾轮应该和主轮同时或稍微提前主轮接地,并且在整个着陆滑跑过程中,通过保持稳定的向后升降舵压力来保持它接地。这将使得机头前翻的趋势降低到最小程度,进而会提供一些空气动力制动效果。在软场地上是不需要使用刹车的,因为软场地或粗糙场地表面本身可以足够地降低飞机前进的速度。通常可以发现,一旦在很软的场地着陆,飞行员就需要增加功率以保持飞机运动,防止飞机陷入松软的地面。

13.16　在地面上打转

在地面上打转是可能在滑行或起飞等地面运行过程中发生的失控转弯,但是在着陆后滑跑过程中特别容易出现。它并不总是由于飘移或顺风转向而导致的,尽管这些因素可能导致最初的转向。粗心地使用方向舵、凹凸不平的地面,或者阻碍飞机一个主轮的松软场地都可能导致飞机转向。无论如何,最初的转向往往会导致飞机在地面上打转。

由于装有尾轮飞机的特性,导致在地面上打转的力量随着转向的增加而增加。最初的转向产生惯性,它作用于重心使飞机转向得更多。如果任其发展,产生的力可能足够强大以至于使飞机倾斜,导致一侧机翼冲击地面。

如果飞机在飘移或用航向法飞行中接地,飞行员应该向高机翼一侧使用副翼并且利用方向舵停止转向。只有在方向舵不够的时候才应该使用刹车来纠正转弯或转向。在使用纠正性刹车动作时,飞行员必须保持警惕,因为很容易过度控制从而使情况变得更糟。如果使用了刹车,应该在低机翼一侧(转弯的外侧)的主轮施加足够的刹车使转向停止。当机翼近似水平时,在飞机减速到滑行速度或停下来之前要一直保持着新的方向。

14

过渡到涡轮螺旋桨飞机

14.1　概述

以涡轮螺旋桨为动力的飞机其飞行和操控方法与任何其他大小和重量相当的飞机一样,它们的空气动力学原理是相同的。驾驶涡轮螺旋桨飞机和其他非涡轮动力飞机的主要区别在于动力装置和系统组成方面。动力装置是不同的,并且需要运用燃气涡轮发动机的独特操作程序。不仅如此,而且其他系统如电力系统、液压系统、环境、飞行控制、排雨和防冰,以及航空电子系统都有所不同。涡轮螺旋桨驱动的飞机还有一个优势,那就是装配了恒速的可完全顺桨和反桨的螺旋桨,这通常不会安装在活塞发动机飞机上。

14.2　燃气涡轮发动机

活塞式(往复式)发动机和燃气涡轮发动机都属于内燃机。它们都有类似的工作循环,包括进气、压缩、燃烧、膨胀和排气。对于活塞式发动机,在每个气缸中这个循环的各个阶段都明显独立地发生。而且,对于活塞式发动机而言,在每个气缸中,每一次工作循环必须点一次火。和往复式发动机不同,在燃气涡轮发动机中产生功率的这些不同阶段是同时发生的,并且是持续的,而不是一次产生一个循环。另外,在起动阶段点火,并且起动以后就连续点火。

燃气涡轮发动机基本结构包括四个部分:进气、压缩、燃烧和排气。如图 14 - 1 所示。

为了起动发动机,通过使用小发动机上的电力起动器或大发动机上的空气驱动起动器使压缩机部分旋转。随着压缩机转速的升高,空气被吸入进气道并压缩至高压,然后输送到燃烧部分(燃烧室)。接着,通过燃油控制器的喷嘴注入燃油,然后用点火器点火(不是所有的压缩空气都用于辅助燃烧的。一部分压缩空气绕过了燃烧室,在发动机内部循环以帮助内部冷却)。然后燃烧室中的燃油/空气混合物就进入连续的燃烧过程,从而产生非常高的温度,通常在 4 000°F 左右,它把整个发动机中的空气加热到 1 600°~2 400°F。热空气和燃气的混合物膨胀,直接冲击涡轮叶片,

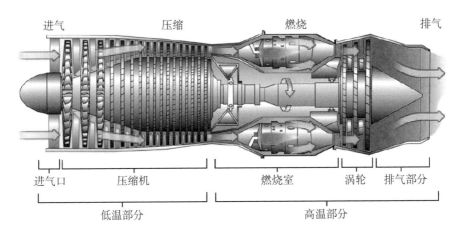

进气　　　　　压缩　　　　　　燃烧　　　　　　排气

进气口　　压缩机　　　　　燃烧室　　　涡轮　排气部分

低温部分　　　　　　　　高温部分

图 14 - 1　燃气涡轮发动机的基本组成

迫使涡轮部分旋转，这进一步又通过一个直接连接的轴而驱动压缩机。在驱动涡轮部分之后，高速的多余废气从尾管或排气部分排出。一旦涡轮部分被来自燃烧室的燃气驱动，那么就可以断开起动器，并可以关闭点火器。燃烧会一直持续，直到通过切断燃油供应发动机才会关闭。

高压废气可以用于提供喷气推力，就像在涡轮喷气发动机中那样。或者，燃气被引导至另外的涡轮，就像涡轮螺旋桨发动机中通过减速齿轮驱动螺旋桨那样。

14.3　涡轮螺旋桨发动机

涡轮喷气发动机在最高速度和高空性能方面优于往复式发动机。另一方面，相比往复式发动机而言，涡轮喷气发动机的起飞和初始爬升性能有限。而在起飞和初始爬升性能方面，往复式发动机比涡轮喷气发动机优越。涡轮喷气发动机在高速和高空条件下最有效率，而螺旋桨在低速和中等速度(400 m/h)时效率最高，并且螺旋桨也提高了起飞和爬升性能。开发涡轮螺旋桨发动机的目的是为了在一个发动机中结合涡轮喷气和螺旋桨驱动的往复式发动机这两者的最佳性能。

涡轮螺旋桨发动机相比其他类型发动机有几个优势，如：

* 重量轻。
* 由于活动部件相对较少，其机械可靠性较高。
* 操作简单。
* 振动很小。
* 单位重量提供的功率高。
* 使用螺旋桨进行起飞和着陆。

涡轮螺旋桨发动机在速度从 250 m/h 到 400 m/h 之间且高度在 18 000～30 000 ft 之间是最有效率的。在起飞和着陆所要求的低速飞行条件下也可能很好地运行，并且燃油效率较高。在 25 000 ft 到对流层顶范围内，涡轮螺旋桨发动机通常可以实现最低的燃油消耗率。

活塞发动机的输出功率用马力度量,主要根据转速和歧管压力来计算。而涡轮螺旋桨发动机的功率是用轴马力(shp)度量的。轴马力是根据转速以及作用于螺旋桨轴上的扭矩(扭转力矩)计算的。由于涡轮螺旋桨发动机是燃气涡轮发动机,因此从发动机排出的废气也会产生一些喷气推力。这个推力也被增加到轴马力上,以便计算总的发动机功率或等效轴马力(eshp)。喷气推力所占比例通常不到发动机总功率的10%。

尽管涡轮螺旋桨发动机比相同大小和功率的涡轮喷气发动机更复杂也更重,但是在低的亚声速空速时能够输出更多的推力。然而,随着飞行速度的增加,这个优势下降。在正常巡航速度范围内,涡轮螺旋桨发动机的推进效率(输出功率除以输入功率)随着速度的增加而下降。

典型涡轮螺旋桨发动机的螺旋桨在标准大气的海平面条件下产生的推力大约占总推力90%。涡轮螺旋桨发动机在起飞和爬升过程中有优异的性能,其原因是螺旋桨在飞机以相对较低的地面和较低的飞行速度运动时,能够搅动大量的空气。然而,不要把"涡轮螺旋桨发动机"和"涡轮增压器"或类似术语相混淆。所有涡轮发动机都和正常进气(非涡轮增压)的往复式发动机有一个相似之处,即最大可用功率几乎随着高度的增加而呈线性函数下降。

虽然发动机功率随着飞机爬升到更高的高度而降低,但是用燃油消耗率(表示每 hp/h 所消耗的燃油 lb 数)度量的发动机效率将会增加。燃油消耗率下降并且在较高的高空中其真空速增加,这就是涡轮螺旋桨发动机的明显优势。

所有涡轮发动机、涡轮螺旋桨或者涡轮喷气发动机,都是根据限制温度、旋转速度和(针对涡轮螺旋桨)扭矩来定义的。根据安装方式的不同,功率设定的主要参数可能是温度、扭矩、燃油流量或者是转速(要么是螺旋桨转速,燃气发生器(压缩机)转速或者是这两者)。在寒冷天气条件下,当温度限制仍然处于可接受范围时,可能已经超出发动机扭矩的限制。而在热的天气条件下,可能超过温度限制而不会超过扭矩限制。在任何天气条件下,涡轮发动机的最大功率设定通常是在靠近最大油门稍向后移的位置得到的。进行过渡训练的飞行员必须理解、知晓并观察涡轮发动机限制的重要性。超温或过大扭矩条件只要持续超过几秒钟就可能完全破坏发动机的内部组件。

14.4 涡轮螺旋桨发动机类型

14.4.1 固定轴

有一种涡轮螺旋桨发动机的类型是固定轴恒速型,例如加勒特(Garrett)TPE331。如图 14-2 所示。对于这种类型发动机,周围空气通过发动机进气道被引导至压缩机部分。在二级压缩机中的加速/扩散过程中增加了空气压力,并向后引导至燃烧室。燃烧室由燃烧腔腔、转接管和涡轮增压器组成。在燃烧室中,雾化

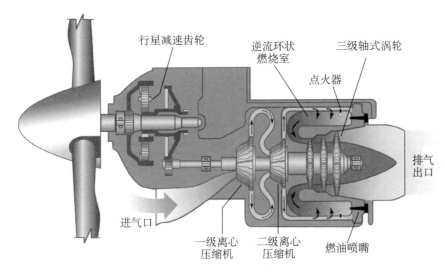

图 14-2 固定轴涡轮螺旋桨发动机

的燃料被混入到空气中,环绕在燃烧室外围的空气还可以为燃烧室提供冷却和绝缘作用。

最初,燃气混合气是由高能点火器点燃的,然后膨胀的燃气流到涡轮。高速热燃气的能量在主轴上通过涡轮转子转换成扭矩。减速齿轮把主轴的高转速-低扭矩转换成低转速-高扭矩,以驱动附属装置和螺旋桨。离开涡轮的废气通过排气管排放到大气中。

在燃烧过程中,实际使用的流过发动机的空气大约只占 10%,约 20% 的压缩空气可能被用于加热、冷却、客舱增压和气源系统。超过一半的发动机功率用于驱动压缩机,并且如果发动机失效而自转,则压缩机可能产生很高的阻力。

在固定轴恒速型发动机上,发动机转速在 96%～100% 这个很小的范围内变化。在地面运行过程中,转速可能降低至 70%。在飞行中,发动机以恒速运行,这是通过螺旋桨的控制系统保持的。可以通过增加燃油流量和螺旋桨桨叶角而不是通过增加发动机转速来改变功率。燃油流量的增加导致温度增加,并且涡轮可用的能量也相应增加。涡轮吸收更多的能量,并以扭矩的形式传递至螺旋桨。增加的扭矩迫使螺旋桨桨叶角增加,以便维持恒定的速度。在输出功率的过程中,涡轮温度是一个很重要的考虑因素,它和燃油流量直接相关,因而也直接和输出的功率大小有关。由于燃烧室和涡轮部分材料的强度和耐久性有限,因此必须限制涡轮温度。控制系统调节燃油流量从而产生特定的温度,并且限制这些温度,这样就不会超过燃烧室和涡轮部分的温度限制。发动机被设计成可以在其整个寿命期内以 100% 转速运转。它的所有组成部件,例如压缩机和涡轮,在以设计转速或接近设计转速工作时效率是最高的。

对动力装置(发动机和螺旋桨)的控制是通过每个发动机的油门杆和燃油流量

控制杆实现的。如图 14－3 所示。它没有可以在活塞发动机上看到的混合气控制杆和/或转速控制杆。在固定轴恒速型涡轮螺旋桨发动机上，前推或后拉油门杆可以增加或减小向前的推力，油门杆还可用于提供反推力。燃油流量控制杆把预期的发动机转速设定在适合于地面运行和飞行之间的狭窄工作范围内。

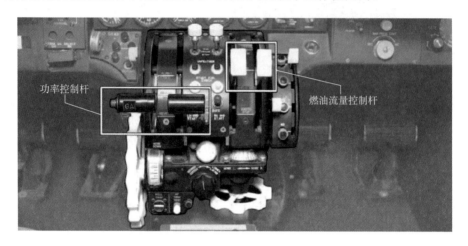

图 14－3　发动机控制机构——固定轴涡轮螺旋桨发动机

　　固定轴涡轮螺旋桨发动机的动力装置仪表通常由下列基本的指示器组成。如图 14－4 所示。

- 扭矩计或马力计。
- ITT——级间涡轮温度表。
- 燃油流量表。
- 转速表。

　　涡轮部分产生的扭矩是通过扭矩传感器测量的。然后扭矩通过驾驶舱的马力计显示出来，并按照 hp 的百分数来定标。级间涡轮温度表（ITT）测量的是第一级涡轮和第二级涡轮之间的燃气温度。这个仪表以 ℃ 为定标单位。螺旋桨转速用最大转速的百分比方式在驾驶舱转速计上显示出来。通常，这个表盘上的读数指针移动一个刻度即表示 1% 的转速。燃油流量指示器以 lb/h 为单位指示燃油流量。

　　固定轴恒速涡轮螺旋桨发动机的螺旋桨顺桨通常是用燃油流量控制杆实现的。然而，如果这种类型发动机发生失效，将导致严重的阻力增加状态，原因是压缩机所需要的大量功率被螺旋桨吸收了。在双发飞机上，这会导致严重的飞机控制问题，除非及时地发现失效并且使受影响的螺旋桨顺桨。因为这个原因，固定轴涡轮螺旋桨发动机装配了负扭矩检测（NTS）系统。

　　负扭矩是一种状态，此状态下螺旋桨扭矩驱动发动机，而螺旋桨被自动地驱动至高桨距位置以降低阻力。负扭矩检测系统的功能是用来限制在螺旋桨自转过程

图 14 - 4 发动机仪表——固定轴涡轮螺旋桨发动机

中发动机可以从螺旋桨获得的扭矩大小的,因而避免了飞机承受大的阻力。如果在飞行中发动机突然失去动力,那么 NTS 系统会导致螺旋桨桨叶自动地向它们的顺桨位置运动。NTS 系统是发动机突然失效时的紧急备用系统。它不能取代受燃油流量控制杆控制的顺桨装置。

14.4.2 分轴式/自由式涡轮发动机

在自由式动力-涡轮发动机上,例如普惠 PT - 6 发动机,螺旋桨是由分离的涡轮通过减速齿轮驱动的。螺旋桨和主发动机涡轮及压缩机不在同一根轴上。如图 14 - 5 所示。与固定轴发动机不同,在分轴式发动机上,在主发动机仍然运转的时候,螺旋桨可以在空中或在地面上实现顺桨。自由式动力-涡轮的设计允许飞行员选择一个预期的螺旋桨调节转速,而不管主发动机的转速如何。

典型的自由式动力-涡轮发动机有两个独立的反向旋转的涡轮。一个涡轮驱动压缩机,而另一个涡轮通过减速齿轮箱驱动螺旋桨。主发动机中的压缩机由三级轴流压缩机和一级离心压缩机组成。轴流级和离心级装配在相同的轴上,并且作为一个单独的单元运行。

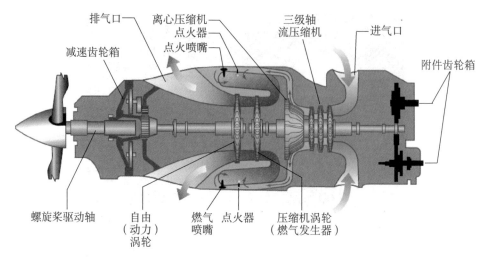

图 14-5 分轴式/自由涡轮发动机

吸入的空气通过靠近发动机后端的环形高压管进入发动机,然后向前流过连续的几级压缩机。气流在进入燃烧室之前,被几级离心压缩机的放射状扩散器向外引导,这时气流方向实际上是相反的。燃烧产生的燃气流动方向再次被反转并向前膨胀,流过每一级涡轮。在离开涡轮之后,燃气被收集到外围的排气涡形管,然后通过两个靠近发动机前端的排气口排放到大气中。

气动燃油控制系统调节燃油流量以便维持由燃气发生器油门杆所设定的功率。除了在贝塔(beta)范围内,在任意选择的螺旋桨控制杆位置上,通过螺旋桨调速器的动作使得处于调节范围内的螺旋桨速度保持恒定。

在发动机后端的附属驱动装置为驱动燃油泵、燃油控制、机油泵、起动器/发电机,及转速计变换器提供动力。这时,一级压缩机的速度 N_1 是发动机中压缩机的真实速度,大约为 37 500 r/min。

动力装置(发动机和螺旋桨)的运行是通过每个发动机的三组控制实现的:油门杆、螺旋桨控制杆和燃油流量控制杆。如图 14-6 所示。油门杆用于控制发动机的功率处于慢车到起飞功率的范围内。油门杆的向前或向后运动则增加或降低燃气发生器的转速 N_1,并进而增加或降低发动机的功率。螺旋桨控制杆按常规工作,并且通过主调速器控制恒速螺旋桨。螺旋桨的转速范围通常为 1 500~1 900 r/min。燃油流量控制杆控制流到发动机的燃油流量。与活塞式发动机飞机上的混合气控制杆类似,燃油流量控制杆位于功率控制台的最右边。但是涡轮螺旋桨发动机上的燃油流量杆实际上只负责打开/关闭输送燃油的阀门。在地面运行时,有高速慢车(HIGH IDLE)和低速慢车(LOW IDLE)两个档位,但是燃油流量控制杆没有测量功能。在涡轮发动机上是不需要贫油的;这个功能由一个专门的燃油控制单元自动执行。

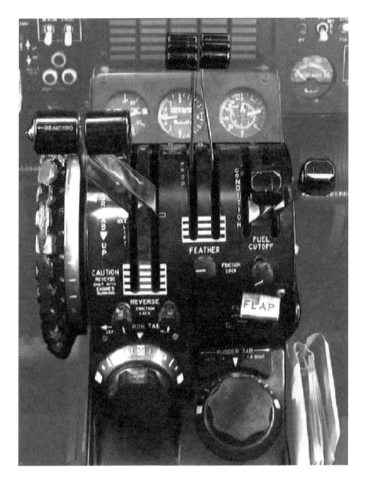

图 14 - 6　发动机控制机构——分轴式/自由涡轮发动机

　　分轴式/自由式涡轮发动机上的仪表通常由下列基本的指示器组成。如图 14 - 7 所示。

- ITT(级间涡轮温度)指示器。
- 扭矩计。
- 螺旋桨转速计。
- N_1(燃气发生器)转速计。
- 燃油流量指示器。
- 机油温度/压力指示器。

　　ITT 指示器实时地显示压缩机涡轮和动力-涡轮之间的发动机燃气温度。扭矩计对油门杆的运动作出响应并显示作用于螺旋桨的扭矩读数,单位为英尺/磅(ft/lb)。由于在自由式涡轮发动机上,螺旋桨不是直接连接到燃气涡轮发动机轴上,因此有两个转速计是合理的,一个用于螺旋桨,一个用于燃气发生器。螺旋桨转速计

图 14-7　发动机仪表——分轴式/自由涡轮发动机

直接读出螺旋桨每分钟的转数。N_1 或燃气发生器的读数是转速的百分比。在普惠 PT-6 型发动机上,它是以 37 000 r/min 作为 100% 转速的基数。燃气发生器最大连续转速被限制为 38 100 r/min 或 N_1 的 101.5%。

ITT 指示器和扭矩计用于设定起飞功率。在观察 ITT 限制的同时根据扭矩计和螺旋桨转速计建立爬升和巡航功率。燃气发生器(N_1)的运行是用燃气发生器转速计监视的。对这些仪表的正确观察和解读为飞行员提供了发动机性能和状态信息。

14.5 反推力和 BETA 范围的运行

螺旋桨提供的推力是空气冲击桨叶的迎角和速度的函数。迎角随着螺旋桨桨距角的变化而变化。

所谓的"平桨距"是指在旋转时,桨叶处于阻力最小且缺乏用于移动飞机的净推力的位置。向前的桨距产生向前的推力——飞机速度越高就需要越大的桨距角。

"顺桨"位置是达到最高桨距角时的桨叶位置。如图 14-8 所示。顺桨位置不产生向前的推力。通常只有在飞行中发动机失效的时候才把螺旋桨置于顺桨位置,目的是使阻力最小和避免螺旋桨因气流冲击而变成空气涡轮机。

在"反"桨距位置,发动机/螺旋桨的旋转和正常桨距(向前)位置时方向一致,但是螺旋桨的桨叶角被置于平桨距的另一侧。如图 14-8 所示。在反桨距位置,空气被向前推离飞机,而不是被螺旋桨拉到飞机后面。反桨距位置产生制动效果,而不是产生向前的推力。反桨距用于滑行时逐渐后退避让障碍物、控制滑行速度,或在着陆滑跑过程中帮助飞机停止。反桨距不是指发动机的反向旋转。发动机恰如平常一样输出功率,而不管螺旋桨桨叶位于平桨距的哪一侧。

对于涡轮螺旋桨发动机,为了获得足够的飞行功率,油门杆被置于飞行慢车(在某些发动机上指的是"高速慢车")和最大功率之间的某个位置。油门杆发送信号到燃油控制单元以便手动选择燃油。螺旋桨调速器选择能够保持螺旋桨/发动机准确速度所需的螺旋桨桨距,这被称为螺旋桨调速或"阿尔法(alpha)"运行模式。然而,当油门杆位于飞行慢车的后面位置时,油门杆直接控制螺旋桨桨叶角,这称为"贝塔(beta)"运行范围。

贝塔运行范围是指油门杆从飞行慢车到最大反推力之间的位置。

恰好从油门杆的飞行慢车位之后开始,螺旋桨桨叶的桨距角随着控制杆的向后运动而快速变平,直到它们超过最大平桨距而进入负桨距,进而产生反推力。而在固定轴/恒速发动机上,在螺旋桨桨叶角达到它们的负值时,发动机转速仍然基本未变。在分离轴式 PT-6 型发动机上,桨叶角达到 -5° 位置时,油门杆的进一步向后运动也会导致发动机 N_1 转速快速增加,直到桨叶角达到约为 -11° 的最大值和 N_1 达到最大 85%。

根据具体飞机的品牌和型号,在贝塔范围内运行和/或用反推力运行需要特定的技巧和操作程序。也有一些在这个范围内运行时必须坚持的具体发动机参数和

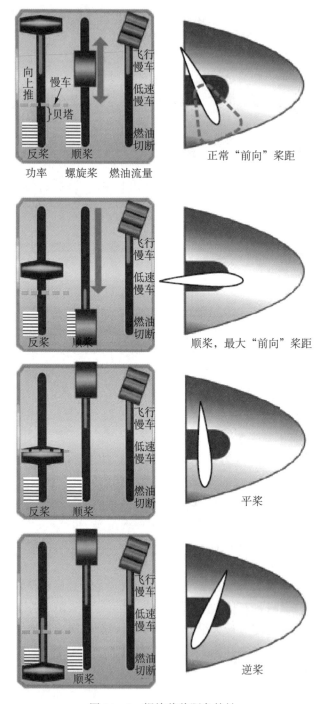

图 14-8　螺旋桨桨距角特性

限制。过渡到涡轮螺旋桨飞机的飞行员掌握并精通这些区域的运行知识是很重要的,而且这也是涡轮发动机飞机所特有的。

14.6 涡轮螺旋桨飞机的电气系统

典型的涡轮螺旋桨飞机电气系统是一个 28 V 直流系统,它从一个或多个电瓶以及每个发动机的起动器/发电机获得电力。电瓶可以是活塞式飞机上常用的铅酸型,或是镍镉型。镍镉型电瓶不同于铅酸型的地方是其能够长时间地保持相对高的输出功率。然而,在镍镉型电瓶耗尽后,其电压会突然下降。在出现这样的情况时,为了起动发动机而使压缩机旋转的能力就大大降低,并且可能由于热起动的增加而导致发动机损坏。因此,在每次发动机起动之前检查电瓶的状态是很重要的。相比铅酸型电瓶,高性能镍镉电瓶可以很快地再次充电。但是,电瓶充电越快,其产生的热量就越多。因而,装配了镍镉型电瓶的飞机安装了电瓶过热报警灯,以指示其是否超过最高的安全极限和临界温度极限。

在涡轮螺旋桨飞机中使用的直流发电机都作为起动马达,也叫做“起动器/发电机”。起动器/发电机使用电力产生机械扭矩来起动发动机,然后在发动机运行后,使用发动机的机械扭矩产生电力。输出的一部分直流电力被变换为 28 V 400 Hz 的交流电,用于航空电子仪表、灯光电力和指示器同步的功能。这是通过称为逆变器的电子器件实现的。

系统中的直流电力和交流电力的分配是通过使用电力分配汇流条实现的。这些“汇流条”正如它们的名字,实际上它是每个独立的电力回路用以获得电力的共用接线端,如图 14-9 所示。

汇流条通常以它们供电的系统命名(例如,航空电子仪表汇流条),或者以它们获得电力的来源命名(右侧发电机汇流条,电瓶汇流条)。通常,根据正常和紧急运行时特定设备的优先级,直流电力和交流电力被分为不同的组(汇流条)进行分配。主汇流条向飞机的大部分电气装备供电。关键汇流条向最高优先级的设备输送电力,如图 14-10 所示。

多发涡轮螺旋桨飞机通常有好多个电源——一个电瓶和每个发动机至少装一个发电机。电力系统被设计成任何电源都可以对任意一个汇流条供电。例如,典型的系统中左侧和右侧发电机汇流条由左侧和右侧发动机驱动的发电机供电。这些汇流条通常被一个打开的开关连接起来,它使得彼此之间互相隔离。如果一个发电机失效,将会停止向那个汇流条供电,但是可以通过闭合汇流条连接开关使电力输送到那个汇流条。闭合这个开关使汇流条之间互联,并让工作的发电机向两个汇流条同时供电。

电力分配汇流条通过一种称为限流器的保险丝来防止短路和其他故障。如果任何电源提供了过大的电流,那么限流器将会断路,因而隔离了那个电源,让受影响的汇流条与系统分开,其他汇流条将继续正常工作。每个单独的电路部分通过断路器连接至汇流条,断路器是一种出现过大电流时断开电路的装置。

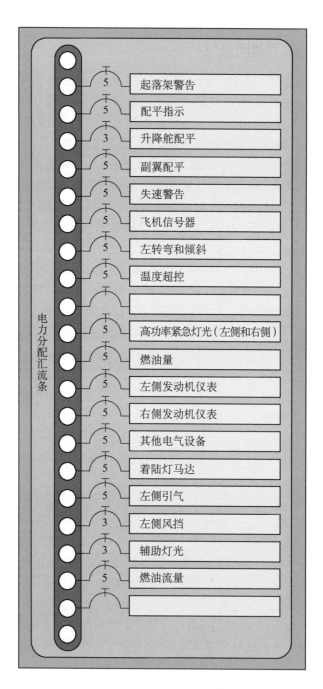

图 14 - 9 典型的独立电力分配汇流条

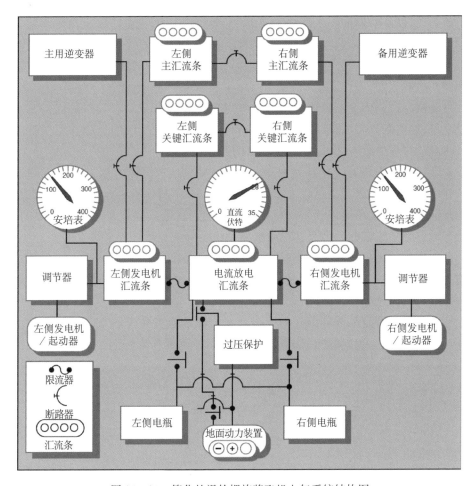

图 14 - 10　简化的涡轮螺旋桨飞机电气系统结构图

14.7　运行考虑

正如前面所述，涡轮螺旋桨飞机的飞行与任何其他大小和重量相当的活塞发动机飞机一样。是由于发动机的运行特性和飞机系统的组成使得涡轮螺旋桨飞机不同于活塞发动机的对应部分。飞行员在发动机和/或系统运行方面的操作错误是导致飞机损坏或灾难的最常见原因。对于任何燃气涡轮发动机，飞行员最容易出错的时候就是发动机的起动过程。

涡轮发动机对热量极其敏感。它们不能容忍很短时间的过热状态，即使这样都会发生严重损害。在起动过程中，发动机温度比任何时候都变得更热，因此，涡轮发动机在起动过程中，为了把燃油注入燃烧室，它有一个最低旋转速度。在发动机以稳定的速度运转之前，飞行员要对温度监视和加速监视保持极高的警惕。成功的发动机起动取决于在开始起动之前确保正确的最低电瓶电压，或使用有足够输出电压的地面动力装置（GPU）。

在起动过程中,燃油注入燃烧室之后,将会很快"点火"并且快速发热升温。在发动机稳定并且温度降低至正常运行范围之前,发动机温度可能在 2～3 s 内接近其最大值。在这个时间内,飞行员必须留意温度超过最大值的任何趋势,并且准备好切断发动机的燃油。

发动机超过最大起动温度限制的趋势,术语称为热起动。在异常的高初始燃油流量之后,温度升高,这可能首先表示飞行员起动那个发动机的过程并不正常。如果让热起动过程继续下去,则会导致严重的发动机损坏。

发动机加速旋转处于比正常时更加缓慢的状态,术语称为缓慢起动或错误起动。在缓慢起动/错误起动过程中,发动机可能以一个转速稳定运行,如果没有起动器的帮助,那么它是不足以让发动机继续运行的。这通常是电瓶功率低导致的,或者是起动器为了正常起动但是却没有让发动机足够快地旋转起来导致的。

涡轮螺旋桨飞机的起飞并不是通过自动地前推油门杆至最大值而实现的。根据情况,起飞功率可能受扭矩或发动机温度的限制。通常,起飞时的油门杆在最大值稍微靠后的位置。

应该根据为特定品牌和型号的飞机开发的标准起飞和离场"剖面图"来执行涡轮螺旋桨飞机的起飞和离场。如图 14 - 11 所示。起飞和离场剖面图应该与飞机制

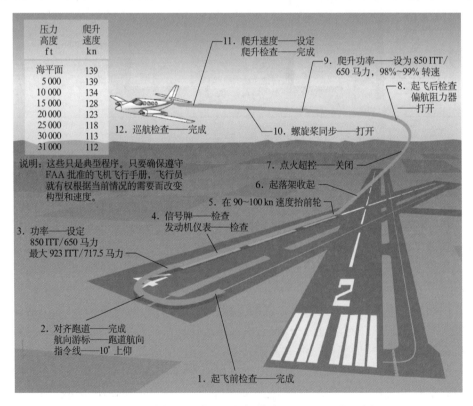

图 14 - 11　举例——典型涡轮螺旋桨飞机起飞和离地剖面

造商推荐的程序一致,这些程序在 FAA 批准的飞机飞行手册和/或飞行员操作手册(AFM/POH)中有概括的介绍。涡轮螺旋桨飞机复杂度的增加使得程序的标准化成为安全和高效运行的必要条件。进行过渡训练的飞行员应该在每次起飞之前复查剖面图程序,以便在头脑中形成起飞和离场过程的印象。

对于任意设定的高马力运行状态,飞行员可以预期在恒定功率条件下,发动机温度将随着高度的增加而升高。在温暖或闷热的天气条件下,在相当低的高度上发动机就可能达到最大温度极限,使得难以维持高马力飞到较高的高度。而且,发动机的压缩机部分必须在降低的空气密度下才能更加高强度地运转。功率性能被高的密度高度削弱,还可能必须调整功率以保持发动机温度处于限制范围内。

在涡轮螺旋桨飞机上,飞行员在任何时候都可以关闭油门而无需担心发动机冷却得太快。因而,在螺旋桨处于低桨距时,快速下降的航迹坡度可能相当大。与起飞和离场一样,应该根据标准进近和着陆剖面图来完成进近和着陆。如图 14-12 所示。

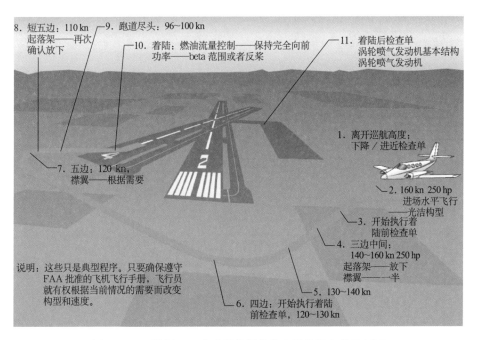

图 14-12　举例——典型涡轮螺旋桨飞机进场和着陆剖面

稳定进近是进近和着陆过程的一个关键部分。在稳定进近中,根据设计特性和型号的不同,飞机在 2.5°～3.5°范围内的下滑道上稳定地下降。速度稳定在 AFM/POH 中给出的某个参考值,通常是进近构型时失速速度的 1.25～1.30 倍。下降率在着陆拉平之前,一直稳定在 500～700 ft/min 范围内。

如果过早地把发动机设定在慢车位,一些涡轮螺旋桨飞机的着陆可能导致过早的重接地。这是因为大的螺旋桨以低桨距快速地旋转会产生相当大的阻力。对于这样的飞机,可能更好的方法是在整个着陆拉平和接地过程中保持功率。一旦扎实地接触到地面,相比类似重量的活塞式飞机,在贝塔范围内运行的螺旋桨将会极大地降低刹车的需要。

14.8 训练考虑

涡轮螺旋桨飞机所飞行的中/高空高度在法规要求、空域结构、生理要求,甚至气象学等方面都是完全不同的环境。过渡到涡轮螺旋桨飞机的飞行员,特别是那些不熟悉在中/高空高度环境下运行的飞行员,应该在涡轮螺旋桨过渡训练课程中记住这点。全面的地面训练应该涵盖中高空飞行的所有方面,包括飞行环境、天气、飞行计划和导航、高空飞行的生理方面、供氧和增压系统的运行,以及高空紧急程序。

飞行训练应该能够让飞行员掌握飞机性能、系统组成、紧急程序和操作限制方面的丰富知识,还要能高度熟练地执行所有飞行机动以及飞行中的紧急程序。

下面列出的训练涵盖了飞行员在高空操作所需要的最基本信息。

1) 地面训练

(1) 高空飞行环境。

　　(a) 空域

　　(b) 联邦法规全书第 14 篇(14 CFR)第 91.211 节对增加的供氧设备的使用要求

(2) 天气。

　　(a) 大气

　　(b) 风和晴空乱流

　　(c) 结冰

(3) 飞行计划和导航。

　　(a) 飞行计划

　　(b) 天气图表

　　(c) 导航

　　(d) 导航设施

(4) 生理训练。

　　(a) 呼吸

　　(b) 缺氧

　　(c) 长时间使用氧气的影响

　　(d) 降压痛

　　(e) 错觉

　　(f) 高空室(这是可选的)

(5) 高空系统和组成。

　　(a) 氧气和供氧设备

　　　　(b) 增压系统

　　　　(c) 高空运行的部件

　　(6) 空气动力学和性能因素。

　　　　(a) 加速度

　　　　(b) G 力

　　　　(c) 马赫下俯和临界马赫(涡轮喷气式飞机)

　　(7) 紧急程序。

　　　　(a) 降压

　　　　(b) 佩戴氧气面罩

　　　　(c) 氧气面罩故障或者完全失去氧气供应/系统

　　　　(d) 空中着火

　　　　(e) 飞入严重湍流或雷暴天气

　2) 飞行训练

　(1) 飞行前简介。

　(2) 飞行前计划。

　　　　(a) 天气简介及考虑

　　　　(b) 航线绘制

　　　　(c) 飞机飞行手册

　　　　(d) 飞行计划

　(3) 飞行前检查。

　　　　(a) 供氧系统的功能测试,包括验证氧气的供应和压力,调速器的操作,氧气流量,面罩固定,以及使用面罩麦克风时驾驶舱和空中交通管制(ATC)的通信。

　(4) 发动机起动程序、试车、起飞和初始爬升。

　(5) 爬升至高空,以及在平均海平面 25 000 ft 高度以上运行时的正常巡航操作。

　(6) 紧急程序。

　　　　(a) 模拟快速降压,包括立即佩戴氧气面罩

　　　　(b) 紧急下降

　(7) 计划好的下降。

　(8) 关车程序。

　(9) 飞行后的讨论。

15 过渡到喷气式飞机

15.1 概述

本章概括性地介绍了喷气动力的飞机。这不是为了代替正式喷气式飞机资格课程的任何部分，而是本章包含的内容是正式的结构化喷气式飞机资格课程的准备和补充。本章的目的是为向喷气动力飞机过渡的飞行员提供在过渡课程中遇到的主要差别方面的信息。为了以合理的方式实现这个目的，通过对两个明显不同方面的讲解来理解喷气动力飞机与活塞动力飞机之间的主要区别：使用的科技不同，或者说是飞机本身的不同；以及飞行员技能的不同，或者说是飞行员通过使用不同的技巧处理科技方面的差异。如果本章中的任何内容与特定飞机的 FAA 批准的飞机飞行手册中所包含内容矛盾，那么以飞机飞行手册为准。

15.2 喷气发动机基础

喷气发动机是一种燃气涡轮发动机。喷气发动机通过把相对少量的空气加速至很高的速度从而产生推力，这与螺旋桨发动机相反，它是通过把大量的空气加速至较低的速度从而产生推力。

如第 14 章所述，活塞发动机和燃气涡轮发动机都是内燃机，并且有一个类似的工作循环；即进气、压缩、燃烧、膨胀和排气。空气被吸入并压缩，然后注入燃油进行燃烧，热的燃气然后膨胀，并且提供了超过压缩所需的多余功率，最终排放出去。在活塞发动机和喷气发动机中，均通过增加进气量和压力比来提高工作循环的效率。

一部分燃烧空气的膨胀发生在喷气发动机的涡轮部分，这为驱动压缩机提供了必要的功率，而其余的膨胀则发生在尾管的喷嘴中，它把燃气加速形成高速的喷流从而产生推力。如图 15-1 所示。

在理论上，喷气发动机更加简单，而且更直接地把热能（燃气的燃烧和膨胀）转换成机械能（推力）。活塞发动机或往复式发动机必须利用它的所有活动部件，才能把热能转换成机械能，然后通过旋转螺旋桨最终转换成推力。

喷气发动机相比活塞发动机的一个优势就是在高空和高速条件下喷气发动机能

涡轮喷气发动机

飞行方向　　　　　　　　　　　　　　燃烧

进气口　　　　　　　　　　　传动轴　　　　排气

六级压缩机　　　　　　　　　　二级涡轮

图 15-1　涡轮喷气发动机基本结构

够产生非常巨大的推力。实际上，喷气发动机的效率随着高度和速度的增加而增加。

　　尽管螺旋桨驱动的飞机不像喷气机那样有效率，特别是在现代航空所需要的更高的高度和巡航速度方面，而螺旋桨驱动的飞机相比喷气机为数不多的优势之一是几乎在起飞滑跑的开始就可以获得最大的推力。在起飞时，喷气发动机的最初输出推力相对较低，在达到较高的速度之前不会达到峰值效率。风扇喷气发动机或涡轮风扇发动机的发展帮助解决了这个问题，实际上，它是纯喷气发动机（涡轮喷气）和螺旋桨发动机之间的一个折中。

　　和其他燃气涡轮发动机一样，涡轮风扇发动机的核心是燃气发生器——它是发动机中产生热的高速燃气的部分。和涡轮螺旋桨类似，涡轮风扇有一个低压涡轮部分，它使用了燃气发生器产生的大部分能量。低压涡轮安装在穿过燃气发生器空心轴的同心轴上，并在发动机的前端把它连到一个导管风扇上。如图 15-2 所示。

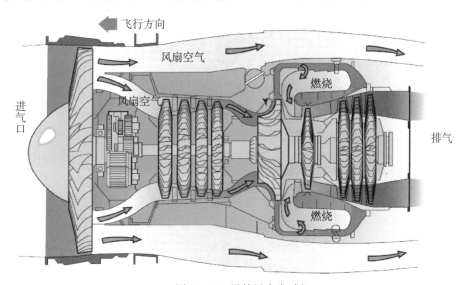

飞行方向

风扇空气　　　　　　　　　　燃烧

进气口　　　　　风扇空气　　　　　　　　　排气

燃烧

图 15-2　涡轮风扇发动机

　　空气进入发动机,穿过风扇,并分离进入两个独立的气道。一些气流绕过发动机核心而环绕着流过,因此就像它的名字一样叫外涵空气;进入发动机给燃气发生器使用的空气是核心气流。绕过发动机核心的空气量与进入燃气发生器的空气量之比决定了涡轮风扇发动机的涵道比。涡轮风扇能够高效地把燃油转换为推力是因为它们产生了分布于大的风扇圆盘面积上的低压能量。而涡轮喷气发动机利用燃气发生器的全部输出以高速地排放喷气的形式产生推力,冷的低速外涵空气产生的推力占涡轮风扇发动机产生推力的30%~70%。

　　风扇喷气的概念增加了喷气发动机的总推力,特别是在较低速度和较低高度下。尽管在较高的高度上效率降低(涡轮风扇发动机受高度增加而推力大幅度下降的影响),但是涡轮风扇发动机增加了加速度、降低了起飞滑跑距离、改善了初始爬升性能,并且通常还有降低燃油消耗率的作用。

15.3　操作喷气发动机

　　对于喷气发动机,推力是由注入燃烧室的燃油量决定的。因为大部分发动机控制功能是自动的,大多数涡轮喷气和涡轮风扇动力飞机上的功率控制由为每个发动机装配的推力杆组成。推力杆被连接到燃油控制和/或电子发动机计算机,它根据转速、内部温度、环境条件和其他因素测量燃油流量。如图 15-3 所示。

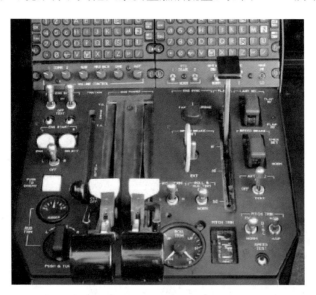

图 15-3　喷气发动机功率控制

　　在喷气发动机上,每个主要的旋转部分通常都有一个独立的仪表专门用于监视其旋转速度。根据品牌和型号的不同,喷气发动机可能有一个监视低压压缩级和/或涡轮风扇发动机上风扇速度 N_1 的仪表,燃气发生器部分可能用 N_2 仪表监视,而装有三级压缩机的发动机还可能有一个 N_3 仪表。发动机的每个旋转部分都以好几

千转每分钟的转速旋转。因而它们的仪表
被定标为转速百分比而不是实际转速,其
目的是为了易于显示和理解。如图 15 - 4
所示。

　　飞行员必须密切监视涡轮燃气的温
度。与任何燃气涡轮发动机一样,即使在
极短的时间内超过温度限制都可能导致涡
轮叶片和其他部件发生严重的过热损坏。
根据品牌和型号的不同,可以在发动机内
部很多不同的位置测量燃气温度。相关的
发动机仪表根据它们的位置从而有不同的
名字。举例如下:

图 15 - 4　喷气发动机转速表

　　● 排气温度(EGT)——在经过涡轮之
后进入尾管时的废气温度。

　　● 涡轮内部温度(TIT)——燃气进入
第一级涡轮时,发动机燃烧室部分的燃气
温度。TIT 是燃气涡轮发动机内部的最高
温度,而且是发动机可以产生功率大小的一个限制因素。但是,TIT 是难以测量的,
因而通常测量的参数是和 TIT 有关的 EGT。

　　● 级间涡轮温度(ITT)——低压涡轮和高压涡轮之间的燃气温度。

　　● 涡轮出口温度(TOT)——类似 EGT,涡轮出口温度是在涡轮叶片之后测
量的。

15.3.1　喷气发动机点火

　　大多数喷气发动机的点火系统由两个点火嘴组成,它用于在地面或空中起动发
动机。一旦完成起动,这个点火过程要么自动地结束要么被关闭,从此以后,发动机
内部的燃烧就是一个连续的过程。

15.3.2　连续点火

　　发动机对于进入发动机吊舱进气口的气流特性很敏感。只要气流足够正常,发
动机将会连续平稳地运行。然而,特别是靠后安装的发动机有时候受到机翼产生的
紊乱气流的影响,有一些不正常的飞行状况会导致压缩机失速或发动机熄火。这些
不正常飞行状况通常与突然的俯仰变化有关,例如可能遇到了严重的湍流或失速。

　　为了避免在上述情况下发生发动机熄火的可能性,或避免可能导致进气问题的
其他条件,如大雨、结冰或可能的鸟类撞击,大多数喷气发动机装配了连续点火系
统。只要需要,就可以打开这个系统并且持续使用。在很多喷气式飞机上,作为一
个额外的防范措施,通常在起飞和着陆过程中使用这个系统。很多喷气式飞机也装
配了自动化点火系统,只要飞机失速告警或振杆器被激活,那么它就会使两个点火

器都运行。

15.3.3 燃油加热器

由于喷气式飞机飞行在高空，外界空气极其寒冷，有可能发生喷气机燃油过渡冷却从而导致小水珠悬浮在燃油中，并变成冰粒进而堵塞连接到发动机的燃油过滤器。由于这个原因，喷气发动机通常装配了燃油加热器。燃油加热器可以是自动式的，它持续地保持燃油温度处于冰点之上，或者它们由飞行员在驾驶舱人工控制。

15.3.4 设定功率

在一些喷气式飞机上，推力是通过发动机压力比（EPR）仪表指示的。发动机压力比可以看作等效于活塞发动机上的歧管压力。发动机压力比是涡轮出口压力和发动机进气口压力之间的差值。它表示发动机收集了多少新鲜的空气。例如，EPR为 2.24 的设定表示出口压力相对进气压力为 2.24∶1。在这些飞机上，EPR 仪表是设定功率大小的主要参考。如图 15 - 5 所示。

图 15 - 5 发动机压力比仪表

在大多数涡轮风扇发动机上，推力主要是通过风扇速度 N_1 指示的。燃油流量提供了辅助的推力指示，交叉检查正确的燃油流量有助于发现 N_1 仪表的错误。涡轮风扇还有一个燃气发生器涡轮转速计 N_2。它们主要用于发动机起动和一些系统功能。

在设定功率时，主要的功率参考（EPR 或 N_1）通常是最关键的，也是推力杆继续向前移动的第一个限制仪表。但是，有时候也可以超过转速或温度限制。规则是：设定功率时不管首先达到极限的是 EPR、转速还是温度，推力杆必须停止运动。

15.3.5 推力和推力杆的关系

在以活塞发动机和螺旋桨为动力的飞机上，推力与转速、歧管压力及螺旋桨桨叶角成正比，其中歧管压力是最主要的因素。在转速恒定时，推力和油门杆位置成正比。而在喷气发动机上,推力与推力杆的位置是非常不相称的。这是过渡到喷气驱动的飞机的飞行员必须习惯的一个重要区别。

对于喷气发动机,推力与转速(空气流量)和温度(燃油/空气比)成正比。这些是互相匹配的,而推力的进一步变化是由压缩机效率随转速变化而导致的。喷气发动机在高转速时效率最高,发动机被设计成大多数时间内在这种条件下运行。随着转速增加,空气流量、温度和效率也增加。因而,在靠近工作范围的高限处时,油门杆每增加一点运动,其产生的推力都比在靠近底部时产生的推力大得多。

过渡到喷气动力飞机的飞行员可以发现不同于活塞发动机的另一方面是,相比活塞式发动机上很小的油门运动量,在喷气发动机上推力杆从飞行慢车位到最大功率位置之间的运动量是相当大的。例如,在活塞发动机上,无论油门在什么位置,油门运动 1 in 可能相当于产生 400 hp。而在喷气发动机上,在低转速区域推力杆运动 1 in 可能仅相当于产生 200 lbf 推力,而在高转速区域,同样 1 in 的运动可能产生接近 2 000 lbf 的推力。由于这个原因,在明显需要更多推力且喷气发动机处于低转速的情况下,没有比把油门杆向前推几英寸更好的办法。足够的推力杆运动是合适的。这不是说生硬的或突然的推力杆动作是标准操作程序。如果功率设定已经较高,那么可能只需要推力杆少量的运动。但是,飞行员还需要注意喷气发动机还有两个和活塞发动机的通常习惯不同的特性,一个是推力随转速的变化,另一个就是喷气发动机相对较慢的加速特性。

15.3.6 推力随转速的变化

尽管活塞发动机通常工作在可用转速的 40%～70% 范围内,而喷气发动机在 85%～100% 转速内工作效率最高,其飞行慢车转速为 50%～60%。喷气发动机在 90%～100% 的转速范围内增加的推力和在 70% 转速时的总推力几乎相同。如图 15-6 所示。

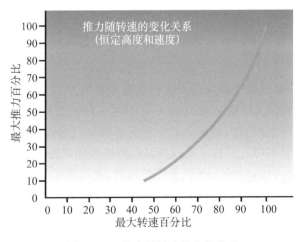

图 15-6 推力随转速的变化关系

15.3.7　喷气发动机的慢加速

在螺旋桨动力的飞机上,在调节范围内,恒定速度的螺旋桨保持发动机以恒定的转速运转,而且功率因歧管压力的变化而改变。活塞发动机从慢车到最大功率的加速过程是相对较快的,大约 3～4 s 时间。在不同的喷气发动机上其加速过程明显不同,但是通常要慢得多。

喷气发动机的效率在高转速时是最高的,这时压缩机在接近于它的最佳工作条件下运转。在低转速时,工作循环通常是低效的。如果发动机以正常的进近转速运行,并且突然需要增加推力,那么喷气发动机将会立即响应,大约 2 s 之后可以达到完全推力。然而,如果在低转速时突然施加最大功率,将会倾向于使发动机供油过度,可能导致压缩机喘振、涡轮温度过高、压缩机失速和/或熄火。为防止出现这种现象,在系统中安装了多种用于限制发动机的限制器,例如压缩机引气阀门,直到达

到可以快速响应加速需要而没有危险的转速时它才打开。这个临界转速在发动机处于慢车转速然后推力杆快速向前推进到高功率位置时是最明显的。发动机加速在最初是非常慢的,但是在达到约为转速 78% 之后变得非常快。如图 15-7 所示。

尽管在约为转速 78% 之后发动机的加速几乎是瞬间的,但是从慢车转速加速到最大功率需要的总时间可多达 8 s。由于这个原因,大多数喷气发动机在五边进近至着陆过程中或在可能立即需要功率的任何时刻,都以相对高的转速运转。

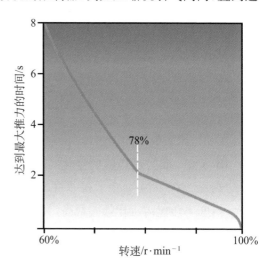

图 15-7　典型喷气发动机加速时间

15.4　喷气发动机效率

通用航空涡轮喷气式飞机的最大运行高度现在可达到 51 000 ft。喷气发动机在高空的效率是在高空环境下运行的主要原因。在恒定的发动机转速和真空速(TAS)条件下,喷气发动机的燃油消耗率随着外部空气温度的降低而减小。因此,在高空飞行,飞行员可以让飞机运行在燃油经济性最佳且巡航速度最有利的飞行高度层上。出于效率考虑,喷气式飞机通常在高空运行,在那里飞机以转速或排气温度接近极限的条件进行巡航飞行。在高空中,可以用稍微过大的推力进行机动。因而,对于喷气式飞机通常不可能同时爬升和转弯,而且所有机动必须在可用推力的限制之内,且在不牺牲稳定性和可控性的条件下完成。

15.5　没有螺旋桨效应

由于没有螺旋桨,因而对喷气式飞机的运行产生了一个明显的影响,进行过渡训练的飞行员必须习惯它。这个影响是由于没有螺旋桨滑流导致的升力,也没有螺旋桨的阻力。

15.6　没有螺旋桨滑流

螺旋桨通过向后加速大量的空气而产生推力,并且(特别是对于安装在机翼上的发动机)这个气流流过机翼面积的相当大一部分。在螺旋桨驱动的飞机上,机翼产生的升力是机翼面积不在螺旋桨气流中所产生的升力(飞机运行速度的结果)和机翼面积受螺旋桨滑流影响所产生的升力之和。因而,通过增加或降低滑流的速度,在不改变空速的条件下增加或降低机翼总升力是可能的。

例如,允许以很低高度和很慢速度进行进近的螺旋桨驱动的飞机,它对功率的快速增加有非常灵敏的响应,因而可以摆脱这种危险状况。除了在恒定空速下升力增加之外,有动力的失速速度也降低了。另一方面,喷气发动机也是通过向后加速大量空气产生推力的,但是这个气流没有流过机翼。因而,在恒定的空速条件下,增加功率的时候没有增加额外升力,并且没有明显地降低有动力失速的速度。

在没有螺旋桨的条件下,喷气动力飞机缺少两个优势。

* 不可能只通过增加功率来及时地产生更大的升力。
* 不可能只通过增加功率来降低失速速度。失去了 10 kn 空速余度(近似为螺旋桨动力飞机在一定构型时无动力失速速度和有动力失速速度的差值)。

加上喷气发动机的慢加速响应特性,喷气式飞机飞行员很明显地比螺旋桨飞机飞行员在三个方面的情况更坏。由于这些原因,活塞发动机飞机和喷气式飞机在进近品质方面有明显的不同。对于活塞发动机飞机而言,还有一些纠错的空间。速度不是太关键,并且快速增加功率可以防止下降率不断增加。而对于喷气式飞机,则几乎没有纠错的空间。

如果喷气式飞机的下降率不断增加,那么飞行员必须按正确的顺序记住两点。

(1) 只能通过加速机翼上的气流来增加升力,这只能通过加速整个飞机才能实现。

(2) 假设不能降低高度,那么只能通过快速增加推力来加速飞机,在这里,喷气发动机的慢加速(可能长达 8 s)特性变成一个制约因素。

纠正喷气式飞机进近时的下降率增加可能是一个非常困难的机动。喷气式飞机缺乏快速产生升力的能力以及发动机的慢加速特性,使得在飞越跑道入口之前,必须保持完全的着陆构型、恒定的空速、受控的下降率和相对高的功率设定进行稳定的进近着陆。这就允许在对进近速度或下降率作微小改变时,发动机几乎可以立即响应,并且在必要时立即执行复飞成为可能。

15.7 没有螺旋桨阻力

活塞动力飞机在油门关闭时,螺旋桨产生相当大的阻力,并且空速会立即降低或高度下降。然而,喷气发动机在功率降低至慢车时不会产生这样的阻力效应。实际上,在慢车功率时,喷气发动机仍然产生向前的推力。主要优势是喷气式飞机飞行员不需要再考虑螺旋桨或反桨的潜在阻力这个不利因素。然而,不利的是喷气发动机在慢车时的"滑轮"效应产生向前的推力。而这有时也会成为优势(例如在长时间的下降中),但在需要快速地降低速度时,例如在进入终端区域或在着陆拉平时,这又变成一个不利条件。没有螺旋桨的阻力,并且喷气式飞机的机身在空气动力学上是光洁的,这些对于大多数飞行员而言都是新的,而且让飞机减速是过渡到喷气式飞机的飞行员首先遇到的困难。

15.8 速度限制

典型的活塞动力飞机必有两个最大运行速度。

* V_{NO}——最大结构巡航速度,在空速表上用绿色弧线的上限表示。但是,在特定的飞行条件下允许超出 V_{NO} 并在警告范围(黄色弧线)内运行。
* V_{NE}——禁止超越速度,在空速表上用红线表示。

这些速度限制在活塞飞机正常运行过程中从来都不需要太多地考虑,因为高的阻力因素和相对较低的巡航功率设定使得速度明显低于这些最大限制。

但是在喷气式飞机上,最大速度的表示是不同的,并且总是定义了与活塞飞机 V_{NE} 速度相当的飞机最大运行速度。喷气式飞机的这些最大速度是:

* V_{MO}——以 kn 表示的最大运行速度。
* M_{MO}——以十进制马赫速度(声音速度)表示的最大运行速度。

为了观察 V_{MO} 和 M_{MO} 这两个极限值,喷气式飞机飞行员需要空速表和马赫计,

每个表上都有相应的红线。在一些通用航空喷气式飞机上,它们被合成到单个仪表中,它包括一对同心指示器,一个用于指示空速,另一个用于指示马赫数。每个都有一条相应的红线。如图 15 - 8 所示。

有一种更加成熟的指示器被用于大多数喷气式客机上。它看上去很像常规的空速表,但是有一个可以自动移动的"尾旋条状纹",以至于一直都可以显示相应的速度限制。

由于可用推力较高以及很低的阻力设计,即使在巡航飞行中,喷气式飞机也可以

图 15 - 8 喷气机空速表

很容易地超过其速度限制,并且实际上在一些飞机的小坡度爬升中都能超过限制。喷气式飞机的操控品质在飞机超过最大运行速度后会发生彻底的变化。

为亚声速飞行设计的高速飞机受限于一些低于声速的马赫数(M 数),以避免在飞机接近 M 数 1.0 的时候开始形成激波。这些激波(以及与它们有关的不利影响)在飞机速度明显低于 M 数 1.0 的时候也会发生。当机翼上方的部分气流首先等于 M 数 1.0 速度时,这时飞机的马赫速度用术语称之为临界马赫数(M_{CRIT}),这也是飞机上首先出现激波的速度。

在气流加速达到 M 数 1.0 时,没有什么特别的问题;但是在气流突然又变为亚声速流的位置形成了一个激波。这个激波随着机翼速度的增加而变得更加严重并且向后移动,最终在充分发展的激波的后面形成气流分离。如图 15-9 所示。

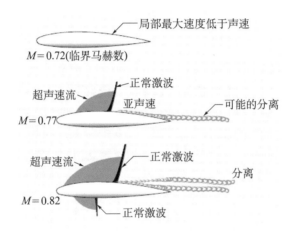

图 15-9　跨声速流模式

如果让其继续发展并明显地超过飞机的 M_{MO} 速度,激波之后的这种空气分离会导致严重的抖振,并且飞机可能失控或侧翻。

由于激波运动导致机翼升力中心的不断变化,随着飞机从跨声速加速并超过 M_{MO} 速度,飞行员会遇到俯仰改变的倾向。如图 15-10 所示。

举例说明,如图 15-10 所示,最初随着速度增加到 M 数 0.72,机翼的升力不断增加需要施加机头向下的操纵杆压力或配平才能维持水平飞行。随着速度的增加和激波的向后移动,机翼的压力中心也向后移动,导致开始产生机头向下的趋势或"俯冲"。达到 M 数 0.83 的时候,机头向下的力已经充分发展,这时需要总共70 lb的向后的操纵杆力量才能保持机头抬起。如果任其发展而不制止,最终将发生马赫俯冲。虽然马赫俯冲是逐渐发展的,但是如果任其迅速发展,那么压力中心可以向后移动很多,以至于升降舵不再有足够的力量抵消它,进而飞机可能进入大角度俯冲,有时是不可恢复的。

保持警惕的飞行员早在遇到操纵杆出现极大力量之前,应该已经观察到高速征

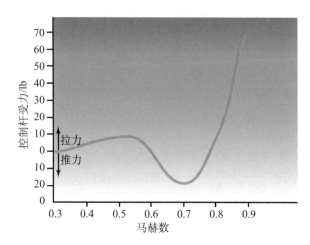

图 15-10　典型喷气式飞机的控制杆受力和马赫数关系实例

兆,感到振动,并对声音告警装置作出反应。然而,如果没有采取纠正动作并且让机头继续下降,那么空速进一步增加,情况将会立即变得危险。随着马赫速度增加超过飞机的 M_{MO} 速度,激波之后气流分离和湍流的影响变得更加严重。最终,引起马赫俯冲的最强的力是由抖振导致的,而且由于机翼上方的气流紊乱导致水平安定面缺乏有效的下洗流。这是在一些喷气式飞机上开发 T 型尾翼结构的主要原因,这种结构把水平安定面置于尽量远离机翼湍流的位置。而且,由于高空/高马赫飞行涉及的关键问题,大多数能够在马赫速度范围运行的喷气式飞机,都设计有某种形式的配平以及自动驾驶马赫补偿装置(拉杆器),以便在无意中超出其认证的 M_{MO} 速度时提醒飞行员。

15.9　从超速状态恢复

最简单的纠正超速状态的方法首先就是确保永远不要出现这种情况。因为这个原因,飞行员必须知道可能导致飞机超出最大运行速度的所有原因。良好的观察姿态仪表的飞行训练和精确的功率控制技能是基础。

飞行员应该知道特定的飞机在接近 V_{MO} 或 M_{MO} 速度时可能出现的征兆。这些可能包括:

- 机头的下降倾向并且需要向后的控制压力或使用配平。
- 超过临界马赫速度之后,随着气流开始出现分离,导致飞机出现轻微的抖振。
- 处于或刚刚稍微超过 V_{MO} 或 M_{MO} 速度时,触发了一个声音告警装置/拉杆器。

飞行员对超速状况的反应应该是立即通过降低功率至慢车从而使飞机减速。这也有助于平稳而轻易地升高俯仰姿态,从而帮助降低速度(实际上,在高速警告系统起动后,这是通过拉杆装置自动完成的)。使用减速板也有助于降低飞机速度。然而,如果引起机头下俯的操纵杆力已经发展到过大的程度,那么使用减速板会倾向于进一步地加剧机头向下的趋势。在大多数情况下,这个额外的使机头向下俯冲的力是容易控制的,而且由于减速板通常可以在任何速度下使用,它们确实是非常有用的手段。最后的一个选择就是放下起落架。这将会产生巨大的阻力,并且可能导致机头稍微上仰,但是通常导致起落架本身损坏的风险很小。过渡到喷气式飞机的飞行员必须熟悉在适用于具体品牌和型号飞机的由 FAA 批准的飞机飞行手册中制造商所推荐的超速情况处理程序。

15.10 马赫抖振边界层

迄今为止,只有马赫抖振是由于速度过大导致的。但是,进行过渡训练的飞行员应该知道马赫抖振是机翼上气流速度的函数而未必是飞机空速的函数。任何时候,不管是因为空速太快还是接近 M_{MO} 速度时迎角过高,机翼上有太大的升力需求时,都将发生"高速抖振"。不过,有时在速度低得多的时候也会遇到抖振,这称为"低速马赫抖振"。

能导致低速抖振的最可能情况是当飞机因其重量和高度原因而以过低的速度飞行,导致迎角很大。这个很大的迎角与在高速抖振情况中有相同的影响,它不断地增加机翼上表面的气流速度,使之达到与激波和抖振产生的所有效果相同的一种状态。

机翼的迎角对于诱发飞机在高速边界层或低速边界层的马赫抖振有最大的影响。增加迎角的条件,也就是增加机翼上气流速度和马赫抖振可能性的条件是:

• 高空——飞机飞得越高,空气越稀薄,就需要更大的迎角来产生维持水平飞行需要的升力。

• 大的重量——飞机越重,机翼就需要越多的升力,如果其他所有条件不变,那么就需要更大的迎角。

• G 载荷——机翼 G 载荷的增加将导致与飞机重量增加相同的情况。不管 G 载荷是由于转弯、生硬地使用控制还是湍流导致的,都没有什么区别。与增加机翼迎角的效果是一样的。

随着高度的增加,飞机的指示空速相对真空速是下降的。因为指示空速随着高度增加而降低,它逐渐地与低速抖振边界合二为一,在这里飞机以载荷因子 1.0G 发生失速前抖振。高速马赫指示空速和低速抖振边界指示空速的结合点就是飞机的绝对升限或空气动力学升限。一旦飞机达到其空气动力学升限,它比 FAA 批准的飞机飞行手册中规定的高度还要高,飞机既不能在没有起动设计的拉杆器(在达到马赫极限时才触发)条件下飞得更快,也不能在没有起动振杆器或推杆器的条件下飞得更慢。飞机飞行包络线的这个临界区称为"危角"。

发生马赫抖振是机翼上超声速气流的结果。失速抖振发生在迎角导致机翼上表面气流紊乱(气流分离)的时候,这降低了升力。随着密度高度的增加,在机翼上表面产生湍流所需的迎角是减小的,一直到密度高度达到马赫抖振和失速抖振交汇的(危角)位置。

在遇到这个现象后,可能导致飞机失控的严重后果。

увеличат 增加总重量或增加载荷因子(G 因子)会增加低速抖振速度而降低马赫抖振速度。一架以载荷因子 1.0G 在高度 51 000 ft 飞行的喷气式飞机可能达到稍微高于飞机 M_{MO}(M 数 0.82)的马赫抖振速度和 M 数 0.60 的低速抖振速度。但是,在最优的 M 数 0.73 速度时,只有 1.4G(仅增加 0.4G)载荷因子才能引起抖振,而且空速、坡度或阵风载荷的任何变化都可能把这个直线水平飞行的 1.4G 警戒降低到根本无警戒的状态。因而,考虑到必要的机动和可能遇到的阵风条件,必须选择有足够抖振余度的最大巡航飞行高度。因此,飞行员熟练的使用巡航机动和抖振极限图是很重要的。如图 15 - 11 所示。

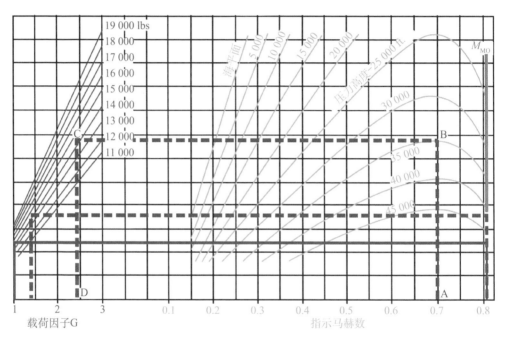

图 15 - 11　马赫振动边界层图表

进行过渡训练的飞行员必须记住喷气式飞机的机动性特别关键,尤其是在高空的时候。一些喷气式飞机在高速抖振速度和低速抖振速度之间只有一个很小的区间。飞行员应该牢牢记住的一个空速就是特定品牌和型号的飞机制造商推荐的阵风穿越速度。这个速度通常在高速抖振速度和低速抖振速度之间给出了最大的余度,并且可能明显高于设计机动速度 V_A。与活塞飞机不同,这意味着在遇到湍流的过程中,喷气式飞机应该可以多次以超过 V_A 的速度飞行。在高速飞行中操作飞机的飞行员必须接受充分的训练以达到安全操作飞机的目的,直到飞行员彻底完成高空马赫飞行有关的空气动力学关键方面的教育,才能结束这个飞行训练。

15. 11　低速飞行

喷气式飞机的机翼主要是为高速飞行设计的,它的低速特性相对较差。和通常的活塞动力飞机相反,喷气飞机的机翼面积较小,展弦比较小(长翼弦/短翼展),而且翼型较薄,所有这些都导致升力较小。由于后掠翼的有效升力垂直于机翼前缘,因而它有额外的不利因素,前缘空速总是低于飞机本身的空速。换句话说,后掠翼上的气流有促使机翼比它本身实际飞得更慢的效应,但是,在一定的迎角和空速条件下,机翼也受到升力降低的影响。

在低速条件下差的升力的第一个实际后果就是失速速度高。第二个后果是升力和阻力在较低范围内随速度变化的方式。随着喷气式飞机向它的最低阻力速度 V_{MD} 或 $(L/D)_{MAX}$ 减速,总阻力的增加速度比升力的增加速度快得多,产生逐渐下降的航迹。随着飞机状态向功率曲线的左侧移动,如果飞行员试图通过增加俯仰姿态来增加升力,那么空速将会进一步降低,导致阻力和下降率进一步增加。可以通过下列两个方法之一来降低下降率:

● 可以充分地降低俯仰姿态来减小迎角,从而让飞机加速至超过速度 V_{MD},这时就可以再次建立稳定的飞行状态。但是,这个步骤将不可避免地导致高度明显降低。

● 可以通过增加推力使飞机加速到超过速度 V_{MD},从而再次建立稳定的飞行状态。应该记住的是需要的推力会相当的大。推力的大小必须足够使飞机加速,并且再次恢复损失的高度。而且,如果飞机处于需求功率(阻力)曲线右侧较远的位置,那么阻力将非常高,从而需要非常大的推力。

对于典型的活塞发动机飞机,光洁构型时的 V_{MD} 通常大约为 1.3 倍 V_S。如图 15-12 所示。活塞发动机飞机在低于 V_{MD} 速度下飞行是容易识别和预测的。相反,对于喷气式飞机,在 V_{MD}(通常为 1.5～1.6 V_S)区域飞行时,飞行品质通常不会产生任何明显的变化,例外就是产生速度稳定性不足的状态,这时速度下降导致阻力增加,进而又导致速度进一步下降,从而导致速度偏离。若飞行员无法察觉不断发展

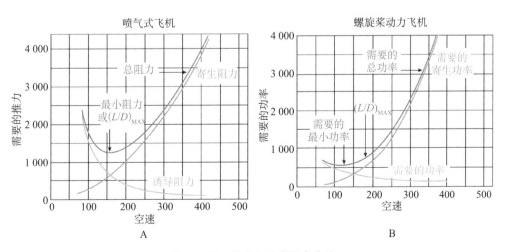

图 15-12　推力和功率需求曲线

的速度偏离,那么会发现在恒定的功率设定条件下严重的下降率不断增加,而俯仰姿态看上去却是正常的。阻力比升力增加得更快这个事实导致航迹不断地下降,这是喷气式飞机飞行品质最重要的一个方面。

15.12 失速

后掠翼喷气式飞机的失速特性相比那些常规直翼飞机是相当不同的。对飞行员而言明显的最大区别是产生的升力和迎角之间的关系。平直机翼的迎角不断增加会导致升力矢量明显而持续地增加,直至达到它的最大升力系数,并且从那以后很快就发生气流分离,导致升力快速地降低。

作为对比,后掠翼产生的升力是逐渐积累的,而且没有明确定义的最大升力系数,即使在失去升力后还能在超出这个最大升力的条件下良好地飞行。阻力曲线(没有在图15-13中画出)近似地是图示升力曲线的反转,其中后掠翼飞机迎角增加时,可以预期阻力分量会快速增加。

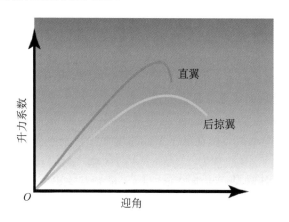

图15-13 升力系数和迎角的关系——后掠翼和直翼的对比

常规直翼/低尾翼(不是 T 型尾翼)飞机和后掠翼 T 型尾翼飞机之间的失速特性差别集中于两个主要方面。

- 在失速时,飞机的基本俯仰趋势。
- 在失速改出过程中尾翼的有效性。

在常规直翼/低尾翼飞机上,飞机的重量向下作用,并且位于向上作用的升力前方,从而需要在水平安定面上产生一个向下作用的平衡力。由于速度被逐渐向上偏转的升降舵降低,飞机的静态稳定性导致机头产生向下的趋势。这通过进一步升高升降舵而抵消,以保持机头上升,而速度不断下降。随着俯仰姿态的增加,下方的一组尾翼沉没到机翼的尾迹中,它是轻度紊乱且低能量的空气。伴随的空气动力学抖振提醒飞行员正在接近失速,尾翼的有效性降低防止飞行员迫使飞机进入深度失速。如图15-14所示。常规直翼飞机在失速时符合飞行员熟悉的机头俯冲倾向,并且让整个飞机相当明显地机头俯冲。在失速时,机翼的尾迹或多或少地笔直向后流过尾翼上方。现在尾翼沉没在高能量空气中,这时它会遇到快速增加的正迎角,从而产生向上的升力。然后这个升力帮助机头下降和降低机翼迎角,这对失速改出至关重要。

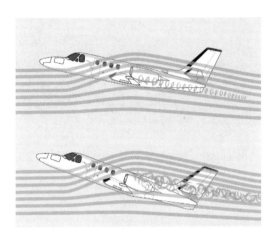

图 15 - 14 典型平直翼飞机的失速发展过程

对于 T 型尾翼和在机身后部安装发动机的后掠翼喷气式飞机而言,有两个不同于直翼低尾翼飞机对应部分的品质,它们是发生失速时的飞机俯仰趋势和失速时尾翼有效性消失。恶化到失速程度时它的操控品质和直翼飞机非常相同,例外是高的 T 型尾翼仍然不在机翼尾迹之内,从而在失速前抖振发生时很少有告警或者不告警,而且,在速度下降至失速的过程中,尾翼是完全有效的,并且甚至在机翼开始失速后它仍然有效。这就可能让飞行员以大得多的迎角驱动机翼进入更加深度的失速。

在失速时,会发生两个明显的事件。失速后,后掠翼 T 型尾翼飞机倾向于机头上仰而不是下俯,并且 T 型尾翼浸没在机翼尾迹中,那是低能量的紊乱空气,这极大地降低了尾翼的有效性和飞机抵消机头上仰的能力。而且,机翼后面紊乱的相对慢速的气流可能以很大的角度掠过尾翼,以至于尾翼本身失速。如果出现这个现象,飞行员将失去所有的俯仰控制,从而不能放低机头。就在失速后产生的机头上仰姿态,因升力大幅下降和阻力大幅增加,从而使情况变得恶化,这导致飞机的下降航迹快速地增加,因而又提高了机翼迎角的增加速度。如图 15 - 15 所示。

失速后的机头上仰倾向是后掠翼和/或梯形机翼的一个特性。对于这些类型的机翼,机翼有一种趋势,即当机翼处于高迎角时会产生沿翼展方向流向翼尖的强烈气流。这导致气流产生分离的倾向,进而首先在翼尖发生失速。如图 15 - 16 所示。翼尖首先失速,导致机翼的升力中心相对飞机的重心向前移动,从而导致机头上仰。翼尖首先失速的另一个不利因素是可能影响副翼,从而使对滚转控制的有效性变差。

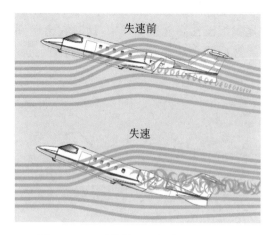

图 15 - 15 后掠翼飞机的失速发展过程

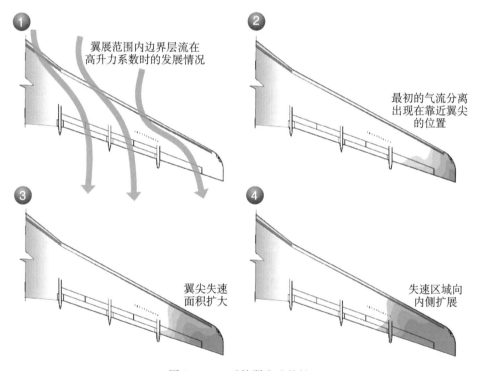

图 15 - 16 后掠翼失速特性

如前所述,当以 V_{MD} 区域内的一个速度飞行时,迎角的增加导致阻力比升力增加得更快,从而飞机开始下降。重要的是要明白,随着航迹变得向下弯曲,这个在恒定俯仰姿态下不断增加的下降趋势导致迎角快速增加。如图 15 - 17 所示。此外,一旦发生失速并且失去大量升力,飞机将开始快速下降,这还会同时伴有迎角相应地快速增加。这就是被称为深度失速的开始。

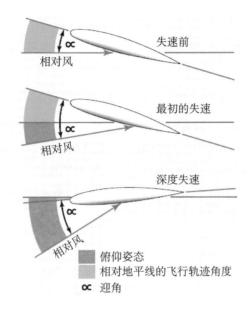

图 15-17　深度失速的发展过程

　　当飞机进入深度失速后,不断增加的阻力使飞机飞行速度明显地低于正常失速速度。这个下降率可能增加到几千英尺每分钟的程度。飞机最终会稳定在垂直下降状态,迎角可能接近 90°,且指示空速可能降低到零。在 90°迎角时,没有一个飞机的控制面是有效的。必须强调的是即使在没有过大的高机头姿态时也会出现这种情况。在一些飞机上,在看上去正常的俯仰姿态下都可以发生失速,就是这种特性会误导飞行员,原因是它看起来像正常失速改出的开始。

　　深度失速最终是不可恢复的。幸运的是,只要遵守公布的限制就容易避免深度失速。在那些容易发生深度失速的飞机上(不是全部的后掠翼和/或梯形机翼飞机),成熟的失速警告系统例如振杆器和推杆器是标准装备。推杆器正如其名字说的含义,用于在飞机达到完全失速条件之前自动地降低飞机的迎角。

　　除非飞机飞行手册中程序另有规定,否则应该避免喷气式飞机进入完全失速状态。教导正在接受喷气式飞机训练的飞行员一发现接近失速的迹象时就进行改出。通常,这是通过声音告警装置和/或触发飞机的振杆器来指示的。振杆器通常在实际失速速度的 107% 附近开始起动。在这样低的速度条件下,按照大多数活塞发动机驱动的直翼轻型飞机那样执行正常改出程序,如果飞机的俯仰姿态下降到低于水平面以下,那么会产生很高的下降率。因此,如果在较低的高度上而且发动机还有很多推力可用,那么很多后掠翼喷气式飞机的改出技能是使用最大的可用功率,使机翼滚转至水平,并且稍微保持上仰的俯仰姿态。俯仰姿态的大小应该足以维持飞行高度或开始缓慢地爬升。

　　在高空,单独使用功率进行改出的话,可用的额外推力可能很小,或许有必要放低机头到低于水平面的位置,以便加速并摆脱接近失速的状态。这个程序可能需要几千英尺或更多的高度损失才能完成改出。不同飞机之间的失速改出技术可能有相当大的区别。特定品牌和型号的飞机制造商推荐的失速改出程序包含在那架飞机的 FAA 批准的飞机飞行手册中。

15.13 阻力装置

对于正在向喷气式飞机过渡的飞行员来说,飞得更快几乎没有困难,倒是让飞机减速似乎是最困难的。这不仅是因为喷气式飞机极其光洁的空气动力学设计和大的动量,而且因为喷气式飞机没有飞行员已经习惯的螺旋桨阻力效应。另外,即使功率降低到飞行慢车,喷气发动机仍然产生推力,喷气式飞机的减速是一个缓慢的过程。喷气式飞机的滑翔性能是活塞动力飞机的两倍,而且喷气式飞机飞行员通常无法在遵守空中交通管制要求的时候立即下降或降低速度。因而,喷气式飞机装配了诸如扰流板和减速板这样的阻力装置。

扰流板的主要功能是减小升力。最常见的一类扰流板由位于每个机翼上表面的一个或多个平齐的矩形金属板组成。它们以近似平行于飞机横轴的方向且沿机翼前缘用铰链的方式安装。在放下后,扰流板向上偏转阻碍相对风,这就干扰了机翼附近的气流。如图 15 - 18 所示。这不仅减小了升力而且增加了阻力。扰流板通常安装在襟翼之前但是不会安装在副翼的前面,这样就不会妨碍横滚控制。

图 15 - 18 扰流板

升起扰流板导致下降率明显增加而空速降低很小。一些飞机在扰流板升起后会表现出机头上仰的倾向,飞行员必须对此有所准备。

在着陆过程中升起扰流板之后,大部分机翼升力被破坏。这个动作把飞机重量转移到起落架上,从而使轮子刹车效果更好。着陆时升起扰流板的另一个有利效果是它们产生相当大的阻力,增加了空气动力制动的总体效果。然而,在着陆时扰流板的真实作用是为使用轮子刹车创造最佳条件。

减速板的主要功能是产生阻力。在不同的飞机上,可以发现减速板有很多不同的尺寸、形状和安装位置,但是它们都有一个相同的功能,就是帮助快速减速。减速板由一个液压控制的金属板组成,在工作时升起进入到气流中。升起减速板导致空速快速降低。通常,为了帮助控制空速,减速板可以在飞行中的任何时候升起,但是只在必须快速地减速到起落架和襟翼速度的时候才经常使用它们。在使用减速板的时候,通常会伴有一定程度的噪声和振动,同时燃油消耗还会明显地增加。扰流板和/或减速板在不同情况下的使用程序包含在具体飞机的 FAA 批准的飞机飞行手册中。

15.14　反推力装置

由于喷气式飞机的重量较大,速度较高,因而在着陆滑跑期间有很高的动能。这个能量是难以降低的,原因是当喷气式飞机前轮在地面上时其阻力很低,而且推力杆处于慢车位时发动机继续产生向前的推力。虽然轮子刹车通常是可以工作的,但是明显还需要另一种降低速度的方法,通过利用反推力提供的阻力能满足这种需要。

反推力装置是一个安装在发动机排气系统中的装置,它能有效地使排气气流方向反转。但是,气流并不是 $180°$ 反转的,废气的最终流向和笔直向前的运动方向大约成 $45°$ 角。这加上反向气流的损耗,达到的净效率大约为 50%。如果在反推时发动机转速低于最大转速,那么它的效率会更低。

通常,喷气发动机有两种类型的反推力装置,不是靶型反推力装置就是级联式反推力装置。如图 15-19 所示。靶型反推力装置是一种简单的蛤壳门型结构,它在尾管中的安装位置旋转以阻挡所有的排出气流,并使推力的部分分量改为向前方向。

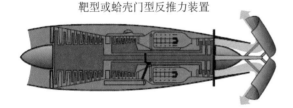

靶型或蛤壳门型反推力装置

级联式反推力装置更加复杂。通常可以在涡轮风扇发动机上看到它们,并且经常设计成仅使流过风扇的这部分空气的方向反转的结构。在发动机保护罩中的阻流门阻碍前进的风扇推力,并把它通过级联式桨叶重新改向以提供部分反向分力。级联式反推力装置通常比靶型反推力装置效率低,特别是仅反转流过风扇的空气方向的那种类型,因为它们不影响发动机的核心气流,核心气流会继续产生向前的推力。

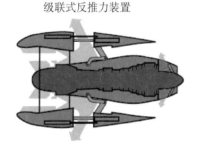

级联式反推力装置

图 15-19　反推力装置

在大多数安装的装置上,推力杆位于慢车位时,通过拉反推杆至停止位获得反推力。这样做可以把反推机械装置置于运行状态,但是让发动机处于慢车转速。反推杆的进一步向上或向后运动就会增加发动机功率。通过拉回反推杆至慢车反推位置来取消反推力,然后使它完全拉回到前面的慢车位。这个最后的运动使反推装置恢复至向前推力的状态。

反推力在飞机高速时比在低速时有效得多,原因有两个:首先,反推力净值随着速度的增加而增加;其次,因为做功的速度增加,导致在较高的速度时产生较高的功率。换句话说,在较高的速度飞行时,飞机的动能消耗得更快。因而,为了获得效率最大的反推力,应该在接地后尽快且谨慎地使用反推力。

在考虑接地后使用反推力的恰当时机时,飞行员应该记住,一些飞机在着陆中使用反推力时会倾向于导致机头上仰,而且特别是这个效应结合扰流板产生的机头上仰效应时,会导致飞机再次立刻离地。对于这些类型的飞机,在使用反推力之前,必须先让飞机前轮扎实着地。对于其他没有俯仰变化倾向的飞机,在主轮接地之后和前轮接地之前就可以使用反推慢车。适用于特定飞机/发动机组合的具体反推操作程序包含在那架飞机的 FAA 批准的飞机飞行手册中。

螺旋桨的反桨距和喷气发动机的反推力之间有明显的区别。螺旋桨的慢车反推产生的推力大约是最大功率反推的 60%,因而在不需要完全反推的时候,这个设定是很有效的。但是,对于喷气发动机而言,使用慢车反推产生的实际反推力很小。在喷气式飞机上,飞行员不仅要尽可能合理地使用反推力,而且必须尽可能地打开最大功率反推。在符合飞机飞行手册限制的条件下,在飞行员可以确定着陆滑跑能在可用距离内停下来之前,应该一直保持最大功率反推。

意外地使用反推力是非常严重的紧急情况。因此,反推力装置系统在设计时考虑到了这个问题。通常系统中包含几个锁定功能:一个是防止在空中打开反推装置,另一个是防止反推力装置在推力杆处于非慢车限动卡位时的运行,和/或有一个"自动收回"电路,它在检测到飞机有任何意外的运动时控制反推装置的收回。重要的是,飞行员不仅要理解使用反推力的正常程序和限制,而且要理解处理意外反推的程序。这些紧急情况需要飞行员作出及时而准确的反应。

15.15 喷气式飞机飞行中的飞行员感觉

通常,过渡到喷气式飞机的飞行员会立即知道三种基本的感觉。它们是:惯性响应的差别;控制灵敏度的增加以及飞行速度的大幅增加。

功率设定从飞行慢车到完全起飞功率的变化对喷气式飞机航速变化的影响很缓慢。这通常被称为超前和延迟,它更多地是飞机极其光洁的空气动力学设计的结果,它对发动机的响应更慢。

螺旋桨效应的不足也是低功率设定时阻力增加较小的原因,进而飞行员必须熟悉产生的其他变化。这些结果不仅包括升力表面和控制面上缺乏有效的滑流,而且没有螺旋桨扭矩效应。

靠后安装的发动机对功率的施加有不同的反应,还可能在施加功率时导致机头稍微下俯的趋势。另一方面,降低功率不会导致机头下降到飞行员以前在螺旋桨飞机上所熟悉的程度。尽管这些特性中没有一个能明显成为过渡飞行员的困难,但是必须弥补这些不足。

对于喷气式飞机,几乎不可能记住获得一定的性能所需要的功率设定,而且那些认为有必要为所有情况都记住一组功率设定的飞行员在一开始就会感到困惑。"需要多大功率?"这个问题的唯一答案就是"能达到目的的任何功率就是所需要的"。功率变化如此之大的主要原因是因为在飞行过程中,随着燃油的消耗,飞机的重量有巨大的变化。因此,飞行员必须学习根据需要使用功率的技能,以便达到预期的性能。飞行员迟早会发现,只有参考功率仪表才能防止超出最大功率设定极限或达到同步转速。

正确的功率管理是向喷气式飞机过渡的飞行员遇到的第一个难题。尽管规则仍然是要平稳地使用功率,但是飞行员将会明白相比活塞发动机的油门杆运动,喷气式飞机的油门杆需要更大幅度的运动。飞行员还必须学习估计并比以往提前进行功率改变,且必须记住最后的30%发动机转速提供了大部分推力,若低于这个数值,那么施加功率的效果是很差的。在让飞机减速时,必须很快地降低功率,因为这时不再有任何螺旋桨阻力,而且飞行员还应该估计是否需要使用阻力装置。

不同飞机之间的控制灵敏度是不同的,但是无论如何,飞行员都会发现喷气式飞机比常规的螺旋桨飞机对控制运动的任何变化更加敏感,特别是俯仰控制。由于飞行速度更高,控制面也就更加有效,喷气式飞机的俯仰姿态只要变化很少的几度就能导致姿态变化率超过较慢速飞机的两倍。喷气式飞机灵敏的俯仰控制是飞行员会觉察到的第一个不同。在最初的飞行训练中,飞行员总是会倾向于过度控制俯仰。然而,再怎么强调准确而平稳地控制的重要性也不为过,而且它是过渡飞行员必须掌握的首要技能之一。

后掠翼喷气式飞机的飞行员会很快地接受一个事实,即以较高的迎角飞行是必要且正常的。在着陆进近时有大约5°的机头上仰并非不正常。在以恒定的高度接近失速的过程中,机头上仰的角度可能高达15°～20°。飞行员也会逐渐习惯起飞时较高的座舱角度(相对于地面的上仰角度),它可能高达15°,尽管这不是相对于机翼上气流的实际迎角。

喷气式飞机飞行的俯仰姿态变化幅度更大是其可用推力更大以及低展弦比和后掠翼飞行特性的结果。因为有用的地平线视野不大以及其他可见的外部参考不多,若以较高的俯仰姿态飞行则更加需要依赖于飞行仪表进行飞机控制。由于喷气式飞机有很高的爬升率和下降率、空速高、飞行高度高,以及很多飞行姿态,所以只能通过运用熟练的仪表飞行技能来驾驶喷气式飞机。因为,熟练的姿态仪表飞行是成功地过渡到喷气式飞机飞行的关键。

大多数喷气式飞机在操纵杆上都装有手指操作的俯仰配平按钮,飞行员必须尽快地熟悉这个操纵杆。喷气式飞机在放下襟翼、起落架和放下阻力装置时,其俯仰倾向有所不同。随着经验的积累,喷气式飞机的飞行员要学会估计特定操作需要的俯仰变化量。配平按钮的常用操作方法是向预期的方向间歇性地使用几次小幅度的配平,而不是按住按钮较长的时间,那会导致过度控制。

15.16 喷气式飞机的起飞和爬升

所有 FAA 认证的喷气式飞机都是根据联邦法规全书第 14 篇(14 CFR)第 25 部进行认证的,它的内容是运输类飞机的适航标准。FAA 认证的喷气式飞机是高度成熟的机种,它具备经证明的性能水准以及有保证的安全余度。但是,只有飞机在严格遵守特定飞机的 FAA 批准的飞机飞行手册中包含的程序和限制时,才能达到喷气式飞机的性能和安全余度。

下面的内容本质上是一般性的,而且因为大多数民用喷气式飞机的飞行机组至少需要两位飞行员,因此假设是由两位飞行员组成飞行机组。如果下面的任何内容与特定飞机的 FAA 批准的飞机飞行手册中的程序矛盾,那么优先采用飞机飞行手册中的程序。而且,如果下列任一程序与为某具体航空运营人和/或 FAA 批准的训练中心或飞行学校大纲所开发的 FAA 批准的程序不同,那么优先采用 FAA 为那个运营人和/或训练中心/飞行员学校批准的程序。

15.16.1 速度 V

下面是会影响喷气式飞机起飞性能的速度。喷气式飞机飞行员必须十分熟悉每一个速度,以及它们在计划起飞时是如何使用的。

* V_S——失速速度。
* V_1——关键发动机失效速度或决断速度。在达到这个速度之前,若发生发动机失效则应该中断起飞;若超过这个速度则应该继续滑跑起飞。
* V_R——在这个速度时飞机开始抬前轮至起飞姿态。这个速度不能低于 V_1 或小于 1.05 倍 V_{MCA}(空中最小控制速度)。在单发起飞时,还必须让飞机在跑道终点 35 ft 高度上加速到 V_2。
* V_{LO}——这个速度是飞机刚升空的速度。这是一个在飞机认证时使用的工程术语,它必须满足特定的要求。如果在飞机飞行手册中没有列出这个速度,那么它是符合要求的,而且飞行员没有必要考虑这个速度。
* V_2——这是起飞安全速度,在要求的跑道距离的终点处 35 ft 高度上必须达到这个速度。这本质上是飞机的最佳单发爬升角的速度,而且应该一直保持这个速度直到起飞后飞越障碍物,或者至少离地 400 ft 高度。

15.16.2 起飞前程序

在每次起飞前都应该计算好起飞数据,包括 V_1/V_R 和 V_2 速度、起飞功率设定,以及要求的场地长度,并记录在起飞数据卡上。这些数据是根据飞机重量、可用的跑道长度、跑道坡度、现场的温度和现场的大气压力、风、结冰条件以及跑道条件计算出来的。两位飞行员应该分别计算起飞数据,并且在座舱中互相检查起飞数据卡。

机长简令是驾驶舱资源管理程序的一个重要部分,应该在快要起飞之前完成它。如图 15 - 20 所示。机长简令是机组复查起飞程序配合的一个机会,它一直是飞行的最关键部分。

机长简令
我将前推推力杆。
跟着我把手放在推力杆上。
在起飞滑跑时监视所有仪表和警示灯,并且读出在速度 V_1 之前观察到的任何异常和故障,我将中断起飞。根据我的指令准备好预位反推力装置。
向我提供下列可见或可闻的信号: ● 80 kn,我将断开前轮转向。 ● V_1,我将把手从推力杆移到操纵杆。 ● V_R,我将抬前轮。
如果在 V_1 或之后发动机失效,我将继续起飞滑跑到 V_R,抬前轮并建立 V_2 爬升速度。我将识别失效的发动机,且我们两人都要确认。我将关闭发动机,或者根据我的指令由你关闭。
我希望你准备好合适的紧急检查单。
我将给你提示起飞后起落架收起和功率设定的可见或可闻信号。
我们的 VFR 紧急程序是…… 我们的 IFR 紧急程序是……

图 15 - 20　机长简令实例

执行起飞和爬升过程应该遵守为特定品牌和型号的飞机所开发的标准起飞和离场剖面图。如图 15 - 21 所示。

15.16.3　起飞滑跑

整个跑道长度应该可以用于起飞,特别是如果预先计算的起飞性能表明飞机起飞受跑道长度或障碍物限制时。在滑行到跑道终点位置后,飞机应该对齐跑道中心并让两边的距离相等。在推力杆拉至超过引气阀门范围(通常是垂直的位置)的一个设定功率时,应该保持刹车,让发动机稳定。在松开刹车或进一步增加功率之前,应该检查发动机仪表是否正常工作。这个步骤确保在起飞滑跑过程中有对称的推力,并且有助于避免超出预期的起飞设定推力。然后,应该松开刹车,在起飞滑跑的开始,推力杆平稳地推进到预先计算好的起飞设定功率位置。应该在达到 60 kn 之前完成起飞推力的所有最后调整。最后的发动机功率调整通常是由不驾驶飞机的飞行员完成的。一旦推力杆设定好起飞功率,在 60 kn 之后就不要再调整。只有在

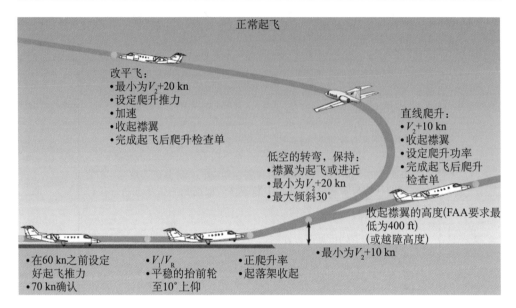

图 15 - 21　起飞和离场剖面图

出现发动机超出任何限制的时候才有必要后拉推力杆,例如 ITT 温度、风扇转速或涡轮转速超限。

如果有足够的跑道长度可用,那么就可以采用"滑跑式"起飞而不用在跑道终点停下来。在飞机滑行到跑道上之后,使用这个程序,推力杆应该平稳地推进到垂直位置,让发动机稳定,然后像上面描述的静态起飞那样继续进行。滑跑式起飞也可以从跑道终点完成,方法是在松开刹车后从慢车位连续地前推推力杆。

在起飞滑跑过程中,驾驶飞机的飞行员应该集中于飞机的方向控制,这是比较容易做到的,因为在喷气式飞机上没有像螺旋桨驱动的飞机中扭矩产生的偏航效应。必须准确地以机翼水平的姿态保持飞机在中心线上,若在处理单发失效时,这将自动地帮助飞行员。如果有侧风,应该通过操纵杆向风偏转来保持机翼水平。在起飞滑跑过程中,不驾驶飞机的飞行员的主要职责是密切监视飞机系统,并且大声读出机长简令中指明的正确速度 V。

应该在操纵杆上保持稍微向前的压力以便保持前轮可靠地在跑道上滚动。如果使用了前轮转向,那么驾驶飞机的飞行员在达到大约 80 kn(对于特定的飞机或使用 V_{MCG})之前应该监视前轮转向,而不驾驶飞机的飞行员施加向前的压力。在达到 V_{MCG} 之后,驾驶飞机的飞行员应该让他/她的左手放到操纵杆上。至少在达到 V_1 速度之前,飞行员的右手应该一直放在推力杆上。虽然不驾驶飞机的飞行员在整个起飞滑跑过程中维持对发动机仪表的监视,但是由驾驶飞机的飞行员(机长)根据任何可能的原因决定继续起飞还是中断起飞。决定中断起飞时需要立即后拉推力杆。

不驾驶飞机的飞行员应该读出 V_1。在起飞滑跑过程中,过了速度 V_1 后,不再强制要求驾驶飞机的飞行员保持一只手在推力杆上。过了中断起飞的时刻之后,可以把双手放在操纵杆上。在空速接近 V_R 时,操纵杆应该移动到中立位置。在达到预先计算的速度 V_R 时,不驾驶飞机的飞行员应该正确地读出这个速度,而驾驶飞机的飞行员应该平稳地操纵操纵杆抬起飞机前轮至合适的起飞俯仰姿态。

15.16.4　抬前轮和升空

喷气式飞机的抬前轮和升空本身可以被看作是一种机动动作。这需要周密且非常精确的计划,而且需要良好地控制触觉。目标是恰好在速度 V_R 开始抬前轮至起飞俯仰姿态,这样飞机将加速超过 V_{LOF} 并在跑道终点的 35 ft 高度上达到 V_2 速度。太早地抬前轮至合适的起飞姿态可能会延长起飞滑跑距离或导致提早升空,这样会导致爬升率较低,进而无法沿着预测的航迹飞行。另一方面,迟抬前轮会导致更长的起飞滑跑距离和超过速度 V_2,以及起飞和爬升航迹位于预测的航迹下方。

每一架飞机都有它自己的特定起飞俯仰姿态,无论重量多大它都保持不变。喷气式飞机的起飞俯仰姿态通常是机头上仰 $10°\sim15°$。应该以恒定的速率平稳而谨慎地抬前轮至起飞俯仰姿态。根据具体飞机的不同,飞行员应该计划好使用约 $2.5°\sim3°/s$ 的增加率改变俯仰姿态。

在训练过程中,对于飞行员而言,超过 V_R 速度然后超过 V_2 速度是常见的,因为不驾驶飞机的飞行员会在到达 V_R 或过了 V_R 之后才读出抬前轮速度。驾驶飞机的飞行员作出的反应是目视确认 V_R 然后再抬起前轮,然后飞机以 V_2 或超过 V_2 的速度离地。在正常起飞时,过大的空速可能没多大关系,但是在跑道长度或越障高度受限时,推迟抬前轮就很危急。应该记住,对于部分飞机,就爬升最初阶段飞越障碍物来说,全发起飞可能比单发失效起飞更加受限制。这是因为如果不仔细地以正确的速度飞行,那么快速增加的空速会导致实际的航迹降低到单发失效计划航迹的下方。正在进行过渡训练的飞行员应该记住,以正确的空速和速率抬起前轮至恰当的姿态能够让飞机在合适的距离内以正确的空速离地。

15.16.5　初始爬升

一旦达到正确的俯仰姿态,那么必须保持住。升空后最初的爬升就是在这个恒定的俯仰姿态下完成的。保持起飞功率并让空速增加。在建立了正爬升率之后应该收起起落架,并进行确认。记住,在一些飞机上,起落架舱门处于打开的同时收起起落架会暂时地增加飞机的阻力;过早地收起起落架可能导致飞机落回到跑道。还要记住由于地面效应,在飞机达到距离跑道 $30\sim50$ ft 高度之前,垂直速度表和高度表可能不会显示正爬升率。

应该继续保持爬升俯仰姿态,并且让飞机加速到襟翼收起速度。但是,在飞过越障高度或距离地面 400 ft 之前不要收起襟翼。在起飞和爬升的这个阶段,地面效应和起落架阻力的降低导致飞机快速加速。必须仔细地监视空速、高度、爬升率、姿态和航向。当飞机逐渐稳定下来进入稳定爬升时,就可以用配平消除纵向的操纵杆压力。如果在这个飞行阶段必须进行转弯,那么使用的坡度不要超过 $15°\sim20°$。由于尾旋不稳定,以及由于在这个时刻方向舵和副翼还没有获得精确的配平状态,应该在整个转弯过程中仔细地监视坡度。如果必须降低功率,那么俯仰姿态也应该同时降低,还要仔细地监视飞机,以避免发生意外的下降。当飞机以合适的航路爬升速度进行稳定爬升后,就可以进行所有轴向的配平操作并接通自动驾驶。

15.17 喷气式飞机进近和着陆

15.17.1 着陆要求

FAA 对喷气式飞机的着陆场地长度要求在 14 CFR 第 25 部有详细要求。它定义了可以使用的最短场地长度(因而也就是最小界限)。在法规中把着陆剖面图中描述为从跑道入口上空 50 ft 处的一点开始,经过拉平至接地,然后在干燥跑道上使用最大制动能力使飞机停下来所需要的距离。实际示范的距离增加了 67%,并作为 FAR 干燥跑道着陆距离公布在 FAA 批准的飞机飞行手册中。如图 15-22 所示。对于潮湿跑道,在 FAR 干燥跑道距离基础上额外增加 15% 即可。因此,最短干燥跑道场地长度是实际需要的最短空中及地面距离的 1.67 倍,而潮湿跑道最短着陆场地长度是需要的最短干燥空中及地面距离的 1.92 倍。

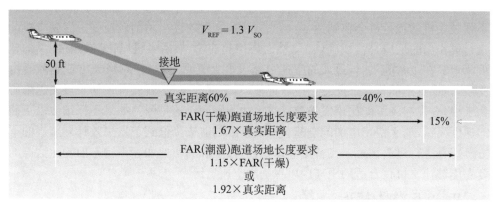

图 15-22 FAR(联邦航空条例)着陆场地长度要求

认证的着陆场地长度要求是按照使用减速板和最大轮子制动力使飞机停止的这个方法来计算的。在确定认证的 FAR 着陆距离时,不使用反推力。但是,反推装置应该确定无疑是可正常使用的。

15.17.2 着陆速度

和在起飞计划中一样,在喷气式飞机的每次着陆过程中都必须考虑几个特定的速度。这些速度如下。

- V_{SO}——着陆构型时的失速速度。
- V_{REF}——着陆构型时失速速度的 1.3 倍。
- 进近爬升——这个速度确保在单发失效条件下进行复飞时有足够的性能。必须限制飞机的重量以达到双发飞机能具备 2.1% 爬升坡度的能力(对于三发和四发飞机的进近爬升坡度要求分别是 2.4% 和 2.7%)。这些标准的依据是飞机设定了进近襟翼、起落架收起,且工作发动机使用起飞推力设定。

● 着陆爬升——这个速度确保在着陆的最后阶段停止下降并进行复飞时有足够的性能,此时飞机配置为完全着陆构型而且所有发动机使用最大起飞功率。

在每次着陆之前应该提前计算好正确的速度,并且放在两位飞行员都可以看到的位置。其中 V_{REF} 速度或称为跑道入口速度是整个起落航线飞行中的参考速度。例如:

三边——$V_{REF}+20$ kn。

四边——$V_{REF}+10$ kn。

五边——$V_{REF}+5$ kn。

跑道入口上空 50 ft 处——V_{REF}。

应该根据为特定飞机所开发的进近和着陆剖面图来完成喷气式飞机的进近和着陆过程。如图 15 - 23 所示。

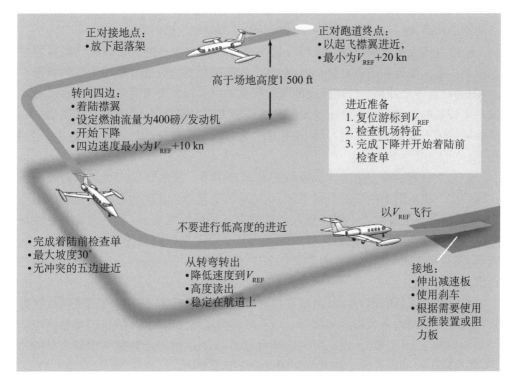

图 15 - 23　典型着陆和进近剖面图

15.17.3　重要区别

对于任何类型的飞机,在跑道入口上方的特定位置、速度和高度上,其安全进近过程就结束了。那个最终的飞行状态是整个进近的目标窗口所在。螺旋桨动力飞机能够从更宽的水平角度,以更大范围的速度和更大的下滑道角度范围进行进近。

而喷气式飞机对于功率和航道修正的响应速度较慢，因此五边进近必须更加稳定、更加准备充分、下降率更加恒定，以便准确地到达目标窗口。

进行过渡训练的飞行员必须明白，尽管喷气式飞机有令人印象深刻的性能，但是在进行进近和在进近中修正错误时，喷气式飞机在6个方面比活塞发动机飞机更差。

- 在恒定空速下，没有可以立即产生额外升力的螺旋桨滑流。在纠正误判的下滑道时，即使突然增加直接可用的功率也无法达到目的，额外的升力只能通过使飞机机身加速来获得。飞行员不仅必须等待功率的增加，而且即使在发动机作出反应后，也只有在机身对速度作出响应后才能获得额外的升力。

- 由于没有螺旋桨滑流，从而明显地降低了有动力的失速速度。实际上有动力和无动力失速速度没有差别，对于喷气式飞机，不可能通过把推力杆前推至最大功率位置来避免失速。

- 喷气发动机从低转速开始，其加速响应差。这个特性要求进近时以高阻力/高功率的构型飞行，这样在需要的时候，可以立即使用足够的功率。

- 喷气式飞机较高的动量使得飞机不可能突然改变航迹。喷气式飞机总是要比相当大小的螺旋桨飞机更重。因而，喷气式飞机在五边进近时需要更大的指示空速，因为机翼的设计是为较高速度的飞行优化的。这两个因素的结合导致喷气式飞机产生较高的动量。因为修正速度和航道需要力来克服动量，因此喷气式飞机的响应性能将远不及螺旋桨飞机，而且在整个进近过程中需要仔细地计划并保持稳定的状态。

- 缺乏良好的速度稳定性成为低速状态的诱因。很多喷气式飞机的阻力曲线比螺旋桨飞机的阻力曲线要平得多，因此速度的变化不会相应地产生那么多阻力变化。进而，在速度变化很小时喷气式飞机推力几乎保持恒定，结果是速度稳定性很差。当速度确实增加或降低时，喷气式飞机几乎没有重新获得原来速度的可能性，因而，飞行员必须对速度调整的必要性保持警惕，然后积极地进行调整，以便保持住速度。

- 在低速飞行时阻力比升力增加得更快，导致高的下降率。喷气式飞机机翼通常在进近构型时阻力大幅度地增加。当下降率确实增加时，唯一的快速补救措施就是增加俯仰姿态（迎角）。由于阻力比升力增加得更快，如果不快速地增加大量的功率，那么这个俯仰姿态变化甚至会立即促使下降率更大。

喷气式飞机的这些飞行特性使得绝对有必要进行稳定进近。

15.17.4 稳定进近

在FAA批准的飞机飞行手册中包含的性能图表和限制是以根据计划好的速度和重量得到的动量值为基础的。假设跑道长度限制为恰好在跑道入口50 ft高度上速度正好为$1.3 V_{so}$。这个"窗口"是临界的，并且也是能稳定进近的主要原因。性能数值还假设一旦通过目标跑道入口的窗口，飞机将顺着跑道前进大约1 000 ft并且在目标接地区接地,接地后将使用最大制动能力。

稳定进近有五个基本要素,分别如下:

● 在进近的早期阶段,飞机就应该处于着陆构型。应该放下起落架、选择好着陆襟翼、设定好配平、并使燃油平衡。确保完成这些任务有助于在五边进近过程中使可变因素降低到最少的程度。

● 在下降到低于 1 000 ft 之前,飞机应该处于图示的剖面上。在进近早期,构型、配平、速度和下滑道应该处于或接近其最优参数值,随着飞机接近跑道入口的窗口,避免注意力分散和发生空中交通冲突。应该建立和维持最优的 2.5°~3° 的下滑道角度。

● 指示空速相比目标空速应该不大于 10 kn。在大多数喷气式飞机上,配平、速度和功率之间有密切的关系,因此为了使那些其他变量最小,使速度稳定就很重要。

● 最优的下降率应该是 500~700 ft/min。在进近过程中的任何时候,都不要让下降率超过 1 000 ft/min。

● 发动机速度应该处于一个最佳响应的转速,当且如果在需要快速增加功率的时候,这就非常有利。

每次进近时,应该每下降 500 ft 高度就评估一次。对于典型的喷气式飞机,此时距离接地大约 1 min。如果在那个高度上进近是不稳定的,那么就应该开始复飞。如图 15 - 24 所示。

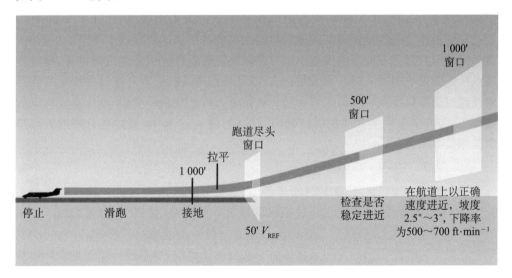

图 15 - 24　稳定进近

15. 17. 5　进近速度

在五边进近时,空速是通过功率控制的。在进近时,必须及时地发觉并修正相对 V_{REF} 的任何速度偏差。随着经验的积累,飞行员将能够发觉空速最初的增加或降低趋势,且通常可通过小幅调整推力来修正。飞行员必须对差的速度稳定性保持警惕,它会导致低速状态,且还会伴随有高阻力导致下降率增加的风险。记住,在下降率不断增加时,看上去正常的俯仰姿态并不能确保有正常大小的迎角。如果发现下降率不断增加,那么必须通过增加迎角来克服,并且同时增加推力以克服额外的阻力。需要的修正角大小取决于需要降低多大的下降率。对于平稳而缓慢地增加的低下降率,几乎凭预感进行修正就足够了。但是,对于大的下降率,可能需要相当大的修正度数,即使修正成功也会导致进近变得不稳定。

执行喷气式飞机进近时的常见错误是过大的进近速度。以过大的进近速度穿越跑道入口窗口并着陆到跑道上,对于干燥跑道,在速度每超过 1 kn 时,会导致需要的最短停止距离增加 20～30 ft,对于潮湿跑道则是 40～50 ft。更坏的情况还有,过大的速度会增加推迟拉平的可能性,这会导致速度每超过 1 kn,大约增加 250 ft 的距离才能接地。

在五边进近时正确的速度控制是至关重要的。飞行员必须估计好调整速度的需要,从而只需要小幅度调整即可。飞机以准确的速度到达进近终点的窗口是很重要的。

15.17.6　下滑道的控制

以恒定空速进行五边进近时,下滑道角度和下降率是通过俯仰姿态和升降舵控制的。不管是否使用了电子下滑道参考,最优的下滑道角度是 2.5°～3°。在目视进近时,飞行员会有低角度进近的倾向,然而,低角度的进近会增加着陆距离,应该避免这点。例如,不使用推荐的 3°而是用 2°进近角会增加 500 ft 着陆距离。

一个更加常见的错误是在跑道入口时的高度过高。这会导致不稳定的进近,或者即使稳定但是会变成高的进近。也可能在仪表进近过程中发生高的进近,这时复飞点接近或处于跑道入口。不管是什么原因,在跑道入口上空高度过大极有可能导致在超过正常瞄准点之外的区域接地。在跑道入口上空额外增加 50 ft 高度将大约增加 1 000 ft 着陆距离。飞机以准确的高度(跑道上空 50 ft)到达进近终点的窗口也是很重要的。

15.17.7　拉平

拉平把接近跑道的下降率降低至更加合理的程度,以便接地。和轻型飞机不同,随着速度的降低,喷气式飞机应该飞到跑道上而不是"悬空"在跑道表面。即使处于着陆构型的时候,喷气式飞机的空气动力学特性曲线也是平滑的,并且它的发动机在慢车转速时仍然产生残余的推力。在拉平过程中,为了进行柔和地着陆而悬空飞行,这会极大地增加着陆距离。扎实着地是正常的,也是需要的。扎实着地并不意味着重着陆,而是准备充分的或明确的着陆。

对于大多数机场,根据着陆襟翼设定和接地区的位置,飞机将以起落架离地 30～45 ft 高度飞过跑道入口。从飞机飞越跑道入口到接地,将需要 5～7 s。在起落架大约离跑道表面 15 ft 的时候,通过增加俯仰姿态开始拉平,并恰好使下降率降低到 100～200 ft/min。对于大多数喷气式飞机,这需要俯仰姿态增加 1°～3°。在拉平过程中,推力平稳地降低至慢车位。

从飞越跑道入口至接地这段时间内,正常地速度会降低 5 kn。速度的大部分降低发生在拉平过程中降低推力的时候。如果在进一步降低速度的时候拉平过程被延长(拖延),那么可能需要多使用几百或者甚至几千英尺跑道长度。如图 15－25 所示。延长的拉平也会导致俯仰姿态增加,这会导致机尾擦地。因而,重要的是在目标接地点使飞机飞到跑道上,即使速度过大也要如此。每次飞行时都应该计划并执行经充分准备的接地。可靠的接地将帮助避免延长的拉平。

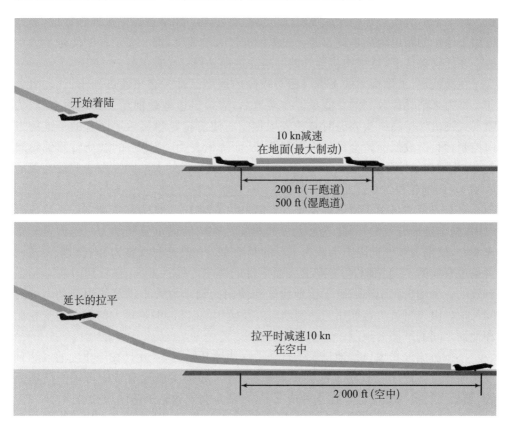

图 15－25　延长的拉平

飞行员必须学习他们所驾驶的每种型号飞机的拉平特性。从每个驾驶舱中观察到的目视参考提示都是不同的,因为窗口的几何尺寸和能见度是不同的。飞行员眼睛和起落架之间的几何关系对于每个品牌和型号的飞机都是不同的。在正确的高度上开始执行拉平机动是很重要的,既不要太高也不要太低。

太高地开始拉平会导致飞机飞过目标接地点,或太早地降低推力会导致飞行员因试图防止高下降率接地而引起姿态快速上仰,这会引起机尾擦地。太迟地执行拉平会导致重接地。

在拉平期间,正确的推力管理也是很重要的。对于很多喷气式飞机,在推力设定改变时,发动机对俯仰配平产生明显的影响。推力设定的快速变化需要升降舵作出快速的响应。如果在拉平过程中过快地把推力杆移动到慢车位,那么飞行员必须快速地改变俯仰控制。如果推力杆移动得更慢,那么可以更容易地协调升降舵的控制输入。

15.17.8　接地和滑跑

正确的进近和拉平使飞机在目标接地区接地,它通常位于跑道入口前方大约 1 000 ft 远。一旦主轮已经接触跑道,飞行员必须维持方向控制并开始执行制动过程。停下来的时候必须确保在飞机前方仍然有跑道。如果在目标接地区接地,那么可用于停止的跑道距离是最长的。如果没有过大的速度,那么要消耗的能量是最少的。在任何条件下,从准确接地开始的制动过程是最容易完成的。

在接地点,重量很大的飞机以相对较高的速度运动。必须通过刹车、气动阻力和反推力来消耗掉较高的总能量。在接地后,应该迅速地让前轮飞到地面上,因为喷气式飞机保持高机头姿态时减速效果很差。使前轮轮胎接触地面有助于维持方向控制,而且,放低前轮会降低机翼迎角,从而降低升力,把更多的载荷转移到轮胎上,因此增加了轮胎和地面之间的摩擦力。喷气式飞机的着陆距离图表假设在接地后的 4 s 内前轮放低至跑道。

只有三个力可用于使飞机停止。它们是轮子刹车、反推力和气动制动。这三者之中,刹车是最有效的,因此它是大多数着陆过程中的最重要制动力。当跑道非常光滑时,反推力和气动阻力会成为主要的制动力。在高速时反推力和气动阻力这两者是最有效的,它们都不会受跑道表面条件的影响。另一方面,在低速时刹车是最有效的。着陆滑跑距离取决于接地速度和使用的制动力大小以及使用制动力的时间长短。由飞行员决定使用何种制动力以及使用的时机,但是最大的制动力受轮胎和地面之间的摩擦力限制。

飞行员应该在飞机接地且轮子转动后尽快地开始刹车,并且在停止之前或达到安全滑行速度之前一直稳定地使用刹车。然而,如果飞机没有装配可用的防滑系统,那么飞行员应该小心。在这种情况下,重刹车会导致轮子锁住,轮胎打滑。

方向控制和刹车都使用轮胎的地面摩擦力,它们共同使用轮胎可以提供的最大摩擦力。这两者中任一个增加,则会从另一个减去相应的力。对于喷气式飞机飞行员而言,理解轮胎地面摩擦力和跑道污染物是如何影响地面摩擦力的,以及如何在最大限度上使用可用的摩擦力是很重要的。

在接地后,应该立即升起减速板,因为它们在高速时效率最高。及时地升起减速板将使阻力增加 50%～60%,但是更为重要的是,它们破坏了机翼上产生的很大升力,因而导致更多的飞机重量由轮子承载。在着陆襟翼构型时,减速板可以增加轮子载荷多达 200%。这增加了轮胎的地面摩擦力,从而使可用的轮胎制动效果和回转力达到最大。

　　和减速板一样,在高速时反推力装置也是最有效率的,应该在接地后立即使用它。但是,在前轮接触到地面之前,飞行员不要使用很大的反推力。否则,可能导致不对称地使用反推装置,从而向产生最大反推力的一侧发生失控偏航,在这种情况下,飞行员需要使用可用的最大前轮转向力来维持方向控制。

16 紧急程序

16.1 紧急情况

本章包含处理飞行中可能发生的异常和紧急情况方面的内容。紧急情况的成功管理和/或防止异常情况发展成真正的紧急情况，其关键是非常熟悉并且坚持飞机制造商开发的操作程序，它们包含在 FAA 批准的飞机飞行手册和/或飞行员操作手册(AFM/POH)中。下面的指导准则是一般性的，并不意味着要取代飞机制造商推荐的程序。相反，它们是为了提高飞行员在非正常和紧急运行方面的总体知识。如果本章中的任何准则无论以何种方式与制造商为特定品牌与型号的飞机所推荐的程序相矛盾，那么要优先采用制造商推荐的程序。

16.2 紧急着陆

本节包含小型固定翼飞机紧急着陆技能方面的内容。这里介绍的指导准则适用于更加不利的无法进行实际训练的地形条件。目标是向飞行员传授一些知识，即如果飞行员知道如何利用飞机结构进行自我保护和保护乘客，那么几乎任何地形都可以被认为是"适合于"非致命的摔机着陆。

16.2.1 紧急着陆的类型

不同类型的紧急着陆定义如下。

- 迫降。由于不能继续飞行，从而必须立即在机场外或机场内着陆。其典型例子是发动机失效时飞机被迫着陆。
- 预防性着陆。当可以进一步飞行但这样做并不明智的时候，预先计划好在机场外或机场内进行的着陆。可能需要进行预防性着陆的典型情况包括恶劣的天气、迷航、燃油不足以及持续严重的发动机问题。
- 水上迫降。在水上进行迫降或进行预防性着陆。

预防性着陆通常比迫降的危险更小，因为飞行员有更多的时间用于选择地形和计划进近。另外，飞行员可以使用功率来弥补判断或操作的错误。飞行员应该知道，在飞行员想当然地认为而不是靠合理的推理，特别是在处理由自己造成的麻烦的时候,大量需要执行预防性着陆的情况会马上发展成迫降。受天气限制的非仪表级的飞行员,或面临燃油即将耗尽的飞行员会丝毫不考虑预防性着陆的可能性,而采取一个极其危险的替代方法。

16.2.2 心理危险

在面临紧急情况时,有几个因素可能影响飞行员,以至于他不能迅速而正确地做出行动。

- 不愿面对紧急情况。意志崩溃的飞行员一想到飞机将在很短的时间内到达地面,不管飞行员采取什么行动或抱什么希望,对紧急情况的处理能力都会变得严重欠缺。无意识地想去拖延令人恐惧的片刻就可能导致这样的错误:例如不能放低机头以维持飞行速度,或者耽误了选择可到达范围内的最合适着陆区域,以及总是优柔寡断。以牺牲飞机控制为代价,不顾一切地试图纠正任何错误,这也属于同一类错误。

- 想要保住飞机。在飞行训练期间已经习惯于期望找到一个相对安全的着陆区域的飞行员,只要飞行教官在模拟迫降时关闭油门,他们都会忽略所有的基本驾驶规则,避免在肯定会损坏飞机的地形上接地。典型的结果就是:当可用高度不足时,作一个 $180°$ 转弯返回到跑道;不考虑最小可控速度,为了到达更加满意的场地而试图延长滑翔距离;接受不容许发生任何错误的进近和接地情况。不管有什么风险,想要保住飞机的动机可能受两个其他因素的影响:飞行员对飞机有一定的财产所有权,和不损坏飞机意味着必定不会伤害身体。然而,很多时候,只有飞行员更多地考虑牺牲飞机,这样乘客才能安全地离开飞机。

- 过度担心受到伤害。恐惧是自我防御机制的重要部分。然而,当恐惧导致恐慌时,我们会引起自己极力想要避免的麻烦。生还记录表明,那些保持镇静而且知道如何使用历经多年培养的一般概念和程序的飞行员有更多的生还机会。成功的紧急着陆不仅要靠技能,更多地还要靠心智。

16.3 基本的安全概念

16.3.1 概述

面临在任意地方紧急着陆而不可避免地使飞机大面积损伤的飞行员,应该谨记要避免坠毁伤亡在很大程度上取决于:①在关键结构影响乘客之前,使用飞机的次要结构(例如机翼、起落架和机身底部)吸收停止过程中的冲击力以便保护关键结构(驾驶舱/客舱区域)相对完整无缺;②避免身体和飞机内部结构的强烈冲撞。

每天在公路上会不断地上演牺牲次要结构的好处。对于适当受限制的驾驶员来说,小汽车以 20 英里每小时(mi/h)速度迎面撞击树的危险要比以类似的速度撞击驾驶员车门的危险性低。意外事故表明,在乘客和飞机的主要冲击点之间,可以被撞碎的结构的大小直接与传递的碰撞力强度有关,因而也直接与伤亡率有关。

避免与飞机内部结构强力冲撞是涉及保护座位和身体的问题。除非乘客和周围的结构以相同的速度减速,否则周围结构的相对完整也不会带来实际的好处,乘客还会非常突然地停下来,从而形成第二次碰撞。

　　次要的飞机结构不是紧急情况下唯一可用的能量吸收介质。草丛、树木甚至人工建筑物都可以用于这个目的。长有茂盛农作物的农田,例如成熟的玉米和谷子,几乎和跑道上的紧急制动装置一样有效,能够让飞机停下来,而且产生的损坏是可修复的。如图 16-1 所示。灌木丛和小树能够提供相当大的缓冲和制动效果,而不会破坏飞机。当面对比飞机的次要结构强度更大的自然和人工障碍物时,在大部分减速过程中,飞行员必须以"损坏"次要结构的方式计划好接地。

图 16-1　使用距离和地速的关系

　　减速过程的总体严重程度受速度(地速)和停止距离的限制,其中最关键的是速度。速度增加为原来的两倍,意味着总的破坏能量增加为原来的四倍,反之亦然。即使在接地时速度有很小的变化——不管是风还是飞行员技能导致的结果——都会影响撞击受控的程度。在紧急着陆过程中,以可能的最小可控空速接地是很重要的,这需要使用一切可用的气动阻力装置。

　　大多数飞行员会本能地,而且是正确地寻找面积最大的平缓而开放的场地用于紧急着陆。实际上,如果可以均匀地减速,那么只需要很少的停止距离;更确切地说是在可用距离内减速力量是否可以均匀地分布。这个理念用于航空母舰的制动装置,从飞机被勾住的时刻开始能提供大小几乎恒定的制动力。

　　典型轻型飞机的设计在摔机着陆中能提供保护,摔机着陆时容易使乘客在前进方向上受到 9 倍的重力加速度(9 G)。假设均匀地以 9 G 减速,那么在 50 mi/h 速度时需要的停止距离大约为 9.4 ft。而在 100 mi/h 速度时,停止距离大约为 37.6 ft,大约是刚才的 4 倍。如图 16-2 所示。尽管这些数字是基于理想的减速过程,但还是值得注意在短的停止距离内的减速效果能达到什么程度。认识到在很差的地形环境中需要可靠而均匀的减速过程,能够让飞行员选择可以在短距离内分散次要结构破坏过程的接地条件,从而降低了驾驶舱/客舱区域的减速冲击力的最大值。

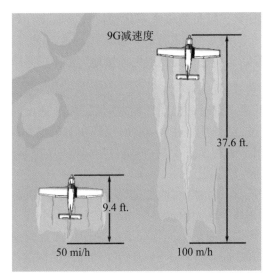

9G减速度

37.6 ft.

9.4 ft.

50 mi/h   100 m/h

图16-2 停止距离和地速的关系

16.3.2 姿态和下降率控制

即使在理想的地形中,在计划和执行紧急着陆时,最关键通常也最不可原谅的错误是失去对飞机接地姿态和下降率的控制主动权。当在平缓而开放的地形上接地时,过大的机头下俯姿态会产生机头"扎入"地面的危险。还应该避免在接地瞬间之前有过大的滚转姿态,因为它们增加失速速度,可能导致翼尖冲击地面。

由于在接触地面的瞬间,飞机的垂直速度分量会立即降低为零,所以必须保持良好的飞机控制。以高的下降率在硬地面上直接接地会导致伤亡,而不会破坏驾驶舱/客舱结构,特别是下单翼飞机在起落架收起的着陆过程中。这些飞机坚固的底部构造会通过结构变形而获得足够的缓冲。类似的碰撞条件可能导致上单翼飞机驾驶舱顶部结构产生结构性损坏。在软质地形上,过大的下降率可能导致机头下方的飞机结构扎入土中,并且导致在前进方向上急剧减速。

16.3.3 地形选择

飞行员对紧急着陆地点的选择受下列因素限制:

- 飞行前计划中选择的航路。
- 发生紧急情况时距离地面的高度。
- 过高的空速(过高的空速可以转换成距离和/或高度)。

在低空且低速的起飞阶段,飞行员只有很有限的选择时间。然而,即使在这些条件下,只要能改变冲击方向略微几度就可以确保坠毁时的生还机会。

如果在滑翔距离之外有一个合适的开放区域,那么飞行员应该根据能量吸收能力决定选择可用的地形。如果紧急情况是在距离地面相对较高的高度上发生的,那么飞行员更应该关注首先选择总体满意的区域而不是一个具体的地点。在高空观看地形,其外观非常容易误导飞行员,并且在准确地确定最佳地点之前会损失相当大的高度。由于这个原因,飞行员应该毫不犹豫地放弃原来计划,而改用明显更好的计划。但是,作为一个一般规则,飞行员不要频繁地改变他/她的想法;在差的地形中执行良好的摔机着陆比在选定的地点失控接地所产生的危险更小。

16.3.4 飞机构型

由于襟翼提高了低速飞行时的机动性能,降低了失速速度,在时间和情况允许的条件下,推荐在五边进近中使用它们。然而,伴随阻力的增加和滑翔距离的降低,需要在合适的时间使用合适的襟翼度数;否则,过早地使用襟翼以及高度下降会破坏一个原本不错的计划。

还无法给出一个关于在接地时可收放起落架位置的硬性规定。在崎岖地带或树木丛生的地方,或者在高速碰撞的过程中,放下的起落架肯定对驾驶舱/客舱区域有保护作用。但是,必须根据起落架损坏导致的副作用来评价这个好处,例如可能导致油箱损坏。无论如何,应该遵守 AFM/POH 中介绍的制造商推荐程序。

当确保能够正常接地且有足够的停止距离时,在水平而软质的地形上或在一片耕过的农田上,以起落架收起姿态着陆比在起落架放下着陆时导致的飞机损坏程度更低。如图 16-3 所示。

图 16-3 有意地以起落架收起姿态着陆

在接地前关闭飞机电气系统能够降低摔机后着火的可能性。然而,在飞行员不再需要任何电力操作重要的飞机系统之后,就应该关闭电池主开关。在进近的最后阶段,可靠的飞机控制比所有其他考虑都更加重要,这包括飞机的构型和驾驶舱检查。飞行员应该尝试利用不正常运行的发动机上产生的动力;但是,在接地前的片刻关闭发动机和切断燃油则更好。这不仅确保飞行员对现场情况有主动权,而且冷却的发动机能够明显地降低着火的危险。

16.3.5 进近

在飞行员有时间做飞行机动时,应该根据三个因素制定进近计划。

- 风的方向和速度。
- 选定场地的大小和坡度。

- 五边进近路线上的障碍物。

这三个因素经常是相互矛盾的。在不得不作出折中时,飞行员应该着眼于风/障碍物/地形这三者综合考虑,以便允许五边进近时在判断和操作方面有出错的余地。过高估计滑翔范围的飞行员可能试图通过延长滑翔距离来飞越进近路线上的障碍物。由于这个原因,有时不管风的方向如何,计划在无障碍物的区域上方进近则更好。经验表明,在地面滑跑或侧滑的终点与障碍物相撞,比在到达接地点之前以飞行速度和障碍物相撞所产生的危险要小得多。

16.4　地形类型

由于通过训练,飞行员应该已经熟悉在合适地形上进行紧急着陆,所以下面只讨论更不寻常的情况。

16.4.1　受限制的区域

使飞机在地面上停下来的固有偏好不应该导致飞行员选择一个处于树木或障碍物中的开放场地,因为在那里若不进行大坡度下降就无法到达地面。

一旦到达了预期的接地点,若剩余的开放且无障碍空间非常有限,那么迫使飞机下降到地面会比失速之前延迟接地(落回地面)更好。飞机在地面上比在空中减速得更快。在特定情况下,也可能会考虑希望发生在地面上打转或者收起起落架。

除崎岖地带之外,河流或小溪可以作为不错的备用迫降地点。飞行员应该确定机翼无需触及水面飞机就可以达到河床或溪底。需要小心的是同样的概念也适用于公路着陆;在到达进近的最后阶段之前,应该看不到公路两边的人工障碍物。

当计划的进近路线要飞越一条公路时,应该记住大多数公路,即使是乡下的泥土路,都会有与之平行的输电线或电话线,只能通过密切留意支撑结构或电线杆/电话线杆来获得及时的警告。

16.4.2　树林(森林)

尽管在树林中着陆并不是很好的选择,但是下列基本准则将帮助你避开危难。

- 使用正常的着陆构型(最大襟翼,起落架放下)。
- 利用迎风保持较低的地速。
- 以最低指示空速冲击树木,但是不低于失速速度,并且以高机头姿态让飞机"挂"在树杈之中。机身和两个机翼的下表面首先冲击树木,这提供了更加均匀而实际的缓冲效果,而且避免了挡风玻璃被戳破。如图16-4所示。

图16-4　树丛中着陆

- 避免机身和粗的树干直接撞击。
- 一大片有大量树枝靠近地面且间隔密集的矮树丛要比树顶稀疏的高的树林好得多；后者有很高的自由落地高度（从 75 ft 高度自由落地产生大约 40 kn 的冲击速度，或者约为 4 000 ft/min）。
- 理想的情况是，与树木的最初冲击力应该是对称的；即两个机翼在树杈中应该受到相等的阻力。机翼的这种载荷分布有助于保持恰当的飞机姿态。也可以预防失去一个机翼，否则会导致更快而且更难以预料地下降到地面。
- 一旦飞机到达地面，若仍然难以避免与粗的树干剧烈碰撞，那么最好是引导飞机在间隔合适的两个树木之间使两个机翼同时碰撞树木。然而，禁止在空中尝试这个机动。

16.4.3 水面（水上）和雪地迫降

在良好执行的水上着陆中，其减速的剧烈程度通常比在危险的树丛中着陆或在极其崎岖的地带着陆要低。而且，以最小速度和正常着陆姿态进行水上着陆的飞机不会在接触水面后立即下沉。即使上单翼飞机的驾驶舱可能位于水面以下，其完整的机翼和油箱（特别是空的时候）也能够提供至少几分钟的浮力。

当在一片宽阔区域的平静水面上着陆时，可能会失去对深度的感知力，产生飞入水中或在过大的高度上失速的危险。为了避免这个危险，在可能的条件下，应该使用机尾擦水方式使飞机着陆于水上。对于下单翼飞机，使用不超过中等程度的襟翼。最大襟翼时的水体阻力可能导致不对称的襟翼失效，并使飞机减速。除非 AFM/POH 中另有建议，否则应保持可收放起落架处于收起状态。

应该像在水上着陆那样执行雪地着陆，应该使用相同的构型，同样要考虑在能见度降低的条件下失去深度感知（雪盲）的危险，并且在宽阔的开放地形中着陆。

16.5 起飞后的发动机故障（单发失效）

从很多方面来说，可用高度的大小是成功完成紧急着陆的决定性因素。如果在起飞后达到安全的机动高度之前不久就确实发生了发动机失效，那么试图转弯返回到起飞的地方通常是不明智的。相反，立即建立合适的滑翔高度并选择起飞跑道正前方或侧面的一个场地则更加安全。

通常是难以继续笔直向前飞行的，除非认真地考虑了与试图返航有关的问题。首先，起飞很可能是逆风的。为了返回到起飞场地，那么必须进行顺风转弯。这增加了地速，导致飞行员更加仓促地执行程序和计划着陆进近。其次，在转弯过程中，飞机会损失相当大的高度，而且在冲击地面的时候飞机可能仍然处于横滚姿态，导致飞机侧翻（这对于乘客和飞机来说都是极大的灾难）。在顺风转弯之后，明显增加的地速会误导飞行员试图过早地降低飞机速度，从而导致飞机失速。另一方面，继续笔直飞行或做小幅度转弯可以让飞行员有更多的时间建立安全的着陆姿态，而且可以用尽可能慢的速度着陆，但是更为重要的是，飞机可以以受控的方式着陆。

　　如果认为在起飞过程中发动机失效后返回跑道是合理的,对于特定的飞机,飞行员应该建立一个尝试这个机动的最低高度。在一个安全高度上进行的实验应该为飞行员提供与慢车180°下降转弯中所损失的高度近似。通过增加大约25%的安全因子,飞行员应该到达有效的决断高度。可以做180°转弯不一定意味着通过无动力滑翔可以到达起飞跑道;这取决于风、爬升过程中前进的距离、达到的高度,以及飞机在无动力时的滑翔距离。飞行员还应该记住返回到起飞跑道实际上可能需要超过180°的航向变化。

　　考虑下面的例子,飞机已经起飞并爬升到300 ft离地高度的时候发生发动机失效。如图16-5所示。在典型的4 s反应时间之后,飞行员选择返回跑道。如果使用标准速率(3°/s)转弯,那么需要1 min时间才能转弯180°。如果以65 kn速度滑翔,转弯半径就是2 100 ft,因此在完成转弯时,飞机将位于跑道一侧4 200 ft远。飞行员必须另外转弯45°才能使飞机朝向跑道飞。而到这时,方向的总变化量为225°,相当于75 s加上4 s反应时间。如果飞机无动力滑翔下降率为大约1 000 ft/min,那么它已经下降了1 316 ft,应该处于跑道地面以下1 016 ft的位置。

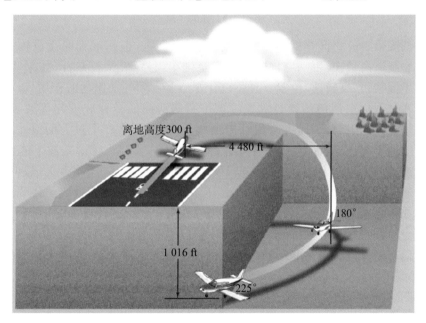

图16-5　发动机失效后返回跑道

16.6　紧急下降

　　紧急下降是一种为了紧急着陆而尽可能快地下降到较低高度或下降到地面的机动。如图16-6所示。需要这个机动的原因可能是失控的着火、客舱压力突然降低、或者需要立即快速下降的任何其他情况。目标是在飞机结构限制范围内尽可能快地完成飞机的下降。应该在转弯中模拟紧急下降以便检查下方的其他空中交通和寻找可能的紧急着陆区域。用无线电呼叫宣布下降意图将会有助于提醒区域内的其他航空器。当开始下降时,应该建立大约30°～45°的下降坡度以便保持正的飞机载荷因子("G"力)。

图 16 - 6　紧急下降

应该按照制造商推荐的方法执行紧急下降训练,包括推荐的飞机构型和空速。除非制造商禁止,否则应该降低功率至慢车,且螺旋桨控制杆(如果装配了)应该置于低桨距(高转速)位置。这可以让螺旋桨起到气动制动的作用,以帮助避免在下降过程中空速增加得过大。应该按照制造商的推荐放下起落架和襟翼。这将产生最大的阻力,因而可以尽可能快地下降,而不会产生过大的空速。飞行员尽可能地不要让飞机的空速大于禁止超越速度 V_{NE},最大起落架放下速度 V_{LE},或最大襟翼放下速度 V_{FE}。在发动机着火时,以大航速下降能吹灭火焰,但是,飞机结构的受力越来越大是主要的担心,而以低航速下降则可以使飞机承受更少的应力。如果在紊乱气流中下降,飞行员也必须遵守设计机动速度 V_A 的限制。应该以符合使用程序的最大可用空速进行下降。这将导致阻力增加,从而尽可能快速地降低高度。应该在足够高的高度上开始从紧急下降改出,以确保能够安全地恢复到水平飞行或预防性着陆。在训练和实践期间,如果已经建立下降并且已经稳定,那么应该停止下降。

对于活塞发动机飞机,应该避免长时间的实际紧急下降过程,以防发动机气缸过度冷却。

16.7　飞行中着火

飞行中着火需要快速而果断的行动。因此,飞行员必须熟悉特定飞机 AFM/POH 手册中包含的这个紧急情况操作程序。对本手册来说,飞行中着火分为:飞行中发动机着火、电路着火和客舱着火。

16.7.1　发动机着火

飞行中发动机舱的着火通常是由种种故障引起的,诸如让可燃物例如燃油、机油或液压油与热的表面相接触;也可能是由于发动机本身的机械故障、发动机驱动的附加装置、有缺陷的进气或排气系统,或破裂的导管引起的。发动机舱着火还可能是由于维修疏漏导致的,例如因管子的安装/紧固方式不对和/或固定不当导致泄漏。

从引擎罩周围冒出烟和/或火焰表明发动机舱已经着火。如果飞行员无法看到火焰和/或烟,那么着火的迹象还有引擎罩外壳变色、起泡和/或融化。在飞行员知道发生了飞行中发动机着火时,火势通常已经发展了一段时间。除非在 AFM/POH 中飞机制造商另有规定,否则发现着火时的第一步就是切断发动机的供油,方法是把混合气控制杆置于慢车关闭位置并且燃油选择器截止阀门置于 OFF(关闭)位置。让点火开关继续打开,以便烧光残留在燃油管中和燃油选择器/截止阀门至发动机之间的部件中的燃油。这个程序会让发动机部件因缺油而导致火焰自然地熄灭。如果火焰已经熄灭,那么不要尝试重新起动发动机。

如果发动机舱着火是由机油导致的,产生的浓浓黑烟即可证明,它和燃油导致的着火所产生的明亮黄色火焰不同,飞行员应该考虑通过顺桨或其他手段让螺旋桨停止旋转,例如(对于恒速螺旋桨)把桨距控制杆置于最低转速位置并且升高机头以降低空速,直到螺旋桨停止旋转。这个程序将阻止发动机驱动的机油泵继续泵送导致着火的易燃液体。

一些轻型飞机的紧急程序检查单要求飞行员关闭电气系统主开关。但是,飞行员应该考虑到除非着火本质上是由于电气系统导致的,或者正在接近摔机,否则关闭电气系统会导致无法使用无线电面板来发送求救信号,还会导致空中交通管制失去应答机响应信号。

对于动力不足的单发飞机的飞行员来说剩下的就只有迫降这一选择了。双发飞机飞行员或许还可以选择继续飞行到最近的机场。但是,必须考虑到一侧机翼可能被严重地损伤并导致结构失效。即使是短暂而强烈的火焰都会导致危险的结构性损坏。在一些情况下,火焰可能在飞行员视野之外的机翼(或在单发飞机的引擎罩)下方继续燃烧。我们早已知道,看起来已经熄灭的发动机舱着火会随着气流模式和空速的变化而重新燃烧。

飞行员必须熟悉飞机的紧急下降程序。飞行员必须记住:

- 飞机结构性损坏的严重程度可能达到使飞机随时失控的程度。
- 飞机可能一直在着火,并且容易发生爆炸。
- 飞机是可以消耗的,只有那些在飞机上的人或货物的安全才是最重要的。

16.7.2　电器着火

电器着火的最初征兆通常就是绝缘物燃烧产生的与众不同的气味。一旦发觉电路着火,飞行员应该努力借助检查断路器、仪表、航空电子和灯光等来识别故障电器。如果难以检查和隔离故障电器，并且飞行状态允许，应该关闭电池主开关和交流发电机/发电机开关，以便消除可能的着火源。但是，任何已经被点燃的材料都可能继续燃烧。

如果电力对飞行绝对关键，那么可以按照下列方法来识别和隔离故障电器：

- 关闭(OFF)电路主开关。
- 关闭(OFF)所有独立的电路开关。
- 再次打开(ON)电路主开关。
- 每次选择一个着火前打开(ON)着的电路开关，在每个开关打开后保持一段短暂的时间，以此来检查气味、烟雾或火花迹象。

然而，这个程序有可能使原来的问题再次产生。所以，最谨慎的做法是尽快着陆。

16.7.3　客舱着火

客舱着火一般是源于下列三个原因之一：①飞行员和/或乘客吸烟不当心；②电气系统故障；③加热系统故障。客舱着火需要飞行员立即灭火和让飞机尽可能快速地安全着陆到地面。应该通过识别和关闭故障系统来控制客舱中的火势或烟雾。在很多情况下，可以通过打开客舱通风孔从客舱排出烟雾。只有在使用灭火器(如果有的话)之后才能这样做。然后可以打开客舱空气控制装置来净化客舱中的烟雾和毒气。如果在客舱通风孔打开后烟雾的浓度增加，那么应该立即关闭它们。这表明加热系统、机头行李舱区域(如果已经装配的话)可能着火，或者是增强的气流不断地吹到着火区域。

在增压的飞机上，增压空气系统将把烟雾从客舱排到飞机外部；但是，如果烟雾很浓，而且所有乘客有氧气可用，那么可能必须在高空减压，或执行紧急下降。

对于非增压的单发和轻型双发飞机，飞行员可以通过打开恶劣天气窗口把烟雾排出客舱。如果火势变得更加严重，那么应该立即关闭这些窗口。如果烟雾严重，乘客和机组人员应该使用装配的氧气面罩，这时飞行员应该立即开始下降。飞行员还应该知道对于一些飞机，放下起落架和/或襟翼会使客舱烟雾问题恶化。

16.8　飞行控制面故障/失效

16.8.1　襟翼完全失效

如果不能放下襟翼，那么必须进行无襟翼进近和着陆。对于轻型飞机，无襟翼进近和着陆并不是特别困难或危险。但是，在执行这个机动的时候，必须考虑一些因素。无襟翼着陆比正常着陆明显需要更长的跑道长度。需要增加的跑道长度可能多达 50%。

当以襟翼收起姿态在起落航线中飞行时，飞机必须以比襟翼放下时更高的机头姿态飞行，以便维持高度。在没有通常襟翼提供的阻力优势时，降低高度会更加困难。因而可能需要使用更宽更长的起落航线来避免使用俯冲方式降低高度，而引起空速的过度增加。

在五边进近时,高机头姿态使得飞行员难以看到跑道。如果没有估计到这种情况,那么会导致严重的高度和距离判断错误。以相对高的机头姿态接近跑道也会产生飞机接近失速的感觉,这可能导致飞行员突然放低机头,冒前轮接地的危险。

在以襟翼收起且功率降低的方式进行着陆时,飞机的俯仰和滚转的稳定性稍低。没有使用襟翼时,飞机在拉平过程中倾向于平飘得更远。飞行员应该避免以过大的空速迫使飞机着陆到跑道上。还有飞行员不要过度地拉平,因为不使用襟翼会导致机尾擦着跑道。

16.8.2　不对称(分离)襟翼

不对称的"分离"襟翼情况是指一侧襟翼放下或收起,而另一侧襟翼保持不动。在襟翼放下/收起后,这个问题通过飞机明显地向襟翼偏转较少的一侧滚转而表现出来。

通过施加反向副翼控制来抵消分离襟翼情况下产生的滚转;由放下的襟翼产生的额外阻力导致的偏航将需要使用明显的方向舵控制,这就导致了交叉控制状态。可能需要几乎满副翼才能维持机翼水平姿态,特别在进近和着陆而必须降低空速时。因而,飞行员不要试图在从放下襟翼的一侧吹来的侧风中进行着陆,因为可能无法获得克服侧风所需的额外滚转控制。

飞行员必须知道正常襟翼和分离襟翼情况下失速速度的区别。收起襟翼的机翼会比放下襟翼的机翼明显提前失速。这种类型的不对称失速会导致向失速的(光洁的)机翼一侧发生失控滚转,如果高度允许,则会产生尾旋。

在分离襟翼条件下的着陆进近应该以高于正常的空速飞行。飞行员不要冒不对称失速的风险,进而因过度拉平而失控;相反,飞机应该飞到跑道上,从而以与收起襟翼失速速度安全余度一致的空速接地。

16.8.3　升降舵失控

对于很多飞机,升降舵是通过两根钢索控制的:一根是"向下"钢索,另一根是"向上"钢索。通常,这些钢索中只有一根断开并不会导致升降舵完全失控。对于大多数飞机,钢索发生故障会导致部分的俯仰失控。如果"向上"升降舵("向下"升降舵完整而有效)钢索失效,操纵杆将会很容易地向后移动,但是不会产生响应。然而,操纵杆超出中立位置向前运动会产生机头向下的姿态。反之,"向下"升降舵钢索失效时,操纵杆向前运动不会产生效果。但是,飞行员还可以使用操纵杆向后运动对俯仰姿态进行部分的控制。

当遇到向上升降舵失控时,飞行员可以通过下列方法保持俯仰控制:

- 使用相当大的机头向上配平。
- 前推操纵杆以获得和维持预期姿态。
- 增加向前的压力以放低机头,和放松向前的压力来抬升机头。
- 着陆拉平时释放向前的压力。

当遇到向下升降舵失控时,飞行员可以通过下列方法保持俯仰控制:

- 使用相当大的机头向下配平。
- 向后拉操纵杆以获得并维持姿态。
- 放松向后的控制压力来放低机头，并增加向后的控制压力来抬升机头。
- 着陆拉平时增加向后的控制压力。

如果在飞行中发生主飞行控制面故障，那么配平机制是很有用的。例如，如果在飞行中驾驶舱和升降舵之间的铰链发生故障，那么让升降舵自由地随风偏转，使用配平片在限制范围内升高或降低升降舵。在低空速的条件下，配平片没有正常的铰链控制那样有效，但是它们确实有一些正面的效果，通常足够实现安全的着陆。

如果升降舵被挡住了，导致完全失去升降舵控制的运动，那么功率和襟翼放下这两者的多种组合也可以提供有限的俯仰控制。当然，想要在这些条件下实现成功着陆总是有困难的。

16.9 起落架故障

一旦飞行员发现起落架确实出现故障，并且是一个或多个起落架都不能对 AFM/POH 中包含的常规或备用起落架放下方法作出响应，那么或许还有几个可以迫使起落架放下的方法。一个方法是使飞机俯冲（只能在平稳的空气中）到 V_{NE} 速度（空速表上的红线位置）然后（在安全限制范围内）执行快速的拉起。对于正常类的飞机，这个程序会在飞机结构上产生 3.8 G 的载荷，结果是使起落架重量是正常时的 3.8 倍。有时，这就能迫使起落架放下并停在锁定位置，这个程序需要飞行员有精准的控制触觉和对飞机有良好的感觉。在试图放下起落架的时候，飞行员必须避免超出飞机的设计应力极限。在注意力集中于解决起落架问题时，飞行员还必须避免发生加速的失速和可能的失控。

另一个已经被证明在某些情况下有用的方法是使用快速偏航。在稳定地处于或低于机动速度 V_A 飞行后，飞行员应该交替且大幅度地朝一个方向施加方向舵，然后再快速地向另一个方向施加方向舵。产生的偏航动作可能导致起落架放下至正确的位置。

如果所有放下起落架的努力都失败了，那么就不可避免地以起落架收起姿态进行着陆，飞行员应该选择一个具备摔机和营救设施的机场。飞行员应该毫不犹豫地请求紧急设备用来应急。

在选择着陆地面时，飞行员应该明白光滑的硬表面跑道通常比不平坦未修整的草皮地带对飞机的损坏更小。然而，硬表面确实会产生火花，那可能会点燃燃油。如果机场条件具备，那么飞行员可以请求在跑道表面铺上泡沫。飞行员应该考虑烧光剩余的燃油，这可以降低着陆速度和着火的可能性。

如果起落架故障仅限于一侧主起落架，那么飞行员应该尽可能地消耗飞机那一侧的大量燃油，从而降低那一侧的机翼重量。在地面滑跑过程中，重量的降低使得无支撑一侧的机翼和地面的接触可以一直拖延到最后可能的一刻。降低后的冲击速度产生的损坏程度也更轻。

　　如果只有一侧起落架不能放下,飞行员可以选择用可用的起落架着陆,或者以全部起落架收起姿态着陆。仅以一侧起落架放下姿态着陆通常导致飞机在接地后明显地向故障起落架一侧转向。如果着陆跑道狭窄,而且/或者沟渠和障碍物沿跑道两边排列,那么接地后必须保持最大限度的方向控制。在这种情况下,以三个起落架都收起的姿态着陆或许是最安全的做法。

　　如果飞行员选择以一侧主起落架收起(另一侧主起落架和前起落架放下并锁定)的姿态着陆,那么应该以机翼水平且机头稍高的姿态着陆。随着空速的降低,飞行员应该使用必要的适当副翼控制以尽可能长的时间保持无支撑一侧的机翼在空中。如图16-7所示。一旦机翼接触地面,飞行员可以预计到会产生向那个方向的严重偏航,飞行员必须准备好使用满的反方向舵和积极使用刹车以保持一定程度的方向控制。

图16-7　以一个主轮收起的姿态着陆

　　当以前轮收起(而主起落架放下且锁定)的姿态着陆时,飞行员应该保持前轮离地直到使用的向上升降舵几乎满舵。如图16-8所示。然后,飞行员应该以机头缓慢落回地面的方式释放向后的控制压力。使用并保持满的向上方向舵会导致机头

图16-8　以前轮收起的姿态着陆

随着空速的降低而突然地落回到跑道表面。在着陆滑跑过程中,不要使用刹车压力,除非是为了避免和障碍物碰撞而非要刹车不可。

如果必须以只有前起落架放下的姿态着陆,那么应该以高机头姿态让机身后部结构和跑道进行最初的接触,这个程序有助于避免产生海豚跳和/或独轮车效应。然后,飞行员应该让前轮逐渐地接地,根据需要使用前轮转向来进行方向控制。

16.10　系统故障

16.10.1　电气系统

没有电力则会使飞行员无法使用很多关键系统,因而即使在白天/VFR 条件下也不要发生一点点这样的问题。大多数飞行中电气系统故障发生在发电机或交流发电机中,对于典型的轻型飞机,一旦发电机或交流电系统失效,那么可用的电源就剩电池了。然而,在只有一个发电机系统的飞机上,如果告警灯或者电流表表明可能是交流发电机或者发电机故障,那么飞行员能利用电池的时间就很少了。

飞机电池的额定值提示了它可能持续的时间。对于电池而言,负载的安培数越高,可用的总安培数就越少。因此,25 A·h 的电池能产生持续 5 小时的 5 A/h 容量,但是如果负载增加到 10 A,它或许只能维持 2 小时。40 A 的负载电路可以使电池在 10～15 min 完全放电。这很大程度上依赖于系统发生故障时的电池状态,如果电池已经使用了好几年,那么其电力可能由于内部阻抗而有明显的降低。或者如果没有立即发觉系统故障,储存的大量能量也许已经用完。因此,在发电机失效时,飞行员立即断开非关键负载电路是很重要的,如图 16-9 所示。然后,飞行员应该计划在最近的合适机场着陆。

发电机系统发生故障之后,构成"紧急"负载的部分还无法预先确定,因为实际情况总是有所不同。例如,可能是 VFR 飞行或 IFR 飞行;在白天或者在夜晚;多云天气或者晴朗天气。到最近的合适机场的距离也是一个因素。

飞行员应该记住电力驱动(或可选电力)的起落架和襟翼在电池电力部分消耗而不足时是无法正常工作的,起落架和襟翼耗光电力的速度要比大多数其他电气设备要快得多。使用已经消耗部分电力的电池来驱动这些马达,其结果是很容易导致电力立即全部耗尽。

如果飞行员在飞行中遇到完全失去电力,应该采取下列步骤:

● 除了那些最必需的电气设备之外,所有其他设备从电力系统断开。

● 明白一点,即对于小飞机而言只要失去电力就非常危急,要立即向 ATC 通报情况。请求雷达引导到最近的合适机场着陆。

● 如果起落架或襟翼受电力控制或者是电力驱动的,那么要提前计划好进场。要做好以无襟翼着陆的准备,并且估计要人工放下起落架。

轻型单发飞机的电力负荷	单元数量	总电流/安培
A. 连续负荷		
皮托管加热（运行的）	1	3.30
翼尖灯光	4	3.00
加热器点火器	1	1～20
** 导航接收机	1～4	1～2/个
** 通信接收机	1～2	1～2/个
燃油油量表	1	0.40
仪表灯光（头顶的）	2	0.60
发动机仪表	1	0.30
罗盘灯光	1	0.20
起落架指示器	1	0.17
襟翼指示器	1	0.17
B. 间歇性负荷		
起动器	1	100.00
着陆灯光	2	17.80
加热器吹风机马达	1	14.00
襟翼马达	1	13.00
起落架马达	1	10.00
香烟打火机	1	7.50
带按键的收发机	1	5～7
燃油增压泵	1	2.00
引擎罩鱼鳞片	1	1.00
失速报警喇叭	1	1.50

＊＊无线电设备的电流大小随设备不同而变化。一般来说，型号越新，需要的安培值越小。说明：面板和指示器灯光使用的电流通常不超过 1 安培

图 16-9 轻型单发飞机的电力负荷

16.10.2 皮托静压系统

空速表、垂直速度表和高度表工作的压力来源是皮托静压系统。皮托静压系统的主要组成部件是冲压腔和导管，以及静压腔和导管，其中的每一个部件都会受到由于结冰、污垢和/或其他外物而全部或部分堵塞的影响。皮托静压系统的堵塞会对仪表的运行产生不利的影响。如图 16-10 所示。

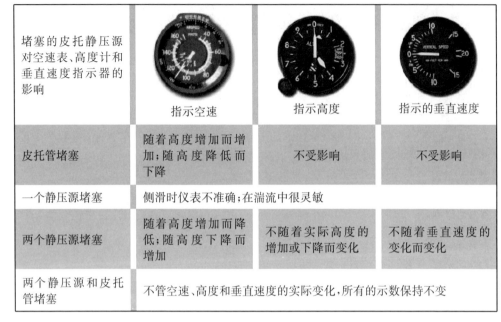

堵塞的皮托静压源对空速表、高度计和垂直速度指示器的影响	指示空速	指示高度	指示的垂直速度
皮托管堵塞	随着高度增加而增加；随高度降低而下降	不受影响	不受影响
一个静压源堵塞	侧滑时仪表不准确；在湍流中很灵敏		
两个静压源堵塞	随着高度增加而降低；随高度下降而增加	不随着实际高度的增加或下降而变化	不随着垂直速度的变化而变化
两个静压源和皮托管堵塞	不管空速、高度和垂直速度的实际变化，所有的示数保持不变		

图 16 - 10   皮托静压源堵塞后的影响

静压系统部分堵塞是在不知不觉中发生的，在发生危急的飞行阶段之前可能一直无法察觉它。在起飞、爬升和在巡航高度上改平飞的过程中，高度表、空速表和垂直速度表可能正常工作。在飞机开始下降之前不会出现任何故障迹象。

如果静压参考系统受到严重限制，但是没有完全堵塞，那么随着飞机的下降，仪表的静态参考压力的变化开始落后于实际的外部大气压力的变化。下降时，因为阻塞物减弱了从静压口流至高度表的气流，高度表指示的高度将会高于实际高度。虽然参考压力的变化速度和外部大气压力的变化速度是不同的，但是垂直速度表和高度表的变化快慢是一致的。空速表无法判定是空速管压力更大还是静态参考压力更低，而且指示的高度比实际高度高。对于飞行员而言，仪表指示飞机飞得太高、太快，并且以比预期下降率低得多的速度下降。

如果飞行员改平飞然后开始爬升，高度指示可能仍然有延迟。垂直速度表的示数没有实际爬升速度那么快。然而，指示空速可能以警戒的下降率开始下降。很小的上仰姿态都可能导致空速指针指示接近危险的失速速度。

处理静压系统故障需要飞行员知道并理解飞机的皮托静压系统的工作原理。如果发现一个系统故障，飞行员应该通过打开备用静压源来确认它。应该在飞机爬升或下降的时候完成确认。完成后，如果仪表指针明显移动，那么就有静压故障，然后应该在后续的飞行过程中使用备用静压源。

16.11   发动机仪表指示异常

特定飞机的 AFM/POH 中包含了发动机仪表指示异常时应该遵守的内容。下表提供了一些更常见的飞行中发动机仪表异常方面的一般知识,包括它们的可能原因和纠正动作。

故　障	可能原因	纠正动作
在巡航飞行中转速降低(非高空发动机)	汽化器或者进气口结冰或空气过滤器堵塞	使用汽化器加热。如果怀疑过滤器脏了并且可使用未过滤的空气,那么切换选择器到未过滤的位置
在巡航飞行中歧管压力降低	同上 涡轮增压器失效	同上 可能排气泄漏。关闭发动机或者使用最低可能的功率设定。尽快着陆
在巡航飞行中歧管压力增加	油门打开,控制螺旋桨降低转速或者不正确的降低功率方法	重新调整油门并提高摩擦力锁定在降低转速之前降低歧管压力
机油温度高	在冷却器中机油变得黏稠 不充分的发动机冷却 爆震或点火过早 发动机内部即将发生故障 有缺陷的恒温机油冷却器控制	降低功率。着陆。预热发动机 降低功率。增加空速 观察高转速时的气缸头温度降低歧管压力。使混合气富油 尽快着陆或者顺桨并停止发动机 尽快着陆。咨询维修人员
机油温度低	发动机没有加热到工作温度	以规定的方式使发动机变热
油压高	冷的机油 可能内部堵塞	同上 降低功率。尽快着陆
油压低	压力释放阀门损坏 机油不足 轴承座故障	尽快着陆或顺桨螺旋桨并停止发动机 同上 同上
油压不稳	机油供应不足,机油管子松动,有缺陷的压力释放阀门	同上
气缸头温度高	不正确的引擎罩鱼鳞片调整 空速不足以制冷 不正确的混合气调节 爆震或点火过早	调整引擎罩鱼鳞片 增加空速 调节混合气 降低功率,使混合气富油,增加冷却气流

（续表）

故障	可能原因	纠正动作
气缸头温度低	引擎罩鱼鳞片过度开放 过度富油 长时间滑翔而没有加热发动机	调整引擎罩鱼鳞片 调整混合气控制 使发动机加热足够时间以保持温度在最小范围
电流表显示放电	交流发电机或发电机故障	断开不必要的电力负载。尽快着陆
负载表显示为 0	同上	同上
转速急剧升高并超速	螺旋桨有缺陷 发动机有缺陷 螺旋桨调速器有缺陷 转速计有缺陷 不正确的混合气设定	调整螺旋桨转速 咨询维修人员 调整螺旋桨控制杆。尝试恢复正常运行 咨询维修人员 重新调整混合气达到稳定运行
在巡航中，歧管压力和转速恒定但空速却降低	一个或多个气缸可能失效	尽快着陆
不稳定的发动机运行	不正确的混合气控制设定 点火器或阀门缺陷 爆震或者点火过早 进气空气有泄漏 堵塞的燃油嘴（燃油喷射型） 过大的燃油压力或燃油流量	调整混合气以达到稳定运行 咨询维修人员 降低功率，混合气富油，打开引擎罩鱼鳞片以降低气缸头温度。尽快着陆 降低功率。咨询维修人员 同上 贫油控制
燃油压力降低	发动机驱动泵故障 无燃油	打开增压油箱 切换油箱，打开燃油供应

16.12　飞行中舱门打开

　　在大多数情况下，舱门意外地打开对飞行安全不是最大的隐患，反而是此刻飞行员的反应会导致发生意外。飞行中舱门打开时会伴有突发的强烈噪声、持续的噪声强度，还可能产生摇晃或抖振。如果飞行员变得心烦意乱，即使舱门对气流的破坏程度很小，那么注意力集中于排除开门故障而不是维持飞机的控制也可能导致失控。

　　万一在飞行中或起飞时舱门意外地打开，飞行员应该坚持下列原则。

　　● 集中精力驾驶飞机。特别对于轻型单发和双发飞机，在飞行中舱门很少会打开,如果打开那么会影响飞机的飞行能力。可能有一些操控困难,例如滚转和/或偏航控制,但是在大多数情况下可以很容易克服这些困难。

● 如果在升空后舱门打开,那么不要急于着陆。需爬升到正常起落航线高度,按照正常起落航线飞行,并进行正常着陆。

● 不要为了伸手去触及舱门而松开安全带和肩带。不用担心舱门,尽快安全地着陆,并且一旦安全到达地面就关上舱门。

● 要记住大多数舱门不会保持在完全打开的状态。它们通常会突然地打开,然后稳定在半关闭的状态。向舱门侧滑可能导致它打开得更大;背向舱门的一侧侧滑可能会推上舱门。

● 不要恐慌。尽力不理睬刚刚产生的噪声和抖振,而且不要急促。若想努力尽可能快地让飞机到达地面可能导致在低空进行大坡度转弯。

● 完成着陆检查单的所有项目。

● 要记住意外事故几乎从来都不是因为舱门打开而引起的,相反,开门导致的事故是由于飞行员分散注意力或不能维持飞机飞行而引起的。

16.13　目视飞行意外地飞入仪表气象条件

16.13.1　概述

详细地介绍基本姿态仪表飞行训练课程已经超出本手册的范围。这些内容包含在编号为 FAA - H - 8083 - 15 的《仪表飞行手册》[①]中。某些飞行员执照和/或相关级别需要开展仪表飞行方面的训练,并且在实践考试的时候示范具体的仪表飞行任务。

飞行员和飞行教官应该参考 FAA - H - 8083 - 15 手册获取执行这些任务的指南,以及参考相应的实践考试标准来了解标准的要求,对于特定的执照级别和/或评级考试则必须执行要求的这些任务。但是,飞行员应该记住,除非这些任务是按照连贯而有序的方式进行练习,否则飞行技能几乎会立即变差。不久之后,万一出现需要,那么飞行员假装的信心水平将会比他/她实际能够表现的水平高得多。

事故统计表明,没有经过姿态仪表飞行训练的飞行员或仪表技能已经变差的飞行员,一旦被迫仅依靠仪表参考进行飞行,那么他们将会在大约 10 min 时间内失去对飞机的控制。本节的目的就是为 VFR 飞行员在万一遇到仪表气象条件(IMC)时,为在有限的时间内维持飞机控制提供实用的紧急措施指南。主要目标并非是精确地解释仪表飞行,而是帮助 VFR 飞行员对飞机保持足够的控制,直到再次获得合适的目视参考。

VFR 飞行员遇到仪表气象条件(IMC)时,摆脱这种条件首先必须要做的就是:

● 承认并接受情况的严重性,需要立即采取纠正措施。

---

① 《仪表飞行手册》最新版编号为 FAA - H - 8083 - 15A。——译注

- 维持飞机的控制。
- 在让飞机安全到达地面的过程中获得合适的帮助。

16.13.2　识别

不管是什么样的环境或什么样的主导的天气条件,只要 VFR 飞行员还处于仪表气象条件下,他/她就无法通过参考自然地平线来维持飞机的姿态控制。另外,实际上,不管是无意的还是有意的,只要 VFR 飞行员在仪表气象条件中停留足够长的时间,他/她就不能通过目视参考地面上的地标来导航或建立地理位置的概念。飞行员必须承认这些情况是真正的紧急情况,需要采取相应的动作。

飞行员必须明白除非他/她在仅靠参考飞行仪表来控制飞机这方面是经过训练合格而且是执照未过期的,否则无论是多长时间他/她都不能这样飞。在长时间的 VFR 飞行中,使用姿态仪作为飞机控制的参考,使飞行员过高地估计他/她的仅靠参考仪表来控制飞机的个人能力,从而产生麻痹并形成虚假的安全感。在 VFR 天气条件下,即使飞行员认为他/她是通过仪表参考来控制飞机的,实际上飞行员还接受了自然地平线概貌的信息,可能下意识地更多依靠它而不是依靠驾驶舱姿态仪。但如果自然地平线突然消失,未经仪表飞行训练的飞行员将会感到眩晕,产生空间定向障碍,从而不可避免地失控。

16.13.3　维持飞机控制

一旦飞行员认识到并且接受这种情况,他/她必须明白安全控制飞机的唯一方法就是使用飞行仪表并且信任它们。若想部分地参考飞行仪表来控制飞机,同时还寻找驾驶舱外部由这些仪表提供的目视确认信息,这会导致不充分的飞机控制,接着会产生空间定向障碍进而完全失控。

需要强调的最重要一点是飞行员不要惊慌失措,手头的任务可能看起来多得忙不过来,并且在这种情况下可能还有强烈的恐惧感,因此,飞行员必须有意识地放松自己。

飞行员必须明白最重要的考虑——实际上这时唯一的考虑——是保持机翼水平。失控的转弯或滚转通常会导致难以实现任何预期飞行状态的目标。飞行员将会发现良好的滚转控制能够让控制俯仰容易得多。

飞行员应该记住不能通过手紧握操纵杆来感觉控制压力。放松并且学习"用眼睛和头脑控制"而不是仅靠肌肉控制,这通常需要付出相当大的有意识的努力。

不管自然的感觉是什么,飞行员都必须相信飞行仪表显示的飞机姿态。前庭感受器(内耳中的运动感受器)将会使飞行员混淆,由于惯性,内耳中的感受区无法感觉飞机姿态的轻微变化,它们也不能精确地感觉到一段时间内飞机姿态的稳定变化。另一方面,经常产生错误的感觉,导致飞行员相信飞机的姿态已经发生了变化,而实际上没有改变。这些错误的感觉使飞行员产生空间定向障碍。

16.13.4　姿态控制

根据设计,飞机本来就是一个稳定的平台,如果不在紊乱的空气中,若经正确配平并且不再干预,那么飞机将保持近似直线且水平的飞行状态,它被认为是一种能够维持俯仰、滚转和偏航都平衡的状态。但是,飞行员必须知道,飞机绕一个轴的变化将会影响其他轴的稳定性。典型的轻型飞机表现出很好的偏航稳定性,俯仰稳定性稍差,而滚转稳定性更差。因而,紧急条件下飞机姿态控制的关键是:

- 使用升降舵配平片来配平飞机,实现以巡航速度保持脱手水平飞行。
- 防止过度控制飞机的倾向。用指尖控制并参照姿态仪飞行,除非飞行仪表明确地表明需要改变飞行姿态,否则不要改变飞行姿态。

- 所有的姿态变化都要平稳而小幅度地进行,但是需要使用明确的控制压力。记住,姿态仪上地平线的微小变化相当于实际飞机姿态会成比例地发生很大变化。

- 利用任何可用的辅助手段进行姿态控制,例如自动驾驶或机翼水平仪。

姿态控制的主要仪表是姿态仪。如图16-11所示。一旦完成飞机配平,从而它就可以在巡航速度下维持脱手的水平飞行,这个空速会一直不变直到需要着陆而减速时为止。所有的转弯、爬升和下降都应该以这个空速进行。直线飞行是通过在操纵杆上使用"指尖压力"保持机翼水平而维持的。

图 16 - 11　姿态仪

俯仰姿态任何程度的向上或向下变化都不要超过表盘上一个刻度的宽度。

16.13.5　转弯

对于未经仪表飞行训练的飞行员来说,转弯可能是最具潜在危险的机动,其原因有两个。

- 通常飞行员有过度控制的倾向,导致大坡度转弯,并可能导致"致命的盘旋"。
- 飞行员无法应付因转弯而导致的不稳定性。

在必须转弯时,飞行员必须估计并处理滚转轴向的相对不稳定性。应该使用最小的有效坡度——任何情况下都不要超过10°。如图16-12。小坡度转弯使机翼产生的垂直升力变化很少,进而导致可能的高度偏差也很小。如果必须大幅改变航向,那么先转弯几度然后再改为平飞这个方法或许很有用。不断重复这个步骤,直到达到预期的航向。这个过程可以降低在长时间转弯中经常产生的过度滚转的程度。

16.13.6　爬升

如果必须爬升,那么飞行员应该让姿态仪上的小飞机升高不超过一个刻度宽,并且还要增加功率。如图16-13所示。飞行员不要试图获得一个具体的爬升速度,而是要接受实现爬升的任何速度。目标是尽可能小幅度地偏离水平飞行姿态,以便尽可能轻地破坏飞机的平衡。如果飞机配平正确,它将表现为与所用功率大

图 16-12　水平转弯

图 16-13　水平爬升

小相称的机头上仰姿态。扭矩和 P 因子将会使飞机有向左滚转和转弯的趋势，必须预计到这一点，并抵消它。如果最初使用的功率导致爬升率不足，那么应该以 100 r/min 或 1 inHg 歧管压力为幅度逐步增加功率，直到达到预期的爬升率。很少会需要使用最大可用功率。使用的功率越大，飞机向左滚转和转弯的倾向就越明显。通过使用缓慢变化但是稳定可靠的控制压力首先使姿态仪上的飞机俯仰姿态降低到水平位置，从而实现继续水平飞行，然后让空速增加到接近巡航速度，再降低功率。

16.13.7 下降

如果飞机已经正确地配平为脱手直线且水平飞行状态，那么下降几乎就是与爬升相反的过程。在这种构型时，飞机需要一定的推力才能维持高度。俯仰姿态控制飞机的空速。因而，发动机功率（通过螺旋桨转换为推力）维持选定的高度。在稍微降低功率后，几乎觉察不到空速的降低。然而，即使速度发生轻微的变化都会导致尾翼的向下载荷变小，于是飞机的设计机头重量导致它向下俯，恰好足以维持飞机配平所达到的空速。然后飞机将以与推力的减小量正好成比例的速率下降。功率应该按照 100 r/min 或 1 inHg 歧管压力为幅度逐步降低，并且产生的下降率决不要超过 500 ft/min。在姿态仪上，机翼应该保持水平，低于水平面的俯仰姿态不要超过一个刻度宽。如图 16 - 14 所示。

图 16 - 14 水平下降

16.13.8 复合的机动

已经处于紧急情况压力下的未经仪表飞行训练的飞行员,在任何情况下都应该避免执行复合的机动,例如爬升转弯或下降转弯。执行复合的机动只会把在执行单独机动中遇到的问题合在一起,从而增加失控的风险。记住,目标是通过尽可能小幅度地偏离直线而水平的飞行姿态,从而保持飞机控制,因而,要尽可能地维持飞机的自然平衡。

在得到地面上空中交通管制员帮助的条件下,飞行员在他/她被引导以便改变航向和/或高度的时候,可能感觉到一种紧迫感。就管制员而言,这种紧迫感反应了正常的安全忧虑。但是飞行员一定不能让这种紧迫感促使他/她试图做出可能导致失控的机动。

16.13.9 过渡到目视飞行

经仪表飞行训练合格的飞行员必须应付的最困难任务之一就是在着陆前从仪表飞行过渡到目视飞行。对于未经训练的飞行员而言,这些困难增大了。

这些困难主要在于环境适应性和方位感。在仪表飞行进近时,经过仪表飞行训练的飞行员必须提前为过渡至目视飞行做好准备。飞行员必须对他/她一旦过渡到目视飞行预计就能看到的东西在头脑中有个预想,并且快速地适应新的环境。在过渡之前,还必须开始地理方位的判断,因为在过渡发生时,飞行员必须想像出飞机相对机场/跑道的位置,从而可以通过地面上的目视参考完成进近和着陆。

在理想情况下,向目视飞行的过渡是在充足的时间、足够的离地高度,并且能见度条件足以让飞行员适应环境从而形成地理方位感的条件下完成的。然而,实际并非如此。未经仪表飞行训练的飞行员会发现能见度仍然有限、完全不熟悉地形,以至于距离地面地形的高度不允许进行"正常的"机场起落航线飞行和着陆进近。另外,飞行员很可能是在由自己产生的巨大心理压力下让飞机到达地面的。飞行员必须考虑到这一点,如果可能,在尝试进近和着陆之前,要允许有一定的时间以便适应新的环境和熟悉地理方位,即使这意味着要直线而水平地飞行一段时间或在机场上空盘旋也应该如此。在夜晚飞行时,尤其要这样做。

术 语 表

100 小时检查——一种和年检范围相同的检查。低于 12 500 lb 的盈利性飞机必须每 100 飞行小时检查一次。

绝对高度——飞机在地形上方的垂直距离,或离地高度(AGL)。

绝对升限——飞机不可能再爬升的高度。

加速-续飞距离——全部发动机以起飞功率加速至 V_1,在 V_1 时发生单发失效并且用剩余的发动机继续起飞所需要的距离。需要的跑道长度中包括爬升至 35 ft 所需要的距离,这时速度必须达到 V_2。

加速-停止距离——全部发动机以起飞功率加速至 V_1,在 V_1 时发生单发失效,然后中断起飞并且仅使用刹车制动(不考虑使用反推力)让飞机停下来所需要的距离。

加速度——与克服惯性有关的力,并且它可以被定义为单位时间内速度的变化量。

附加装置——和发动机配套使用的一些组成部件,但它不是发动机本身的一部分。例如磁电机、汽化器、发电机以及燃油泵这些单元,都是发动机通常安装的附加装置。

可调节安定面——在飞行中可以调节以便用于配平飞机的安定面,从而可以让飞机在任一设定空速时进行脱手飞行。

逆偏转——飞机头倾向于向转弯外侧偏转的一种飞行状态。这是由于外侧机翼较大的诱导阻力导致的,外侧机翼也产生更多的升力。诱导阻力是与外侧机翼有关的升力的副作用。

空气动力学升限——在这个高度上,指示空速随着高度增加而降低,它逐渐地与低速抖振边界层交汇,此时飞机发生失速前抖振,且飞机的载荷因子为 1.0 G。

空气动力学——研究空气对物体的作用以及空气对其他燃气燃烧运动规律的科学门类。空气动力学研究由飞机、相对风和大气产生的升力的效率问题。

副翼——安装在飞机机翼后缘靠近翼尖的主飞行控制面。副翼控制飞机绕纵轴的滚转运动。

空中起动——在飞行中起动发动机的动作或事件,特别是指喷气发动机熄火后的起动。

航空器飞行日志——包含总运行时间、执行的修理、替换或检查等记录的航行日志,还包含遵守的所有适航指令(AD)。机身、每个发动机和每个螺旋桨的维修日志应该保留在飞机上。

翼面——翼面是指任何的表面,例如机翼、螺旋桨叶、方向舵,或者甚至是一个配平片,它们在与运动的空气气流相互作用时提供空气动力。

飞行技能——除了驾驶航空器需要的运动技巧之外,还包括协调性、及时性、控制触觉和速度感等技能。

驾驶术——十分熟悉飞行原理,在地面和空中能胜任并精确地操作飞机的能力,并且使用可靠的判断力达到最佳的运行安全水平和效率。

飞机飞行手册(AFM)——由飞机制造商开发并且经联邦航空局(FAA)批准的文件。特定品牌和型号的飞机有明确的文件编号,而且它包含了操作程序和限制。

飞机业主信息手册——一份由飞机制造商开发的文件,其中包含了特定品牌和型号的飞机的基本信息。飞机业主手册不是 FAA 批准的,并且不针对特定编号的飞机。这份手册不会保持最新,因而,它不能代替 AFM/POH。

机场/设施指南——一种主要作为飞行员运行手册的出版物,它包含了所有面向公众开放的机场、水上基地和直升机场,其中包括通信数据、导航设施,以及一些特殊说明和程序。这份出版物按照地理区域划分以 7 卷本形式发行。

适航——飞机符合它的类型认证设计的一种状态,其中还包括补充类型证书和现场批准的替换。飞机还必须满足像年度、100 小时、飞行前以及任何其他要求的检查所确定的安全飞行状态。

适航证书——由 FAA 向所有已经被证明满足联邦法规全书所设定的最低标准的飞机颁发的一种证书。

适航指令——这是由 FAA 向飞机的注册用户发出的法规性通知,告知物主一种影响飞机继续满足其适航条件的情况。必须在要求的时间限制内遵照执行适航指令(AD 备注),并且遵守适航指令的实际情况、日期和方法都必须记录在飞机的维修记录中。

阿尔法(ALPHA)运行模式——它是涡轮螺旋桨发动机的运行模式,包括从起飞至着陆的所有飞行运行阶段。典型地,阿尔法运行模式时发动机的工作转速为 95% 到 100%。

备用空气源——在主进气口堵塞后,为了让进气气流持续不断从而保持打开的一种装置。

备用静压源——它是一种人工操作的端口,在主静压端口被堵塞后,打开它可以让皮托静压仪表在备用位置检测静压。

交流发电机/发电机——一种是用发动机动力产生电力的装置。

高度表——一种通过检测空气压力变化从而指示高度的飞行仪表。

高度(AGL)——从飞机飞行的位置到地面的实际高度。

高度(MSL)——从飞机所飞行的位置到平均海平面(MSL)的实际高度。

高空室——一种通过降低内部压力模拟高空条件的装置。里面的人可以具备与非增压飞机在高空飞行时相同的生理条件。

高空发动机——一种有额定起飞功率的往复式飞机发动机,它从海平面到一个确定的高度之间都能产生动力。

迎角——翼型弦线与相对风方向形成的锐角。

安装角——机翼弦线与飞机纵轴的平行线形成的角度。

年检——联邦法规全书要求的对飞机和发动机的一种全面检查,对于所有认证过的飞机需要每12个月检查一次。只有具备检查资格的机身和发动机(A&P)技师才能执行年检。

防冰——防止在飞机表面结冰。可以通过加热法或通过在飞机表面涂上一层防水的化学物质来防止结冰。不要把防冰和除冰相混淆,除冰是指冰在飞机表面形成后去除它。

姿态仪——一种使用人工地平线和缩微的飞机符号来指示飞机相对真实地平线位置的仪表。姿态仪能够检测飞机的滚转和俯仰,俯仰是指飞机头的向上和向下运动。

姿态——根据飞机轴向和参照物的关系而确定的位置,参照物通常是地平线。

自动运动——这是由于在盯住黑暗背景上的一点亮光一段时间后导致的。过了一会儿,亮光本身看上去是运动的。

自动驾驶仪——一种保持飞机水平飞行或处于一个设定航道上的自动飞行控制系统。自动驾驶可由飞行员控制,或结合使用无线电导航信号。

飞机的轴——穿过飞机重心的三条假想直线。轴可以被认为是飞机旋转所围绕的想像出来的线。穿过飞机重心的三个轴线互相之间都成90°角。从机头到尾翼的轴是纵轴;从翼尖到翼尖的轴是横轴,而垂直地穿过重心的轴是垂直轴。

轴流压缩机——一种涡轮发动机使用的压缩机类型,其中流经压缩机的气流基本上是直线的。轴流压缩机由几级交替的转子和定子组成。压力比由后续级面积的减小量决定。

功率曲线的左侧——一种飞行状态,在此状态中飞行空速越高需要的功率越低,而空速越低就需要越高的功率来维持高度。

中断着陆——即复飞。

压舱物——在飞机上可以移走或永久安装的配重物,目的是使飞机的重心处于允许的范围内。

拉飘——在着陆过程中因过度拉平而导致飞机爬升的结果。

基本空重(GAMA)——基本空重包括标准空重加上已经安装的可选和特殊

装备。

最佳爬升角的速度(V_X)——在一定的距离内使飞机高度增加最多的速度。

最佳滑翔速度——指在无动力飞行时，高度下降最少而滑翔距离最远的空速。

最佳爬升率的速度(V_Y)——在最短的时间内使飞机高度增加最多的速度。

桨叶面——螺旋桨叶的扁平部分，和机翼末端部分类似。

引气——通过使用输送管从涡轮发动机压缩级流出的压缩空气。引气可以用于除冰、防冰、客舱加压、加热和冷却系统。

引气阀门——它是一种在涡轮发动机上的舌形阀门、排气阀或排气环，目的是把一部分压缩级空气排出到大气中。用途有维持桨叶迎角和提供无失速的发动机加速和减速。

增压泵——是一种在油箱中的电驱动燃油泵，通常是离心式的。它用于为发动机起动提供燃油和在发动机驱动泵失效的时候提供燃油压力。它还能给燃油管增压以防气阻。

抖振——不稳定的气流或者阵风等引起的气动结构或表面的振动；而飞机部件无规律的摇晃或振动是由紊乱空气或分离气流导致的。

汇流条——可以连接多个电路的电力分配处，它通常是一根安装了很多接线端的金属线。

汇流条连接——一种连接两个或多个汇流条的开关。通常在一个发电机失效而无法向汇流条供电时使用。通过闭合这个开关，工作的发电机可以向两个汇流条供电。

涵道空气——不经过涡轮风扇发动机核心的部分进气。

涵道比——涡轮风扇发动机中每秒钟流过风扇部分的气流磅数和流过燃气发生器部分的气流磅数之比。或者定义为风扇气流（lb/s）和核心发动机气流（lb/s）之间的比值。

客舱增压——迫使增压的空气进入客舱模拟很低高度上压力的状态，可改善乘客的舒适度。

校正空速（CAS）——校正了安装误差和仪表误差后的指示空速。尽管制造商努力保持空速误差最小，但是不可能消除整个空速表工作范围内的所有误差。在一定的空速和一定的襟翼设定时，安装误差和仪表误差之和可能达到好几节空速。这个误差通常在低空速时是最大的。在巡航和较高空速范围时，指示空速和校正空速近似相等。要想校正可能的空速误差，请参阅空速校正图表。

弯曲度——翼型的弯曲度是指它上下表面的特征曲线。上表面的弯曲比较明显，而下表面的弯曲相对平坦。这导致机翼上方的气流速度迅速地超过机翼下方的气流速度。

汽化器结冰——由于燃油气化导致温度下降，从而在汽化器内部形成的冰。进油系统结冰对运行很危险，因为它可以切断燃油/空气流量或者改变燃油/空气的比例。

汽化器——①压力式：一种在燃油泵到排放喷嘴之间形成封闭输送系统的液压机械装置。它根据流过油门的空气流量来测量流过固定喷射装置的燃油，并且在正的压力下消耗燃油。压力式汽化器明显不同于浮动式汽化器，因为它没有把放油的浮动腔或者吸入式抽油器与文氏管中的排放喷嘴结合使用。②浮动式：它基本上包括一个主空气通道，发动机经过这个通道吸入空气，它不仅是一种与空气流量有关的耗油量控制装置，还是一种可调节输送到发动机气缸的油气混合物的多少的设备。

级联式反推力装置——一种通常可以在涡轮风扇发动机上看到的反推力装置，它的阻挡门和一系列级联桨叶用于把排气方向改为向前的方向。

重心（CG）——这是一个点，如果飞机可以在这个点挂住，那么飞机将保持平衡。它也是飞机的质量中心，或者是假定整个飞机重量都集中于其上的一个理论点。它可以用距离基准点的英寸数表示，或者用平均空气动力弦（MAC）的百分数表示。具体位置取决于飞机的重量分布。

重心极限——指定的前面点和后面点，在飞行过程中，重心必须位于这些点之间。这些点的范围包含在有关的飞机规格说明中。

重心范围——重心（CG）的前后两个极限之间的距离，它包含在有关飞机规格说明中。

离心式压缩机——一种在中心接收空气并为了增压从而把空气向外高速喷射的叶轮型装置。还指一种辐射状外流式压缩机。

弦线——从翼型前缘画到后缘的一条假想直线。

断路器——一种在超过电流限制时断开电路的电路保护装置。断路器与保险丝的区别是它可以被重置而无需替换。

晴空乱流——和任何可见的降水都无关的湍流。

爬升坡度——前进的距离和增加的高度之间的比值。

驾驶舱机组资源管理——能减少飞行员的错误和减少使用驾驶舱人力资源时管理上错误的方法。其假设是基于在复杂系统中由于人易犯错的特性从而导致容易发生错误。

升力的系数——即升力系数。

危角——是一种只要空速增加就会诱发高速马赫抖振，而只要空速降低就会诱发低速马赫抖振的飞行状态。

燃烧室——发动机中燃油注入并在其中燃烧的部分。

公用交通咨询频率——用于由机场交通部门发布机场周围交通情况报告的公共频率。

复杂飞机——有可收放起落架、襟翼和可控桨距螺旋桨或者由涡轮驱动的飞机。

压缩比——①对于往复式发动机,这个比值是指活塞在底部中心时发动机气缸容积和活塞在顶部中心时气缸容积的比值。②对于涡轮发动机,其含义是指排气压力和进气压力的比值。

压缩机引气——参考引气。

压缩机引气阀门——参考引气阀门。

压缩级——涡轮发动机中使流过发动机的空气压力和密度都增加的那部分。

压缩机失速——这是一种在燃气涡轮发动机中轴流压缩机的一级或多级转子桨叶无法平稳地把空气传递到发动机下一级的状态。失速状态是由于压缩比和发动机转速不协调导致的。压缩机失速通常会出现排气温度升高或者转速不稳,并且如果任其发展,则可能导致发动机熄火或产生明显的损坏。

压缩机喘振——整个压缩机严重失速的状态,如果不快速纠正则可能导致严重损坏。出现这种情况时,气流可能完全中断或者倒流。

燃油流量控制杆——它是涡轮发动机的一种控制装置,用来控制发动机的燃油流量。燃油流量控制杆把发动机转速设定在适合地面和飞行运行的小范围内。

构型——这是一个一般术语,它通常是指起落架和襟翼的位置。

恒速螺旋桨——它是一种可控桨距螺旋桨,在飞行中不管螺旋桨气动载荷如何变化,其桨距可以由调速器控制而维持恒定转速。

控制触觉——这是一种通过感受和估计从驾驶舱飞行控制杆传来的控制面上不断变化的压力和阻力,并根据姿态和速度的变化,从而感知飞机的动作和它在短暂的将来可能有的动作的能力。

可控性——飞机相对飞行员的飞行控制输入响应的一种度量。

可控桨距螺旋桨——一种在飞行中可以通过驾驶舱中的控制杆改变其桨叶角的螺旋桨。

传统起落架——第三个轮子安装在尾部的起落架。这些飞机有时也称为尾轮式飞机。

协调的飞行——在任何飞行条件下,利用所有合适的飞行控制和动力控制以防外侧滑和内侧滑的飞行。

协调性——下意识地同时并且以正确的关系使用手和脚,从而在飞机上得到预期结果的能力。

核心气流——吸入到发动机中用于燃气发生器的空气。

引擎罩鱼鳞片——环绕一种气冷式发动机引擎罩安装的装置,它可以打开或者关闭以调节发动机周围的气流。

航向法——飞机头充分地朝向风的来向以抵消侧风并维持预期地面轨迹的一种飞行状态。

裂纹——因暴露在太阳紫外线和高温下从而导致风挡玻璃和窗户中产生的小的破裂。

临界高度——在标准大气条件下,涡轮增压发动机能产生额定马力的最大高度。

临界迎角——不管空速、飞行姿态或者重量如何,机翼都会失速的迎角。

关键发动机——是指其失效时对方向控制最为不利的发动机。

交叉控制——控制副翼朝与方向舵相反的方向偏转的一种状态。

交叉输送——在双发飞机上,让两个发动机都可以从任一油箱中获得燃油的一种系统。

侧风分量——以 kn 为单位且与跑道纵向成 $90°$ 的风分量。

限流器——一种限制发电机输出电流不超过发电机制造商额定值的装置。

基准面(参考基准面)——是一个假想的垂直平面或者直线,所有力臂的测量都是从它开始的。这个基准面是由制造商确定的。一旦选定基准面,则所有的力臂以及重心范围位置都从这点开始测量。

降压痛——在高空的低压让血液中的氮气形成气泡并且互相结合导致严重疼痛的一种状态,也称为气栓病。

除冰护罩——安装在机翼前缘的可膨胀橡胶防护罩。它们可以按顺序地膨胀和收缩,使在它们表面形成的冰层破碎。

除冰——在积冰产生后消除它。

分层——层之间的分离。

密度高度——这个高度是修正标准温度变化后的压力高度。如果条件是标准的,则压力高度和密度高度是相同的。如果温度高于标准温度,则密度高度高于压力高度;如果温度低于标准温度,则密度高度低于压力高度。这是一种重要的高度,因为它直接和飞机性能有关。

委派的飞行员考官(DPE)——由 FAA 指定管理飞行员报考人的实践考试的独立个人。

爆震——在航空器的发动机中,由于燃油空气混合物达到它的临界压力和温度而导致燃油突然释放热能。爆震是猛烈的爆炸而不是稳定的燃烧过程。

露点——即空气不能再容纳更多水汽的温度。

差动副翼——装备的使向上运动副翼的移动距离比向下运动副翼的距离更大的控制面。向上运动的副翼产生额外的寄生阻力以抵消向下运动的副翼产生的额外诱导阻力。阻力的这种平衡有助于使逆偏航降低到最低程度。

扩散——降低空气速度导致压力增加。

方向稳定性——对准相对风飞行且平衡状态被打破,然后飞机依靠自己恢复到原来状态的倾向而绕飞机垂直轴旋转的稳定性。

水上迫降——在水上紧急着陆。

下洗流——气流垂直于机翼运动方向向下偏折。

阻力——与相对风平行且方向相反地作用于物体的空气动力。大气阻碍飞机的相对运动,阻力和推力相反并且限制飞机的速度。

　　阻力曲线——不同空速时飞机阻力大小的形象化表示。

　　偏流角——航向和航迹之间的夹角。

　　导管风扇发动机——把螺旋桨封装在圆形外壳中的发动机和螺旋桨的组合。封装螺旋桨提高了螺旋桨的效率。

　　荷兰滚——这是因滚转、摆动和偏航结合而形成的,通常发生在飞机的上反角效应比方向稳定性更强的时候。对飞机来说这通常是动态稳定的,但是由于其摆动特性因而令人不安。

　　动态打滑——当在积水深度超过轮胎花纹深度的地面上着陆时出现的一种状态。使用刹车后,有可能刹车被锁住,而轮胎在水表面打滑,非常像滑水。当轮胎打滑时,基本上不可能进行方向控制和刹车。有效的防滑系统可以使打滑的影响降到最低。

　　动态稳定性——飞机在直线水平飞行被干扰后产生的力或运动使其恢复到原来直线水平飞行状态的特性。

　　电力汇流条——参考汇流条。

　　电动液压——由电力驱动的液压控制。

　　升降舵——飞机尾翼或者尾部的水平可动主控制面。升降舵和固定的水平安定面的后缘由铰链连接。

　　应急定位器发射机——一个小型的独立无线电发射机,它将会在受到冲击时自动地在 121.5 MHz,234.0 MHz 或 406.0 MHz 频率上发射紧急信号。

　　尾翼——飞机上由垂直安定面和水平安定面以及相关控制面组成的部分。

　　发动机压力比——涡轮发动机排气压力除以压缩机进气压力的比值,它用于表示涡轮发动机产生的推力大小。

　　环境系统——飞机上的一个系统,包括辅助供氧系统、空调系统、加热器和增压系统,它使乘客在高空中正常活动成为可能。

　　平衡——作用于一个物体的所有力的力矩之和等于零的一种状态。在空气动力学方面,平衡是指作用于飞机的所有相对力处于平衡状态(稳定的无加速的飞行状态)。

　　等效轴马力(ESHP)——涡轮螺旋桨发动机总马力的度量,包括喷气推力产生的功率。

　　排气温度(EGT)——废气离开活塞发动机气缸或者涡轮发动机的涡轮时的温度。

　　排气歧管——发动机中收集离开气缸的废气的一个部件。

　　排气——涡轮发动机排气管的后开口。喷嘴是出口,它的大小决定了在发动机中形成的燃气密度和速度。

　　错误的地平线——飞行员误把沿公路的一排灯光或者其他直线当作地平线的

一种视觉错觉。

错误起动——参考缓慢起动。

可顺桨的螺旋桨(顺桨)——一种桨距范围足以让桨叶旋转到平行于飞行方向的可控桨距螺旋桨,在发动机故障后以便降低阻力和防止进一步损坏已经关闭的发动机。

注视——飞行员把注意力集中于一个单独的信息来源而忽视所有其他来源的一种心理学状态。

固定轴涡轮螺旋桨发动机——是一种其燃气发生器直接和输出轴连接的涡轮螺旋桨发动机。

固定轴螺旋桨——固定桨叶角的螺旋桨。固定桨距螺旋桨的设计有爬升螺旋桨、巡航螺旋桨或者标准螺旋桨这三种。

襟翼——在副翼和机身之间机翼后缘的铰链部分。在一些飞机上,副翼和襟翼是互联的,以产生全翼展的"襟副翼"。不管怎样,襟翼用来改变机翼的升力和阻力。

平桨距——一种桨叶弦线和旋转方向对齐的螺旋桨设定。

闪光眩晕——来自螺旋桨桨叶的闪烁光线导致的一种空间定向障碍状态。

飞行指引仪——一种自动驾驶控制系统,其中驾驶飞机所需要的指令是电子系统计算出来的并显示在飞行仪表上。指令需要飞行员人工控制输入或者一个自动驾驶系统做出响应,响应指令被发送到伺服系统来移动飞行控制面。

飞行慢车——产生最小飞行推力的发动机速度,通常在 $70\%\sim80\%$ 范围内。

拉飘——飞机着陆时由于空速过大而不落回到跑道的一种状态。

力(F)——作用于物体试图使物体改变其方向、速度或运动状态的能力。对空气动力学而言,它表示为 F、T(推力)、L(升力)、W(重力)、D(阻力),单位通常为 lb。

型阻力——作用于物体的寄生阻力的一部分,由正常作用于物体表面的静阻力沿阻力方向分解出来的分力经合成而产生。

前向侧滑——飞机运动方向和侧滑开始前方向一致的一种侧滑。在前向侧滑时,飞机的纵轴和它的航迹成一个角度。

自由动力涡轮发动机——一种燃气发生器和输出轴分离的涡轮螺旋桨发动机。燃气发生器的自由动力涡轮独立旋转并驱动输出轴。

摩擦阻力——物体寄生阻力的一部分,由物体潮湿表面的粘性切变应力产生。

弗里兹(Frise)型副翼——让其前端向铰链线前方突出的副翼。当副翼后缘向上运动时,前端向机翼下表面突出,从而产生寄生阻力,降低了逆偏航的程度。

燃油控制单元——用在涡轮发动机上测量应该输送到发动机的正确油量的燃油测量装置。它使进气温度、压缩机速度,压缩机排气压力和排气温度这些参数和驾驶舱油门杆的位置相结合。

燃油效率——定义为产生特定推力或马力使用的燃油所含的能量除以这份燃油所含的全部潜在能量。

燃油加热器——一个让燃油通过其中心的类似散热器的装置。它产生热交换以保持燃油温度高于水的冰点,从而燃油携带的水不会形成冰晶,因为冰晶会堵塞而影响燃油流量。

燃油喷射——一些飞机的往复式发动机上使用的一种燃油测量系统,其中恒定的燃油流量被输送到所有气缸头中的喷油嘴,喷油嘴恰好位于进气阀外侧。它和顺序燃油喷射不同的是定时注入的高压燃油被直接雾化进入气缸的燃烧室。

燃油载荷——飞机载荷中可消耗的部分。它只包括可使用的燃油,而不包括充满管子所需要的燃油或残留在油箱集油槽中的燃油。

油箱集油槽——位于油箱中最低部分的一个集油口,飞行员可以用它检查燃油中的污染物。

机身——由客舱和/或驾驶舱组成的飞机的一部分,其中包括乘客座椅和飞机的控制装置。

燃气发生器——燃气涡轮发动机产生动力的主要部分,不包括进气口、风扇、自由动力涡轮和尾管等这些部分。每个制造商都会指定燃气发生器中包含的部件,但是总体上它由压缩机、扩散器、燃烧室和涡轮组成。

燃气涡轮发动机——热机的一种,燃油的燃烧使压缩空气增加能量,并且加速的空气通过发动机的其他部分。部分能量被用于旋转空气压缩机,而其余的能量加速空气以产生推力。这个能量的一部分可以被转换成驱动螺旋桨的扭矩或者驱动直升机的旋翼。

滑翔比——在无动力飞行期间前进距离和高度下降之间的比值。

下滑道——在进近着陆的时候飞机相对地面的航迹。

全球定位系统(GPS)——一个基于卫星的无线电定位、导航和时间变换系统。

复飞——终止着陆进近。

调节范围——螺旋桨调速器在飞行中可以控制的桨距范围。

调速器——一种能限制设备的最大转速的控制器。

总重——满载荷飞机的全部重量,包括燃油、机油、机组、乘客和货物。

地面可调配平片——一种在飞行中无法调节的控制面上的配平片。在地面上的时候,它向一个方向弯曲或者向另一个方向弯曲,从而向控制面施加配平力。

地面效应——当飞机非常接近地面运行时遇到的提高性能的状态。当飞机的机翼受地面效应影响时,上洗流、下洗流和翼尖涡流减弱。由于翼尖涡流减弱,从而诱导阻力降低。

地面慢车——通常在最大转速的60%～70%范围内的燃气涡轮发动机速度,用于地面运行时的最小推力设定。

在地面上打转——地面上飞机的方向突然失控变化。

地面动力装置(GPU)——一种小型涡轮机,其目的是提供电力和/或用于起动飞机发动机的空气压力。在需要时,地面单元可和飞机连接。它类似于飞机上安装的辅助动力装置(APU)。

地速(GS)——飞机相对地面的实际速度。它是经风修正后的真空速。地速在逆风时减小,在顺风时增大。

地面轨迹——飞行时,飞机在地面上投影的轨迹。

阵风穿越速度——在高速马赫抖振和低速马赫抖振之间有最大余度的飞行速度。

陀螺进动——旋转物体的一种固有特性,它使作用力出现在距离力的作用点旋转 90°方向的位置上。

人工旋转——通过人工旋转螺旋桨的方法起动发动机。

航向——飞行中飞机头所指的方向。

航向游标——航向仪上的一个标记,可以旋转到特定的参考航向,或者来控制自动驾驶飞向那个航向。

航向仪——根据 360°方位角检测飞机运动并显示航向的一个仪表,其示数最后的零被省略。航向仪也称为方向陀螺,它基本上是一个机械仪表,设计它的目的是为了使磁罗盘更易于使用。航向仪不会受到使磁罗盘难以正常工作的力的影响。

逆风分量——与飞机飞行方向相反的风的分量。

高性能飞机——发动机功率超过 200 hp 的飞机。

地平线——地球和天空之间的视野分界线。

马力——一个最初由发明家詹姆斯·瓦特(James Watt)创造的术语,表示一匹马在一秒内做功的多少。1 hp = 550 ft·lbf/s = 33 000 ft·lbf/min。

热起动——是燃气涡轮发动机的一种起动方式,发动机正常旋转,但是排气温度超出了规定的限制。这通常是由于燃烧室过分富油导致的。必须立即供给发动机的燃油终止以防发动机损坏。

缓慢起动——燃气涡轮发动机的一种正常点火状态,但是转速仍然处于稍低的数值而不是持续增加到正常的慢车转速。这通常是由于来自起动器到发动机的功率不足导致的。如果发生缓慢起动,应该关闭发动机。

液压技术——研究不可压缩流体在压力下动力传输技术的科学分支。

打滑——当在积水深度超过轮胎花纹深度的表面上着陆时出现的一种状态。使用刹车后,有可能刹车被锁住,而轮胎在水表面打滑,非常像滑水。当轮胎打滑时,基本上不可能进行方向控制和刹车。有效的防滑系统可以使打滑的影响降到最低。

缺氧——到达身体组织的氧气量不足。

IFR(仪表飞行规则)——管理在低于 VFR 最低天气要求的天气条件下飞行的程序。术语"IFR"也用于定义飞机所运行的天气条件和飞行计划类型。

点火器——涡轮发动机上为了开始燃烧而提供火花的电子装置。一些点火器类似火花塞,而其他的则成为电热塞,它有一个电阻线圈,当电流流过线圈时发热变红。

冲击冰——在飞行中，于机翼和控制面或者在汽化器加热阀门、进气口或汽化器单元内壁上形成的结冰。冲击冰在汽化器测量部件上聚集可能干扰燃油测量系统或者堵塞汽化器的燃油。

倾角计——由一个弯曲的玻璃管组成，其中含有一个玻璃球，并且用类似煤油的液体缓冲的一种仪表。它可以用于指示相对水平面的坡度，或者用于转弯指示器，以显示转弯时重力和离心力之间的关系。

指示空速（IAS）——直接从空速表上获得的仪表的示数，它没有对大气密度的变化、安装误差或仪表误差进行修正。制造商使用这个空速作为确定飞机性能的基础。在 AFM 或 POH 中列出的起飞、着陆和失速速度都是指示空速，并且正常情况下不随高度或温度而变化。

指示高度——在高度表设定为当前气压数值时，直接从高度表上读出的读数（未修正）。

诱导阻力——总阻力中由于产生升力而形成的一部分阻力。诱导阻力随着空速的降低而增加。

进气歧管——发动机中把进气分配到气缸的部分。

惯性——物体阻止运动状态变化的性能。

初始爬升——这个阶段的爬升从飞机离地开始，并已经建立俯仰姿态飞离起飞区域。

集成式油箱——是飞机结构的一部分，通常是机翼，它被密封起来并用作油箱。当机翼用作集成式油箱时，它成为"湿机翼"。

中间冷却器——一种用于在压缩空气进入燃油测量装置之前降低其温度的装置，结果是较冷的空气有较高的密度，它让发动机以较高的功率运转。

内燃机——一种在其自身内部，因燃烧室中的燃油和空气的燃烧，从而膨胀的热燃气产生动力的发动机。燃烧煤以便加热发动机内部的水的蒸汽发动机是外燃机的一个例子。

级间涡轮温度（ITT）——高压涡轮和低压涡轮之间的燃气的温度。

变流器——一种把直流电变为交流电的电力装置。

ISA（国际标准大气）——标准大气条件是指温度为 59°F（15℃）并且在海平面上大气压力为 29.92 inHg（1 013.2 mbar）。使用近似 2°/1 000 ft 的标准递减率，ISA 可用于计算不同的高度。

喷气驱动的飞机——由涡轮喷气发动机或者涡轮风扇发动机驱动的飞机。

运动感觉——通过感觉而对运动有所感知。

横轴——穿过飞机重心并且从飞机翼尖到翼尖延伸的一条假想的直线。

横向稳定性（滚转稳定性）——飞机绕纵轴的稳定性。指滚转稳定性或者飞机因干扰而导致一侧机翼下降并恢复到水平飞行的能力。

铅酸蓄电池——一种常用的蓄电池。它用铅作为阴极,用二氧化铅作为阳极,用硫酸或者水作为电解液。

前缘装置——指机翼前缘的高升力装置。最常见的类型是固定缝翼、可动缝翼和前缘襟翼。

前缘——机翼上首先遇到气流的部分。

前缘襟翼——是飞机机翼前缘的一部分,它向下展开以增加机翼的弯曲度、升力和阻力。在起飞和着陆时,前缘襟翼放下以增加在任意给定空速下产生的气动力升力。

许可的空重——由机身、发动机、不可用燃油和不可抽取的机油加上装备表中详细列出的标准和可选装备组成的空重。一些制造商在 GAMA 进行标准化之前使用这个术语。

升力——作用于飞机的四个主要力之一。对于固定翼飞机,它是由流过机翼上下表面的气流效应产生的向上的力。

升力系数——表示一定机翼升力的系数。升力系数是通过升力除以自由流体动压力和所考虑的代表性的面积而得到的。

升阻比——表示机翼剖面的效率。它是任一给定迎角时升力系数和阻力系数的比值。

升空——由于机翼抬升飞机使之离地到空中的动作,或者是指飞行员抬起机头,不断地增加迎角开始爬升的过程。

极限载荷因子——在结构损坏或者故障出现前飞机可以承受的应力或载荷因子的大小。

载荷因子——飞机机翼支撑的载荷和飞机及其装载物实际重量的比值。也称为 G 载荷。

纵轴——从机头到尾部并穿过飞机重心的一条假想直线。纵轴也称为飞机的滚转轴。副翼的运动使得飞机绕其纵轴旋转。

纵向稳定性(俯仰运动稳定性)——绕横轴的稳定性。一种要求的飞机特性,在偏离配平的迎角后会倾向于恢复到原来的稳定状态。

马赫数——相对声速的速度。$1\,M$ 即为声速。

马赫抖振——由于飞行表面的气流速度超过声速,从而导致激波压力屏障之后气流的分离。

马赫补偿装置——一种提醒飞行员意外地超出飞机认证的最大运行速度时的警报装置。

临界马赫数——机翼上一部分气流首先等于 $1.0\,M$ 时飞机的马赫速度。这也是激波最初在飞机上出现的速度。

马赫俯冲——后掠翼飞机在跨声速范围运行时可能出现的一种状态。激波在机翼的根部形成并导致它后面的空气分离。这个激波引起的分离导致压力中心向后移动。它与为在较高速度下保持继续飞行而不断增大的使机头向下的力相结合，导致机头"下俯"。如果不进行修正，飞机会进入一个很陡的、有时是难以恢复的俯冲姿态。

磁罗盘——根据测量磁北极来确定方向的装置。

主轮——飞机起落架上支撑飞机大部分重量的轮子。

机动性——飞机沿航迹改变方向以及抵抗作用于飞机的力的能力。

机动速度(V_A)——可以使用最大幅度急剧地控制运动而不会使机身超负荷的最大速度。

歧管压力（M_P）——进气歧管中燃油/空气混合物的绝对压力，通常用 inHg 表示。

最大可用起飞功率——允许发动机在有限的一段时间产生的最大功率；通常约为 1 分钟。

最大着陆重量——着陆时通常允许飞机达到的最大重量。

最大停机坪重量——经配载后的飞机总重量，包括全部燃油。由于在滑行和试车时燃烧燃油，因此它比起飞重量大。停机坪重量也可以被称为滑行重量。

最大起飞重量——允许起飞的最大重量。

最大重量——飞机以及在飞机的型号审定数据单（TCDS）中详细列出的所有装备的最大审定重量。

最大零燃油重量（GAMA）——不包括可用燃油的飞机最大重量。

最小可控空速——只要进一步增加迎角，增加载荷因子或降低功率就会导致立即失速的空速。

最低阻力速度$(L/D)_{MAX}$——总阻力曲线上升阻比最大的一点。在这个速度时，总阻力是最小的。

混合比——进入发动机气缸的燃油对空气的比率。

M_{MO}——用十进制马赫速度表示的最大运行速度。

力臂——从一个基准点到力作用点的距离。

力矩指数——力矩除以一个恒量，如 100，1 000 或 10 000。使用力矩指数的目的是简化飞机的重量和平衡计算，否则大的重量和长的力臂的乘积是很大的、难以处理的数字。

力矩——力与力臂的乘积，用磅英寸(lb・in)表示。飞机的总力矩等于飞机的重力乘以重心(CG)到基准面之间的距离。

活动式缝翼——机翼前缘可活动的辅助副翼。它在正常飞行时收起而在高迎角时放下，这就可以让空气继续流过机翼的顶部并且延迟气流的分离。

半失速飞行——由低速飞行导致的一种飞行状态，这时控制面的有效性是临界的。

N_1，N_2，N_3——以转速百分比表示的转子速度。涡轮螺旋桨的 N_1 是燃气发生器速度；涡轮风扇发动机或涡轮喷气发动机的 N_1 是风扇速度或者低压转子速度。N_2 是二级转子发动机的高压转子速度或者是三级压缩机的中级转子转速，而 N_3 是高压转子速度。

吊舱——飞机上发动机安装于其中的一种流线型封装结构。在多发螺旋桨驱动的飞机上，吊舱通常安装在机翼的前缘。

负静态稳定性——在原来的平衡被打破后飞机继续偏离这个状态的固有趋势。

负扭矩检测（NTS）——涡轮螺旋桨发动机中防止发动机被螺旋桨驱动的一个装置。当螺旋桨要驱动发动机的时候，NTS 增加桨叶角。

中性静态稳定性——飞机的平衡状态被打破后保持在新的状态的固有趋势。

镍镉电池——碱性蓄电池组成的电瓶。阳极是用氢氧化镍，阴极是用氢氧化镉，使用氢氧化钾作为电解液。

正常类——一种除了飞行员座位之外还配置有不超过 9 个座位的飞机，最大认证起飞重量不超过 12 500 lb，并且用于非特技飞行。

正常化（涡轮正常化）——在高空进气歧管内部维持海平面压力的一种涡轮增压器。

辛烷值——根据航空汽油的防爆品质对其进行分级的方法。

超压——往复式发动机超过制造商允许的最大歧管压力的状态，这会导致发动机部件损坏。

超速——发动机产生超过制造商推荐转速的状态，或者实际发动机速度高于螺旋桨控制杆设定的预期转速的状态。

过热——一个装置达到超过制造商批准的温度的状态，或者在一定工作条件或时间限制内，排气温度超过最大可用温度，能导致发动机内部损坏。

过扭矩——发动机产生的扭矩大于制造商推荐值的一种状态，或者在涡轮螺旋桨和涡轮轴发动机上，发动机功率超出最大允许的工作条件和时间限制的状态。这会导致发动机内部损坏。

寄生阻力——总阻力中由飞机部件的设计或形状产生的一部分阻力。寄生阻力随空速增加而增加。

有效载荷（GAMA）——乘客、货物和行李的重量。

P 因子——飞机向左偏航的一种趋势，原因是右侧向下的螺旋桨叶比左侧向上的螺旋桨叶产生更多的推力。当飞机的纵轴相对于迎风处于爬升姿态时会出现这样的情况。如果飞机的螺旋桨逆时针旋转的话，则 P 因子将会向右。

飞行员操作手册（POH）——由飞机制造商开发并包含 FAA 批准的飞机飞行手册（AFM）信息的一种文件。

活塞发动机——一种往复式发动机。

俯仰——飞机绕它横轴的旋转运动，或者是螺旋桨上从旋转平面测量的桨叶角。

　　中心高度——这是一个特定的高度,在这个高度上,当飞机以一定的地速转弯时,视觉参考线到地面上选定点之间的射线看起来在绕那个点旋转。

　　气源系统——飞机上用压缩空气操作诸如起落架、刹车和襟翼的动力系统,用压缩空气作为工作流体。

　　海豚跳——在着陆期间飞机绕其横轴的起伏运动。

　　航行灯——飞机上由左机翼的红灯,右机翼的绿灯和尾翼的白灯组成的灯光系统。联邦航空条例要求这些灯在日落到日出期间飞行时打开。

　　正静态稳定性——平衡状态被打破后恢复到原来状态的固有趋势。

　　电力分配汇流条——参考汇流条。

　　油门杆——驾驶舱中连接到燃油控制单元以便调节流到涡轮发动机燃烧室中燃油流量的控制杆。

　　功率——意指做功的快慢或单位时间内做功的多少,它是输出力和速度的函数。术语"需要的功率"通常和往复式发动机有关。

　　动力装置——全部发动机和螺旋桨以及附加装置。

　　有效侧滑极限——飞机由于方向舵行程限制而能执行的最大侧滑。

　　进动——是陀螺仪表中陀螺仪响应偏转力而产生的倾斜和转弯,这个偏转力导致慢速偏移和错误指示。

　　提前点火——在气缸中正常点火时间之前发生的点火。提前点火通常是由于燃烧室中的局部高温区域点燃燃油/空气混合物导致的。

　　压力高度——这是高度表设定窗口(大气压力数值)调节到 29.92 时指示的高度。这是高于标准基准面的高度,它是一个理论上气压等于 29.92 inHg 的平面。压力高度用于计算密度高度、真空速和其他性能数据。

　　翼型阻力——是二维翼型截面表面摩擦阻力和型阻力的和。

　　螺旋桨桨叶角——螺旋桨弦线和螺旋桨旋转平面之间的夹角。

　　螺旋桨控制杆——自由动力涡轮螺旋桨发动机上控制螺旋桨速度及选择螺旋桨顺桨的控制装置。

　　螺旋桨滑流——在螺旋桨后面被加速后产生推力的空气量。

　　螺旋桨同步——多发飞机上所有的螺旋桨自动地调节它们的桨距保持所有发动机转速恒定的一种状态。

　　螺旋桨——用于推进飞机的一种装置,在它旋转时通过作用于空气而产生近似垂直于旋转平面的推力。它通常包括由制造商提供的控制部件。

　　停机坪重量——飞机在停机坪时的总重量。在滑行到起飞点的过程中被消耗的燃油总量使得它不同于起飞重量。

　　转弯率——转弯的度数/秒数这个比值。

　　往复式发动机——一种把燃烧燃油得到的热能转换成活塞往复运动的发动机。这个往复运动通过连杆和曲轴被转换成旋转运动。

减速齿轮——在飞机发动机中让螺旋桨比发动机旋转得更慢的一组齿轮。

反向控制区——飞机的一种飞行特性，为了保持高度，在较高的空速时需要较低的功率而较低的空速需要较高的功率。

注册证书——由州或联邦政府颁发证明飞机拥有者身份的证书。

相对风——和机翼相对的气流方向。如果机翼水平地向前运动，相对风则水平地向后运动。相对风和飞机的航迹平行且相反。

反推力——在着陆过程中喷气推力被改为向前以增加减速速率的一种状态。

反向螺旋桨——一种其桨距变化机构具备完全反转能力的螺旋桨系统。当飞行员把油门控制移动到反转位时，则桨叶角改变为桨距角并产生反向推力，这个推力可以使飞机在着陆过程中减速。

滚转——飞机绕纵轴的运动。它是由副翼控制的。

拉平——在着陆进近期间的上仰动作，目的是为了降低接地前的下降率和前进速度。

方向舵——安装在飞机垂直翼面后缘可活动的主控制面。方向舵的运动可使飞机绕其垂直轴旋转。

方向升降舵——在飞机尾部成 V 字形的一对控制面。这些控制面在与控制盘一起运动时用作升降舵，而当使用方向舵脚踏使其差动运动时用作方向舵。

跑道中心线灯光——跑道中心线灯光安装在一些精密进近跑道上，以便使低能见度条件下的着陆变得容易。它们沿跑道中心线分布且间距为 50 ft。当在着陆尽头到距跑道另一端 3 000 ft 处看去，跑道中心线灯光为白色。当距跑道另一端 2 000 ft 时白色灯光开始和红色灯光交替显示，对于跑道的最后 1 000 ft，所有中心线灯光是红色。

跑道中心线标记——标志跑道中心并且在起飞和着陆过程中提供对齐引导的跑道中心线。中心线由间隔一致的长条纹和空白区间组成。

跑道边界灯光——跑道边界灯光用于在黑暗时段或能见度条件受限期间标记跑道的边界。这些灯光系统根据它们能够产生的强度和亮度分类：它们有高强度跑道灯（HIRL），中强度跑道灯（MIRL），和低强度跑道灯（LIRL）。高强度跑道灯和中强度跑道灯系统有可变强度调节，而低强度跑道灯通常只设定一个强度。

跑道终点标识灯光（REIL）——跑道灯光系统的一个组成部分。这些灯光安装在很多机场以便快速而明确地识别特定跑道的进近终点。

跑道入侵——在一个机场中，地面上的飞机、车辆、人员或物体与起飞中的飞机、将要起飞的飞机、着陆中的飞机，或者准备着陆的飞机产生冲突危险或者导致与飞机失去间距的任何事件。

跑道入口标记——跑道入口标记有两种配置。每一种都包括 8 根尺寸统一且在跑道中心线两侧对称布置的纵向条纹，或者根据跑道宽度决定条纹数量。跑道入口标记帮助飞行员识别可用于着陆的跑道开始位置。在某些情况下，着陆入口位置可能被移位。

　　着落检测开关——安装在一根起落架支柱上的一种电子开关。当飞机的重量从机翼移到起落架时用它来检测。

　　扫视——飞行员用目视来识别飞行中所有信息来源的一个步骤。

　　海平面——用于计算标准大气条件和测量高度的一个参考高度。

　　虚线圆圈——地面上用于提供起落航线信息的一种形象化的结构。

　　实用升限——表示最大重量的飞机在光洁构型和最大连续功率条件下,以最佳爬升率的空速飞行而能产生 100 ft/min 爬升速率的最大密度高度。

　　伺服调整片——一种安装在主控制面上的辅助控制面,它自动地朝主控制面运动的反方向运动以便在控制面运动时提供空气动力的帮助。

　　轴马力(SP)——涡轮轴发动机用轴马力为额定单位,并且使用测力计测定。轴马力是转换到旋转轴的输出推力。

　　激波——当物体以大于声速的速度在空气中运动时形成的压缩波。

　　侧向滑动——飞机的纵轴仍然平行于原来的航迹,但是飞机不再笔直向前飞行的一种侧滑。取而代之的是,机翼升力的水平分量迫使飞机向低机翼一侧侧向移动。

　　单发绝对升限——双发飞机在单发失效时不能再爬升的高度。

　　单发实用升限——双发飞机在单发失效时不能再以大于 50 ft/min 速率爬升的高度。

　　外侧滑——在转弯过程中飞机的尾部航迹在飞机头航迹外侧的一种状态。

　　内侧滑——一种想要降低空速或者增加下降率,以及抵消着陆时侧风的机动。当飞行员不能保持飞机协调飞行时,这种侧滑也可能是无意产生的。

　　燃油消耗率——以 1 马力功率在 1 小时内所消耗的燃油磅数。

　　速度——单位时间内通过的距离。

　　减速板——从飞机结构中展开突出到气流中产生阻力使飞机减速的一种控制系统。

　　速度不稳定性——在反向控制区中的一种状态,导致空速增加的干扰又导致总阻力增加,进而再次导致空速进一步降低。

　　速度感——快速感知并对速度的任何合理变化作出反应的能力。

　　尾旋——它是一种导致术语称为"自动旋转"的恶化的失速,其中飞机沿着向下的螺旋形轨迹下坠。在飞机绕绕垂直轴旋转时,上升的机翼比下降的机翼失速程度更低,进而产生滚转、偏航和俯仰运动。

　　尾旋不稳定性——在维持横向平衡时,静态方向稳定性相比上反角效应非常强烈时出现的一种状态。

　　螺旋形滑流——螺旋桨驱动的飞机上绕飞机旋转的滑流。滑流冲击垂直的翼面的左侧,导致飞机稍微偏航。有时候飞机设计师使用垂直安定面偏置来抵消这个趋势。

分轴式涡轮发动机——参考自由动力涡轮发动机。

扰流板——机翼上方可以升高到气流中降低升力和增加阻力的高阻力装置。在一些飞机上,扰流板用于滚转控制。在两个机翼上同时升起扰流板可以让飞机下降而不会增加速度。扰流板还可以用于减小着陆后地面滑跑的距离。

转子——涡轮发动机中用来自一个或多个涡轮的动力驱动一个或多个压缩机的转轴。

全动水平尾翼——飞机上绕中心铰链点旋转的单片水平尾翼面。全动水平尾翼起到水平安定面和升降舵的作用。

稳定性——飞机纠正干扰其平衡条件,和恢复或者继续以原来航迹继续飞行的能力。它是飞机的一个主要设计特性。

稳定进近——飞行员建立并保持恒定的下滑道角度飞向着陆跑道上预先确定点的一种着陆进近。它是根据飞行员对特定视觉提示的判断进行的,并取决于恒定的最终下降空速和构型的保持情况。

失速——由于超过临界迎角引起机翼表面的气流分离从而导致升力快速下降。失速可以在任何俯仰姿态或空速时发生。

失速板——一种安装在一些机翼前缘内侧让机翼中心部分比翼尖提前失速的扰流板。这确保了在整个失速过程中有横向控制能力。

标准大气压——在海平面高度,标准大气包括大气压力为 29.92 英寸汞柱(inHg)或 1 013.2 mBar,且温度为 15℃(59°F)。压力和温度通常随着高度的增加而降低。在较低大气层中每 1 000 ft 高度的标准递减率大约为 1 inHg 和 2℃(3.5°F)。例如,在平均海平面(MSL)以上 3 000 ft 高度的标准压力和温度分别为 26.92 inHg(29.92-3)和 9℃(15-6)。

标准日——参考标准大气。

标准空重(GAMA)——这个重量由机身、发动机和所有在飞机上有固定位置且永久安装的工作设备组成;包括固定的压舱物、液压油、不可用燃油以及全部的发动机机油。

标准重量——重量和平衡计算中涉及到的很多项目的重量。如果可以用实际重量,那么就不要使用这些重量。

标准速率转弯——3°/s 的一种转弯,能够让飞机在 2 min 时间内完成 360°转弯。

起动器/发电机——一种用于涡轮发动机的组合单元。这个装置用作使发动机旋转的起动器,在发动机运行后,内部的电路改变从而把这个装置转换成一个发电机。

静态稳定性——当飞机在一种平衡状态被破坏后表现出来的原有倾向。

测点——飞机上指定的到基准面距离的一个位置。因而,基准面就是 0 测点;

而一个＋50 的测点表示力臂为 50 in。

拉杆器——当飞机接近最大运行速度时对控制杆施加向后压力的一种装置。

推杆器——当飞机接近将要产生失速的迎角时对控制杆突然施加大幅度向前压力的一种装置。

振杆器——一种使控制杆振动的人工失速警告装置。

应力升高——由擦痕、凹槽、铆钉孔、锻造缺陷或其他结构不连续特征导致的应力集中。

亚声速——低于声速的速度。

增压器——一种用于向进气提供额外压力并由发动机驱动或排气驱动的空气压缩机，从而发动机可以产生额外的功率。

超声速——超过声速的速度。

补充型号合格(STC)——一种授权可以替换已经颁布批准类型证书的有关机身、发动机或部件的证书。

后掠翼——一种在俯视图中其翼尖比翼根靠后得多的机翼结构。

后三点式起落架飞机——参考传统起落架。

起飞滑跑(地面滑跑)距离——一架飞机升空所需要的全部距离。

靶型反推力装置——在喷气发动机尾管中蛤壳式活门从收起位置旋转以阻挡所有外出气流并把部分推力改为向前方向的一种反推力装置。

滑行道灯光——标示出滑行道边界且颜色为蓝色的全向型灯光。

滑行道关闭灯光——发出稳定绿色的倾泻型灯光。

四面体——安装在靠近跑道的大型三角形像风筝样的物体。四面体安装在一个转轴上，可以随风自由旋转以便作为起飞和着陆的辅助并向飞行员显示风的方向。

油门——它是汽化器中的一个阀门或者燃油控制单元，用于决定输送到发动机的燃油空气混合物的多少。

推力线——穿过螺旋桨毂轴重心并且和螺旋桨旋转平面垂直的一条假想直线。

反推力装置——改变喷气发动机排气方向从而使推力反向的装置。

推力——导致一个物体速度变化的力。这个力用 lb 为度量单位，但是和时间或速度无关，但术语需求推力通常和喷气发动机有关。这里指驱动飞机在空气中前进的力。

及时性——在恰当的时刻进行飞行和执行所有机动事件的肌肉协调性，而且是一个持续平稳的过程。

轮胎帘布——层压到轮胎中提供额外强度的网状金属线。暴露出任何帘布的轮胎在继续飞行之前必须被替换。

扭矩计——在一些大型往复式发动机或者涡轮螺旋桨发动机上用于指示发动机产生的扭矩大小的一种仪表。

扭矩检测器——参考扭矩计。

扭矩——①旋转或扭转的阻力。②产生扭转或者旋转运动的力。③对于飞机而言,它是指飞机朝发动机和螺旋桨旋转的反方向转弯(滚转)的趋势。

总阻力——寄生阻力和诱导阻力之和。

接地区灯光——在跑道接地区中以跑道中心线对称分布的两排横向排列的灯光。

轨迹——飞行时在地面上投影的实际路线。

后缘——机翼上表面气流和下表面气流再次结合的部分。

转接筒——燃烧室中把燃气引导到涡轮增压腔的部分。

跨声速——即恰好等于声速。

应答机——二次监视雷达的空中部分。在雷达设备请求时应答机发送一个回应信号。

前三点式起落架——一种第三个轮子位于飞机头位置的起落架。

配平片——可动控制面上小的辅助铰链部分,可以在飞行中调节以便让控制力达到平衡。

三转子发动机——通常是一种涡轮风扇发动机设计,其风扇为 N_1 压缩机,接着是 N_2 中间压缩机和 N_3 高压压缩机,所有这些转子都在分离的轴上以不同的速度旋转。

对流层顶——它是对流层和平流层之间的一个边界层,它像盖子一样把大部分水蒸气和有关的天气活动都限制在对流层中。

对流层——从地面延伸到 20 000~60 000 ft 高度的大气层,具体高度取决于纬度。

真空速(TAS)——修正了高度和非标准温度之后的校正空速。因为空气密度随着高度的增加而降低,因而飞机在高空必须飞得更快才能在皮托管冲压和静压之间产生相同的压差。因此,对于一定的校正空速,真空速随着高度的增加而增加;或者对于一定的真空速,校正空速随着高度的增加而降低。

真高度——飞机距离海平面的垂直距离即实际高度。通常用平均海平面(MSL)之上的英尺数表示。航图中的机场、地形和障碍物标高都是真高度。

T 形尾翼——水平安定面安装在垂直安定面顶部从而形成 T 字形的一种飞机。

涡轮桨叶——涡轮组件中吸收膨胀燃气的能量并将它转化成旋转能量的部分。

涡轮出口温度(TOT)——排出涡轮之后的燃气温度。

涡轮增压腔——汽化器中燃气被收集并均匀地分散到涡轮桨叶的部分。

涡轮转子——涡轮组件中安装到轴上并且固定涡轮桨叶的部分。

涡轮级——发动机中把高压高温燃气转换成旋转能量的部分。

涡轮增压器——由废气驱动的一个空气压缩机,它增加了通过汽化器和燃油喷射系统进入发动机的空气压力。

涡轮风扇发动机——通过把压缩机级或者涡轮桨叶扩展到内部的发动机罩之外部获得额外推进力的一种涡轮喷气发动机。扩展的桨叶沿发动机轴方向推进涵道空气,但是涵道空气位于内外发动机罩之间。这个空气虽未被燃烧但确实提供了额外的推力。

涡轮喷气发动机——一种为燃烧燃油而使用涡轮驱动式空气压缩机吸入并压缩空气的喷气发动机,燃烧的燃气用于驱动涡轮旋转并得到产生喷气的推力。

涡轮螺旋桨发动机——一种通过减速齿轮装置驱动螺旋桨的涡轮发动机。废气中的大部分能量被转化成扭矩而不是用于推进飞机的加速度。

湍流——不稳定的流体流动现像。

转弯协调仪——一种检测因万向节滚动而产生的滚动和偏航的回转仪。在现代飞机上它大量地取代了转弯侧滑指示仪。

转弯侧滑指示仪——它是一种由指示偏航快慢的回转仪和指示重力与离心力之间关系的弯曲玻璃倾角计组成的飞行仪表。转弯侧滑指示仪表示坡度和偏航快慢之间的关系。它还被称为转弯滚转指示仪。

转弯误差——磁罗盘中因磁倾角抵消重量而导致的一种固有误差。它只有在北半球向北转弯或者从北向开始转弯或者在南半球向南转弯或从南向开始转弯时才会表现出来。转弯误差导致磁罗盘提前转向到北向或南向而延迟偏离北向或南向。

极限载荷因子——在应力分析中,强度测试的时候导致飞机或飞机部件结构分解的载荷,或者是根据计算应该能导致结构分解的一个载荷。

逆桨蓄压器——靠压力储存机油并可以用于螺旋桨逆桨的油箱。

航空咨询服务(UNICOM)——一种非政府的空中/地面无线电通信台,它可以在没有塔台或 FSS(飞行服务站)的公用机场时提供机场信息。

不可用燃油——不能被发动机使用的燃油。这个燃油量是飞机空重的一部分。

有效载荷——飞行员、副驾驶、乘客、行李、可用燃油和可排泄机油的重量。它是最大允许总重减去基本空重后的重量。这个术语只适用于通用航空飞机。

通勤类——一种除飞行员之外的座位配置不大于 9 个,最大认证起飞重量不大于 12 500 lb 的飞机,且可用于有限度的特技飞行的飞机。

符号 V——显示在姿态仪上的飞行指引符号,它为飞行员提供控制指导。

速度 V——特定飞行条件下指定的速度。

气阻——空气进入燃油系统导致难以或不可能重启发动机的一种状态。气阻可能是由于使用的油箱中的燃油完全用光从而让空气进入燃油系统导致的。在燃油喷射式发动机上,燃油可能变得非常热从而在燃油管中蒸发,导致燃油不能到达气缸。

V_A——设计的机动速度。它是乱流速度和激烈机动的最大速度。如果在飞行过程中遇到乱流或严重湍流,则降低空速至机动速度或更低以使飞机结构的应力降低到最小。参考这个速度的时候考虑飞机重量是很重要的。例如,当飞机重载荷的时候 V_A 可能是 100 kn,而轻载荷的时候可能只有 90 kn。

矢量——力矢量是力的一种图形化表示,它显示了力的大小和方向。

速率——表示速度或在特定方向上运动的快慢。

垂直轴——垂直穿过飞机重心的一条假想直线。垂直轴也被称为 z 轴或偏航轴。

垂直罗经型罗盘——由垂直罗经上的方位角组成的磁罗盘,它类似于航向仪,有一个缩微的飞机准确地指示飞机的航向。这种设计使用涡电流使转弯中的提前和延迟衰减到最小。

垂直速度表(VSI)——使用静压显示爬升率或下降率的一种仪表,单位为 ft/min。垂直速度表有时也被称为垂直速率表(VVI)。

垂直稳定性——飞机绕垂直轴的稳定性。也称为偏航或方向稳定性。

V_{FE}——襟翼放下后允许的最大速度,即白色弧线的上限。

V_{FO}——襟翼可以放下或收起的最大速度。

VFR 终端区域航图(1∶250 000)——为管制或隔离 B 类空域中的所有航空器提供信息的 B 类空域航图。航图中描述了地形信息和航空信息,它们包括目视导航和无线电导航设施、机场、管制空域、限制区域、障碍物和相关数据。

V－G 图——速度和载荷关系的图表。它仅对特定的重量、构型和高度才有效,并且显示了一定速度下飞机能产生的最大正升力或负升力。还显示了安全载荷极限和在不同速度下飞机可以承受的载荷因子。

目视进近下滑道指示器(VASI)——最常使用的目视下滑道系统。VASI 提供了跑道中心线延长线两侧 10° 角范围内且距离跑道入口 4 n mile 距离内的越障高度。

目视飞行规则(VFR)——联邦法规全书中管理目视条件下飞行的条文。

V_{LE}——起落架放下速度。这是起落架放下后飞机可以安全飞行的最大速度。

V_{LOF}——升空速度。起飞过程中飞机离开跑道的速度。

V_{LO}——起落架操作速度。装配了可收放起落架的飞机放下或收起起落架的最大速度。

V_{MC}——最小可控速度。这是双发飞机在一个发动机突然失效而另一个发动机处于起飞功率时能获得满意控制的最小飞行速度。

V_{MD}——最低阻力速度。

V_{MO}——用节表示的最大运行速度。

V_{NE}——禁止超越速度。禁止在高于这个速度的条件下运行,因为它可能导致损坏或结构性失效。在空速表上用红线表示。

V_{NO}——最大结构巡航速度。除非是在平稳的气流中飞行,否则不要超过这个速度。在空速表上这是绿色弧线的上限。

V_P——最小动态打滑速度。开始动态打滑的最小速度。

V_R——抬前轮速度。这是飞行员在升空之前抬起飞机前轮的速度。

V_{S0}——着陆构型时的失速速度或最小稳定飞行速度。对于小型飞机而言,这是最大着陆重量在着陆构型(起落架和襟翼都放下)时的无动力失速速度。在空速表上是白色弧线的下限。

V_{S1}——在特定构型时的失速速度或最小稳定飞行速度。对于大部分飞机而言,这是最大起飞重量在光洁构型(如果是可收放起落架,则起落架收起且襟翼收起)时的无动力失速速度。在空速表上是绿色弧线的下限。

V_{SSE}——安全的有意单发失效速度。有意地让关键发动机失效的最小速度。

V 形尾翼——一种使用两片倾斜的尾翼面来执行与传统升降舵和方向舵结构相同功能的尾翼设计。固定的控制面既用作水平安定面又用作垂直安定面。

V_X——最佳爬升角的速度。以这个速度飞行的飞机可以在一定的距离内获得最大的高度增加。它用于在短场地起飞过程中飞越障碍物。

V_{XSE}——单发失效时的最佳爬升角的速度。它是轻型双发飞机在单发失效后在一定距离内高度增加最大的空速。

V_Y——最佳爬升率的速度。这个空速能够让飞机在一定的时间内高度增加最大。

V_{YSE}——单发失效时的最佳爬升率的速度。这个空速让轻型双发飞机在单发失效后一定时间内高度增加最大。

湍流尾流——飞机产生升力时引起的翼尖涡流。在飞机产生升力时,机翼下方的高压区气流从翼尖流向上方的低压区。这个流动造成了快速旋转的涡流,它称为翼尖涡流或者尾流。

废气门——它是装配有涡轮增压器的活塞飞机发动机尾管中的一种可控阀门。调节这个阀门以改变涡轮增压器涡轮中流过的废气量。

随风转向——飞机转向相对风中的趋势。

重力——对物体重量的一种测量。这是物体因地心引力而被吸向地心(或其他天体的中心)产生的力。重力等于物体的质量乘以物体所处位置的重力加速度。它还是作用于飞机的四个主要力之一。它等于飞机的实际重量,向下作用于飞机的重心并指向地心。重力和升力的方向是相反的。

重量和平衡——当飞机的总重量低于最大总重量且重心位于极限范围内,而且在后续的飞行中继续保持在极限范围内,那么可以说飞机没有超重且处于平衡状态。

独轮车效应——在起飞或着陆过程中,因向前的操纵杆或控制压力导致飞机只让前轮承重的一种状态。

风修正角——为建立航向而对航道进行修正,以便航迹能够和航道一致。

风向指示器——一个包括风向锥、丁字风向标或四面体的指示器。这是一个能确定风方向和使用的跑道的目视参照物。

风切变——风速、风向或者这两者的突然而剧烈地变化，可能发生在水平平面或垂直平面内。

自转——当空气流过螺旋桨时产生的旋转效应。

风向锥——两端都切断的一种锥形布袋，并且安装在一个自由旋转的轴上，用于指示风吹来的方向。

机翼——安装在机身的每一边的翼型，它是飞行中支撑飞机的主升力面。

机翼面积——即机翼的总面积（单位是 ft^2），它包括控制面，而且可能还包括机身（飞机的主体部分）和发动机吊舱覆盖的机翼面积。

翼展——从翼尖到翼尖的最大距离。

翼尖涡流——在飞行中从飞机机翼溢出的高速旋转气流。涡流的强度取决于飞机的重量、速度和构型。它也称为湍流尾流。重型飞机造成的涡流可能对小型飞机极其危险。

机翼扭转——它是某些机翼的一种设计特性，目的是改善接近失速时高迎角条件下的副翼控制有效性。

偏航——飞机绕垂直轴的旋转运动。

侧滑线——在机头或风挡玻璃上飞行员视野中的一根线，它指示飞机的内侧滑或外侧滑运动。

零燃油重量——不包括所有有效装载燃油之外的飞机重量。

零侧滑——双发飞机在单发失效时的一种机动，它使用小幅度的滚转和稍微不协调的飞行使得机身和前进方向对齐，并且使阻力最小。

零推力（模拟顺桨）——在低功率设定时模拟螺旋桨顺桨状态的一种发动机配置。

索　引

缩 写 词[①]

AC	Advisory Circular	咨询通告
AD	Airworthiness Directives	适航指令
ADI	Attitude Director Indicator	姿态指引指示器
AFCS	Automatic Flight Control System	自动驾驶控制系统
AFM	Airplane Flight Manual	飞机飞行手册
AGL	Above Ground Level	离地高度
AIM	Aeronautical Information Manual	航空情报手册
AP	Autopilot	自动驾驶
APU	Auxiliary Power Unit	辅助动力装置
ATC	Air Traffic Control	空中交通管制
AVGAS	Aviation Gasoline	航空汽油
CAR	Civil Aviation Regulations	民用航空法规
CAS	Calibrated Airspeed	校正空速
CFR	Code of Federal Regulations	联邦法规全书
CG	Center of Gravity	重心
CPT	Cockpit Procedures Trainer	驾驶舱程序训练设备
DPE	Designated Pilot Examiner	委派的飞行员考官
EGT	Exhaust Gas Temperature	排气温度
ELT	Emergency Locator Transmitter	应急定位器发射机
EPR	Engine Pressure Ratio	发动机压力比
ESHP	Equivalent Shaft Horsepower	等效轴马力
FAA	Federal Aviation Administration	联邦航空局
FAR	Federal Aviation Regulations	联邦航空法规
FCC	Federal Committee of Communication	联邦通信委员会
FCI	Flight Command Indicator	飞行指令指示器
FD	Flight Director	飞行指引
FDI	Flight Director Indicator	飞行指引指示器
fpm	Feet per Minute	英尺每分钟
FSDO	Flight Standards District Office	飞行标准地区办事处

---

① 译者编

GAMA	General Aviation Manufacturers Association	通用航空制造商协会
GPS	Global Positioning System	全球定位系统
GPU	Ground Power Unit	地面动力装置
GS	Ground Speed	地速
HIRL	High Intensity Runway Lights	高强度跑道灯
IAS	Indicated Airspeed	指示空速
IFCS	Integrated Flight Control System	综合飞行控制系统
IFR	Instrument Flight Rules	仪表飞行规则
IMC	Instrument Meteorological Conditions	仪表气象条件
ITT	Interturbine Temperature.	涡轮级间温度
KCAS	Knots Calibrated Airspeed	校正空速（节）
KIAS	Knots Indicated Airspeed	指示空速（节）
LIRL	Low Intensity Runway Lights	低强度跑道灯
MIRL	Medium Intensity Runway Lights	中强度跑道灯
mph/MPH	Miles per Hour	英里每小时
MSL	Mean Sea Level	平均海平面高度
NAVAIDS	Navigation Aids	助航设施
nm/NM	Nautical Miles	海里
NOTAM	Notice to Airman	航行通告
NTS	Negative Torque Sensing	负扭矩检测
OEI	One Engine Inoperative	单发失效
POH	Pilot's Operating Handbook	飞行员操作手册
psi	Pounds per Square Inch	磅每平方英寸
PTS	Practical Test Standard	实践考试标准
rpm/RPM	Rotations per Minute	转每分钟
SE	Single Engine	单发
SHP	Shaft Horsepower	轴马力
STC	Supplemental Type Certificate	补充型号合格证
TAS	True Airspeed	真空速
TCDS	Type Certificate Data Sheets	型号审定数据单
TCO	Training Course Outline	训练课程大纲
TIT	Turbine Inlet Temperature	涡轮内部温度
TOT	Turbine Outlet Temperature	涡轮出口温度
UNICOM	Universal Communication	航空咨询频率
VASI	Visual Approach Slope Indicator	目视进近坡度指示器
VFR	Visual Flight Rules	目视飞行规则
VSI	Vertical Speed Indicator	垂直速率指示器
VVI	Vertical Velocity Indicator	垂直速度表

译　后　记

我们知道,有动力飞行的历史已经超过 100 多年了,发明飞机的国家美国当之无愧地成为世界上航空产业规模最大的国家。航空技术和人员培训等方面积累了大量的文献文档。而我们国家由于 20 世纪的特殊历史,航空科技方面的总体水平相当地落后于欧美等发达国家。因此学习和借鉴先进国家的科技成果和发展经验非常有价值。幸运的是,《国家中长期科技发展规划纲要》明确提出了要发展我国自己的大型民机产品,在这样的背景下上海交通大学出版社发起了相关的出版计划——大飞机出版工程,而《飞机飞行手册》正是这套丛书中的一本。

我接触航空知识是从 2007 年上半年在深圳工作期间开始的,其中一个非常重要的原因是微软公司的一款持续发布历时 20 多年的伟大游戏——《飞行模拟》(Flight Simulator X)激发了我对航空知识的浓厚兴趣。这款游戏不仅在欧美为年龄层次广泛的人群所了解,在港台地区也有很多爱好者。在美国,甚至今天的父母可能还会买他们曾经玩过的游戏软件给他们的孩子。我想,这就是航空文化的一种独特表现方式吧。文化能感染人,每每在我想起查理·林白(Charles Augustus Lindbergh)飞越大西洋的伟大壮举时,总为这种"圣路易斯精神"所感动。

由于我在学习《飞机飞行手册》的时候部分译文段落被存放于网络上,有幸被大飞机出版工程负责人刘佩英女士发现,后来联系我并鼓励我继续翻译下去。我于2009 年 3 月从深圳的公司辞职,在 4 月到 11 月的这大约半年时间里完成了后续章节的翻译。

本书能够在较短时间内完成翻译和审稿,在此我要感谢很多关注本书以及为本书提供宝贵意见的朋友以及专家。尤其是大飞机出版工程负责人刘佩英女士的信任和鼓励,如果没有这份信任和鼓励,我恐怕难以啃下这块"大骨头"。

本书中文稿经上海华东师范大学教授蒋可玉以及中国科学院合肥分院高级工程师徐文洁两位前辈的审校,在此衷心感谢她们为本书提出的大量宝贵的修正意见和建议。我特别地被两位前辈这种心系祖国航空事业并为之奉献的精神所感动和激励。

在本书的翻译过程中,中国民航飞行学员飞行员张翔为我解释了一部分中文术语名词的用法,还有陕西飞机工业有限公司刘海宁在英语疑难语句方面给予的帮助,在此致以真诚的感谢。

感谢一贯支持我的父母,他们总是对我的选择报以最大限度的理解和支持,虽然他们未曾坐过飞机。

本书是 FAA 出版的固定翼航空器培训方面有权威性的参考教材,在翻译过程中译者尽最大努力保持译文的正确性和原书的风貌,书中的任何错误或不妥之处都由我负责。限于译者能力和学识,虽已尽心尽力,但难免挂一漏万,诚望各位读者不吝指正,以便使本书日臻完善。读者的任何评论或建议可直接邮寄至上海交通大学出版社大飞机出版工程部,或用电子邮件发送至信箱 liupeiying@hotmail. com。

祝愿祖国的大飞机事业成功!

陈新河
青海德令哈
2010 年 3 月